High-Quality Planning

中国城市规划学会学术成果

品质规划

孙施文 等 著

中国建筑工业出版社

目录

序论

孙施文

孙施文，同济大学建筑与城市规划学院教授，中国城市规划学会常务理事、学术工作委员会主任委员

品质城乡与品质规划

一

用《品质规划》这样的书名，确实是包含着多层含义的，这是从本书策划一开始就有的想法。在这其中至少包含着两方面的内容，一是关注于城乡品质的，即为提升城乡品质而进行的规划，这毋庸置疑就是规划的目的，而涉及城乡品质，也就涉及很多方面，这包括城乡发展的品质、城乡生活质量提升、城乡环境和空间秩序的完善等内容；另一个就是做有品质的规划，这不仅包括提高各类规划设计和编制的质量，也包括提高规划作为整个过程的产出的品质，这就会涉及规划的制度、体系以及规划内容、技术方法等内容。而在这两者之间，城乡品质是规划工作成果的反映，也是规划品质的具体体现。正是从这样的含义来理解，我们应当把以上两者结合为一个整体来认识“品质规划”，因此，其内涵应该是：为了提升城市品质而进行的规划本身也应当是高品质的。

“品质”这个词，在字义上与“质量”的含义相近，时常可以互换着使用。但就日常使用的语义来说，质量通常是指有客观标准的，是可衡量甚至是可计量的；而品质更多是指建立在质量基础上的又融贯有个人感受的认识，是本质与表象的统一，而且通常是指高质量的。也正是在这个意义上，我们使用“品质”这个词，也更多地意指为高质量的，因此，其内含的意义就是好的和更好的。当然，这不只是文字游戏，而是本书编撰者共同的愿望与寄托，也饱含着我们对推进城乡规划专业发展的思考。城乡规划的根本是建立在“好的城市”、“好的乡村”以及“好的城乡关系”的基础上的，其发展是由对“更好的”城市、“更好的”乡村和“更好的”城乡关系的追求所推动的。因此，当我们说到“品质”的时候，其实就是在对“好的”、“更好的”城市、乡村和城乡关系以及怎样可以做得更好的讨论。

这是城乡规划的初心。如果全面回顾一下现代城乡规划的发展历史，“不忘初心，砥砺前行”确实是一种客观的描述。尽管从我个人的愿望来讲，我更愿意讨论规划本身，但认识“好的城乡”确实也是认识“好的城乡规划”的前提之一，而且如何在规划中反映并且在现实中如何实现“好的城乡”，则同样是“好的城乡规划”必须具备的。因此，在本书中同时兼容了这几方面的内容。

说到品质，也就必然会涉及标准的问题，不仅不同时期、不同地区对城乡发展、对城乡规划的内涵有不同的认识和要求，这往往与不同的思想潮流、制度、实践中存在的问题以及发展阶段和状况有关；而且“品质”涉及的是评价，有评价就会涉及价值观的问题，因此，即使是同一时间、同一地点、同一事物，不同的人群就会有不同的评判结论。这也就是城乡规划的复杂性。因此，大家在通览本书的时候也能发现，尽管我们都在阐释“好的”或者说“更好的”城乡规划，但作者们的认识也并不是一致的，但都体现了我们对“更好的”规划的追求，而这种多元性恰好是城乡规划活力的来源，我们也诚挚地邀请所有的读者都加入到这样的讨论中，共同推动中国城乡规划的发展，这也是中国城乡规划生命力的所在。

二

根据以上对这两个方面的解读，我们可以看到，现代城乡规划的发展就是对“品质规划”的不断追求，尽管“品质”的内涵在不断地变化着，但其改善城乡环境和居民生活的质量、提高城乡规划综合协调城乡发展能力和完善规划调控方式方法的目的从未改变。

众所周知，现代城乡规划缘起于解决工业城市中出现的众多城市问题，是当时社会改革运动的产物，也是其中最为主要的组成部分之一。社会改革涉及诸多方面，这些不同的方面既独立发展又相互作用、相互协同（Rodgers，2011），其核心正如弗里登在《英国进步主义思想》一书中所评论的那样，“社会改革是在工业主义环境下重申人的生活质量的一种尝试”（P.46）。城乡规划就是在这样的过程中逐步形成和发展的。从现代城乡规划形成和发展的早期历程来看，有两条基本的路径清晰可见：一个是发端于欧洲大陆城市，进而扩展到美国并形成的城市美化运动，这是以改进建筑质量尤其是公共建筑和居住建筑的质量和设施、结合城市扩张而对建筑与交通进行空间组织以及将自然引入城市建设城市公园为核心内容的，其中以豪斯曼巴黎改建和 1909 年芝加哥规划为典型。另一个是以英国为代表的从改进城市公共卫生、改善城市住房条件、改造工厂和居住混杂状况以及贫民窟、重新组织城乡人口分布等入手，从改进城市建设和发展方式、提高城市生活和环境质量的角度出发，将当时改革运动中的一些已经开展的和设想的实务工作整合为一个整体。霍华德提出的“田园城市”理论，之所以被称为是现代城市规划第一个比较完整的思想体系，其实质就是把社会改革的思想和具体的实务工作结合在一起，通过将城市和乡村生活的最好的方面结合起来，创造出一种全新的城市类型——没有贫民窟、没有烟尘的城市群。这两个路径，尽管在侧重点和操作的手段、方式等方面存在着较大的差异，但其目的就是改善城市生活的环境质量，并且在形成和发展过程中相互借鉴、不断充实，从而为其后来的整合创造了条件（Rodgers，2011）。

创造一个更加美好的社会，是现代启蒙思想的发扬。有关于美好城市的设想，遍布于各类哲学、社会学、文学等的作品中，每个时代都有人在想象着更加美好的城市（Anderson，2015）。现代城乡规划形成时期把解决工业城市中存在的人口和居住拥挤、卫生环境差、公共空间缺乏等作为出发点，结合乌托邦思想家的“理想城市”作为指针，把社会改革理念付诸社会实践。正如当时美国的进步主义者豪威（Frederic C. Howe）所说的那样，“在很大程度上，城市规划是第一次清醒地认识到社会的统一性”，而且所采取的手段就是“能够为了人民的舒适、方便、幸福而建造和设计”（引自 Rodgers，2011，167）。就早期的现代城乡规划而言，尽管有不同的发展路径和不同的解决城市问题的制度框架及实现方式，但从功能和形式两个角度来看待城乡发展及其内外部组织关系，则是大致类似的。因此，无论是霍华德的田园城市，还是欧洲大陆尤其是德国的城市扩张规划，甚或是美国 1909 年的“芝加哥规划”，其关注的问题主要为：提供足够数量的住房，完善城市各地区之间的交通联系，营建舒适的城市空间关系，创造更有吸引力的城市生活环境。甚至可以说，健康和愉悦的环境是当时的主题（Hall，2018）。也正是在此基础上，各国建立的对私人开发进行公共管制的制度（这是构成现代城乡规划的最基本特征）得到了体系化的加强和完善。

现代建筑运动与欧陆现代城市规划具有同源性，并且在为工人阶级提供住房和改善生活环境方面与现代城市规划的追求具有一致性，这可以从早期现代建筑运动实践中大量工人住房的设计案例及其对现代建筑运动发展的推动中看到。通过建筑师梅（E.May）、陶特（B.Taut）、戈涅（T. Garnier）、意大利未来派等人和群体，尤其是在勒·柯布西耶狂飙激进的推进下，建筑学思维下设计一个完形现代城市的思路逐步确立了起来。相较于前一时期在各国兴起的现代城市规划而言，CIAM 形成时期的城市规划不仅建立了统一的城市规划的基本认识和工作对象框架，而且由原先的以整治、改进为主要手段的城市局部地区或新建设地区的规划转变为城市整体性设计为主体的工作方法。《雅典宪章》进一步提炼了应对城市发展问题的对策，建立起以功能分区为基础的现代主义城市规划思想框架和工作方法。这样一种完形城市以合理的功能、统一的空间秩序和城市运行的效率为基本价值基础；以设计从根本上解决社会问题的产生，因此要不断扩大有意识设计的可能性；要超越当前的城市状况，要有清晰的终极目标，并以这样的目标来规制今后的建设和变化。

《雅典宪章》所确立的城市规划框架，确实是应对当时城市存在的问题以及城市发展所面临的空间结构转型的需要的：针对工厂和居住混杂所带来的环境及卫生问题，提出了功能分区，并要求为各个功能的发展留出余地；针对人口和交通拥挤，提出了高层建筑以及多层次交通网络的融合；针对居住环境质量低下，提出“阳光、空气、绿化”的配置以及与交通干道分离的住宅建筑布置要求等。当然在各项要素的组织中，《雅典宪章》非常明确地提出：“将各种预计作为居住、工作、游憩的不同地区，在位置和面积方面，作一个平衡，同时建立一个联系三者的交通网”，并要求“务使这些地区的日常活动可以最经济的时间完成”。在整个文本中充满着功能主义和理性主义的信仰，但至少从其文字意义上说，并不如后来的批评者所指责的那么绝对化，它同样认为“人的需要和以人为出发点的价值衡量是一切建设工作成功的关键”，在要求“各种住宅、工作地点和游憩地方应该在一个最合适的关系下分布到整个城市里”的同时，也要求“每一个城市规划中必须将各种情况下所存在的每种自然的、社会的、经济的和文化的因素配合起来”。至于其在实践中将功能主义和理性主义推进到极致，有其现代主义演进的逻辑，这就是所谓的“麦当劳化”（McDonaldization）效应（Ritzer，1999）。

现代主义城市规划在实践中经由两条路径不断发展：新城建设和城市更新。新城建设始自英国的“新城运动”，而新城建设的思想是从田园城市以及剔除了田园城市社会改革思想的卫星城发展而来，从疏解中心城市人口和产业进而以培植新的地方中心城市为重点，在规划设计时有意识地运用《雅典宪章》所确定的现代主义城市规划原则，从而将现代城乡规划的两大发展脉络整合为一个整体（Hardy，1991）。正是由于在新城建设中实现了当时社会所认同的城市生活环境质量，再加上两次大战期间现代主义城市理念的广泛传播，从而推动了此后现代主义城市规划原则在城市更新中的普遍运用。城市更新以拆除贫民窟、破败的居住区、以城市运行效率来改进城市的基础设施和改善物质环境等，这在战后美国城市尤为突出，摩西（Robert Moses）当道时的纽约市则是其中的典型。就总体而言，这一时期的城乡规划通过新城建设和郊区扩展来疏解中心城等人口和产业、改善居住生活环境；通过高速公路网以及城市内快速路系统，便捷城市内外的交通联系；通过提供公共住房、增加绿地和公共服务设施等，来改进城市生活环境；在城市空间组织上，注重功能布局合理、空间结构清晰、城市运行高效。尽管如邻里单位理论所提示的那样，为居民创造舒适、安宁、安全的生活环境是其核心追求，但正如后来的批判者所指出的那样，这些要么是基于城市整体主义的视角的，要么就是以普遍化的、单一的中产阶级生活方式和需求为唯一准则的，缺少对具体城市的实际运行和多元化的生活需求的了解和满足，这也是后来后现代主义者对现代主义批判的出发点，但不应就此否认现代主义城市规划对现代城市秩序和生活质量的追求。

自 1950 年代中期开始，针对现代主义城市规划在新城建设和城市更新中所出现的功能愈加纯粹、活力不足等问题，出现了许多从不同角度、运用不同方式进行批判、弥补和建设的文献和实践。其中既有来自专业内部的，如 CIAM 的 TEAM10，提出通过分析人的行为、满足社会交往的需求作为组织空间的出发点及其具体方法，或者如凯文·林奇则从城市空间认知的角度，建立人的意象与行为之间的关系，成为行为－空间论的发端等；也有来自专业外部的，如雅各布斯从城市空间使用和体验的角度提出提升城市活力的思想和方法，怀特（William H. Whyte）通过对纽约城市中心区的广场使用的实际状况，提出好的公共空间应当怎样布置和建设等，而正在兴起的社会科学的“城市研究”也对此作出了重要贡献。在实践领域，城市设计也在美国城市悄然兴起。城市设计的形成，有来自欧洲因素，即一批欧洲建筑师们在“二战”时期流落美国的专业机构，发现美国的城市规划偏于政策，区划法规偏于土地控制的立法，它们之间缺少在城市实体环境层面的衔接，因此将欧洲基于建筑学传统的城市规划（Urbanism）的工作内容和方法引入到美国的环境中。而更为重要的是，当时的规划和区划都强调分区管控，缺少地块间在一定区段内的相互联系和协调，城市设计就是希望基于人的活动和使用的视角，在宏观结构基础上将局部地区塑造成为更加适宜人们活动需要、有活力的和能给人们带来愉悦感的城市环境，从而克服现代主义城市规划尽管提供了大量的公共空间、改善了大量公共设施但使用的体验感不尽如人意的状况。城市设计在后现代思想和新自由主义思潮的推动下，得到了长足的发展，在全球城市竞争策略中则更以“场所营造”（Place Making）获得其中心位置，而 New Urbanism 以及各种以 Urbanism 为名的流派都承继了这一发展脉络。值得补充说明的是，在拉丁语系中，Urbanism 的原意即为城市规划，最早启用于 20 世纪初的法国。1922 年柯布西耶提出 300 万人现代城市设想的法文原版书名即为《*L'Urbanisme*》，英文版改书名为《明日之城》（The City of Tomorrow and Its Planning）。

自 1970 年代以来，后现代思想、新自由主义思潮交相呼应，并且在全球化时代统一进了可持续发展的纲领之中。后现代思想反对单一以理性为中心，拒绝整体性、同一性的前提和二元对立，强调个体的角度、多元的价值观。在社会学的意义上，强调不同群体有不同的生活方式和生活需求，有不同的价值取向，在全球化时代的发展境况和诉求也各不相同，因此不能以单一的标准和准则来要求和组织不同群体。由此在城市规划领域引发了在对现代主义城市规划单一性进行批判的同时，对由市场经济主导所带来的同一性时刻保持警惕性，如对中产阶级化（也称绅士化，Gentrification）的结果的关注等。并且倡导多元化、多样化的发展要求和方式，关注多元共融下的城市活力；既强调身份认同和凝聚力的营造，又推动不同文化的包容、兼容和社会团结；社会公正和公平成为一个持久而活跃的话题，同时尤其关注弱势群体的生活状态和发展需求。正是在这样的思想影响下，城市规划关注问题的视角发生了重大转变，比如，在现代主义城市规划中，可达性通常只是说交通的可到达程度或者其所关联到的成本问题，现在则更加关注不同的人群（不同社会阶层、不同年龄、不同性别、不同族裔等）对特定设施的可到达、可使用的程度以及由此所需要付出的费用对其生活质量的影响，从社会公平角度还要关注这类设施是否是这些人群所欲所需的设施。

经济政治领域的新自由主义思潮强调个人自由和发挥市场机制的作用，反对政府全面和过度干预，由此出现了一系列“解管制”（De-Regulation）的做法；而另一方面则加强了政府与市场的合作，大量的原先由政府实操的事务通过与行政事务分离而交由企业进行操作，在城市基础设施建设、城市更新等领域，公私合作模式广泛运用，企业家型的城市管理盛行。新自由主义思潮及其制度安排，是 20 世纪末全球化快速发展的基础，并且借由全球化的过程而全面传播。在全球化的背景下，城市竞争力、全球城市网络体系以及产业转型、城市活力等也成为了城市规划领域的重要话语，而为了实现这样的目标，城市体系重构、城市复兴、场所复兴以及场所营造等就成为城市规划的重要策略方向。但很显然，这时期的城市发展和建设的取向已经发生了重大改变，从 1980 年代巴塞罗那为承办奥运会而在全市范围内进行的改造为肇始，强调从注重效率向注重公共空间品质和生活质量转变，在此后全球各类城市中被发扬光大，波士顿的“大开挖”（Big Dig）工程以及纽约市自“9·11”后在布隆伯格市长带领下将一些城市干道改造为供人们停留、休闲的场所等，都可以看成是这种转变的样板。而与此同时，纽约市规划部门提出的“像摩西一样建设但要将雅各布斯记在心中”（Building like Moses with Jacobs in mind）的口号，或许很好地表达了在全球化背景下，为提升城市的全球竞争力而需要将追求城市大规模建设和关注城市空间品质相结合的愿望。

由环境保护的社会运动演进而来，在全球性机构和各国政府的推动下，可持续发展的理念逐步成为全球共识，各个国家都制定了相应的行动纲领。可持续性的概念覆盖了有关于发展的方方面面，经济发展、社会发展以及环境、生态保护等作为相互作用的要素而共同构成了其基本的内涵，任何有关于发展的决策都应该在其相互协同作用的框架中作出。从这个角度讲，自 1970 年代以来有关城乡规划和城乡规划领域中的所有议题，都统合进这样一个新的概念框架而被重新阐释，并且在此过程中形成了许多新的议题和作用方向，并且将这些内容整合在一起探寻未来城乡发展的策略，成为近三十年来现代城乡规划发展主线：经济转型、城市转型发展、社会结构调整、社会公平、多元包容和团结、历史文化遗产保护、节能减排、全球气候变暖以及低碳城市、韧性城市、健康城市等。

以上，对现代城乡规划的发展历程进行了非常概略的描述，从中可以看到，城乡规划始终将提升城乡居民的生活品质和城乡发展的质量作为出发点和前行的方向，在社会经济发展的进程中，针对前期实践中出现的问题和不足，通过改进、弥补、完善等回应式的方式，不断解决新出现的问题，促进城乡更好的发展，并且不断扩大和包容不同的受益群体。这种针对问题、解决问题，从而不断调谐、积累和充实城乡规划体系，应该说是现代城乡规划发展的基本规律。

三

现代城乡规划以提升城市乡发展和生活品质作为自己的使命，不忘初心，砥砺前行。那么，城乡规划应当关注哪些方面的内容、怎么做才能真正提高城乡品质和规划的质量，就成为城乡规划必须要回答的问题。从现代城乡规划形成初期以乌托邦思想家的社会设想以及如霍华德田园城市、柯布西耶明日城市等理论为导引，到后来有关城乡规划目标和原则的讨论，都在不断廓清城乡规划的内涵和外延的基础上，表述现代城市规划应当追求的方向。下面例举三个文献中的相关内容对此作一简要的阐述。尽管这些表述的维度和话语有较大的不同，而且在不同时期同样的话语所内涵的意义也不尽相同，针对不同的规划领域或方式也会有不同的目标和原则的要求，但就整体看，正如利维（John M. Levy）所说的那样，规划目标和原则所包含的范围仍然是一致的。

利维在《现代城市规划》中认为，对规划的需求源自于相互关联性（Interconnectedness）和复杂性（Complexity），他提出的综合规划目标包括了如下的内容，这些目标既有其阐释的在规划过程中实际处理的最基本内容，也有在满足基本需求基础上的更加健康、更加安全、更加便利、更具活力、更加环保和生态、更加公平等的要求，这是不同类型和不同时期的城乡规划所一直追求着的。就此，我按照利维列出的目标、结合其所阐述的内容作了部分延伸性的解读。

1. 健康。这是现代城市规划形成的重要起因，也是长久以来城市规划所追求的核心目标之一，从简单地将居住区与产生有害健康物质的工商业活动和污染源的分离，到对阳光、新鲜空气、绿地的供应等以及对生理心理健康的关注，都直接关系到城市居民的生活状态。

2. 公共安全。这一目标同样涉及许多方面，如对道路宽度的限制以保证紧急情况下救护车和消防车的顺利通行，或者生命线工程的设置和维护；禁止在洪水泛滥区、地震断裂带地区建房；学校等公共设施等设置考虑避免学生上学穿越城市干道；建筑群布局时考虑不能留有容易发生行凶和抢劫罪案的较为隐蔽的场所等。

3. 交通。城市交通是城市空间结构的重要组成部分，也是城市有效率运行的基础，既要提供能满足城市内外人和物资交流需要的交通条件，也要为机动车和行人有序、高效、快速通行建立街道系统和相应的设施，并提供足够的公共交通以及为各种交通方式的转换提供条件。

4. 公共设施设备的提供。城市的各类公共服务和基础设施，无论是学校、公园、医院还是警署、消防、给水排水设施，既是城市的直接组成部分和运行必不可缺的要素，也是保障城市生产生活质量的重要基础，而且它们的布局和与各类城市组成要素之间的相互关系，也直接影响城市运行和生活品质，如居住区与学校的相对位置，将决定孩子可以步行上学还是必须乘坐校车，由土地使用布局和人口等的分布也将影响公共给水排水设施的可行性与成本等。

5. 财政健康。不同的开发方式都会对城市和地区的财政状况产生影响，这不仅关系到开发建设时的成本和收益，而且也会直接影响到此后各类设施运行过程中的成本和收益，在消防、警力保护、交通、教育等方面表现更为明显。但纯粹基于经济本身的考量就会带来一系列社会公平的问题，尤其是在基本公共服务设施的供应方面，而如果不考虑经济状况，也就会带来这些供应的维持、维护等方面的问题。

6. 经济目标。对许许多多社区而言，促进经济增长或维持现有经济水平是规划的一个重要目标。这一目标和财政目标之间存在着联系，但还有其他的目标，最为关键的是为居民提供就业机会。因而，一个社区可能会寻求一种提供商业和工业用地的土地利用模式，并努力使这类用地具有良好的通达性和公共设施。

7. 环境保护。这是一个古老的目标。自 1960 年代以来，这一目标更为人们所普遍接受。环境保护可能是限制在湿地、陡坡地或者其他具有较高生态价值或生态脆弱性的土地上搞建设，也可能是保护户外空间、制定禁止向水体排放污水的条例、禁止或限制降低空气质量的工商业活动等。从更广泛的意义上说，环境保护是与规划整体的土地利用模式联系在一起的。

8. 再分配的目标。城市规划工作所涉及的都是基于土地和空间使用基础上的利益调配，因此，为变化而进行的规划必然涉及再分配的问题。而再分配的目标确定和实际运用，也就会关系到价值观、意识形态等的作用。

利维在总结归纳出这些目标的同时，也提醒读者由于社区之间存在着差异性，这些目标并不能穷尽一切，也不是每一项目标都一定适用于每一个社区。但在这些目标中，除了最后一项（即“再分配的目标”）外，其他目标都与健康、安全和公共福利有关，这是和现代城乡规划的权力基础——市政权（Policy Power，中文版书中翻译成“治安权”）所表达的内容相一致的。利维在同本书的有关城市设计的章节还提出了判断城市设计的较重要的一些标准：统一性与一致性，行人与车辆的冲突最小，避免雨水、风等的影响，使用者易于识别方向，土地利用上的适宜性，具有休息、观察和社交的空间，创造安全和愉悦的感觉等。

正如列维所说，不同的学者在讨论规划目标时，会从不同的角度总结提炼出不尽相同的内容，尽管表述的方式不尽相同，但他们在具体阐释其内容的时候，所关涉到的核心内容都具有相似性。在新近出版的《牛津城市规划手册》（The Oxford Handbook of Urban Planning）一书中，设置专门篇章的方式列出了城市规划七个方面的原则和目标，并分章进行阐述。这七个原则和目标分别是：美观（Beauty）、可持续性（Sustainability）、公正（Justice）、可达（Access）、保护（Preservation）、文化多样性（Cultural Diversity）和韧性（Resilience）。相对于列维所列的目标更强调规划做什么，《牛津城市规划手册》不仅表述的方式更具有当代性，而且更加强调规划过程中的价值观趋向。其中的每一章都阐释了这样的原则和目标的内涵以及在城市规划领域中的作用、城市规划在该领域中的历史发展的进程和演变、当今在该领域的实际状况、相关准则以及实践中存在的问题，城市规划未来发展需要进一步深入研究以及推进的方向。针对这些目标，这些文章对规划中应当涉及的内容和如何解决好这些方面的问题提出了应当深入思考和实践的内容，由于所涉内容非常广泛，限于篇幅不在这里赘述了。但值得注意的是，对每一个准则和目标的理解而言，我们不应受中文语境或者我国规划实践中的认识所局限，例如有关于“韧性城市”，不仅仅涉及如台风、洪水等各种自然灾害，也包括了各种如火灾、动乱等人为灾害；其需要建立的适应机制和快速有效恢复的能力也不仅仅是物质性的建筑或各类服务设施和基础设施，也关系到经济和社会结构，社会与文化网络、社会团结和信心等，因此，韧性城市建设的核心是如何避免各类灾害不可管理的影响以及如何管理这些灾害可能造成的可避免的影响，而这些都回应着现代城市规划对变化进行管理的宗旨。

而同样从规划思想演进角度来讨论当今城市规划发展状况的，则在《重要的规划思想》（Planning Ideas That Matter）一书中有更进一步的展开。该书是麻省理工学院的建筑与规划学院为庆贺该校规划专业开办 75 周年而邀约国际著名学者探讨城乡规划发展历史和前景的研讨会的论文结集。该书认为，构成当今城乡规划的核心内容以及未来发展的主要方向应当从宜居性（Livability）、地域性（Territoriality）、治理（Governance）和职业反省（Professional Reflection）四个方面去认识，这四个方面不仅体现了城乡规划对社会可以作出贡献的重要方面，也是城乡规划学科和职业的内在构成和独特性的反映，从另一个角度讲也就是在这些领域中的不断深耕（书中的用语是“持续对话”），则是不断提升规划作用及其质量的关键。该书在“宜居性”部分包括了塑造城市形态（Shaping Urban Form）、新城市主义（New Urbanism）、可持续性（Sustainability in Planning）等主题；在“地域性”部分涉及区域发展规划（Regional Development Planning）、大都会主义（Metropolitanism）、地域竞争（Territorial Competitiveness）；在“治理”部分涉及城市发展（Urban Development）、公私协作（Public-Private Engagement）、善治（Good Governance）和自建房（Self-Help Housing）等主题；在“职业反省”部分包括了反省式实践（Reflective Practice）、沟通规划（Communicative Planning）和社会公正（Social Justice）。这些思想的集合建立了当今城乡规划的思想框架，其具体的内容以及在这些思想内容引导下城乡规划如何达到更加完善和向更好的方向发展，有大量有关于规划评估的文献可供参考，如 Angela Hull 等人编撰的《Evaluation for Participation and Sustainability in Planning》，从中可以寻找到有关对城市发展状况、规划核心内容的评价指标和方法。

四

以上通过对城乡规划发展历史的简述，揭示了城乡规划不断追求高品质的城乡发展和规划质量的追求历程，也显现了不同历史发展阶段的“品质”概念内涵的演替以及提升规划品质的核心是针对既有规划理念、方法和手段在实践中所出现的问题而不断改进、提升、完善规划的思想和方法；通过对城乡规划主要目标的阐释，揭示了城乡规划的核心价值以及用以衡量规划品质的主要方面。这些讨论，为我们研究和探讨当今中国城乡规划的发展、推进“品质规划”提供了重要的思想和方法基础。而我国的城镇化和社会经济发展经过快速增长阶段正在向又好又快、质量与速度并重的阶段转型，快速增长时期所产生的不平衡不充分问题、环境问题、社会融合问题等是转型阶段所面临的主要挑战，新时代、新目标也为城乡规划未来发展指明了方向，由此，不断提高城乡规划的质量、推进城乡发展高品质、满足城乡居民日益增长的美好生活需要，就成为当今城乡规划工作的重要出发点和工作目标。本书依循这样的方向，邀约了中国城市规划学会学术工作委员会的部分委员和其他专家，结合当前规划工作中的核心领域和关键议题进行探讨，期望能为我国城乡规划的转型发展提供思想和方法基础。

全书共分为三个部分：总论篇、理念篇和策略篇。

第一部分总论篇，包括四篇文章。这些文章分别从美好生活与人居环境、城乡规划的作用以及如何看待和评判城市品质的角度进行了阐述。武廷海和沈湘平的文章从历史和思想史的角度梳理了人居环境与美好生活之间关系以及城乡规划在其中的作用，从“人－城－居”的哲学蕴涵出发，提出“以存在看待发展，创造美好生活”、“以规划看护存在，构建美好人居”的作用路径，从而铺就起探寻通往美好生活的城乡规划之路。而王学海认为，城市规划是高品质城市建设的保证，因此只有高品质的规划才能导致高品质的城市。他在剖析城乡发展品质形成的核心要素和规划在城乡发展品质形成中的作用的基础上，从管理学的产品质量管理体系中引发出城市品质控制的规划原则和高品质规划的体系特性，提出了高品质规划应当具备的基本条件。

在有关于品质内涵的解读和评判方面，本书中多篇文章有所涉及，由于一些文章是借助对品质内涵的认识来展开相关观念和策略的讨论，因此这些文章按其主要论述编录在理念篇和策略篇中。在总论篇这部分收录的两篇文章中，刘达和李志刚提出城市空间品质是在城市自身资源以及特定历史背景下所做出的倾向性选择的结果，因此，对其评判也就存在多种视野和可能，呼吁对地方实践的包容与尊重，从而实现兼具本土化和世界性的城市空间品质提升。几乎是为了回应刘达和李志刚文章中所提出的，有关品质的选择不仅是个美学或技术问题，更是一个重要的政治议题，张菁和张娟的文章认为，从创新、协调、绿色、开放、共享五大发展理念来诠释品质的内涵，既符合国情现实和发展阶段，也是城乡居民的共同需要，应当作为城市品质提升的基本原则。因此，在品质城市建设目标下，城乡规划应当进入更加系统化、精细化和专门化的发展，并由此提出规划转型的具体路径。

第二部分理念篇，共包括了十三篇文章。这些文章从多维度探讨了如何认识转变城乡发展方式和提高城乡发展质量的作用机制以及城乡规划应当如何应对这样的转变的内容。尽管这些文章在这两方面的内容上各有偏重，但认识城乡发展规律及其需求和推进城乡规划转型两者之间相互对应、相辅相成，这种取向在这些文章中都得到体现。

郑德高和马璇从城市发展动力的角度，以北京、上海、广州等 10 座城市为案例，提炼出投资依赖、土地依赖、创新驱动和人口红利等四种城市空间发展模式，结合在新的社会经济条件下城市空间发展模式转型的方向和方式，提出了相应的规划应对策略。张京祥和陈宏伟的文章则提出，城市的空间品质提升本身就是中国许多城市向创新型经济转型的重要动力之一，高品质的城市空间可以提供更好的生活质量，有利于吸引创新人才和企业的集聚，通过提供便利、适宜的场所，促进多元创新主体间的交流互动，因此，提升空间品质应该是推动创新转型的战略性举措。

杨宇振从我国城市空间观念和空间配置制度的历史演进出发，鉴别了不同时期对空间配置的属性，提出在当今空间营造中，从空间生产和容纳日常生活出发形成了两套完全不同的模式和话语体系，并在实践过程中产生相应的矛盾，如何从注重单一模式的施行到将两者相结合，应当成为未来规划工作的关注点，并且将带来新的空间生产方式。汪芳、林诗婷和路丽君的论文则提出作为构成日常生活基础的城市记忆在城市空间塑造中具有重要影响。她们通过详细剖析北京 4 个街区的案例后提出，流动人口凭借其自身已有的记忆而对现在所居城市进行着空间的改造，尽管由于拥有的权利和资源不同而产生的空间影响并不相同，但城市记忆影响空间塑造反过来又重塑记忆，在这样的震荡过程中城市记忆和空间都在演变之中。而且城市记忆的保存与空间质量的高低并不存在必然的直接联系，而是与具体人群的行为有关，由此提出了一个在文中并未得到凝练而城乡规划实践不得不去面对的问题：高品质的空间环境或者优秀的文化和传统如何才能得到维护和承继。

由日常生活和不同阶层的城市记忆效应所延续下来的话题，就是在多元环境中如何满足不同社会人群的需要，实现包容性发展。谭颖昊认为基于再分配、无差别相互认同和平等参与原则上的社会环境公正理念，是提升城乡规划质量的重要维度，只有充分关注人的多样性和个体性的需求，改善弱势者的境况，通过共享、精细、平等的规划让城市品质的提升惠及全体市民。刘永红和邹兵的文章以深圳为例分析了包容性发展的新趋势和新特点，提出在承认城乡差距、突出城乡比较优势的基础上，谋求城乡共同发展。在平衡好新型城镇化和乡村振兴两大战略中，以品质规划来促进城乡包容发展。袁媛则以具体案例对协作式规划进行了深入剖析，提出即使是以市场、政府和社会的相互协作而开展的规划过程，由于在特定场景中主导力量的强弱不同，在其过程和最终结果中都各有优缺点，因此，在社区品质提升的规划过程中，必须辨析它们各自的适用性，并坚持在社会公平、以人为本、高效性、有效性四大理念的指引下，统筹各种方法的组合，从而在社区硬体体系和社区内核系统两个方面能够得到全面提升。

杨保军、张菁和董珂结合当今规划体制的改革，探讨了城市层面空间规划的编制办法，提出建构空间规划体系的目的是生态文明建设和高质量发展，因此，城市规划应当解决“真问题”、推进“善治理”、实现“美目标”，在规划编制中必须坚持夯实基础性、突出战略性、坚持科学性、强化权威性和注重操作性。王兰的文章以世界卫生组织“健康必须是城市规划者的首要重点”的观点出发，梳理了健康作为现代城市规划形成的源头及其对当今中国城市发展和规划的重要性，提出将健康的考虑纳入规划和设计应当成为当前对于城市空间品质的重要干预和提升维度，呼吁城市规划应当“寻找回到健康本质的道路”。

美好城市同样是现代城乡规划形成的源头，塑造美好的城市空间品质也是城乡规划历来所追求的，也是社会所赋予的职责。张松和单瑞琦从美好环境与美好生活的关系入手，探讨了城市景观的价值与意义，提出将城市文脉、自然地理、空间肌理和场所精神融贯为一体的城市景观管理是城市规划尤其是城市设计的重要内容，因此，城市设计的思维和范式，应当从全面设计未来愿景方案向建成环境的变化管理方面转型。而王世福和张晓阳在辨析城市品质的内涵与面临的困境基础上，分析了城市品质与城市设计之间的辩证关系，从城市设计的编制、评价和实施等方面，提出了以品质提升为导向的城市设计方法的优化。杨俊宴和史北祥在分析城市空间品质内涵及其特征要素的基础上，结合城市设计人文化、生态化、精细化和数字化的发展趋势，提出从宏观到微观的全尺度提升、从整体到局部的一体化设计、从空间到人文的多维度展现的城市设计途径，以此促进城市空间品质的提升。黄建中和段征宇从生活质量与移动性之间的关系入手，提出移动性的提高对生活质量的提升具有重要意义，而可持续城市移动性规划为城乡规划的发展提供了一种全新的理念和范式。

第三部分策略篇，共包括十一篇文章。这些文章从城乡规划所涉及的主要领域出发，针对城市快速发展时期所积累的经验和所存在的问题，通过对实际案例的解剖或当前正在进行的实践，就特定的地区或城市、特定的事务和方法展开了对策性的研究，为全面提升城乡发展和规划品质、建设富强、民主、文明、和谐、美丽的中国提供策略性的方案和路径。尽管这些文章所探讨的是某个单一领域或特定方面，但其提供的思想方法和策略方向对于“品质规划”具有可借鉴性，也为更为广泛的领域或规划类型的探索提供了空间。

周岚和于春结合江苏省制定城乡空间特色战略规划的实践，探索了将省域空间规划的关注重点从城镇体系布局、功能区划、重大基础设施安排等拓展至地域文化景观塑造方面，将关于地域文化特色的空间表达从建筑文化、园林艺术等微观层面拓展至区域乃至省域尺度的宏观层面的思路与方法，提出以省域城乡空间特色规划来推动全省文化、生态、经济、社会的协同发展。吕传廷、程俊溢和黄月琪的文章围绕着延续广州生态格局而建设生态廊道，提出要更好地构建城市生命循环的支撑系统，就需要创新城市治理，从法定规划供给侧改革出发，运用“规、建、管”一体化思维，进一步完善相应的规划体系和实施配套制度，从而实现“生产是工具、生活是目的、生态是基础”的城市价值追求。刘奇志则直接针对当前城乡规划管理中存在的问题，提出城乡规划管理要坚持以人为本、理解相关法规、找准规划定位、做好统筹协调等，以理智管理来提升城乡品质。袁奇峰认为城市规划、城市建设制度与空间品质之间有着直接的关联和互动关系，他以佛山市南海区的规划实践为例，提出善用城市规划，同地同权，在集体建设用地上建设高品质城市。

段德罡和黄晶认为乡村是承载人类幸福生活的理想人居环境之一，在与自然生态环境和谐共存方面有显著优势。在对乡村品质内涵进行思辨性认识的基础上，针对当前乡村品质低下的状况，提出在提升乡村品质方面，不同层级的政府机构应当既统一协调但又各有所为，并对国家战略、区域政策和乡村策略提出了具体的可操作内容。

邹兵和周奕汐认为物质环境、地方精神、文化传承和社会归属应当作为空间品质评价的四个要素，并以深圳城市更新的案例说明，要从人本出发，以城市更新推动空间重构和功能改善，以区域的整体发展和品质全面提升为目标，在满足其发展格局和功能布局需要的同时，继承历史文化、充分体现当地地域特点和场所精神。张剑涛则以上海市的案例探讨了文化产业在城市更新中的作用，并对通过文化产业的发展来提升不同地区的空间内涵、促进衰退地区的空间转型、重塑城市的空间结构、整体改善城市的空间品质等方面的工作方法、具体过程和适宜条件进行了阐述。

公共空间是城市空间品质提升的关键所在，葛岩结合《上海市街道设计导则》的制定和相关实践，对当前街道空间问题进行了剖析，提出以街道改造引领公共空间转型，并对街道设计导则的内容、实践中应当注意的事项以及对导则制定的未来发展进行了阐述。刘奇志、高嵩和孙小丽认为步行交通是具有满足多元文化需求的综合性系统工具，一个适宜步行的城市是一个对人热情、友好、宽容的城市，是一个有品质的城市。在此基础上提出，构建连续绵密的步行网络、多元融合的完整街道和以人为本的精品工程是编制步行交通规划的关键性内容。谭纵波和曹哲静从城市视觉品质管控的角度出发，对比北京和东京的相关管理法规和技术规定等，探讨了城市户外广告牌匾管控体系的构成，城市规划、景观规划如何与户外广告牌匾管理相互配合，发挥各自在提高城市品质中的作用和地位，并对北京完善相关管理提出了一系列的完善建议。冷红认为，由于气候条件的差异，公共空间的使用条件、空间感知以及使用需求和使用方式等都存在着极大的不同，因此，充分考虑气候因素是公共空间品质提升的重要基础，并阐述了基于气候适应性设计的城市公共空间品质提升的目标和策略方法。

参考文献

[1] Darran Anderson. Imaginary Cities：A Tour of Dream Cities, Nightmare Cities and Everywhere in Between[M]. Chicago：The University of Chicago Press, 2015.

[2] Leonardo Benevolo. The Origins of Modern Town Planning[M]. translated by Judith Landry. Cambridge and London.：The MIT Press, 1967.

[3] Neil Brenner, Peter Marcuse and Margit Mayer（eds.）. Cities for People, Not for Profit：Critical Urban Theory and the Right to the City[M]. London and New York：Routledge, 2012.

[4] Edward S. Casey. The Fate of Place：A Philosophical History[M]. Berkeley, Los Angeles and London：University of California Press, 1997.

[5] Micheal Freeden, 1978, The New Liberalism：An Ideology of Social Reform,（英）迈克尔・弗里登．英国进步主义思想：社会改革的兴起 [M]. 曾一璇，译．北京：商务印书馆，2018.

[6] Peter Hall, 1988/2014, An Intellectual History of Urban Planning and Design Since 1880, 童明译,（英）彼得・霍尔．明日之城：1880 年以来城市规划与设计的思想史 [M]. 童明，译．4 版．上海：同济大学出版社，2017.

[7] Dennis Hardy. From Garden Cities to New Town：Campaigning for Town and Country Planning, 1899-1946[M]. London and New York：Spon Press, 1991.

[8] Dennis Hard. From New Towns to Green Politics：Campaigning for Town and Country Planning, 1946-1990[M]. London and New York：Taylor & Francis, 1991.

[9] Angela Hull, E.R.Alexander, Abdul Khakee and Johan Woltjer（eds.）.Evaluation for Participation and Sustainability in Planning, London and New York：Routledge, 2011.

[10] Andrew Hurley. Beyond Preservation：Using Public History to Revitalize Inner Cities[M]. Philadelphia：Temple University Press, 2010.

[11] Mark Tewdwr-Jones. Spatial Planning and Governance：Understanding UK Planning[M]. Basingstoke and New York：Palgrave Macmillan, 2012.

[12] Christopher Klemek. The Transatlantic Collapse of Urban Renewal：Postwar Urbanism from New York to Berlin[M]. Chicago and London：the University of Chicago Press, 2011.

[13] Scott Larson. "Building Like Moses with Jacobs in Mind"：Contemporary Planning in New York City[M]. Philadelphia：Temple University Press, 2013.

[14]（美）理查德・T・勒盖茨,（美）弗雷德里克・斯托特,（美）张庭伟，田莉．城市读本（中文版）[M]. 北京：中国建筑工业出版社，2013.

[15] John M. Levy, 1988/2002, Contemporary Urban Planning,（美）约翰・M・利维．现代城市规划 [M]. 孙景秋，等译．5 版．北京：中国人民大学出版社，2003.

[16] Donald L. Miller（ed.）, 1986, The Lewis Mumford Reader,（美）唐纳德・米勒．刘易斯・芒福德读本 [M]. 宋俊岭，宋一然，译．上海：上海三联书店，2016.

[17] George Ritzer, The McDonaldization of Society：An Investigation into the Changing Character of Contemporary Social Life,（美）乔治・里茨尔．社会的麦当劳化：对变化中的当代社会生活特征的研究 [M]. 顾建光，译．上海：上海译文出版社，1999.

[18] Daniel J. Rodgers, 1998, Atlantic Crossings：Social Politics in a Progressive Age,（美）丹尼尔・罗杰斯．大西洋的跨越：进步时代的社会政治 [M]. 吴万伟，译．南京：译林出版社，2011.

[19] Janette Sadik-Khan and Seth Solomonow. Street Fight：Handbook for an Urban Revolution[M]. New York：Viking, 2016.

[20] Bishwapriya Sanyal, Lawrence J. Vale, and Christina D. Rosan（eds.）, Planning Ideas that Matter：Livability, Territoriality, Governance, and Reflective Practice[M]. Cambridge and London：The MIT Press, 2012.

[21] 孙施文．现代城市规划理论 [M]. 北京：中国建筑工业出版社，2007.

[22] Rachel Weber and Randall Crane（eds.）. The Oxford Handbook of Urban Planning[M]. Oxford and New York：Oxford University Press, 2012.

[23] Charles R. Wolfe. Seeing the Better City：How to Explore, Observe, and Improve Urban Space[M]. Washington, Covelo and London：Island Press, 2016.

总论篇

武廷海
沈湘平

武廷海，清华大学建筑学院教授，中国城市规划学会学术工作委员会副主任委员、组织工作委员会委员、城市规划历史与理论学术委员会副主任委员、山地城乡规划学术委员会委员
沈湘平，北京师范大学哲学学院教授

美好生活与人居建设
——探寻通往美好生活的城市规划之路

1 引言

从古希腊开始，美好生活及其如何可能就成为政治学的主题，而古希腊的政治学与城邦密切关联，本质上是城邦政治。公元前 4 世纪亚里士多德在《政治学》开篇即论述“人与城邦”的关系，指出城邦（State）的存在与美好生活（Good Life）之间有着本质的联系：“城邦之产生源于基本的生活需求，继续存在是为了美好的生活。”[1] 亚里士多德对美好生活与城市关系的论述可谓不朽，在西方文化中影响深远，至今仍被人们津津乐道。1938 年芒福德出版《城市文化》，对工业革命以来的片面、异化的城市化进行了批判，认为城市化不应该以经济增长、空间拓展为目标，而应以文化的繁荣、人性的完善为目的。在该书结尾，芒福德就引用了亚里士多德的名言，强调人们来到城市并居留于城市都与生活的目的有关，并进一步阐述现代社会美好生活的目的与现实状况：

> 亚里士多德说，“人们为了活着来到城市，为了更美好的生活而居留于城市”。在现代世界中，（美好生活）这个目的只是零零碎碎地被实现；不过，美好生活的新模式正在出现，这部分是来自内部的压力，部分是由于对仍然盛行于世界各地的无序的环境、扭曲，非人性化的目的、丑陋的野蛮等反应。[2]

---

[1] the state comes into existence，originating in the bare needs of life，and continuing in existence for the sake of a good life.（古希腊）亚里士多德.《政治学》卷一章二。

[2] “Men come together in cities，” said Aristotle，“in order to live：they remain together in order to live the good life.” Only fragments of this purpose are fulfilled in the modern world；but a new pattern of the good life is emerging，partly by pressure from within，partly by reaction against the disordered environment，the wry，dehumanized purposes，the ugly barbarisms that still prevail in the world at large. 1970，P.492.

关于美好生活，中国古代思想史中也有丰富的见解。在汉语中，“美好”一直用以表达带来愉悦心情的事物，如《庄子·杂篇》中形容盗跖“生而长大，美好无双”，“长大美好，人见而说之”；在《九章·抽思》中，屈原反复咏唱“憍吾以其美好兮”，这里的“美好”都是指容貌漂亮。美好生活就是能带来愉悦、快乐的生活，这与中国文化悦纳万物、享受生活的乐感特质有着极大关系。中国古代早就出现了围绕美好生活及其实现而展开的思索和筹划，并且影响深远。形成于西周初年至春秋中叶（公元前11世纪至公元前6世纪）的《诗经》率先期待“民亦劳止，汔可小康”的“小康”生活，期盼能够“适彼乐土”；汉宣帝时礼学家戴圣（约公元前1世纪）辑录《礼记》描绘了“大同”景象：“大道之行也，天下为公，选贤与能，讲信修睦。故人不独亲其亲，不独子其子，使老有所终，壮有所用，幼有所长，鳏寡孤独废疾者皆有所养。男有分，女有归。货恶其弃于地也，不必藏于己；力恶其不出于身也，不必为己。是故谋闭而不兴，盗窃乱贼而不作，故外户而不闭，是谓大同。”这是儒家的美好生活理想。老子则推崇“鸡犬之声相闻，民至老死不相往来”的“小国寡民”状态。这些都表达了古代中华民族对美好生活的理解和向往。

2012年11月，在基本实现“小康”和“全面建设小康社会”的基础上，党的十八大正式提出了“全面建成小康社会”的奋斗目标。2017年10月，党的十九大进一步提出人民日益增长的美好生活需要以及社会主要矛盾的变化：

> 中国特色社会主义进入新时代，我国社会主要矛盾已经转化为人民日益增长的美好生活需要和不平衡不充分的发展之间的矛盾。[1]

如何认识“美好生活”对城市发展的本质意义，从而更好地做好城市规划工作？本文拟通过对城市与美好生活的关系以及城市规划的作用进行历史考察，努力为新时代规划实践提供启发。

2　古代中国乡村关系主导的城及其规划

众所周知，古代中国以农立国，集乡而成。长期以来，乡村一直是社会的基础，乡村的耕地、农业和文化慢慢分泌出“城”。《说文解字》云：“城，以盛民也”。清代段玉裁在《说文解字注》解释：“言盛者，如黍稷之在器中也”。也就是说，

[1] 习近平．决胜全面建成小康社会　夺取新时代中国特色社会主义伟大胜利——在中国共产党第十九次全国代表大会上的报告[M]．北京：人民出版社，2017：11.

中国古代的“城”首先是一种“容器”，是人所处的空间和场所。《汉书·食货志》进一步明确古代如何凭借“城”这个空间实体来“著民于地”,从而实现安民、治民，并称这种方法为“圣王域民”之法，包括两个方面：一方面，筑城郭以“居”民，制庐井以“均”民，开市肆以“通”民，设庠序以“教”民，使得万民各得其所，可谓“安其居”。另一方面，“圣王量能授事，四民陈力受职”，士、农、工、商四民分业，士人“学以居位”，农人“辟土殖谷”，工人“作巧成器”，商人“通财鬻货”,可谓“乐其业”。在古代中国,一切社会经济活动都必须从属和依从于“王制”，即使发展经济（“食货”）的目的也在于“治国安民”，天下所有财富必须作为皇权统治万民的工具。相应地，筑城制里设市立学，着眼于治国安民，实际上是将人民布置到合适的地方，形成类似我们今天国土规划的城邑体系，“聚人守位”，以实现国家层面的宏观控制。

尽管中国古代的“城”也是朝廷下派官员的驻地，是行政统治的据点，是“官场”，但是，淹没于乡村世界之中，在城乡关系中是乡村而不是城市居于决定性的地位。国家对“城”进行强有力的控制，导致城市工商业基础和市民阶层皆先天不足，即便到了晚明商业城市崛起以后，读书人仍然对于城市生活有时警惕。在相当程度上,中国古代的城是消费而不是生产的地方,“城”与“乡”不能平起平坐。总之，从城乡关系看，古代中国为“乡村关系”所主导，“城”是薄弱环节，是乡村而不是“城”规定了中国的生活方式。

值得注意的是，至迟西周时期，明确而具体的文字记载已经表明，中国古代那种充满礼乐的社会已经出现，通过“体国—经野”，形成一个个空间有序、社会和谐的“城邦”,“城”成为统治者对广域空间与社会网络实行有效统治的“节点”。因此，在古代中国，关于“城”的规划实际上是“城”与“乡”一体的规划，规划是治国理政的工具。约成书于公元前3世纪上半叶的《文子·上礼篇》引用老子的话，追忆了早期“圣王”（统治者）的“治之纲纪”（统治术）：

> 昔者之圣王，仰取象于天，俯取度于地，中取法于人。……列金木水火土之性，以立父子之亲而成家；听五音清浊六律相生之数，以立君臣之义而成国；察四时孟仲季之序，以立长幼之节而成官。列地而州之，分国而治之，立大学以教之，此治之纲纪也。

显然，这是一套关于城乡空间的治理术。圣王讲究三才相参、五行相合的大道理，形而上的“道”落实到具体的空间上，就是“列地而州之，分国而治之，立大学以教之”，这三个方面都是与不同层次的空间规划相关的内容。其中，“列地而州之”是分地设州，相当于区域尺度的国土空间规划层次，即前述通过战略性地布置城邑体系，实现对广阔地域的控制，与《周礼》所言“辨方正位，体国经野，设官分职”相一致[1];“分国而治之”是分国（城）施治，相当于地方尺度城乡空间规划层次,主要工作是“量地以制邑,度地以居民”[2]、“营邑立城,制里割宅”[3];“立大学以教之”是立学施教,针对个体的人(民)的教化,具体说明中国古代的“城”如何实现“盛民”的目标，从而成为管理国家广阔地域空间的一种工具。这种“空间—社会”治理术在成书于公元前2世纪的《淮南子·泰族训》中被进一步体系化，并总结、提炼和深化，在中国城市规划学发展史上具有继往开来的性质。[4]

综上所述，在古代中国城市是“盛民”的“容器”，规划的目的在于“致治”，基本模式是以“辨方正位—体国经野”为框架，通过“量地制邑—度地居民—营邑立城—制里割宅”这种建设性的营城活动，为居民的安居乐业提供宜居有序的物质空间，并实现社会治理。

3 工业化与城镇化进程中的城市与规划

自1840年以后，中国长期处于“落后”与“挨打”的生存状态，自觉不自觉地形成了“以洋为师”的追赶式发展观。“二战”后，民族国家纷纷独立，在以经济增长为核心的战后重建中，形成了利用国家力量实现经济增长的现代化战略。1950年代后，中华人民共和国实行计划经济体制，开始有计划地推进国家工业化，当时“一边倒”地学习苏联，采取了“三位一体”的重工业优先发展、农产品统购统销和城乡隔绝的户籍制度。[5]在实践中，将城市作为工业化的载体，采取“变消费性城市为生产性城市”的举措，全国一盘棋，集中力量保证重点工业建设，配套建设了一批“工业城市”(即一些保障工人生活的城市新区);国家资源大量倾斜于重工业生产环节，“先生产后生活”，压抑了城市的生活和消费，阻碍了人民生活水平的提高。考虑到劳动力市场，工业也会选址在城市郊区或城市中，城市是为生产服务的，工业生产主导城市发展。总体上，工业化成为经济社会发展的统治性和强制性力量。

在计划经济时代，城市规划附属于国民经济社会发展计划，是“国民经济计划的延伸和具体化”，城市规划以高度集中的国家投资体制为依托，为社会主义工

---

❶ 郭璐，武廷海，2017。
❷ 详见《礼记·王制》。
❸ 详见《汉书·晁错传》所载晁错向汉文帝的上疏。
❹ 武廷海.中国古代城乡规划传统的知识框架.见：中国城市规划学会，2018。
❺ 林毅夫.解读中国经济[M].北京：北京大学出版社，2012.

业化服务。为了配合新工业区的建设，必须迅速做好城市规划工作，1954 年 8 月 22 日人民日报社论“迅速做好城市规划工作”准确地表达了城市规划作为一种国家自上而下安排投资、组织建设的工作：“如果不作好城市规划，对住宅建设的地点、街坊的布置、公共生活福利设施的分布等不能及早确定，厂外工程设计和住宅区的设计就会发生混乱现象。”1962 年，周恩来总理视察大庆，将大庆矿区建设方针总结为“城乡结合、工农结合、有利生产、方便生活”，并向全国推广。在大庆模式主导下，以三线建设项目为主的工作被简化为工业总图规划和以工业生产为核心的厂区或矿区规划。

改革开放以来，中国逐步突破计划经济体制，转向了以经济建设为中心的社会主义市场经济体制，探索迅速摆脱贫困、走向富裕之路。中国融入全球经济，客观上顺应了世界资本主义“空间定位”的大趋势，并且通过资本、技术、劳动力和土地的结合，走上了“空间生产”道路，启动了大规模快速城镇化的进程。1980—2017 年，常住人口城镇化率由 19.39% 提高到 58.52%。历史地看，1990 年代初期，获取土地红利并非我国城市土地开发的主要目的。在这个阶段，地方往往廉价甚至“零地价”出让土地以招商引资，即使存在“空间生产”机制，也仅仅是工业生产的一个补充环节。然而，随着土地和住房商品化改革的深入，土地的出让方式和目的都发生了根本性变化。在很多城市，低价出让产业用地、间接获得税收已难以满足日益膨胀的资本需求，开发土地的目标转向了大规模的房地产和商业用地出让，甚至直接进行土地抵押获取贷款。房地产业的发展，极大地拓宽了地方吸收资本的渠道，增强了城市空间生产的能力，城市已不再单纯依赖廉价劳动力供给和对外招商引资。到了这个阶段，空间生产已经不再屈从于工业化，空间生产与空间生产并置，并成为国民经济增长中一种能动的生产力量，也是推动城镇化的关键力量。1997 年亚洲金融风暴以来特别是 2008 年北京奥运会以来，中国新城以及多种城市经营、城市开发方式的出现，可谓地方由以人口红利为中心的工业生产模式，向以土地红利为中心的空间生产模式转变的外在表征。

事实上，当前中国城市发展已经处于动产的生产（工业生产）与不动产（房地产）的生产（空间生产）这两个部门的交错点上，影响国家社会经济发展全局。2015 年中央城市工作会议指出：“城市发展带动了整个经济社会发展，城市建设成为现代化建设的重要引擎。城市是我国经济、政治、文化、社会等方面活动的中心，在党和国家工作全局中具有举足轻重的地位。我们要深刻认识城市在我国经济社会发展、民生改善中的重要作用。”然而，在工业化框架内形成的城市规划显然是不能满足新时期城市工作需要的。面对工业生产与空间生产共存的局面以及城市化的主导性地位，似乎准备不足，城市规划对城市工作的关键的、交错性甚至可以说枢纽性作用，被掩盖、忽视和低估了。2014 年 2 月 26 日习近平在北京市考察时的讲话指出："城市规划在城市发展中起着重要引领作用，考察一个城市首先看规划，规划科学是最大的效益，规划失误是最大的浪费，规划折腾是最大的忌讳。"2017 年 2 月 24 日习近平在北京市考察时再次重申了这个论断。

纵观六十多年来中华人民共和国城市发展的实践可以看出，在工业化进程中，城市是工业生产与服务基地，工业化是影响城市发展的主导力量，城市规划是保障社会主义工业化有序开展的技术工具；在大规模快速城镇化进程中，城市空间生产已经成为城市规划建设的主导力量，城市规划是保障社会主义市场经济条件下城市空间生产有序开展的技术工具。当前，中国城市处于工业生产与空间生产的交汇点上，经济社会发展形势客观上要求"城市规划在城市发展中起着战略引领和刚性控制的重要作用"[1]。总之，城市成为服务于"生产"的工具，实现"发展"的手段，而生产或发展的目的——为了美好生活——已经被手段（或工具）所遮蔽了，这是发展过程中的问题，同时也是关系发展本身的问题，对于我们进一步思考面向美好生活的城市规划具有理论意义。

4 以存在看待发展，创造美好生活

中国大规模快速工业化与城镇化取得了巨大社会经济成就，同时也带来了前所未有的问题，包括住房难、看病难、上学难、就业难等城市社会问题，"去村化"、农村衰败、乡土文化消逝等农村社会问题，以及土壤、水、空气污染等环境问题，这些问题集中涌现且相互关联，堪称工业化与城镇化危机，日益威胁人民安居乐业和城市健康发展。[2]我们应当客观承认，无论这种追赶式发展具有多么充足的历史合理性，其在本质上都是自觉不自觉地把发展理解为经济增长，GDP 挂帅，深刻影响了一种无限进取的竞争观、政绩观、人生观。应该说，这种追赶式发展观本身饱含"生于忧患、死于安乐"的存在意识，目的是为了避免"落后就要挨打"（毛泽东）或者被"开除球籍"（邓小平）的局面。但是，客观的发展历程表明，我们在很大程度上还是以西方发达国家为参照系，以西方现代化为标准，因此也几乎"继承"和"再造"了资本主义发展中的全部问题，并已经成为一个大问题——为"资本逻辑"所左右。相应地，包括城市规划在内的制度政策不仅容忍而且参与了资本逻辑下的空间生产这项巨大的操作，空间变成了各种功能得以实施的场所，其中最重要的和最隐秘的方面在于，它以各种新颖的方式构成、实现和分配这个社

[1] 中共中央国务院《关于进一步加强城市规划建设管理工作的若干意见》，2016 年 2 月 6 日。
[2] 武廷海，等，2014。

会的剩余价值（在资本主义生产方式范围内是使剩余价值普遍化），人不但被还原为只是作为一个居住者而发挥功能（居住作为功能），而且被作为空间的购买者——一个实现其剩余价值的购买者来看待。[1]

工业化与城镇化进程中的问题已经引起了人们的深刻反思，追求真正的美好生活（Good Life）或幸福（Well Being，好的存在状态）内在地构成了当代哲学家思索的焦点。胡塞尔强调回归"生活世界"，海德格尔期待"诗意地栖居"，弗洛姆呼唤"重生存"的生存方式，马尔库塞主张"审美革命"，哈贝马斯反抗"生活世界的殖民化"，芒福德认为"城市文化归根到底是在更高的社会层面上展现的关于生活的文化"，等等，都是如此。西方都市马克思主义从空间生产角度批判抽象空间挤压自然空间造成交换价值对使用价值的僭越，实际上也可以理解为，资本逻辑支配下的空间生产只是为了更多地"占有"（Have），而遗忘了"存在"（Be）。基于对发展的反思，德尼·古莱的《发展伦理学》明确指出，发展主要涉及的是有关"什么是美好生活"的内容，他认为，"虽然在某些方面，发展本身是追求目的，但在更深层方面，发展从属于美好生活"，而"最大限度的生存、尊重与自由"是人们追求的美好生活目标；美好生活必须通过发展"拥有"足够的物品，但物品富足并不等于美好生活；美好生活和幸福根本一致："如果不联系人类幸福的内涵，就不可能做出生活质量高下的判断"。他认为，"在伦理道德上合情合理的唯一发展目的是使得人们更加幸福。这也是在伦理道德上合情合理地不要发展的唯一目的"。[2]

从根本上说，作为对资本主义社会的积极扬弃，社会主义社会一定要让人民过上比资本主义社会更加真实美好的生活。实现人民的美好生活和人类的自由解放是同一个历史进程，这也构成了中国革命、建设和改革一以贯之的深层逻辑主线。经过艰苦卓绝的斗争，中国已经完成了解放中国人民的历史任务，为中国人民的幸福美好奠定了根本的前提。四十年波澜壮阔的改革开放，中国人民实现了一定程度的美好生活，特别是物质生活方面。2015年12月中央城市工作会议要求，"做好城市工作，要顺应城市工作新形势、改革发展新要求、人民群众新期待，坚持以人民为中心的发展思想，坚持人民城市为人民。这是我们做好城市工作的出发点和落脚点"，这正是新时代为人民谋幸福、实现人民对美好生活的向往的生动体现。党的十九大提出"美好生活"就是直接面对有关"发展"的"问题"，2018年8月8日，《人民日报》刊发署名"宣言"、题为《风雨无阻创造美好生活》的文章，明确提出：创造美好生活，就要解决"快速发展"留下的问题，破除"发展起来之后"的烦恼，迈过"进一步发展"绕不开的坎。

---

[1] 勒斐伏尔，2018。
[2] 德尼·古莱，2003：第43、49、241页。

总之，立足当下，检讨各种发展观，对发展进行彻底的、根本性的反思，我们发现当今发展问题的本质就是如何存在和更好存在的问题，我们必须回归发展的基本（Go to Basic），以存在看待发展[1]，创造美好生活。前述实践中人人体验到的诸多问题甚至危机，实际上正是现代发展观基础本体论的阙如这个先天性的理论不彻底（或缺陷）所导致的。如果说发展是硬道理，那么存在就是发展的金规则，存在是发展的本体，传统的片面的经济追赶型增长方式必须向经济、社会、生态、文化、政治等综合的“可持续”发展方式转变。

5 规划看护存在，构建美好人居

现代城市规划，究其本质，乃是为发展提供空间保障并改良缓解社会危机的一种工具与手段，西方学者有称规划是“国家通过法律手段来实现的城市化过程（Civilizing Process）的一部分……不仅使生产的外部物质形态合理化，而且还维持……已经形成的社会关系。”[2]如果以存在看待发展，面向美好生活，那么，城市规划的立足点、工作重点和价值追求就必须做出相应的调整与改变。

第一，将“共在”作为城市规划的立足点，聚焦人居环境。

人的存在，从来不是孤立的个人存在，而是与他者的共在（Co-being/Being with others），不能共在就不能存在。对城市而言，其起源就最根本地奠基于人的群性或社会性。亚里士多德在《政治论》中解释他所说的城邦：

> 城邦（虽在发生程序上后于个人和家庭），在本性上先于个人和家庭。就本性来说，整体必然先于部分。……我们确认自然生成的城邦先于个人，就是因为（个人只是城邦的组成部分）每个隔离的个人都不能自给其生活，必须共同集合于城邦这个整体（大家才能满足其需要）。

究其实质，城市是作为总体性而存在的人，是作为人的本质的“社会关系的总和”的对象化，是全面规范、实现、发展人多层的人性、多样需要的综合空间形式。对于城市规划来说，人的共在也是根本的立足点与出发点。

人的共在就是共同在于世界中存在（In der Welt sein），这种共在不是抽象的，世界最起码的含义是时间和空间。人们在空间中存在及其空间表现形式丰富，其中最直观的、最基本的是居住。从古代安其居、乐其业的理想，到现代住者有其

---

[1] 沈湘平，2017。

[2] Philip Cooke. Theories of planning and spatial development. London：Hutchinson Educational 1983.

居的追求，居住都是人类生存的基本条件和前提。住房是实现住有所居的物质载体，城乡住房建设与供给的实质，是通过对“地”（更确切地说是“空间”）的安排（包括选址、规划、设计、建设等）来安置人民（满足人民不断增长的空间需求），从而实现社会的长治久安，这也是中国城市规划的优良传统。进而言之，人类居住是以“聚居”的形式出现的。从最小的三家村到村镇与城市，以至大城市、特大城市，尽管规模不一，但都是人类的聚居地，吴良镛先生提出“人居环境”的概念[1]，城市是一种人类聚居环境；梁鹤年先生提出“城市人”的概念，其前提和原则就是“自存—共存平衡”：

> 不同的聚居根据它的人口规模、人口结构、人口密度等提供不同的空间接触机会。规划是尊重人的尺度，按自存—共存平衡的原则去匹配典型“城市”人与典型聚居。[2]

如今，城市聚居已经成为人类居住方式的主体，城市也是人类共存的空间表现与实现。城市规划必须把“共在”作为立足点，突出好的存在（幸福，Well Being）即美好生活这个发展目的。党的十九大已经提出人民日益增长的美好生活需要，这是一个实践问题，它涉及我们工作的重点和方向，同时也是一个重大理论问题，需要城市规划工作者要思考的重大问题，因为它牵连到对生活的一些根本性问题的思考。1997 年，武廷海曾从城市文化角度揭示城市与美好生活之间本质的关联：

> 城市无论其文化背景多么特殊，从本质上讲，都在一定程度上代表着当地的以至更大范围的美好生活。离开了人的生活，所谓的城市充其量只能算是文明的废墟，抑或历史的遗迹。城市同人们生活之间这种本质上的关联，正是我们理解城市文化的关键。[3]

当前宜聚焦人居环境对创造美好生活作更为广阔而深入的规划思考。例如，全球化和城市现象的全球性本质正在浮现，在全球层面上要把城市放在一个更大更广的系统中即整个地球的生态系统中考察，从“只有一个地球”[4]到“我们共同的

---

❶ 吴良镛，2001。
❷ 梁鹤年，2012、2016。
❸ 武廷海，1997。
❹ 1972 年，在所谓“拉美问题”的大背景下，出现了两部对发展产生深远影响的书——《我们只有一个地球》和《增长的极限》，说明到发展并不是放任的，而是有其成为可能的极限与前提——主要是自然生态的前提。

未来”[1]，到“星球城市”（Planetary Urbanization）[2]这个“命运共同体”，这是“人类”的“共存”；在国家层面上，把城市要放到生态文明的高度来考察，从1993年提出追求可持续发展的行动纲领《中国21世纪议程》，到2003年提出以人为本、全面协调可持续的科学发展观，到2015年提出“创新、协调、绿色、开放、共享”五大发展理念，对国土空间的整体整治与开发，建设人与人、人与自然和谐共处的美丽家园；在城市层面，要认识到城市具有趋向于集中的本性，不同的生产关系通过独特的生产方式相聚一处，并且，呈现为一种多元的、全方位的集中，城市既是形式又是容器，既是空的又是充实的，它与形式的逻辑相关，也与内容的辩证法（内容的差异和矛盾）相关，不能以一种简化的社会逻辑，即一种纯粹的形式逻辑取而代之，或通过强调某种特定的内容（可交换对象的工业生产等）的方式取而代之。[3]

第二，通过规划协调空间生产与使用中的人民内部矛盾，保障空间“共享”。

人民日益增长的美好生活需要既有共同的一面也有冲突的一面。同为中国人，人们对美好生活的需要天然具有相通、相同的方面。然而，不可否认，由于社会阶层、群体的分化，利益多元化、价值多样化成为客观事实，利益冲突、价值观矛盾在所难免，不同阶层、群体、个人从自身出发对美好生活的诉求时有冲突。矛盾无处不在，并且有时还比较激烈。例如，城市中常见的“邻避效应”——人们反对将有可能损害身体健康、环境质量、资产价值亦即有可能妨碍自己美好生活的设施（如化工厂、核电站、垃圾场、殡仪馆等）建设在自家附近，但并不反对其建在别处；又如，某城市为了本地居民的美好生活而大规模疏散外地务工人员，而外地务工人员正是为了自己及家人的美好生活才来到该城市，等等。这些矛盾与冲突客观上凸显出一个“谁的美好生活”的问题，“美美”矛盾、诸善冲突的问题，大家都追求美好生活，结果却因为各自的美好生活之间存在冲突而美好不起来。在某种意义上，这就是从主体角度理解的新时代社会的主要矛盾，它已经成为当前中国社会一个十分突出的问题。甚至可以认为，这一矛盾是当前“人民内部矛盾”的集中展现，而对它的解决也成为进一步推动中国社会发展，真正实现人民美好生活的关键。[4]

城市空间生产与利用中诸多矛盾与问题的解决，离不开“空间共享”[5]。所谓空

---

[1] 1987年，世界环境与发展委员会发表报告《我们共同的未来》，进一步探究了生态破坏对经济发展的制约，第一次系统阐述了“可持续发展”观念，报告三个部分的小标题分别是：“共同的问题”“共同的挑战”和“共同的努力”。

[2] Lefebvre，1970；Andy Merrifield，2013；Neil Brenner，2014.

[3] 勒斐伏尔，1970。

[4] 沈湘平，2018。

[5] 武廷海，等，2014。

间共享是“人”对“空间”的共享，实际上是指主体与主体之间的共享，如我与你、他与他，个人之间，群体之间，阶层之间，等等，空间自身是不能共享的。在我们这个时代，要达到一定的空间共享，离不开城市规划的协调。通过规划协调空间生产与使用中的人民内部矛盾，保障空间“共享”，这是新时代我国社会主要矛盾（即人民日益增长的美好生活需要和不平衡不充分的发展之间的矛盾）赋予城市规划的新使命。

为了空间共享，城市规划对空间生产与使用中人民内部矛盾的协调具有丰富的内涵与表现。以住房为例，当前中国住房问题复杂、内涵丰富，有关住房问题的对策要避免简单化和一刀切。所谓空间共享，从城市规划的角度看，一是全民共享（即“人人共享的城市”），首先要考虑住房供给的对象与覆盖面，尤其是农民住房问题和城市保障房问题；二是全面共享，概括来说住房问题有数量短缺、质量欠佳、分配不均等多种表现形式，共享的内容包括住房供给的数量、质量与分配；三是共建共享，必须考虑空间共享的具体实现途径；四是渐进共享，必须注意解决住房问题的节奏与速度。当前，则要优先考虑住房的居住属性。2016 年 12 月中央经济工作会议要求促进房地产市场平稳健康发展，坚持“房子是用来住的，不是用来炒的”的定位。

第三，发掘“人—城—居”的哲学蕴涵，构建人类精神家园。

城市，就其物质形态而言，通常以高度密集甚至高楼大厦为标征。但是，城市的本质却是精神性的，城市奠基人性——人的群体性或群居性，这是“人”能够“共存”或“共在”的社会与空间映射。如果说传统家庭、村落、集镇等只是在相对狭小的空间内满足了人的群体性需求，那么现代城市则显然是将这种需求进行了放大，并展示出令人叹为观止的物质奇观。

现代意义上的城市是工业化、城市化的产物，直至目前很多关于城市的研究总是仅仅从外在的有用性这种关系来理解。实际上，城市古已有之，是“盛人”的容器或“人居”之环境，要看懂都市这本“书”就必须从研究人的本质力量对象化即实践活动入手。城市空间其实都是人化空间，空间生产本质上是生产关系的生产，归根结底是人的社会关系的生产。空间生产中出现的各种城市问题，尤其是所谓城市病总体上可以理解为人的本质力量的异化。

人民不断增长的美好生活需要，是满足基本需求之后的一种好的存在状态和方式，是“幸福”地存在与“共在”。人是生理、心理、心灵的存在物，从根本上说，幸福美好乃是心灵的满足。因此，在终极或根本的意义上，人民的美好生活需要是安顿心灵、建立精神家园的需要。因此，城市规划对城市的认识要从生产和占有空间进到人的幸福存在。城市不是简单的物质、人口汇集之地，而是人类群居生活的高级形态，有着独特的共同文化想象。文化是一个城市的灵魂和精神标识所在，是城市社会发展深层、基础、持久的力量。[1] 在此意义上说，人居是物质的，是安民之所，同时也是文化的，是教化之区，这也正是中国古代城市及其规划的一个传统。

长期以来，城市作为人居环境，作为居所的含义（住者有其所），作为有体有形的物质环境（Physical Environment），日益成为社会共识，并被作为重要的科学研究。[2] 面向创造美好生活，需要进一步揭示人居的哲学蕴含，“城市”是“人”“生存”（“居”）于“大地”上的主要形式，“人类”的“存在”通过“城市”（“人居”）来体现，人类“居住的真正困境”在于人“总是重新追寻居住的天性，他们必须永远学习去居住”，在本真的意义上，我们必须追求“诗意地居住”，就是说：“诗意创造首先使居住成为居住。诗意创造真正使我们居住。”[3] 时代呼唤更为广阔的面向“人居实践”的“人居科学”[4]。因此，要从价值论与存在论的高度深入揭示“人—城—居”的根本关系，并且将它作为讨论一切城市及其规划问题的基本前提。

6 结论

当前正值党和国家机构改革，包括城市规划在内的“国土空间规划体系”正在重构，新的国土空间规划体系如何对待“城市工作”，落实中央城市工作会议与党的十九大提出的坚持以人民为中心的发展思想，坚持人民城市为人民，城市工作的中心目标是创造优良人居环境？在中国社会主义进入新时代，我国社会主要矛盾已经转化为人民日益增长的美好生活需要和不平衡不充分的发展之间的矛盾的情况下，城市规划的主要功能如何因应？在创造优良人居环境过程中，城市规划如何发挥战略引领和刚性控制作用，满足人民日益增长的美好生活需要？

有鉴于此，本文发掘了人类历史与思想史上城市与美好生活的本质关联，系统考察中国古代与近现代城市功能与规划性质变化，针对当前大规模工业化与城镇化进程中，探索通往美好生活的城市规划之路。研究认为：

（1）将美好生活作为发展目标是对传统发展（包括城市）模式与道路进行批判性反思的结果，客观上美好生活已经为中国社会主义建设包括城镇化实践给出了一个方向，展现出一条地平线，也必将成为最重要的检验标准。相应地，城市规划作为城市工作（而不是经济工作或土地工作）的组成部分，亟需面向美好生活，

---

❶ 沈湘平．中国城市社会发展的逻辑紧张及其影响 [J]. 探索与争鸣，2017（12）：87-91.
❷ 吴良镛，2013。
❸（德）M. 海德格尔，诗·语言·思 [M]. 彭富春，译．北京：文化艺术出版社，1991：115，187.
❹ 吴良镛，2016；何兴华，2016；段汉明，等，2017。

围绕以人民的美好生活为核心，调整工作方向与工作重点，开辟一条通往美好生活的道路。

（2）在中国特色社会主义建设新时代，城市规划要将人的“共在”作为立足点与出发点，聚焦美好人居环境建设，在天地大系统中协调空间生产与使用中的人民内部矛盾，保障空间“共享”，这是城市规划在新时代的新使命。

（3）发掘“人—城—居”的哲学内涵，在创造优良人居的过程中构建人类精神家园，发展面向人居实践的人居科学，为新时代城市规划乃至空间规划体系的构建，提供了广阔的实践与理论空间。

参考文献

[1] 陈忠．中国城市社会的“总体性”：趋势、问题与营建 [J]. 探索与争鸣，2016（12）：21–23.

[2] （美）德尼・古莱．发展伦理学 [M]. 高铦，温平，李继红，译．北京：社会科学文献出版社，2003.

[3] 段汉明，武廷海，白云帆．钱学森的科学思想与吴良镛的人居科学 [J]. 人类居住，2017（04）：50-54.

[4] 郭璐、武廷海．辨方正位　体国经野——《周礼》所见中国古代空间规划体系与技术方法 [J]. 清华大学学报（哲学社会科学版），2017，32（06）：36-54+1.

[5] 何兴华．人居科学：一个由实践而建构的科学概念框架 [J]. 人类居住，2016（04）：39–47.

[6] 胡大平．都市马克思主义导论 [J]. 东南大学学报（哲学社会科学版），2016，18（03）：5–13+2+146.

[7] （德）M・海德格尔，诗・语言・思 [M]. 彭富春，译．北京：文化艺术出版社，1991.

[8] （法）唐利・列斐伏尔（1970）．都市革命 [M]. 刘怀玉，张笑表，郑劲超，译．北京：首都师范大学出版社，2018.

[9] （加）梁鹤年．以人为本的城镇化 [J]. 人类居住，2016（04）：6–8.

[10] （加）梁鹤年．城市人 [J]. 城市规划，2012，36（07）：87–96.

[11] Merrifield，A. The Urban Question under Planetary Urbanization. International Journal of Urban and Regional Research. Volume 37（3），2013：909–22.

[12] Neil Brenner. Implosions / Explosions：Towards a Study of Planetary Urbanization. Berlin：Jovis Verlag GmbH，2014.

[13] （美）诺曼・泰勒，罗伯特・M・沃德．21 世纪的社区发展与规划 [M]. 吴唯佳，等译．北京：中国建筑工业出版社，2016.

[14] 强乃社．论都市社会 [M]. 北京：首都师范大学出版社，2016.

[15] 沈湘平，刘志洪．正确理解和引导人民的美好生活需要 [J]. 马克思主义研究，2018（08）：125–132+160.

[16] 沈湘平．以存在看待发展 [J]. 江海学刊，2017（01）：42–50.

[17] 沈湘平．中国城市社会发展的逻辑紧张及其影响 [J]. 探索与争鸣，2017（12）：87–91.

[18] 吴良镛．人居环境科学导论 [M]. 北京：中国建筑工业出版社，2001.

[19] 吴良镛．人居科学之道 [J]. 人类居住，2016（04）：2–5.

[20] 武廷海．追寻城市的灵魂 [J]. 城市规划，1997（03）：25–28.

[21] 武廷海，张能，徐斌．空间共享——新马克思主义与中国城镇化 [M]. 北京：商务印书馆，2014.

[22] 张笑夷．以“都市革命”来改变世界——对列菲伏尔《都市革命》的再发现 [Z]// 马克思主义哲学评论：．第 3 辑．北京：社会科学文献出版社，2018.

[23] 中国城市规划学会．中国城乡规划学学科史 [M]. 北京：中国科学技术出版社，2018.

[24] 习近平．决胜全面建成小康社会夺取新时代中国特色社会主义伟大胜利——在中国共产党第十九次全国代表大会上的报告 [M]. 北京：人民出版社，2017.

王学海

王学海，上海千年城市规划工程设计股份有限公司总规划师，中国城市规划学会学术工作委员会委员、历史文化名城规划学术委员会委员

规划在城乡发展品质形成中的作用和地位

伊利尔·沙里宁曾说："让我看看你的城市，我就能说出这个城市的居民在文化上追求的是什么。"从这个意义来看，城市品质不仅仅体现出一座城市的城市建设水平，一座城市的品质彰显着这座城市的文明水平，展现出这座城市人民的文明素质。

城乡发展品质是城乡规划建设管理人员毕生追求的目标，在人类发展的数千年历史中，留下了数以千计集聚和展现人类最高文明的城市和更多的难以计数的村镇，但在这些繁多的城市和村镇中，能引起人们关注和驻足的为数不多，被人推崇和向往的更是少之又少，这些市镇中的精华正是高品质的城镇。

在这些高品质的城镇中，由于历史的消磨，大部分我们已经难于知晓这些城镇在形成自身品质的过程中是否有持续固定的规划，但对于城市这样复杂的系统来说，如果没有预先的建设计划，是很难组织出这样有品质的建设成就。所以说规划，不管它是否有留存的蓝图，一定是在高品质的城镇形成过程中发挥了关键的作用。

那么规划在城乡发展品质形成中发挥了怎样的作用?

1　城乡发展品质形成的核心要素

在城乡发展形成自身的品质这一漫长过程中，很多因素影响着品质的积淀，诸如生产力发展水平、建筑技术、施工工艺、建筑材料等，但这些重要的因素需要圆满地组织在一起，才可能一砖一瓦地建设成独具特色的品质城镇，这就像一个优质产品的产生，需要生产优质产品的诸多要素紧密地结合在一起，按照特定的工序精密地运转。对于城市这样复杂的人类文明产物来说，其品质的控制就更

为困难了，我们就先从一件普通产品的品质管控来分析品质管理的核心要素。

从产品的品质形成和管控角度来看，质量管理体系是贯穿全系统的关键。质量管理体系（Quality Management System，QMS）是指在质量方面指挥和控制组织的管理体系，它将资源与过程结合，以过程管理方法进行的系统管理。在质量管理体系中，一般包括管理活动、资源提供、产品实现以及测量、分析与改进活动等过程组成，可以理解为涵盖了从确定顾客需求、设计研制、生产、检验，到销售、交付等全过程的策划、实施、监控、纠正与改进活动的要求，一般以文件化的方式，成为组织内部质量管理工作的要求。

这样的概念描述，如果把城市看作是特殊复杂的产品的话，城市建设管理就像是城市这种产品的质量管理体系，而城市规划就是这个体系中的一个重要的因素。为什么这样说呢？因为高品质的形成是需要用复杂缜密的控制体系来进行控制的，只有在这样严密的系统控制下，各种城市建设要素围绕系统运行的计划投入和展开，城市建设的品质才有可能坚持贯彻。

在这样的体系中，一些关键要素的控制至为重要。在质量管理体系概念里的通用要素中，产品特质、设计研制、资源、生产、检验、交付，以及实施、监控、纠正与改进等，都很深地影响到产品的品质。这些要素用城市规划的语言来说，那就是城市发展的愿景、城市设计与建筑单体设计、城市建设条件、建筑材料、施工技术与建造工艺、施工监理与验收，还包括城市建设过程当中的纠偏与修正等。

这些要素中，城市发展的愿景、城市设计与建筑单体设计这些前置要素直接就是城市规划的范畴与内容，而其他的要素都或多或少的反过来影响城市规划的编制与实施。这样分析下来，城市规划作用的重要性就显现的极为重要，城市规划也就可以看作是城乡发展品质形成的核心要素。

从世界范围现存的高品质城市来看，正是城市规划所起到的品质控制体系作用，确保了其他的各个要素发挥出积极的效应——像早期的城市，虽然建筑技术和建造工艺都还较为落后，但并不妨碍其成为可以传世的经典；反而在建筑技术、工艺、材料高度发达的今天，到处可见的是大量无趣、乏味、败落的城市和社区，技术的进步无非成了人们破坏自然环境更加锐利的帮凶。

其他的要素也影响着城市的品质。一些时候，某个局部的杰作，建筑或公园，也会熠熠发光，但却很难改变城市品质不高的局面。比如印度的泰姬陵、巴西的圣保罗大教堂、泰国的大皇宫，本身都是世界闻名的杰作，而周边却是污水四溢，环境脏乱的衰败景象。这些杰作提升了所在城市的知名度，甚至成为城市的标志，但却无法提升整个城市的品质。

城市规划的品质，决定了城市品质的塑造。高品质的城市之上，都有一个高品质的城市规划，而品质不佳的城市规划，一定会导致一个混乱和无序的城市。从不同的城市实例都可以佐证城市规划是城市品质形成中最重要的因素之一。

2 规划在城乡发展品质形成中的作用

城市品质是城市在漫长的发展历程中不断积累沉淀形成的，城市规划在这个过程中发挥着关键的作用。虽然大部分城市从开始就有一个完整的布局，但城市规划发挥的作用可不是这么简单，有的城市历经千年而不朽，散发着勃勃的生机，那么这个城市的规划不可能是一个一成不变的“经典”，而是一个不断变化、不断提高的体系。不过这个体系中，一些关键的核心要素还是由最初的规划形成了基础骨架，并在随后的城市规划中进行了修正和强化。那么规划在这些核心要素确定时发挥了什么样的作用?

2.1 城市发展愿景

在一个城市发展过程中，之所以能坚持数百上千年不倒，形成高品质的城市，一个重要的原因就是有一个持续不间断的城市目标。这个目标为城市在建设伊始就形成了主要的框架，并一直引导着城市向着这个目标不断地前进。城市规划在城市品质塑造中的第一个重要作用就是帮助描绘城市发展愿景，凝聚全体市民的理想，形成城市发展的目标。

城市发展目标决定着一个城市的发展格局，目标有多长远，格局就有多宏大。只有目标可以统一城市的所有意志，共同参加到城市的各项建设活动中，使城市中的每一个人自觉地遵守城市规划制定的各项规则，并接受城市管理者的制约，将自己的建设计划与城市目标相一致，使城市的居民充分享受到城市品质带来的优质生活，同时愉快地成为城市高品质目标的实现者。

描绘城市发展愿景既有从开头就制定下来的，从上到下一次推进的；更多的则是混合形成的，从小到大逐步发展，先有人口集聚，到一定规模后才会形成城市发展愿景。也有一些特例是先有规划愿景，但随后情况发生变化，城市发展愿景在发展中慢慢改变。第一种情况中，各个国家的首都，或者曾经做过首都的城市都是这样的，北京就是一个典型的实例。大部分城市的城市发展愿景形成是第二种情况，先有一个城市的功能出现——交通、防御、产业等，人口开始集聚，城市快速增长，大家开始给这个城市归纳形成城市发展愿景，像上海就是这种类型的实例。特殊的情况是开始有城市发展愿景，但自然灾害、战争破坏、交通条件变化等因素改变了城市的发展轨迹，迫使城市修改发展愿景，西安则是这一类城市的典型。

城市发展愿景进一步往实施推进就成为了城市发展目标，汇集着城市的各项资源，承载着城市居民的美好生活梦想，不断地实现着城市宏伟的目标。在城市目标推进过程中，高品质的城市空间被营造出来，高度发达的城市文明在不断积淀，相应美好、精彩、繁荣的生活在这些空间中上演，吸引着更多的人们和更多的财富进入城市，带来了越来越多的建设资源集聚，甚至产生了超级城市的诞生——纽约、东京、上海……甚至在有的国家，一座城几乎就成为了一个国家的一切，像墨西哥的墨西哥城，阿根廷的布宜诺斯艾利斯，卡塔尔的多哈，埃及的开罗等。

2.2 城市功能的合理布局

城市布局合理与否是城市品质展现的重要基础，一座城市既要有相对清晰的功能分区，又要基于城市活力的营造，保留混合功能区的存在，这看似矛盾的功能布局原则，恰好体现出城市功能布局合理性把握的困难。

城市功能在早期城市中相对简单，展示王权的统治体系自然是城市的核心，相应的礼仪宗教建筑布局完善后，剩下的才轮到世俗平凡的市井生活安排——便于控制管辖的市民居住街坊，以及供给城市的商业市场等。近现代工业的高速发展，冲乱了原有城市的规划布局，大工业时代的城市建设尺度改变了传统城市的近人尺度，也带来了漫天的黑烟、遍地的污水和充耳的噪声，现代城市规划的出现体现出更生硬的功能划分和更实际的物质至上。这种早期城市规划在出现伊始，就脱离了以人为本的规划原则，虽然迅速地解决了近现代工业发展的布局问题，但非人性的冷冰冰一直被人诟病，施行时间不长就迎来了逐步的修正。

但产业发展、科技进步的神速，以及二十世纪蔓延全球的战争摧毁了原有的城市空间和社会结构，多重环境变化下，战后兴起的城市规划新思潮和新理论在城市重建过程中得到实施，城市功能布局逐渐趋于科学合理，生硬插入城市的非人尺度工业厂房区域通过改造，更新成为城市有历史痕迹的新型混合功能区。

城市的生命再次延续，城市继续发展。城市的发展脉络得到保护，城市规划师和城市管理者都意识到过于纯净的功能区，会带来冷冰冰的功能隔绝，进而影响到城市长远的可持续发展。于是大工业开始逐步远离城市核心，而小型的创新型企业得到保留或鼓励，与城市的第三产业区、生活区混合在一起，成为城市活力绽放、经济社会繁荣发展的土壤。

这些更加人性化的规划布局思想，使城市原有的高品质空间得以保留，同时在新建的城市区域中，这种营建高品质城市空间的功能布局思想得到继续贯彻，城市规划对城市功能的合理布局，确保了城市品质的建设基础。

2.3 城市活动的流畅组织

城市活动的流畅组织通俗地讲就是城市交通规划的主要内容，不过城市规划对城市活动的流畅组织，其内涵和深度可不仅限于交通规划，相应地对城市品质的影响都要更为广泛。

没有城市规划制定的交通对策，城市无法良好地运转，各项城市功能的正常发挥都会受到严重地影响，很难想象一个交通混乱、运行不畅的城市能够被称为品质城市。

高品质城市对城市活动的流畅组织可以从城市活动的不同类型来进行分析，即日常城市活动、特殊城市活动、紧急城市活动。日常城市活动容易理解，特殊城市活动指的是城市在大型城市节庆时举行的活动，而紧急城市活动则是城市受到自然侵袭或人为破坏时采取的应急活动。

对城市活动的流畅组织，具体的工作都是交通规划的内容，但对于高品质城市来说，要保证城市的正常和高效运转，就必须在更高的层面研究城市活动。像针对日常城市活动，城市规划首先要从城市格局、城市发展方向、功能布局等方面预先进行控制，减少由于上述问题带来的城市活动组织难题；其次城市规划要把握城市财政的负担能力、居民的出行习惯、自然条件等方方面面的因素，制定一个相对平衡的高效交通体系。高品质城市通常会更多地举办精彩的城市节庆活动，而对特殊城市活动的组织能力，支撑了城市更加丰富和多彩的魅力展示，这就要求城市规划对城市交通的组织，能在一定范围内支持大型城市活动的开展，同时将对城市日常活动的干扰降至最低。而对紧急城市活动的组织，则关系到城市的生命力，高品质城市能够持续发展，都是扛过了历史上多次天灾人祸的打击，现代城市规划已经对此加强了应对的预案，在发生紧急状况时，城市疏散和救援力量、物资投入能够有条不紊地同时进行。

2.4 城市特色的准确彰显

高品质城市都是特色鲜明的城市，没有特色的城市哪怕再大再好也只能叫作精致，还不能称之为有品质。城市规划在城市特色的准确彰显上，可以起到极为重要的作用。

城市特色的最直观展现就是有魅力的城市街区和建筑，这些实体的物质空间除本身就具有特色之外，还会影响和保留城市居民的特殊文化和独特习惯，成为城市非物质文化的载体。城市规划的一项重要工作就是竭力保护这些特色的城市区域，保留那些令人留恋的特色生活。

如果说城市特色是城市在发展建造过程中，基于独特的地理环境、民族文化、历史沉淀中慢慢形成的，那城市规划就是在城市进一步发展中，主动积极保护城市特色的努力。城市特色的形成漫长而又艰难，但在现代工业发达的今天，城市空间和建筑的尺度都可以轻易地建造得宏大无比，这样一来，几百上千年累积的城市特色可以被迅速地摧毁。如果没有主动地保护，城市会在不长的时间里抛弃低矮、狭窄、破旧的过去，迅速“洋化”、“现代化”。

在这样的背景下，城市规划为了城市特色的保护，顽强地对抗着急功近利的各方利益，很多时候孤独而又悲情。

2.5　城市空间的人文塑造

高品质的城市都被人们赋予着艺术的传奇，就像城市中的“文艺范”，除了公认的艺术中心巴黎、圆舞曲之都维也纳，世界上知名的城市都在努力地营造着自己的文艺光环。

城市规划是城市在对空间进行人文塑造时可以采用的积极工具。虽然这些知名的“文艺范”更多地存在于人们的意识中，但通过发掘名家大师们故居、作品描绘地段和场景，甚至是拿来的作品建造成艺术馆，城市规划还是可以积极地参与到城市人文空间的塑造中来，发挥爱屋及乌的联想，营造出一些浸淫着浪漫文艺气氛的城市纪念空间，摆设出与名家大师们有关的物件、雕塑以及花卉种种。

城市规划还可以配合其他设想，进一步地强化城市的“文艺范”，比如协助举办相关的艺术节、将文艺作品与城市景观小品的结合、在城市中散播着艺术的花花草草、在城市夜空中投射出艺术的光影、让音乐声飘荡在城市的每一个角落等。当然，城市规划还可以策划城市的标志性建筑，由某一位建筑大师设计的城市重要建筑，或是为了纪念名家大师举行建筑竞赛，为城市的品质，加上艺术的光环。

2.6　建设时序的科学安排

品质规划的实施组织，是创造高品质城市的保障。再好的规划，没有实施也就只是一张图纸，一个好的规划，必须为规划的实施科学安排好建设时序。

规划实施时，建设时序安排是最为困难的，因为城市的发展愿景可以在规划中进行描述，而变为现实，却面临着极大困难。首先建设的投资是分步投入的，那先投在什么地方就是难题；其次项目的建设是要按步骤的，先建什么项目，后建什么项目也是难题；还有城市的建设方是多元的，既有城市公共市政部门，还有广大的社会投资者，哪些项目由哪些部门来建设，这还是个难题。

还好有城市规划可以来研究这些难题，通过研究，我们可以把握住关键的因素进行科学安排——有限的资金可以排出一个科学投入计划；必要的建设周期可以制定一个合理的先后秩序；城市的公共资源可以组合成良好的项目，吸引投资。

品质城市建设需要用城市规划统一城市的所有意志，共同按照城市规划的实施计划，有序地参加到城市的各项建设活动中，将居民的置业计划和企业的发展计划与城市建设计划统一起来，使大家愉快地成为高品质城市的建设者。

3 作为城市品质控制的规划原则

在产品质量管理体系中有八项通用的管理原则：（1）以顾客为关注焦点；（2）领导作用；（3）全员参与；（4）过程方法；（5）管理的系统方法；（6）持续改进；（7）基于事实的决策方法；（8）与供方互利的关系。八项质量管理原则是最高领导者用于领导组织进行业绩改进的指导原则，这八项原则基本上总结了生产高品质产品所要遵循的重要程序，质量控制体系的八项原则也可以借鉴到提升城市品质的规划运用上，我们试着用城市规划术语翻译这八项品质管理原则：

（1）以顾客为关注焦点——以人为本；

（2）领导作用——规划龙头作用；

（3）全员参与——公众参与；

（4）过程方法——城乡规划法规；

（5）管理的系统方法——完善的城市规划体系；

（6）持续改进——规划修编；

（7）基于事实的决策方法——近期规划；

（8）与供方互利的关系——城市市场化运营。

这样一看是不是很清楚了，要建设一个高品质的城市，要建立以人为本的思想，树立规划引领的权威，发挥公众参与的积极性，全过程依法合规，建立完善的规划管理体系，针对问题实时调整规划，实事求是制定近期规划，建立城市运营市场，保障城市良性发展。这些都是城市规划界这些年来一直在推动的工作，只是城市远非一个普通工业产品容易控制，即使是最复杂的工业产品都不能比拟，因为城市这个产品是人类生活于其中的，而且不是一个人、一群人，而是一个社会，有的甚至是一个国家。

4 高品质规划的体系特性

高品质规划是一个严密的控制体系，这一体系结合专业特征和质量控制体系原则，必须具备以下几个特性。

4.1 符合性

要建立优质高效的城市规划，必需设计、建立、实施和保持城市规划体系。一个城市的规划体系必须依照国家的城市规划法规建立合理的组织结构，确定城市规划行政部门的职能范围，并对规划的制定和实施、审批过程的建立和运行负直接责任。

4.2 唯一性

城市规划行政部门已经建立，就要树立其权威性，最忌讳将城市规划管理权限分散、下放，在面对城市建设这样的复杂系统以及错综复杂的利益关系时，要确保城市规划的唯一性。城市规划管理体系的设计和建立，应结合城市目标、城市特征、过程特点和实践经验，不同城市具体的规划管理体系可以有不同的特点。

4.3 系统性

城市是复杂的大系统，城市规划是相互关联和作用的组合体，在建立高品质规划时要在各个环节都将系统性贯彻下去：①组织结构——合理的组织机构和明确的职责、权限及其协调的关系；②程序——城市规划是一个涉及全面的公共政策，必需制定严密的编制规程和审批执行办法；③过程——城市规划体系的有效实施，是通过其所需过程的有效运行来实现的；④资源——城市规划的实施依赖于及时、充分且适宜的资源投入，包括人员、资金、设施、设备、材料、能源、技术和方法等。

4.4 全面有效性

城市规划体系的运行应是全面有效的，既能满足城市建设管理的要求，又能满足城市与居民的生活需求，其实施和运行能够全面有效地控制城市的各项建设，使各个建设主体按照城市规划管理要求依规建设。

4.5 预防性

城市规划体系除了对未来的城市发展进行必要的超前预测之外，还应能预留弹性，允许城市规划管理者在现行城市规划实施环境发生重大变化时，采用适当的预防措施，对规划进行修编，防止发展方向和政策的变化导致城市应对不当，影响城市发展品质。

4.6 动态性

城市规划管理者要定期对现行规划进行实施评估，定期进行管理评审，以改进规划管理体系；还要支持规划管理职能部门和下属机构采用纠正措施和预防措施改进过程，从而完善规划体系。

4.7 持续受控

城市规划管理体系中的过程及其活动应持续受控，受到上级政府和城市人大机构的监管。城市规划管理体系要接受来自外部的审核，避免规划管理体系的僵化、短视化和保守化。

任何城市都需要管理。当管理与品质有关时，则为品质管理。城市规划管理正是在城市品质方面指挥和控制组织的主要协调活动，通常包括制定城市建设方针、发展目标以及相关的规划编制与管理活动。城市规划体系是使城市内广泛的建设活动能够得以切实地保证品质，从而有计划、有步骤地把整个城市主要质量活动按重要性顺序进行改善。

城市规划是高品质城市建设的保证，只有高品质的规划才能导致高品质的城市。城市规划促使政府机构思考如何真正发挥品质规划的作用和如何最优地做出提高品质的决策，从而有效地控制和提高城市建设的品质。

刘达 李志刚

刘达，武汉大学城市设计学院博士生
李志刚，武汉大学城市设计学院教授、院长，中国城市规划学会理事、学术工作委员会委员

“比较城市主义”视野下的中国城市空间品质 *

1 引言

2017 年中国城镇化率达到 58.52%，高出世界平均水平约 2.5 个百分点，正式进入到以“城市型社会”为主体的新阶段。传统的以粗放增长为导向的城市发展模式难以为继，更加注重发展质量的新型城镇化上升到国家战略层面。在此背景下，城市“空间品质”成为近年学界和各级政府关注的焦点，各类“品质提升”规划举措不断出台，新的设计理念层出不穷。不过，相对于实践层面的风生水起，我们在理论层面的储备与应对似乎稍显不足，与中国城市空间品质密切相关的很多基本问题仍然亟待回答。例如，究竟什么是“空间品质”？它应当由谁来定义？如何评判中国城市的空间品质？评判空间品质的主体应该是谁？等等。

为了回答这些问题，后文首先就现代城市空间品质问题的起源和发展进行梳理，对已有空间品质的概念界定及相关研究予以系统评述。在此基础上，借鉴国际上近年兴起的所谓“比较城市主义”理论视野，例如强调通过比较研究南北半球的城市以修正已有理论、强调南半球（地方、草根）城市经验与知识的重要意义，以此建构更加世界化、更加全面的理论体系。我们提出，中国城市空间品质的评判存在多种视野与可能，进而强调中国城市空间品质的评判不仅是一个美学问题或技术问题，更是一个重要的政治命题。最后提出中国城市空间品质提升的可能路径与应对并进行了讨论。

* 本文为国家自然科学基金（41422103、41771167）的部分成果。

2 现代城市空间品质问题的起源与发展

城市空间品质是一个相对较新的概念，虽然已被广泛接受，但随着城市研究的持续深入，“空间品质”的内涵不断发展，至今仍然缺乏统一的界定。城市空间品质是当品质研究限于城市空间这一专门领域时的专业术语，有关于城市空间品质的探讨涉及两个问题：什么是城市空间？以及什么是品质？实际上，两者都是多维度的复杂概念。例如，基于列斐伏尔的说法，当代城市空间具有三个维度：空间的实践，“空间的再现”（如编码、地图、规划、专家视角下的空间）和“再现的空间”（如感知空间、体验空间）（Lefebvre，1991），分别对应于“感受的”、“想象的”和“生活的”（Perceived-conceived-lived）空间，而且三者之间存在差异和矛盾。那么，空间品质所指的对象是哪个或几个维度？不过，在我国的城市研究中，城市空间多是指物质空间：广场、街区、新区、校园、绿地等，在对空间品质的界定上多视其为约定俗成。第二，有关“品质”（Quality）的定义可追溯到19世纪20年代的质量理论。品质既是一种客观现实，也与客观现实所带来的主观感受相关（Shewhart，1931），会随着需求与期望的改变而变化（Ishikawa，1981）。《现代汉语词典》对品质的定义：一是指人的行为、作风所表现的思想、认识、品性等的本质，二是指物品的质量。品质被视为“品味”和“质量”的综合，反映人或事物的内在精神实质，能体现人或事物的外在形象（胡迎春，曹大贵，2009）。也有人侧重于对质量的理解，提出城市空间品质是反映城市人群对城市空间综合需求的评价概念，作为空间的总体质量，反映了城市各空间组成要素在“量”和“质”两方面对城市人群和城市社会经济发展影响的适宜度（龙瀛，等，2018）。可见，无论是一般品质还是特定某种品质，普遍具有两个特点：第一，品质源于比较，其概念的外延是无品质、品质缺乏的状态；第二，品质是相对的，原有品质状态会因需求或标准的提升而沦为无品质状态。

西方学界对城市空间品质的研究源于后工业化社会对生活质量的关注（Pacione，2003）。20世纪70年代以来，生活质量研究不再局限于以物质财富为主的客观指标，而是与“社会指标运动”结合在一起，个体对生活的满意度、“主观幸福感”（SWB）、“幸福生活期望”（HLE）等社会化指标研究不断兴起。不过，有关城市空间的探讨仍主要集中于对物质空间的实证（Pacione，2003）。20世纪80年代后期，Perroux（1987）等学者提出了“以人为中心”的新发展观，城市环境（Kamp，2003）、城市空间（Smith，2008）、城市可持续发展能力（Beck，2011）等成为解析城市生活质量的重要方面，城市规划也开始转向对品质空间的关注。不过目前多数研究并未直接以“城市空间品质”为研究对象，也没有对“城市空间品质”的概念加以界定，而是将其与“城市生活质量”、“城市空间环境品质”、“可持续性”等概念一起混合使用。

国内针对城市空间品质的研究始于20世纪90年代，基于吴良镛院士等提出的人居环境科学理论，强调有序空间和宜居环境的建构（吴良镛，2017）。近年研究视野向宜居、健康、绿色、安全等方向拓展，“健康城市”、“城市更新”、“城市双修”等逐渐成为城市规划领域的热词，“满意度”、“归属感”、“幸福感”等空间感知研究迅速增加（Li，Wu，2013；Lin，Li，2017），城市空间品质提升、建设品质之城等成为当前地方政府的工作重点。石楠（2015）指出，新常态下城市发展模式的转变促进了城市空间研究的品质转向，城市风貌、城市形象、建筑风格等不再仅仅是物质环境领域的话题。阳建强（2015）、杨贵庆（2018）、龙瀛等（2018）等从城市设计、城市政策和新技术角度探讨了城市空间品质提升的方法和路径。上海（2005）、杭州（2013）等地方政府对城市空间品质建设和评价进行了积极的探索。

几乎等同于“先进”或“进步”，“空间品质”被赋予了丰富内涵，同时植入了城市发展各种新的诉求，当然也在一定程度上服务于各种诉求，特别是地方发展的诉求。作为一种颇具“现代性”的视角，“品质”重塑了过去和现实以及未来之间的关系，创造了一个全新的“开端”：将过去置于落后和缺乏“品质”属性的地位，进而为打造新的“品质空间”创造合法性，同时打开了新空间生产的方便之门。那么，能否批判性地评价“空间品质”这一概念本身？例如：是否“空间品质”提升会演变为新一轮的“创造性毁坏”（Harvey，2006）？或者，“无品质的空间”（也许，比如，城中村）是否毫无存在价值？如何更加建设性的提升中国城市的“空间品质”？此外，目前的空间品质评判主要以专家视角、科学视角（各种指标体系、大数据）为主，是否存在其他可能？这些问题，均值得思考。

因此，本文的根本逻辑，在于延续所谓“批判城市理论”的思路来思考“中国城市品质”问题，将其视为一个值得解析和思辨的核心对象，揭示其内涵的部分缺陷，从而完善和发展其理论，并以此服务于中国城市的空间品质提升。后文将结合近年城市研究领域兴起的所谓“比较城市主义”的理论观点，展开具体分析。

3 “比较城市主义”理论与“空间品质”

传统城市理论建立在西方（或者所谓北半球）工业化时期的城市发展经验基础之上，南半球被排斥在主流城市理论生产体制的外围，这一直是现代城市知识生产体系的基本结构，北半球的理论往往被运用于南半球的实证。然而，已有理论对广大发展中国家和地区的城市化现实越来越缺乏解释力，理论缺位的现象日渐明显，原因在于知识生产与运用的时空错位。进入 21 世纪，西方学术界已经形成诸多有影响的新的批判城市理论（或视域）（Scott，Storper，2015）：星球城市化（Brenner，2014）、后殖民城市主义（Gandhi，2018）、比较城市主义（Robinson，2016a）等。

比较分析一直是城市研究和城市规划的常用方法（比如战略规划就多用比较），而比较方法的复兴则是全球化下对传统城市理论的大量批判，以及对城市开放性和联系性的认知的强调等多个力量共同作用的结果。这一理论强调：传统城市理论与南半球丰富的城市现实之间存在距离，因此呼吁更加“世界化”的城市理论（Roy，Ong，2011）。一方面，知识的生产受到地方背景的影响，所有知识都是地方性的。传统城市理论往往是“欧美中心主义”的，将西方之外的社会视为后来者或异常、视为边缘化的“他者”，因此已有城市理论是一种基于西方历史经验的“地区化”知识体系，有其特定语境和适用范围（Sheppard，et al.，2013）。最为明显的是，已有城市理论对城市化机理的认知基于发达资本主义国家的历史，并不适用于所有国家城市化的现实。例如，西方城市理论对权力、文化等方面着墨颇多，但在目前发展中国家寻求经济发展的大背景下，则显得不合时宜。另一方面，传统城市研究多将研究对象限定在同一背景下进行，这种分割（发达—不发达，资本主义—社会主义等）限制了不同类型或地区之间的城市比较，使得比较研究停留在寻找相似性或既存可用解释的层面（Kantor，Savitch，2005）。此外，传统城市理论倾向于将个别城市作为范例或视其为具有普适性（通常是欧美城市或诸如纽约、东京、伦敦等全球城市）。在这一局限下，传统城市理论通过媒体、教育、政治和学术交流等在全球尺度传播和移植，但其适用性则不断出现摩擦和受到质疑。

总之，比较城市主义作为批判性城市理论的一个重要流派，反对将西方视为现代性的模板或标准，强调欧美之外的其他地区正在创造全新的城市经验和知识理论。比较城市主义强调通过比较视角研究多元化的城市发展，致力于探索新的城市经验和知识（McFarlane，2010），同时借助后殖民主义的“去殖民化”理念，拒绝将南半球经验视为“例外”，呼吁拓展比较城市研究的实证案例的地理范围，以全球所有城市作为理论来源的场所（Robinson，2016b）。就其启示性而言，空间理论与空间现实和实践之间可能存在巨大差距，我们对于理论和已有观念的来源要保持警惕。同时，地方知识、草根经验的尊重和吸纳是一个重要方面，这对完善和发展已有理论具有重要意义。

4 比较视域下的中国城市空间品质

品质一词暗含了“好坏的程度”、“高品质”、“低品质”等多方面内容。“品质”的概念表明，品质具有等级差别，而且存在比较的标准。例如，通过建立各种品质评估指标体系来得到一个具体数值，用以衡量某一特定对象某种品质的高低，如城市宜居指数、全球城市指数、繁荣指数等。但是，就品质的内涵而言，并非强调其明确的量化指标。例如在商业研究中，存在将“服务品质”做定性划分的例子：不能接受的品质、满意的品质、理想的品质（Parasuraman，et al.，1985）。而且，以城市空间为对象，品质则并非仅指空间或优或劣，也着重于空间的特性或维度，如环境舒适度、交通便捷度、满意度、幸福感乃至融合度、包容性等，城市空间品质则是这些特性的总体。同时，空间品质强调的是满足空间使用主体的需求及合乎一定标准或规格（Crosby，1979）。不过，不同时间和空间范围内的空间使用者对不同空间品质要素的重视，也可能造成对于空间品质认知的分野甚至对立。

因此，对于城市空间品质的把握，一方面要从宏观层面考虑城市的地方特色或历史阶段性特征，尤其是与其他城市比较而言；另一方面则要回归到城市空间的本质问题，更加综合地考虑空间文化、价值、定位等因素。空间品质并非简单地囊括城市所有特性，而是在城市自身资源以及特定历史背景下所做出的一种倾向选择，这种选择有其适用的特定语境，无所谓高低优劣，有其独特性，但并非恒定不变。

中国城市的发展路径和经验与西方存在很大差异，对城市空间品质的偏好也并不完全相同。Glaeser et al.（2001）、Florida（2002）和 Clark et al.（2002）等认为，高品质的城市空间（舒适、宜居、宜业）可以带来城市活力和竞争力，宜居性、开放性、包容性等城市特质可以吸引创意阶层和有活力的年轻人。Storper（2013）则认为，高品质的空间是城市发展和竞争力的结果而非原因，比舒适、美学更重要的是密度，密度带来更多选择以及更多舒适、美学的可能性。与追求简洁、秩序的欧美城市空间不同，中国的城市空间不仅具有历史性，而且往往具有折中性、复杂性、多样性、不确定性等特征。以珠三角为例，很多地区城不像城、村不像村；以城中村为例，建筑密集，公共空间极度匮乏，很多建筑密度高达 90% 以上（Wu，et al.，2013；Liu，et al.，2010；谢志岿，2005）；而这些地区往往极具经济和社会活力（Wu，et al.，2013）。高密度的空间带来高密度的人口聚居，降低了新移民进入城市的准入门槛，更服务了“失地”农民的就地城市化。与现代西方规划理论对高密度、小尺度街坊和开放空间混合使用的抵触相反，中国很多城市景观是重叠的、模糊的、多元交叠集合的“复合体”，甚至郊区也极具活力；很多城市建设相比西方更加大胆、更具开拓性、创新性（李志刚，2015）。因此，从比较城市主义角度而言，以西方国家特别是欧美城市的空间品质来衡量中国城市的空间品质，并非天经地义。更为“世界化”的城市空间品质理论可以纳入更为丰富的中国经验，需要更加多样化、多维度的思维方式，以及更开放的态度。

5 中国城市空间品质的可能与提升

“比较城市主义”将南北半球的城市联系起来进行比较，从而超越已有城市知识的禁锢，揭示既有知识体系的“地方化”特征。一方面揭示了理论与实践脱节的问题，另一方面也指明了解决这一问题的路径，例如对地方性机制的强调。近期网络刷屏的“一席”上的“他奶奶的庙”、“一个月里我跟踪了 108 个居民，发现一个特别好玩的事，80% 的人手里都拿着一个尿壶”等演讲或文章，均是从“自下而上”的居民和使用者角度，强调中国城市日常生活空间的复杂性、丰富性，以此反思传统规划设计理论或做法，批判规划设计理论与实际需求脱节的问题。一定程度上，日常生活总是围绕权力来实践和运作的，但处于传统城市规划和设计规训之下的日常生活并没有趋于同质化，处于弱势地位的居民也并非毫无抵抗之力（Certeau，1984），应对规划“战略”的“战术”每天都在城市空间中上演着。这种“战术”，指的是既服从既定规则，又在规则中寻求发展的空间，居民通过创造性的“战术”对空间中的各种可能进行创造性利用。基于此，中国的城市空间品质蕴含着巨大可能性。

空间品质的评判应以其使用者为主体。早在 20 世纪 80 年代，Grönroos（1982）等学者将“期望认知理论”引入“服务品质”研究，认为“服务品质”是一种顾客感知，由顾客的服务期望与感知实绩的比较决定，因此它的评价者是顾客而不是服务提供者。如果将城市空间视为一种社会产品，那么城市空间品质的评价者应该是空间使用者，而不仅仅是城市管理者和规划师。不过，评判城市空间品质的话语权往往把握在城市管理者手中，因为“媒介即信息”，这一点在城市建设活动中表现尤其明显。虽然地方政府投入很大精力提升物质空间水平，但这种品质优化是否有效满足了居民期望，则往往存在疑问。简·雅各布斯就曾指出，纽约居民在谈及社区新建的花坛时，认为它除了能让政府官员感慨一句“这里有绿化”外，对自己一点用也没有（Jacobs，1961）。总之，“自上而下”的城市空间品质观往往被决策者的权欲、开发商的钱欲以及设计师的表现欲所主导，忽视真正的使用者对于空间品质的真实期望，而后者才是更为重要的。

中国城市的空间品质问题不仅是美学问题和技术问题，更是一个政治问题。居民主体地位的理性回归是中国城市空间品质提升的关键所在。改革开放以来，中国的城市化水平迅速提高、经济快速增长，创造了"中国奇迹"，中国的城市增长是一架"高速机器"，而规划是维持这架机器高速运转的重要齿轮（Wu，2015）。规划实际是增长的工具、是经济发展的愿景，例如生态城的规划并不是因为生态建设，大多是为地方政府塑造形象、吸引投资、提高竞争力服务。因此，这一阶段的规划目标实际是单一的、为经济增长而规划。这种增长往往通过城市空间的扩张来完成，城市空间成为实现资本循环、积累与资源分配的核心载体，导致和积累了大量社会—空间问题。进入新时代，随着社会主要矛盾转向"人民日益增长的美好生活需要和不平衡不充分的发展之间的矛盾"，规划的目标转向关注人的需求，包括从追求经济效益与利益最大化转向追求社会公平正义，从满足物质增长转向文化和生态价值的保护。一定程度上，也就是转向了"为人而不是为利"的规划（Brenner，et al.，2012）。

为此，城市规划工作需要更多更深入的"参与式设计"（Engaged Design）：通过居民、投资者和政府等的多方共同参与，尊重对于地方空间的真实需求，发掘现状空间的核心问题，激发居民的参与感和创造性。一方面，通过不同利益主体之间的交流沟通来达成目标，在协商过程中相互影响乃至塑造对于空间品质的认知。另一方面，这也符合近年中国城市规划工作逐步走向社会治理的大趋势。近期国内各地（如北京、厦门、武汉）兴起的社区营造、社区规划、社区工作坊等所体现的也是这种趋势。

不仅如此，当前中国城市空间品质的提升还需要一些所谓"社会学的想象力"。美国社会学家 Mills（1970）指出，当代研究者们需要一种能"认识到个人经历与广阔的社会空间的关系"的心智品质,也就是"社会学的想象力"。它是一种强调联系、转换的研究思维模式，通过"推演"、"联想"、"转译"的方法将潜在相关的个人日常经验与丰富的历史景观联系起来，并进行不同情境下知识的转换。这对当今中国的城市规划工作是有一定启示意义的。作为肩负更多社会责任、更多新使命的一项工作，城市规划已经不仅服务于经济增长，而是开始承担更多社会治理职能。那么，小尺度的空间调整与大尺度的社会结构之间的关系如何，就成为必须关心和在意的问题。尺度联系、维度转换等以往不会太多涉及的层面，就成为必须考虑的问题。

6 结论

空间品质是城市社会经济发展到一定阶段的必然追求。现代城市空间品质是一个相对较新的话题，其理论建构仍然处于探索阶段，已有文献多数并不直接以城市“空间品质”一词为研究对象，而是将其与其他内涵如满意度、宜居性、可持续性等相联系，尚未形成一个完全一致、被广泛认可的内涵界定，其专门研究领域也在形成发展之中。

针对当前国内正在日益兴起的城市空间品质提升实践的现实，许多新的问题正在出现，亟待解答。如何更好地把握城市空间品质的核心，服务人民对于美好生活的向往这一核心任务，成为此类研究必须探讨的问题。为此，我们借鉴了国际上近期出现的所谓“比较城市主义”视角，例如强调通过比较研究南北半球的城市以突破传统理论、强调南半球城市经验与知识的重要意义，以此建构更加世界化、更加全面的理论体系，对中国城市空间品质问题予以解析。比较城市主义强调重新梳理理论和实践的关系，在日常生活实践中分析和建构新理论，重新认识和理解城市空间。我们提出，中国城市空间品质的理论与实践同样存在脱节的可能，需要突破建立在专家和理性主义的、定量技术分析基础上的传统研究范式，更加尊重空间的使用者也就是居民的主体地位，注重发掘地方性的、自下而上的日常生活和空间实践经验，推动实现更加“接地气”的空间品质提升。

在此背景下，中国城市空间品质的评判已经不再是一个美学问题或技术问题，更是一个重要的政治命题。空间品质提升为规划工作向社会治理转型提供了全新的契机，新时代的中国城市规划需要更加“参与式的设计”和“社会学的想象力”，以此推动实现兼具本土化和世界化的城市空间品质提升。

参考文献

[1] Abby Beck. Understanding urban quality of life and sustainability[R/OL].[2018-07-10].http：//www.systemdynamics.org/conferences/2011/proceed/papers/

[2] Brenner N. Implosions/Explosions：Towards a Study of Planetary Urbanization[M]. Berlin：Jovis，2014.

[3] Brenner N，Marcuse P and Mayer M. Cities for people，not for profit critical urban theory and the right to the city[M]. London；New York：Routledge，2012.

[4] Certeau M D. The Practice of Everyday Life[M]. Berkeley：University of California Press，1984.

[5] Claire Smith. Designing urban spaces and buildings to improve sustainability and quality of life in a warmer world[J]. Energy Policy，2008（36）：4558-4562.

[6] Clark T N，Lloyd R，Wong K K，et al. Amenities drive urban growth[J]. Journal of Urban Affairs，2002，24（5）：493-515.

[7] Crosby P B. Quality is free：the art of making quality certain[M]. New York：New American Library，1979.

[8] C. Wright Mills. The Sociological Imagination[M]. Harmondworth：Penguin Books，1970.

[9] Florida R. The rise of the creative class：and how it’s transforming work，leisure，community and everyday life[M]. New York：Basic Books，2002.

[10] Gandhi L. Postcolonial theory：a critical introduction[M]. New York：Columbia University Press，2018.

[11] Glaeser E L，Kolko J，Saiz A. Consumer city[J]. Journal of Economic Geography，2001（1）：27-50.

[12] Grönroos C. An Applied Service Marketing Theory[J]. European Journal of Marketing，1982，16（7）：30-41.

[13] Harvey D. Spaces of global capitalism[M]. London；New York，NY：Verso，2006.

[14] 胡迎春，曹大贵 . 南京提升城市品质战略研究 [J]. 现代城市研究，2009.24（06）：63-70.

[15] Irene van Kamp，Kees Leidelmeijer，Gooitske Marsman，et al. Urban environmental quality and human well-being Towards a conceptual framework and demarcation of concepts[J]. Landscape and Urban Planning，2003（65）：5-18.

[16] Ishikawa K. What is Total Quality Control? The Japanese Way[J]. Prentice-Hall (Englewood Cliffs, N.J.), 1981.

[17] Jacobs J. The Death and life of great American cities[M]. Random House, 1961.

[18] Kantor P, Savitch H V. How to study comparative urban development politics : A research note[J]. International Journal of Urban and Regional Research, 2005, 29 (1) : 135-151.

[19] Lefebvre H. The Production of Space[M]. Oxford, 1991.

[20] 李志刚 . 创业精神与郊区转型——以珠三角为例 [J]. 国际城市规划 . 2015, 30 (06) : 34-40.

[21] Li Z and Wu F. Residential Satisfaction in China' s Informal Settlements : A Case Study of Beijing, Shanghai, and Guangzhou[J]. Urban Geography, 2013, 34 (7) : 923-949.

[22] Lin S and Li Z. Residential satisfaction of migrants in Wenzhou, an 'ordinary city' of China[J]. Habitat International, 2017, 6676-85.

[23] Liu Y, He S, Wu F, et al. Urban villages under China' s rapid urbanization : Unregulated assets and transitional neighbourhoods[J]. Habitat International, 2010, 34 (2) : 135-144.

[24] 龙瀛，盛强，杨鑫，等 . "基于新数据、新技术的城市空间品质提升研究" 主题沙龙 [J]. 城市建筑，2018 (06): 6-11.

[25] McFarlane C. The comparative city : Knowledge, learning, urbanism[J]. International Journal of Urban and Regional Research, 2010, 34 (4) : 725-742.

[26] Pacione M. Urban environmental quality and human wellbeing—a social geographical perspective[J]. Landscape and Urban Planning, 2003, 65 (1) : 19-30.

[27] Parasuraman A, Zeithaml V A, Berry L L. A conceptual model of service quality and its implications for future research[J]. Journal of Marketing, 1985, 49 (4) : 41-50.

[28] (法) 弗朗索瓦・佩鲁 . 新发展观 [M]. 张宁，丰子义，译 . 北京 : 华夏出版社，1987.

[29] 任东明 . 溧阳市城市空间品质提升的规划思考 [J]. 江苏城市规划，2012 (03) : 42-44.

[30] Robinson J. Comparative Urbanism : New Geographies and Cultures of Theorizing the Urban[J]. International Journal of Urban and Regional Research, 2016 (a), 40 (1) : 187-199.

[31] Robinson J. Thinking cities through elsewhere：Comparative tactics for a more global Urban Studies[J]. Progress in Human Geography，2016（b），40（1）：3–29.

[32] Roy A，Ong A. Worlding Cities：Asian Experiments and the Art of Being Global[M]. Chichester，West Sussex；Malden，MA：Wiley–Blackwell，2011：1–26.

[33] Shewhart W A. Economic Control of Quality of Manufactured Product[M]// Economic control of quality of manufactured product. Van Nostrand，1931：94–99.

[34] 石楠 . 新常态下城市空间品质问题的新视角 [J]. 上海城市规划，2015（01）：1–3.

[35] Scott AJ and Storper M. The Nature of Cities：The Scope and Limits of Urban Theory[J]. International Journal of Urban and Regional Research，2015，39（1）：1–15.

[36] Sheppard E，Leitner H and Maringanti A. Provincializing Global Urbanism：A Manifesto[J]. Urban Geography，2013，34（7）：893–900.

[37] Storper M. Keys to the City：How Economics，Institutions，Social Interaction，and Politics Shape Development[M]. Princeton University Press，2013.

[38] Wu F. Planning for growth：urban and regional planning in China. London：Routledge，2015.

[39] Wu F，Zhang F and Webster C. Informality and the Development and Demolition of Urban Villages in the Chinese Peri–urban Area[J]. Urban Studies，2013，50（10）：1919–1934.

[40] 吴良镛 . 人居环境科学发展趋势论 [J]. 城市与区域规划研究 . 2017，9（02）：1–14.

[41] 谢志岿 . 村落向城市社区的转型——制度、政策与中国城市化进程中城中村问题研究 [M]. 北京：中国社会科学出版社，2005.

[42] 杨贵庆，郑峰 ."城市修补"：提升城市空间品质 [J]. 浦东开发，2018（02）：40–43.

[43] 阳建强 . 城市设计与城市空间品质提升 [J]. 南方建筑，2015（05）：10–13.

[44] 俞斯佳，顾承兵 . 把脉城市空间品质　提高规划管理精度——城市设计在北外滩地区的探索 [J]. 上海城市规划，2005（05）：18–27.

[45] 邹府，王红扬 . 标志性空间：概念及其在城市品质提升规划中的运用——《杭州市上城区标志性空间规划》解析 [J]. 现代城市研究，2013，28（05）：44–51+59.

张菁
张娟

张菁，中国城市规划设计研究院副总规划师、教授级高级规划师
张娟，中国城市规划设计研究院规划研究中心副主任、教授级高级规划师

“品质城市”建设目标下的规划转型路径

十九大报告提出“我国社会主要矛盾已经转化为人民日益增长的美好生活需要和不平衡不充分的发展之间的矛盾”。人们对美好生活的需求与追求，在物质层面体现为更高品质的人居环境，在精神层面体现为高品质空间对社会关系的改善与提升。建设“品质城市”，满足人民对美好生活的需要，已经成为新时代城市规划的核心任务。

1　城市品质的定义与内涵

近些年国际大城市规划普遍将代表生活品质的关键词作为城市战略目标，同时通过城市设计为居民提供更加高品质的城市环境。例如，《纽约2050战略》提出建设“公正的城市”，同时发布《积极设计导则：促进体能活动和健康的设计（Active Design Guidelines：Promoting Physical Activity and Health Design）》；洛杉矶发布《设计一个健康的洛杉矶》，旨在通过建成环境空间品质提升来改善居民健康状况；《东京都长期愿景规划》提出建设“能为居民提供最大幸福的城市”；《大伦敦规划（2036年）》提出建设“环境最佳、生活质量最好”的城市；《巴黎大区2030规划》在都市区和地方层面提出“提供具有吸引力的交通、生活设施；完善自然生态系统管理”，创造更多住房、新工作岗位、更少依赖小汽车的生活方式。这些城市的规划都试图从居民需要出发，提供一个更高品质、更具有吸引力的城市环境。

处于不同经济社会环境中的居民对城市品质的理解和诉求不尽相同。基于中国现阶段国情和主要矛盾，人们对品质提升的诉求主要分为五个方面：一是经济品质，包括城市经济效益、城市产业层级等，对城市生产生活环境、政府财力和居民收入都有直接影响；二是生态品质，包括山水林田湖草等自然生态空间的规模、质量和

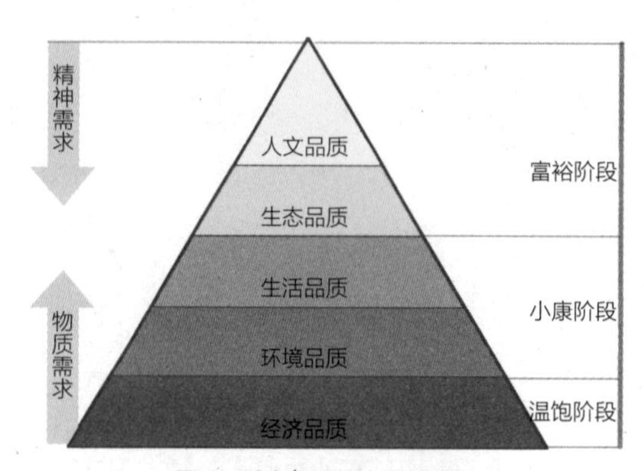

图 1 城市品质的内涵与层级

生态作用；三是生活品质，包括与衣食住行游密切相关的设施软硬件服务水平；四是环境品质，包括城市基础设施支撑下的环境质量、高质量的公共空间和景观品质；五是人文品质，包括历史文化与地域文化特色，公平包容的社会环境等。

由于个体年龄、性别、收入、受教育水平等存在差异，居民对城市品质提升的诉求不尽相同。即使是同一居民，在其生命的不同阶段，对城市品质的追求也是不断变化的。与马斯洛需求层次理论相对应，在城市品质五大内涵中，经济品质最为基础，其次是环境品质、生活品质、生态品质，人文品质处于最高的层级（图 1），体现人们的文化精神需求。当前中国大多数城市仍处于侧重追求经济品质和环境品质的发展阶段，经济发展水平较高的一、二线大城市则开始进入综合追求城市生活、生态和人文品质的阶段。每个城市在确定品质提升的目标与策略时，不仅要基于城市发展基础条件，也要准确把握居民的需求，平衡好城市品质的五大方面，从解决主要矛盾的角度选择品质提升的重点方向和具体策略。

需要注意的是，“品质”不等于“精致”，中国在城市品质提升的过程中应避免走西方更新改造“绅士化”的弯路。笔者认为中央十八届五次全会提出的“创新、协调、绿色、开放、共享”五大发展理念，来诠释当前“城市品质”的内涵，既符合国情现实和发展阶段，也是城乡居民的共同需要，应作为“城市品质”提升的基本原则。

城市品质提升是一项高度复杂和系统性的工作，要求规划师们重新审视传统的城乡规划在理念、方法和路径方面存在的问题，加快改革创新，以适应新时代“城市品质”的建设需要。本文将从以下六个方面探讨规划的转型路径。

2 转型路径一：空间规划强化“生态优先、绿色发展”

当城市处于工业化的初中期，经济品质、环境品质和生态品质总是存在一定矛盾。在城镇化快速发展阶段，集中体现为资源、空间和环境在保护与利用上的冲突。这些现象及其结果是由发展理念所决定的。

从 2014 年中共中央、国务院印发《生态文明体制改革总体方案》到 2018 年 4 月国务院设立中华人民共和国自然资源部，一系列重大改革显示出中央深入推进“坚持人与自然和谐共生”的发展理念和坚定决心，对我国空间规划体系产生深刻和深远的影响。在生态文明发展理念的指引下，空间规划的指导思想和原则是“生态优先”，协同推进生态保护和绿色发展；保护好绿水青山，优化城乡聚落空间结构；提高存量空间利用的效率，推进空间治理能力现代化。这一重大变革为提升城市经济品质、环境品质和生态品质奠定了基础条件。

当前空间规划打架的核心是国土建设用地与城市规划建设用地在规模和边界上的矛盾，以及由此带来的管控方式也不一致。从表象上看是部门规划和管理的不协调，从深层次看，这种矛盾反映了空间统筹在理念、目标和方法的不同。以建设较高生态环境品质的城市为目标，空间规划必须回答三个具体问题：一是如何确定可开发建设的空间总量（或建设用地规模）？二是如何科学划定“三区三线”并优化空间布局？三是如何制定空间保护与利用的差异化政策，确保空间规划的实施效果。

城市建设用地规模的确定，过去通常采用经济、人口发展需求导向进行资源利用总量预测，同时采用资源环境承载力评价、建设用地适宜性评价、生态敏感性评价等方法进行容量校核，并对开发总量进行适度约束。在经济为主导的发展理念下，城市发展规模往往大于基于资源环境容量及生态安全约束的城市规模预测。随着经济水平的提升，人们对生态环境品质的需求不断提高，中国城市在平衡经济与环境，保护与发展的决策过程中，对发展规模的预期正在发生变化，简言之即选取适宜规模。将经济与环境效益、建设用地需求与经济发展阶段的关系进行量化模型分析（图 2、图 3），可以看到中国的城市正在向环境质量提升、建设用地效益优先的方向发展，城市发展规模的确定愈加趋向于理性分析与综合决策。从这一客观规律出发，处于不同阶段的城市，建设用地规模应有差异化的标准和要求。

在规模一定的前提下，“三线”划定主要受到“产权 / 管理权”、“生态安全强约束条件”和“合理布局要求”三大要素影响。目前“生态保护红线”和“永久性基本农田”只是“生态安全”和“产权 / 管理权”范畴的一个组成部分，更多对生态环境品质有重要影响的空间要素将被明确地在空间规划中划定并实施特殊管控，例如规划中的“绿带”、“绿廊”、“绿楔”，重要的区域性生物迁徙通道等，对“城镇开发边界”划定有较大影响。空间规划的“合理布局”要求既是对各类建设与非建设空间布局的统筹要求，也是对各类人为建设空间的具体布局要求，既是

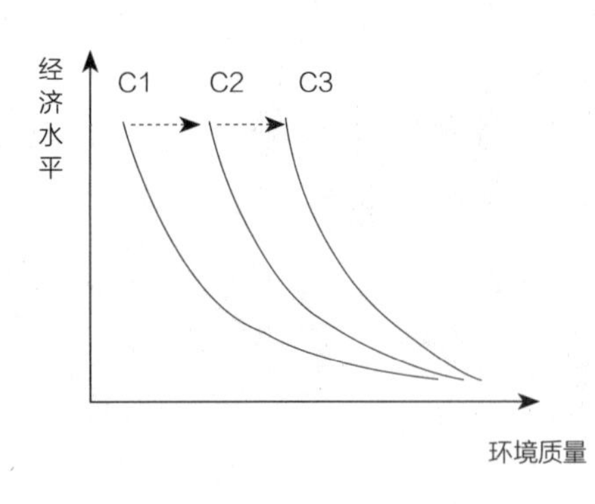

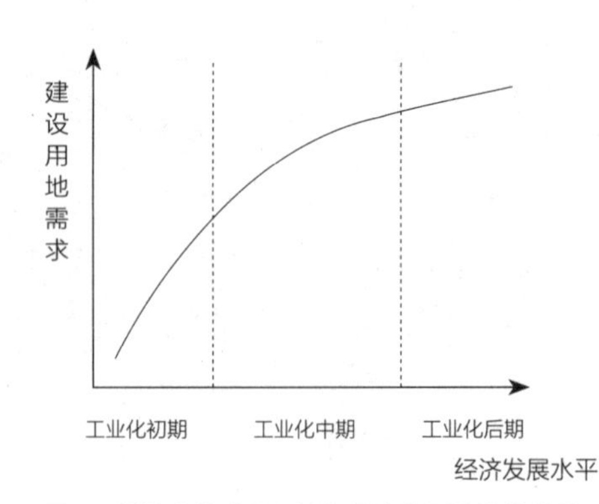

图 2 城市经济质量与生态质量关系图 图 3 城镇人均建设用地与经济发展阶段的关系

注：图 2 中 C1 表示经济欠发达地区 / 阶段的城市，C2、C3 表示经济发展水平更高地区 / 阶段的城市。

资料来源：笔者自绘

客观形成的约束，也取决于主观的综合决策，是城市能否真正实现以人为本、因地制宜、高效集约的关键。因此，“空间合理布局”既要加强科学性提升，也要加强综合统筹，融入地方创新，同时为长远发展留有弹性，这将是空间规划实现“生态优先、绿色发展”最核心的内容。

3 转型路径二：城市发展目标运用“品质思维”

在过去相当长的时间里，城市规模和建设总量常常采用“资源环境承载力”[1]来做容量预测，这种预测方法的基本逻辑是“底线思维”。在城市发展实际中，资源环境底线往往被各种方法、各种理由突破，“底线”一旦被突破，城市问题集中爆发。“底线思维”实际上置城市于“风险边缘”，使城市遇到超出预期的风险时，缺乏“韧性保障”。

在国外城市规划中，以环境品质为首要前提确定开发强度的案例非常普遍。近些年国内一些城市已经开始将环境品质作为城市发展战略，例如“美丽厦门”、“美丽杭州”、“美丽深圳”等，在环境品质优先的理念下，确定适度的发展规模，城市增长与建成区品质提升并重。

以厦门市近些年的规划建设为例，《美丽厦门战略规划》提出“山海格局美、发展品质美、多元人文美、地域特色美、社会和谐美”的五大美丽内涵。新一版厦门城市总体规划将“持续建设国际一流的‘高素质的创新创业之城’和‘高颜

---

[1] “资源环境承载力”是指“在资源与生态环境不受危害并维系良好生态系统前提下，一定国土空间自然资源开发上限、环境容量极限和生态服务本底条件约束下可以承载人类生活、生产活动的能力。”

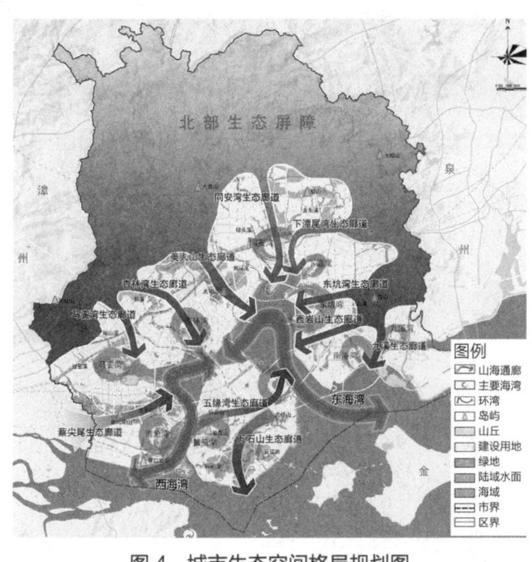

图 4　城市生态空间格局规划图

山海通廊控制宽度一览表　表 1

廊道名称	控制宽度（米）
五缘湾—万石山生态廊道	110–1100
蔡尖尾山生态廊道	2500
马銮湾生态廊道	300–1000
杏林湾生态廊道	300–2700
美人山生态廊道	600–1000
同安湾生态廊道	200–2100
下潭尾湾生态廊道	200–1400
东坑湾生态廊道	120–1000
九溪生态廊道	270–700
西岩山生态廊道	130–1300

资料来源：《厦门市城市总体规划（2017—2035 年）》

值的生态花园之城'”作为城市长远发展目标。可见，“高品质的环境”是城市追求的首要目标。

环境品质优先的发展理念，在厦门市宏观层次的空间规划上重点体现为三个方面：一是持续推进高效集约的人地关系；二是划定城市永久生态控制线，并与城镇开发边界两线合一，作为城镇建设的空间刚性约束；三是划定“十大山海通廊”，促进岛外组团式发展，建设百个城市花园，持续完善城市理想空间格局（图 4、表 1）。

在中微观层面，构建多样化、多层次的公园体系，打造百个生活花园。在生态控制区内建设森林公园和郊野公园，在城镇集中建设区内构建由综合公园、专类公园、带状公园、社区公园、街旁绿地构成的城市公园绿地体系。

从厦门规划实践中可以看到，高品质城市建设需要空间规划体系内部的完整性和一致性，从城市发展战略到城市总体规划、专项规划、城市设计、详细规划，从宏观到微观，都要一致性地在规划中落实“品质目标”，为之提供策略和抓手，才能真正让“品质”得到提升。

4　转型路径三：构建“复合共享”的功能性空间

城市的生产已经高度依赖于全球生产网络，城市经济效率主要决定于区域经济发展水平、主导产业的效率差异和生产分工等因素。“越来越多的创新型企业与人才开始集聚、迁移到空间紧凑、基础设施便利的中心城市。知识密集型企业则更倾向于将研发、市场等重要部门选址于邻近相关企业、实验室、高校的城市区域中”（苏宁，2016）。以互联网为代表的信息技术革命对城市生产生活空间正在产生巨大影响，“科技进步会对生产组织、生活方式、城市空间产生全局性的影响”（杨保军，2017）。

新的生产生活方式正在改变人们创造空间和使用空间的方式。城市中心地区已经无法将空间单独定义为商业、休闲、消费、办公或是居住等单一功能。生产、生活、消费三类空间高度叠合在城市中心地区，它们正是创新活动最密集的空间（图5- 图7），也是创新成果的策源地和产出地。上海和北京的城市创新空间研究也揭示出同样的结论，即创新活动与产出在空间上集聚的态势不断加强（段德忠、杜德斌、刘承良，2015）。自发的创新街区的出现显示出创新活动对品质空间的迫切需要，地方政府由于要缓解中心区更新压力和提升经济弹性，也积极参与到这种改造提升中来（邓智团，2017）。

人口密度最集中的地区已经成为城市品质提升的重点地区。在服务业高度聚集的厦门本岛，几乎所有的制造业用地都在努力转化为办公、酒店、休闲娱乐和

图5　厦门人口密度

资料来源：《厦门市城市总体规划（2017—2035年）》

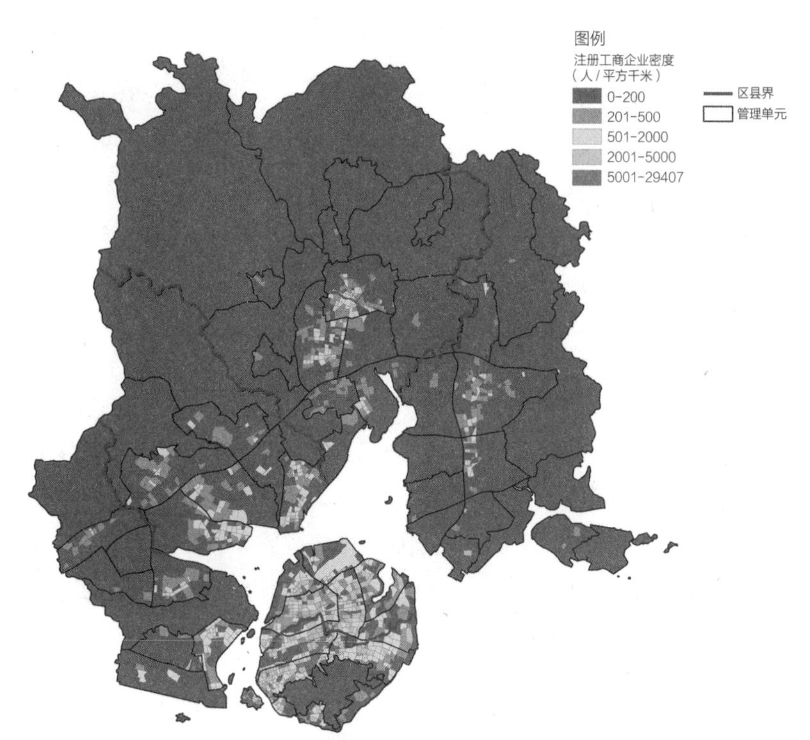

图 6　厦门注册工商企业密度

资料来源：《厦门市城市总体规划（2017—2035 年）》

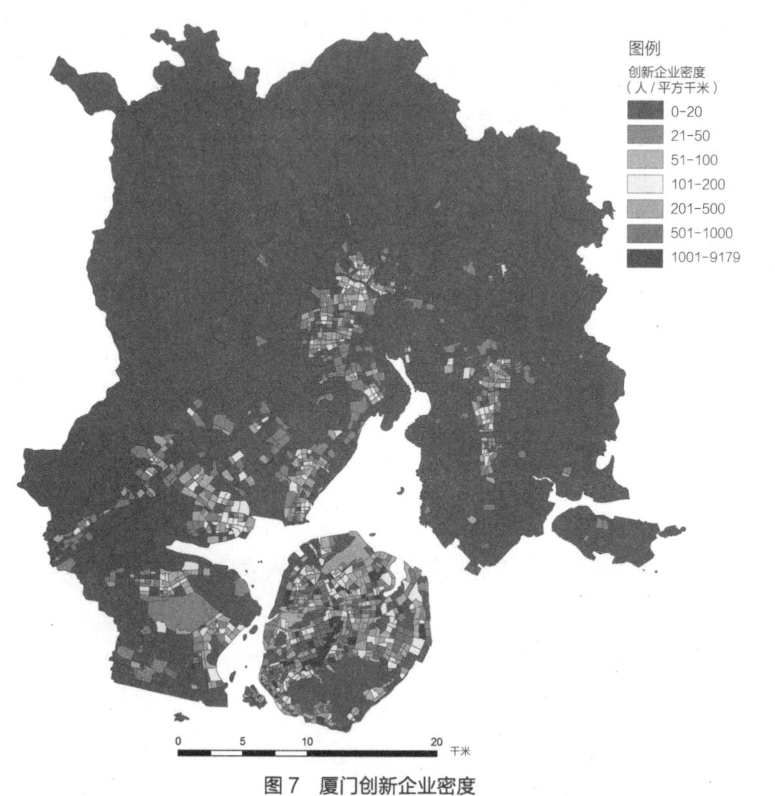

图 7　厦门创新企业密度

资料来源：《厦门市城市总体规划（2017—2035 年）》

图 8 沿湖里大道联发自发改造的厂房

图 9 自发改造的城中村婚纱小镇

资料来源：《厦门市城市总体规划（2017—2035 年）》

文化创意功能（图 8），有的厂区在改造中还嵌入幼儿园、学校、社区服务等公共服务设施，通过增加优质服务配套提升吸引力。本岛内的不少城中村，顺应旅游业发展需求，通过自主更新方式增加休闲旅游服务功能，向游客提供民宿，为城市提供商业休闲服务，其中不乏成功的建设案例（图 9）。近些年在政府和规划师的支持下厦门已建成一批富有活力的文化创意空间。

越来越多自发性功能改造与原规划用地功能产生偏差，其中一些改造很好地适应了城市发展的新需求，并产生了积极的环境贡献，这一现象需要我们重新认识并调整规划对功能安排的方式方法。因此，城市规划对用地功能精准性要求应逐步被塑造复合、模糊和共享功能的目标所取代。功能复合性与弹性转换对土地的用途管制和用地建设管理提出了更高的要求，未来在宏观规划层次、详细规划层次和工程建设层次都应做出调整，以适应用地功能的混合性和开发建设的混合性。在新一版厦门市城市总体规划中，探索采用“主导功能”的用地规划方法，一方面对城市空间布局做总体结构性引导，另一方面也为市场和社会配置空间资源预留弹性（图 10、表 2）。

当然，也可以采用逆向思维思考破解之道，因为功能复合性与模糊性建设不是用规划“管”出来的，很多情况下是在一定的环境中“生长出来的”，是社会创新的结果。因此，未来规划的重点不应仅仅是“管制”，而应顺应市场与社会需求，“服务”于优质功能的生长，同时抑制负面功能滋生。

5 转型路径四：规划服务回归“以人为本”

第二次世界大战后，国家发展理念开始从“经济增长至上”转向“人的自由发展”，不断提高人的生活质量以支持人的全面发展成为世界共识。经历改革开放四十年经济快速增长后，中国城市规划开始由“以物为本”转向“以人为本”。近些年出现的一些关注特别人群需要，以及关注某项生活品质的规划，体现出规划服

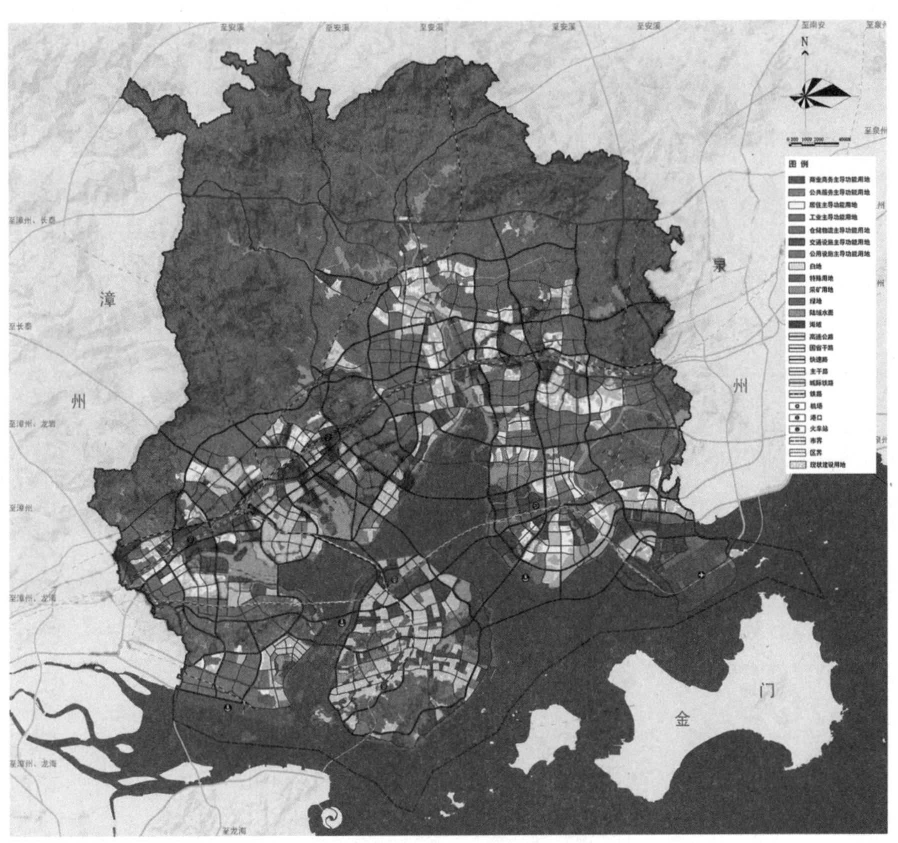

图 10　用地布局规划示意图（过程稿）

资料来源：《厦门市城市总体规划（2017—2035 年）》

主导功能用地比例和禁止功能　　表 2

主导功能区	主导功能用地比例	禁止功能用地
商业商务主导功能区 1（位于各区域 / 城市中心、区级中心）	商业服务业设施用地比例 ≥ 70%	工业用地、物流仓储用地
商业商务主导功能区 2	商业服务业设施用地比例 ≥ 50%	工业用地
公共服务主导功能区	公共管理与公共服务设施用地的比例 ≥ 60%	工业用地
居住主导功能区	居住用地比例 ≥ 60%	工业用地
工业主导功能区	工业用地比例 ≥ 60%	—
物流仓储主导功能区	物流仓储用地比例 ≥ 60%	—
交通设施主导功能区	交通设施用地比例 ≥ 80%	—
公用设施主导功能区	公用设施用地比例 ≥ 80%	—
白地	—	—

资料来源：《厦门市城市总体规划（2017—2035 年）》

务真正转向“以人为本”，关注生活质量和生活品质。例如，《福建省宜居环境建设规划（2014—2020年）》是国内首个在省域层面推动宜居环境建设的规划探索，从宏观引导到微观建设，目标指向全省城乡人居环境品质的提升；深圳总规将“打造一个儿童友好、人才友好、老年友好、国际友好的全民友好型城市”作为城市发展战略；2018年发布《深圳市建设儿童友好型城市战略规划（2018—2035年）》；琼海市发布《琼海市健康城市建设规划（2017—2020年）》；珠海市将“国际宜居城市”作为城市战略；上海、湖州、咸阳、沈阳、齐齐哈尔等积极建设“老年友好城市”。

在提高生活品质和环境品质过程中，城市公共空间受到广泛关注。2016年，上海市发布《上海市街道设计导则》，2018年南京市印发《南京市街道设计导则》，在街道精细化设计和管理方面为全国做出示范。近些年住房和城乡建设部持续推动的“城市双修”工作，也是以城市环境品质提升为核心目标的规划创新。三亚市城市双修显著改善了城市生态环境品质和风貌，无论城市居民还是游客都切实感受到了城市品质的巨大提升。

6　转型路径五：空间治理实现“共同缔造”

三十年城镇化发展和城市建设离不开规划师们的巨大贡献，但今天的规划师面对一系列城市问题时，不得不陷入反思：从居民角度如何评价自己所在城市的品质？在既有规划理念和方法下，规划服务了谁？受益了谁？忽略了谁？损害了谁？如果说规划师需要“回归初心”，那么“初心”又是什么？

王蒙徽和李郇（2016）认为，“规划师的角色应该向‘学习者、组织者、宣传者、沟通者、引导者和规划者’进行转变。”那么向谁学习？组织谁、引导谁去建设城市？向谁宣传？与谁沟通？这一对象的主体显然应指向城市空间的主角——居民。他们是空间的使用者，是城市品质的评判者和维护者。

在规划层面，大城市社区规划快速发展，北京、上海、武汉、广州等城市涌现出一批优秀的社区规划。近些年厦门市的“共同缔造行动”，将城市建设和社区建设提升到空间治理的高度。在“共同缔造行动”中，推行城市空间“共谋、共建、共管、共享、共评”，让群众成为城市治理的“主角”，政府则不断推动“资源下沉、权力下放，人力下移，资金下投”。对于城市社区层面的“微改造”，有了群众的参与，人们对建设资金的投入不再质疑，对建成后的空间和设施更加珍惜和爱惜，空间品质不仅得到提升，还有了持续的维护，获得了良好的社会效益（图11、图12）。

图 11　厦门海沧公园改造提升行动（1）

图 12　厦门海沧公园改造提升行动（2）

注：针对现场调研和问卷调查时群众提出路不平、灯不亮、电不通、没音响等几十个问题，区政府通过发动群众一起来出主意、想办法，共同解决了这些具体的小事，现在每天晚上公园里都有十几支队伍近千人在跳舞。
资料来源：《美丽厦门战略规划》

实际上，“共同缔造”的理念并不限于社区层面的微观建设规划，宏观层面的规划也贯彻了这一理念。“美丽厦门战略规划”向居民发放 70 万份调查问卷，在战略规划完成后向全体居民进行广泛的宣传教育，使“美丽战略”深入人心，百姓有了共同维护城市环境、共同建设家园的共识。这一做法深刻影响了 2017 年住房和城乡建设部新一版城市总体规划的编制方法，大多数试点城市在总规编制中充分了解居民诉求，与市民、企业家、基层干部深入交流和互动，规划师向社会各界宣讲规划方案，向社会发布内容简明、易懂的总体规划公众宣传版，例如上海、广州总规采用公众宣传稿加强宣传。这一做法为总体规划的实施与监督奠定了重要社会基础，也是空间治理在宏观层面建立社会共识的重要方法。

深圳城中村更新改造实践也说明用“共同缔造”的理念才能破解城市空间治理难题。从城中村居住者调查数据来看，深圳、广州、厦门等城中村密集的城市，城中村居住者已经不简单是一般外来务工人员，很多是刚刚开始工作或创业的较高素质劳动者。“城中村不是毒瘤，是深圳追梦人的第一落脚点”（王石，2018），城中村正在成为展现深圳城市活力和包容文化的重要场所，甚至部分代表了深圳创业创新的人文品质。如果说城中村生活环境能够达到相当的品质，那么可以说整个城市当之无愧进入了品质城市发展阶段。万科的“万村计划”展现出企业对于参与城中村改造的信心，在不提高租金的前提下提升城中村面貌与居住环境，通过对底层商业的合理规划与招商，为村民与租客提供优质生活配套。新围仔村泊寓公寓（图 13、图 14）的 80% 租户都是华为的员工，这让人们对深圳的创新前景更加充满信心。

图 13 深圳新围仔村改造效果

图 14 户型空间实景

资料来源：网络 http：//www.sohu.com/a/231133046_222892

7 转型路径六：信息平台捕捉问题与需求

城市居民活动的复杂性，被各类数据，尤其是近些年基于定位的大数据分析描摹出来，城市问题也呈现得更加清晰。大数据对于信息时代城市时空空间行为（席广亮，甄峰，2017）、城市空间结构的特征描述（陈曦，翟国方，2010），显示出空间生成的复杂性和人文特性。“在民生公共服务大数据的应用方面，国外的学术界和政府管理部门近年来发起了一项‘大数据社会福祉’运动。该运动尝试将大数据技术与公共服务相结合，服务于改善民生，以数据驱动的方式应对现代社会中面临的一些复杂问题，增进社会福祉。”（顾天安，2018）这为国内将大数据与品质城市建设相结合提供了新的经验借鉴。

近些年各地结合“多规合一”工作建立的城市信息平台，试图整合多个部门的各类数据，既包括传统年鉴数据、政府管理数据，也包括企业提供的大数据，多个数据在信息平台上相互校核并整合，更准确地反映出城市问题，也更准确地反映出与居民生活质量、城市生活品质密切相关的要素信息。在新一版厦门总规编制过程中，依托“多规合一”信息平台构建的城市总体规划信息管理平台，将市域空间划分为 67 个规划管控单元[1]，各类数据被汇集到管控单元层面进行数据监测和分析（图 15- 图 18），同时该管控单元与社区管理相挂钩。规划针对管控单元的宜居性开展专门的分析评估和监控，对街区层面上的公共服务、环境、商业服务和通勤成本进行综合分析，评价并确定街区尺度的宜居指标的优势与短板，用于指导管控单元规划和公共服务设施专项规划（图 19）。厦门“多规合一”信

[1]《厦门市城市总体规划（2017-2035 年）》将市域划分为 67 个管控单元，其中城市型发展单元 50 个，生态型发展单元 17 个。

创新
协调
绿色
开放
共享
千人基础教育设施用地面积
2016年：2396.65平方米/千人，同比上一年度增长*%
2020年目标：2600平方米/千人，2035年目标：3000平方米/千人
2016年
2396.65平方米/千人
2020年目标
2600平方米/千人
92%
2016年各区千人基础教育设施用地面积
平方米/千人
行政区
厦门市基础教育设施分布图
基础教育设施

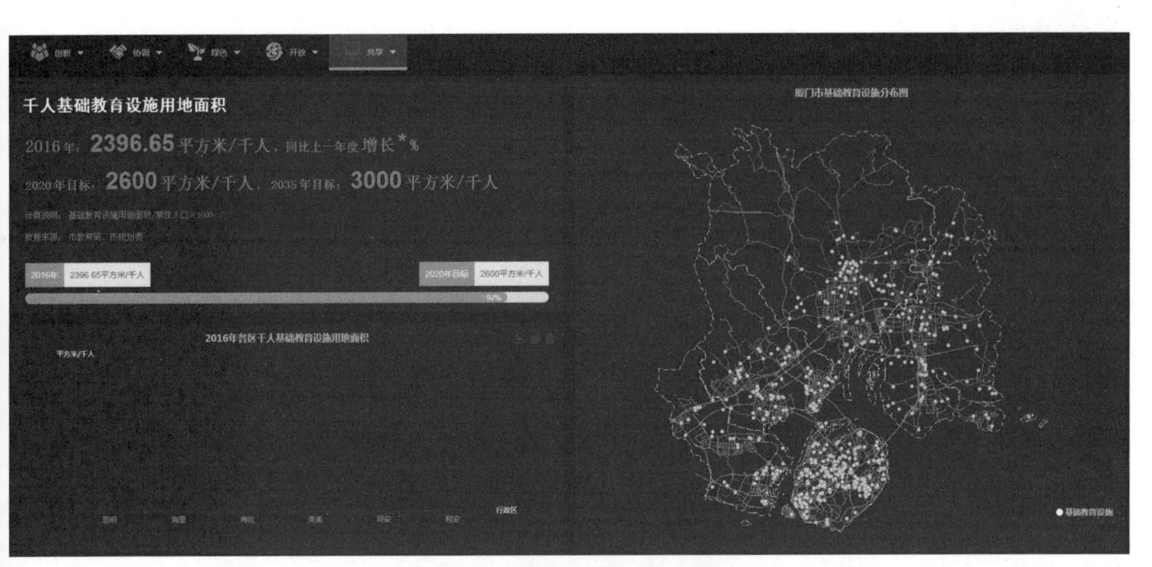

图 15　千人基础教育设施用地监测数据

资料来源：厦门市城市总体规划信息管理平台

千人医疗卫生机构床位数
2016年：4.03，比上一年增长0.32%
2020年目标：≥6，2035年目标：≥6
2016年
4.03
2020年目标
6
67%

图 16　千人医疗卫生设施用地监测数据

资料来源：厦门市城市总体规划信息管理平台

创新
协调
绿色
开放
共享
公园绿地服务半径覆盖率
2016年：56%，同比上一年度增长*%
2020年目标：≥80%，2035年目标：≥90%
2016年
56%
2020年目标
80%
70%
2016年各区公园绿地服务半径覆盖率
覆盖率（%）
行政区
厦门市公园绿地服务半径覆盖图
服务范围

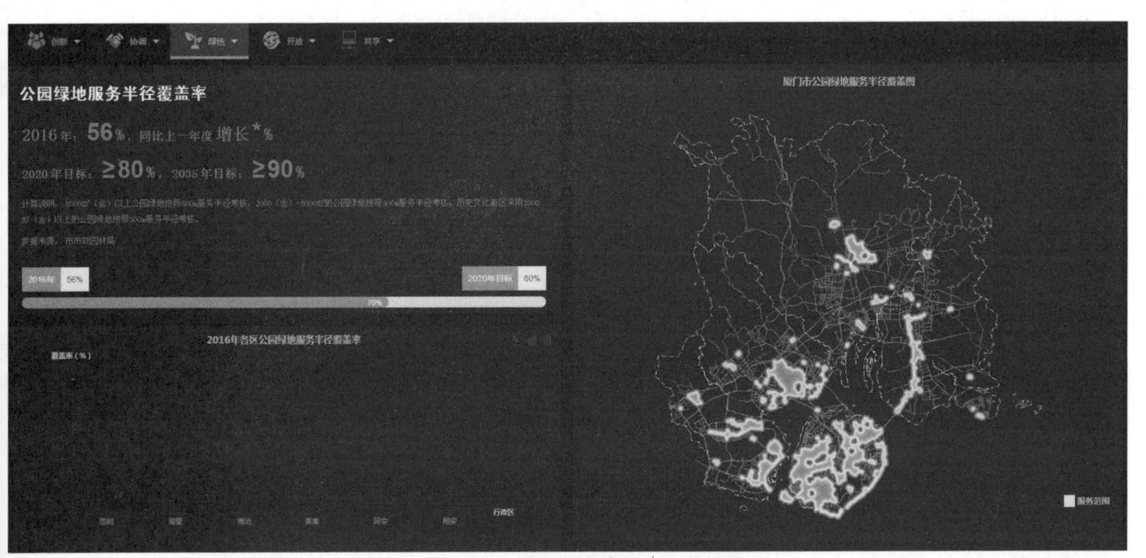

图 17　公园绿地服务半径覆盖率监测数据

资料来源：厦门市城市总体规划信息管理平台

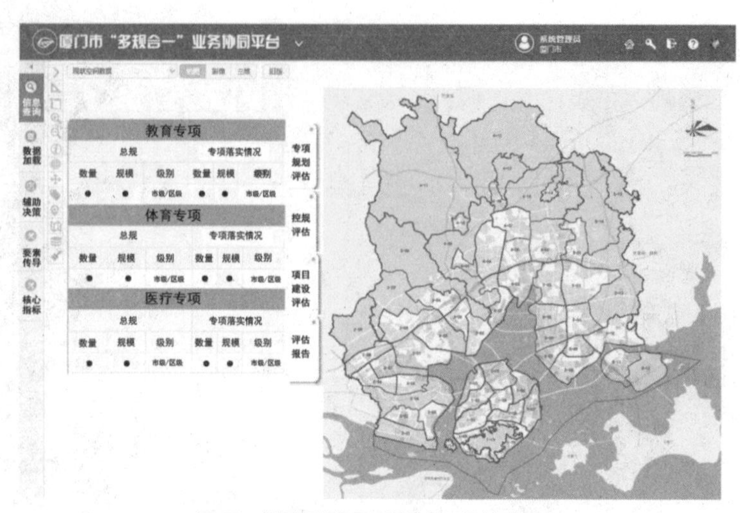

图 18　总规要素传导到管控单元的检测界面

资料来源：厦门市城市总体规划信息管理平台

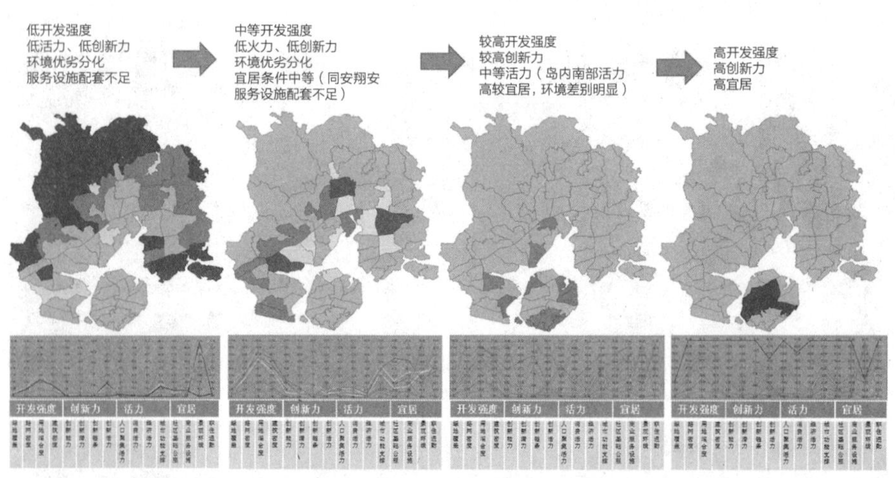

图 19　厦门街区尺度宜居综合评价结果

资料来源：《厦门市城市总体规划（2017—2035 年）》

息平台正在将所有报审的详细规划三维空间方案图纳入信息平台，为城市空间和景观改造提供整体和系统的信息准备。

8　结语

城市品质提升的要求使规划进入更加系统化、精细化和专门化的发展。规划创新既有宏观层面的战略规划，也有中微观的设计改造，还有来自行业、部门委托的专项规划，共同的目标是为了满足城市居民对美好生活的愿望。在中国进入后小康社会、城镇化质量提升的重要阶段，城市品质提升需求将为规划师们提供更广阔的工作空间，促成规划师产出更多创新规划类型。在这一变革中，规划师的角色和规划工作方法需要适应规划转型，建立更加开放合作的工作平台，让建成环境的使用者深度参与规划、决策、建设全过程；规划师从“技术专家”向“学习者”、“组织者”、“沟通者”和“引导者”转变，让城市品质不仅体现“创新、协调、绿色、开放、共享”内涵，也更加富有人文气息。

参考文献

[1] 胡迎春，曹大贵．南京提升城市品质战略研究 [J]. 现代城市研究，2009，24（06）：63-70.

[2] 段德忠，杜德斌，刘承良．上海和北京城市创新空间结构的时空演化模式 [J]. 地理学报，2015，70（12）：1911-1925.

[3] 苏宁．美国大都市区创新空间的发展趋势与启示 [J]. 城市发展研究，2016，23（12）：50-55.

[4] 邓智团．创新街区研究：概念内涵、内生动力与建设路径 [J]. 城市发展研究，2017，24（08）：42-48.

[5] 李红娟．基于紧凑城市发展的土地利用政策研究 [D]. 山东大学，2017.

[6] 席广亮，甄峰．基于大数据的城市规划评估思路与方法探讨 [J]. 城市规划学刊，2017（01）：56-62.

[7] 陈虹，刘雨菡．“互联网 +”时代的城市空间影响及规划变革 [J]. 规划师，2016，32（04）：5-10.

[8] 张娟．宜居环境建设的省域规划探索——以福建省为例 [J]. 城市规划学刊，2016（04）：30-38.

[9] 王蒙徽，李郇．城乡规划变革：美好环境与和谐社会共同缔造 [M]. 北京：中国建筑工业出版社，2016.

[10] 陈曦，翟国方．物联网发展对城市空间结构影响初探——以长春市为例 [J]. 地理科学，2010，30（04）：529-535.

[11] 刘天媛，宋彦．健康城市规划中的循证设计与多方合作——以纽约市《公共健康空间设计导则》的制定和实施为例 [J]. 规划师，2015，31（06）：27-33.

[12] 任泳东，吴晓莉．儿童友好视角下建设健康城市的策略性建议 [J]. 上海城市规划，2017（03）：24-29.

[13] 胡天新，杜澍，李壮．生活质量导向的城市规划：意义与特征 [J]. 国际城市规划，2013，28（01）：7-10.

理念篇

郑德高
马璇

郑德高，中国城市规划设计研究院副总规划师、上海分院院长、教授级高级规划师，中国城市规划学会青年工作委员会主任委员，学术工作委员会委员
马璇，中国城市规划设计研究院上海分院规划研究室主任，高级规划师

城市空间发展模式转型与规划应对

中国经济发展逐渐进入后工业化时代，传统的投资依赖型模式继续转型发展，需要寻找经济发展的新动力（许小年，2016[1]），中国经济发展转型既面临经济发展的转型，也面临城市空间发展模式的转型，经济发展转型的基本理论基础是中国经济进入后工业化社会，空间发展转型的理论基础是中国进入城镇化发展的下半场，城市空间发展模式重心从增量转向存量。经济发展转型意味着经济发展动力由过去的“出口导向、消费和投资驱动”的模式向“更多地依靠消费、更多地依靠服务业、更多地依靠技术进步”的模式转变，深化推动供给侧结构性改革成为新的趋势；同时，城市空间发展转型要更多地强调人本主义的发展，强调以人为本、生态文明、高质量发展等，空间发展要坚持集约发展，框定总量、限定容量、盘活存量、做优增量、提高质量促进城市空间发展模式的转型。

经济发展转型和空间发展转型实际是城市发展转型的两个方面，相互依存与相互作用。笔者以北京、上海、广州等 10 个城市为基本研究对象，并结合上海、杭州等城市战略规划与总体规划的深化分析，初步总结出当前城市发展的四种典型模式。第一类是投资依赖型，这类城市增长主要依赖投资拉动，投资占 GDP 比重高，大规模的基础设施和产业投资成为经济发展的核心动力；第二类是土地依赖型，城市发展依托于大规模用地扩张，土地财政成为城市经济的主要动力；第三类是近年来逐渐兴起的创新驱动型，依托高新技术和创新等内生发展动力，带动城市产业转型和模式转型；第四类是人口红利型，通过就业与城市环境吸引人口与人才，以人的规模红利、结构红利和素质红利带动城市发展。

总体来看，这四类作用力在不同城市各有侧重，且相互作用，把城市归类为某一种发展典型发展模式，并不是否定其他发展动力在城市中的作用，只是为了便于简化分析的方式，以及便于理解当前城市发展的核心动力而进行的表达，我

们也看到众多城市发展也隐含了这四种发展动力，以及相互之间的动态演化，转型意味城市要从一种状态转向另一种状态，从一种模式转向另一种模式，这种转型更多的是中国经济发展进入一种新的发展阶段后决定的，能够主动适应这种转型的，将进入高质量发展阶段，城市也能持续地繁荣；不能适应这种转型，或者更多地被传统发展惯性支配而进入路径锁定的状态，城市也将在发展的过程中逐渐衰落。城市的起起伏伏或者繁荣与衰落是城市发展中的一种自然现象，但认知这种不同的发展动力，寻找城市发展规律也是城市研究者重要的使命之一。

1 类型一：投资依赖型城市

1.1 投资主导的发展渊源和背景

改革开放以来，我国进入工业化和城镇化的快速发展阶段，工业化和城镇化的规模集聚需求使我国逐步形成了投资依赖的增长方式。我国的 GDP 组成日益依赖固定资产投资，近年来投资依赖度甚至高达 80%，固定资产投资在工业化的快速发展阶段带动了我国经济快速增长的正向效应，但是随着宏观经济进入新常态，投资依赖也带来了经济增长效率下降、产能过剩、负债过重等问题。与中国的发展模式不同，美国等发达国家由于已经进入了后工业化发展阶段，固定资产投资额占 GDP 的比重长期维持在 20% 左右，投资率较为稳定，变化幅度相对较小。这反映了经济发展的一个重要规律，当国家或者城市进入到一个新的高质量发展阶段，这一阶段城市的发展动力更多地依靠服务业、更多地依靠创新发展。近年来，国家已经采取了一系列措施去杠杆，降低投资比重，自 2015 年开始，社会固定资产投资相比前一年均有所下降，进入到新的发展阶段，城市发展路径开始分化，一些城市已经逐渐降低对投资的需求，而另一些城市投资依赖还维持在高位状态，路径依赖严重，但投资所产生的收益却在逐年降低（图 1）。

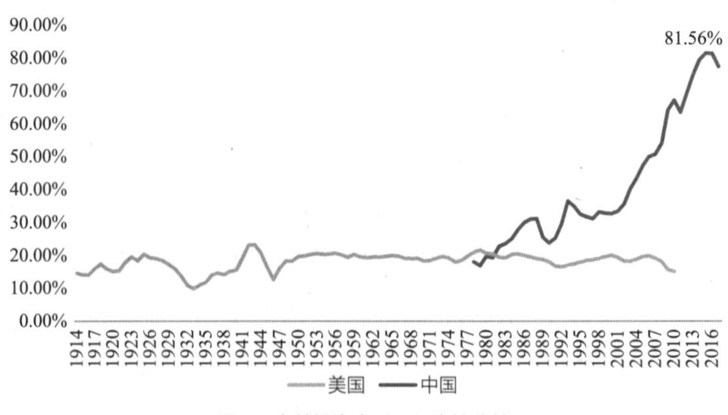

图 1 中美投资占 GDP 比较分析

1.2 城市的投资驱动特征与类型解析

固定资产投资是城市政府作用于城市经济与建设的重要抓手，政府通过控制固定资产投资的方向、结构和规模影响城市经济增长、产业转型与民生改善等。以北京、上海、广州、深圳、杭州、天津、南京、武汉、成都、重庆等十个城市为研究对象，以 X_m 表示各城市第 m 年的 GDP，以 Y_m 表示各城市 m 年的固定资产投资，通过散点联系形成固定资产投资与 GDP 的增长关系，并以此将城市划分成三种类型：强投资依赖型、中投资依赖型和弱投资依赖型城市（图 2）。

（1）强投资依赖型

强投资依赖型城市呈现经济增长高度依赖投资的特点，代表城市为包括天津、重庆、成都、武汉等（图 3）。一方面，这类城市的固定资产投资占 GDP 比重长期维持在 60% 以上，有的城市甚至高达 100%（如 2015 年重庆为 98.5%）。另一方面，这类城市的固定资产投资增长速率远高于 GDP 增长速率，投资占 GDP 比重的增长基本上呈现快速发展态势，如天津、重庆的固定资产投资占 GDP 比重分别从 2005 年的 41%、58% 增长至 2015 年的 79%、98%，增长了近一倍。

从分行业投资来看，强投资依赖型城市存在较多相似点，投资的重点主要集中在三个领域：房地产业、制造业和基础设施领域。①从房地产投资领域来看，在四个投资依赖型城市，重庆达到 29%，天津为 23%，成都为 15%，武汉稍微偏低一点，只有 6.2%。②在制造业领域的投资来看，武汉达到 45%，排在第一位，其次是成都，达到 30%，重庆为 27%，天津为 23%，可以看出，武汉在工业方面的投资是非常重的，也反映了武汉最近重点集中在“工业倍增”计划中，武汉在“再工业化模式”与“国家中心城市模式”的选择中，当前阶段比较重视对工业的投资（郑德高，

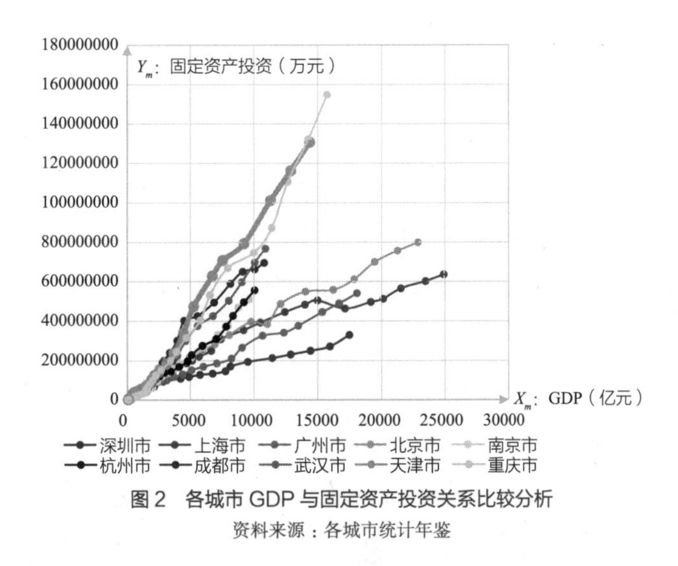

图 2　各城市 GDP 与固定资产投资关系比较分析

资料来源：各城市统计年鉴

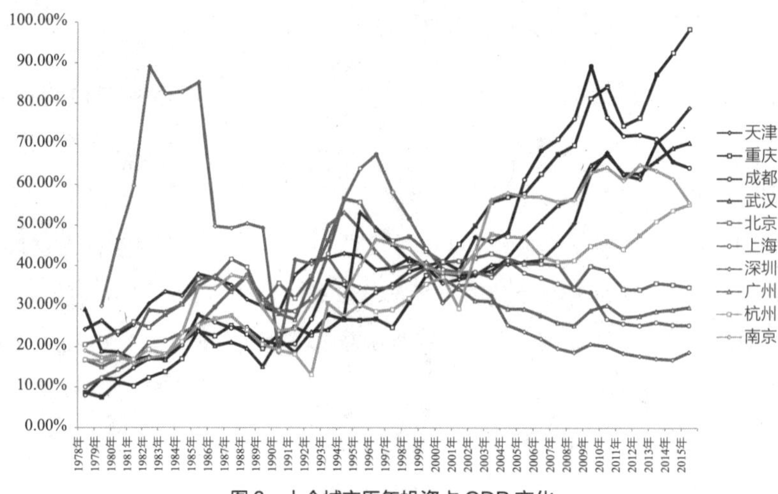

图 3　十个城市历年投资占 GDP 变化

资料来源：各城市统计年鉴

2014，2011）[2, 3]。在基础设施领域的投资中（统计指标主要包含水利、环境和公共设施管理），四个城市基础设施占投资的比例接近，最高还是为成都 19%，其次是武汉 18%，重庆为 14%，天津为 11%。基础设施主要是地方政府的投资，可以观察到，各城市在地方政府债务压力不断加大、加杠杆空间有限的前提下，不断通过 PPP 等模式引导民营资本进入基建项目。当然，除了投资在传统的房地产、制造业和基础设施领域外，各个城市也开始加大对服务业的投资，出现了一些转型的趋势，武汉更偏重于批发与零售业投资，天津更偏重于租赁与商务服务业投资，体现出对于商务商业的扶持；重庆和成都加大了物流仓储业的投资（图 4）。

强投资依赖型城市也意味着城市处在比较典型的工业化阶段，在经历了一轮快速发展之后，目前大多呈现投资效率不高，经济增长疲软的状态，当然在强投

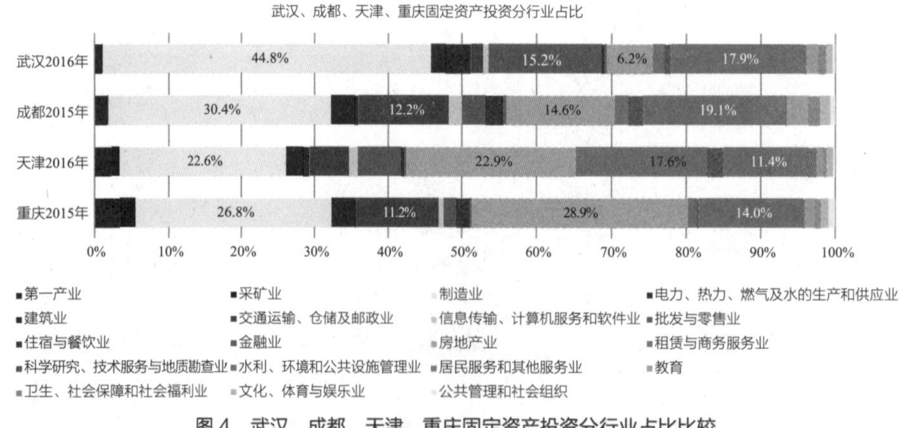

图 4　武汉、成都、天津、重庆固定资产投资分行业占比比较

资料来源：各城市统计年鉴

资依赖型的四个城市中，相对于武汉和成都，天津和重庆对投资的依赖性更高，目前投资收益递减，经济发展的困境更为明显。

（2）中投资依赖型

中投资依赖型城市其投资占 GDP 比重约在 30%-60% 之间，城市一方面由于惯性使然，投资占 GDP 比重依然不低，但创新、消费对经济增长的贡献逐渐增强，表现为投资增长与内生增长共同推进，也意味着城市逐渐从工业化阶段向后工业阶段过渡，其典型代表城市主要为杭州与南京（图 3）。一方面，固定资产投资占 GDP 比重基本在 40%-60% 之间；另一方面，固定资产投资占 GDP 比重呈现波动性下降的态势，如南京的固定资产投资占 GDP 比重分别从 2005 年的 57% 下降至 2015 年的 55% 左右。

（3）弱投资依赖型——内生增长型

弱投资依赖型城市基本特征是投资占 GDP 比重基本低于 30% 以下，城市经济发展更多地依靠消费和创新来推动，更多地依靠内生增长，这也意味着城市已经从工业化阶段转型到后工业化阶段，其代表城市主要为北京、上海、广州、深圳等一线城市（图 3）。一方面，内生增长型城市的固定资产投资占 GDP 比重长期维持在 30% 以下，深圳已经降至 2015 年的 19%。另一方面，内生增长型城市的固定资产投资占 GDP 比重也呈现出稳步下降的态势，如北京、上海的固定资产投资占 GDP 比重分别从 2005 年的 41%、38% 降至 2015 年的 35%、25%。

1.3 投资依赖型城市的困境与问题

从长期来看，中国经济现在已经进入后工业化时代，工业化一般伴随着快速的资本积累以及较高的固定资产投资，在后工业化时期资本积累基本完成，产能的普遍过剩，于是投资越高，产能越过剩，可以投资的领域已经越来越少了，迫切需要城市转型（许小年，2018[4]）。在工业化快速发展阶段，投资增长对经济发展带动作用有“立竿见影”的效果，对完成工业化积累和资本积累具有重要的意义，但从长远来看，随着产能的普遍过剩，我国经济逐渐向后工业化的迈进，经济增长速度由高速增长进入中高速增长的换挡期与关键调整期，转变发展方式并转换增长动力尤为重要。未来我国大部分的城市发展将会逐渐摆脱对于投资的依赖，而转向寻求新的增长动力。投资依赖发展更多地在工业化快速发展时期和城市人口规模大规模增长时期，城市发展主要依靠生产要素的大量投入来扩大生产规模，同时城市也伴随着对城市基础设施建设的大量投入，对于新城、新区的高投资来推动城市空间的不断扩张，这是一种粗放式、重速度、重规模的高速发展模式，却往往忽视了经济增长质量、土地使用效率与城市空间品质。面向未来，我国城市空间增长将逐渐转向存量发展时代，一些城市的土地供应已经出现零增长或负增长[5]，因此投资拉动经济的效果将会不断减弱，内涵式发展成为主要方向。随着城市空间扩张减缓，伴随城市扩张而不断加大投资的传统增长方式将难以持续。未来需要思考新的空间转型发展与应对，寻找新的空间增长动力，推动城市真正实现从投资等要素驱动转向创新驱动。

2 类型二：土地依赖型城市

2.1 土地粗放式增长的背景与特征

改革开放以来，我国土地粗放式增长一直受到比较多的诟病，专家学者总结我国的发展模式是典型的“土地城镇化”快于“人口城镇化”。土地城镇化快于人口城镇化，意味着单位土地的承载的人口越来越少，城市发展越来越粗放。从1981年至2016年，我国城区人口增长了2.8倍，城市建设用地面积却增长了7.9倍，城市人均建设用地面积也由1981年的47平方米/人增至131平方米/人，增长了近3倍，城市建设用地不断向城市周边蔓延，不断侵占城市周边的农用地和乡村，城市发展粗放的特征明显（图5）。城市土地粗放式快速增长背后的推动逻辑不仅仅是满足城市人口增长的需要，更多的是地方政府土地财政的需要。赵燕菁[6]（2014）认为中国土地财政是中国政府的一种伟大的制度创新，土地财政的本质是融资而非收益，中国城市之所以能取得突破性发展，关键是通过土地财政把城市未来的收益贴现到现在，投资完成工业化积累，土地财政完成了城市化的资本积累，但是赵燕菁也承认土地财政扩大了贫富差距，占用大量资源，土地财政导致的土地效益低下也面临着巨大的金融风险，土地财政如果用财政税收短时间难以形成。

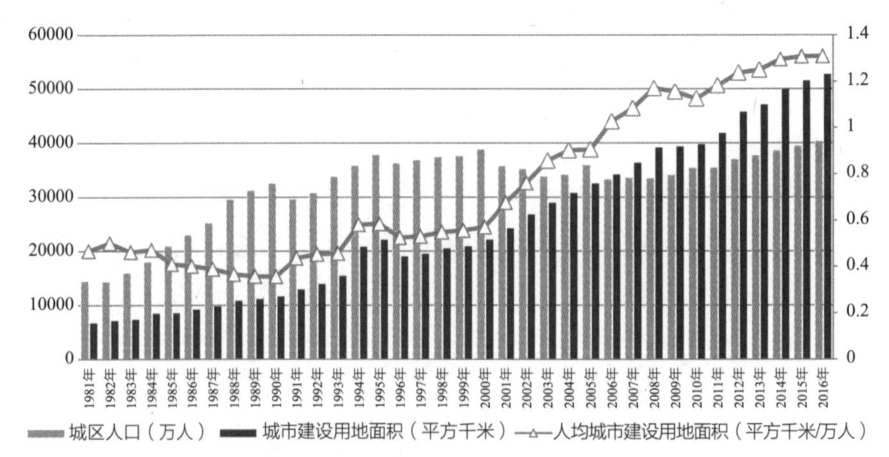

图5 我国城市建设用地面积、城区人口及人均建设用地面积变化

资料来源：《2016中国城市建设统计年鉴》，其中，2005年以前城区人口为城市人口

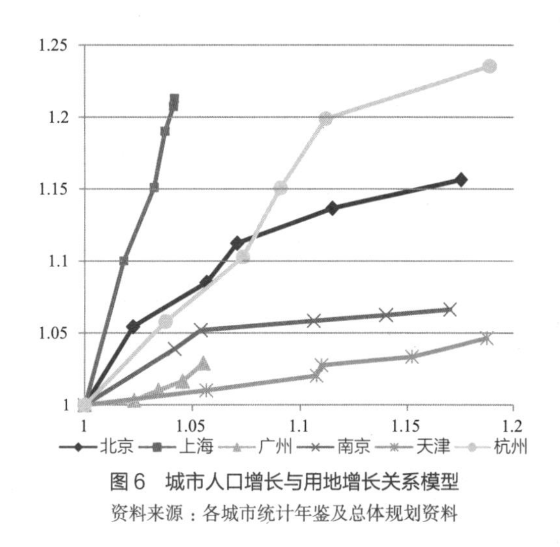

图 6 城市人口增长与用地增长关系模型
资料来源：各城市统计年鉴及总体规划资料

马光远[7]（2010）认为在土地财政模式下，资本严重畸形，都进入房地产，而制造业日益萎缩，其弊大于利，应该尽快终结土地财政。

尽管土地财政制度的利弊在学界引起较大的争议，但是从地方政府而言，大量的城市还是特别依赖于土地的扩张与土地财政，只有少数已经转型发展的城市逐渐摆脱土地依赖型的发展模式。

2.2 城市土地依赖度分析

土地扩张与土地财政之间存在着相互作用关系，或许因为发展阶段不同，或者城市政策的选择不同等，城市的发展出现了一定分化。一些城市逐渐摆脱了土地扩张和土地财政的依赖，而另一些城市仍然对土地扩张存在较强的依赖性。根据资料的获得情况，笔者以北京、上海、广州、天津、南京、杭州等六个城市为研究对象，借鉴投资依赖型城市分析方法来分析城市土地依赖的状况，重点分析城市土地增长与人口增长的关系，横轴为土地增长状况，纵轴为人口增长状况，通过散点联系形成城市土地增长与城市人口增长的关系，将城市划分为土地扩张过快型城市（土地增长快于人口增长）、人地平衡增长型城市（土地与人口增长基本均衡）、存量空间主导型城市三种类型（图 6）。

（1）土地扩张过快型

土地扩张过快型城市主要指土地增长快于人口增长的城市，在笔者选取的城市对象中，典型城市为南京、天津。第一，从 2010 年至 2014 年，南京城市建设用地增长 79.4 平方千米，但常住人口仅增长 21 万人，人口增长远远滞后于城市建设用地蔓延。第二，土地过快增长表现在对于土地财政的严重依赖，根据中房智库[8]发布的 20 个城市土地财政依赖度排行榜（依据土地出让金 / 一般公共预算收入比重排名），南京 2016 年土地财政依赖度高达 155%，全国排名第二（仅次于合肥的 200%），这也说明了南京财政收入对于房地产市场的严重依赖程度。第三，相比于城镇建设用地规模相似的城市，南京呈现出 GDP 总量偏低（相当于深圳 52.6%），城市地均 GDP 偏低（相当于深圳 47.1%）等特征（表 1）。

某城市正在编制的新一轮总体规划中，也意识到城市建设用地相对粗放的问题，强调要提高土地的产出效益，城市建设用地增量递减，提出总量框定的分阶段发展目标，明确城乡建设总用地在 2025 年前增量递减，2025 年后实现总量框定，城乡建设用地零；城镇建设用地 2035 年前增量递减，2035 年后总量锁定，城镇建设用地零增长；乡村建设用地缓步递减，并于 2035 年后趋于稳定。推动乡村建设用地、低效非集中城镇建设用地逐步减量。同时强调地均效益要逐年提高，并以地均非农 GDP 指标来考核各个区的建设用地发展情况（图 7）。

（2）人地平衡增长型

人地平衡增长型城市主要指土地增长与人口增长相对均衡的城市，在所选取的六个城市中，大部分为这一类型的城市，主要包括杭州、广州和北京。相对来说，广州和北京的用地增长和人口增长基本匹配，而杭州的城市用地增长略快于人口的增长。从 2010 年至 2014 年，杭州城市建设用地增长 46.6 平方千米，常住人口增长了 25 万人，人口增长略滞后于城市建设用地增长。因此，杭州这几年创新发展对城市经济发展贡献很大，但是还是没有完全摆脱对土地财政的依赖，根据中房智库发布的 20 个城市的土地财政依赖度排行榜，杭州 2016 年土地财政依赖

南京与对标城市地均产出（2016 年） 表 1

城市	非农 GDP 规模（亿）	城镇建设用地面积（平方千米）	城市地均 GDP（亿 / 平方千米）
南京	10250.51	1050	9.8
广州	19370.9	1435	13.50
上海	27356.68	2400	11.40
深圳	19486	938	20.8
波士顿	3112.14（单位：美元）	736.54	28.86
大阪	5969.41（单位：美元）	1137.58	36.84
马德里	2817.14（单位：美元）	844.07	22.79

备注：① GDP 数据来源于联合国人居署 2016 年世界城市报告：城市化与发展（Urbanization and Development）。②城市面积数据来源于美国林肯土地政策研究院 2016 年城市扩张图集（Atlas of Urban Expansion）：城市面积为通过遥感影像识别的城市开发边界内部的面积，为城市建成区与开敞空间之和。③波士顿建设用地面积依据马萨诸塞州政府网站公开的土地利用 GIS 数据加总而得。④表中的国外城市除波士顿以外地均 GDP 的估计将低于城市单位建设用地 GDP。

度达 115%，在全国排名也是在前列的。当然在进一步分析杭州土地供给时发现，新增的土地供给主要为中心城外的大量较低绩效的工业用地，因此经济发展和土地供给之间存在一种扭曲的匹配关系，经济发展主要靠创新驱动，而土地供给主要分配给了低效的工业用地（图 8）。

（3）存量空间主导型

存量空间主导型城市主要指土地增长放缓但人口还在稳定集聚的城市。在分析的六个城市中，只有上海进入了存量空间主导型的发展模式。上海经过多年城市发展，人口、用地快速扩张，城市建设已经到达天花板，2015 年建设用地 3071 平方

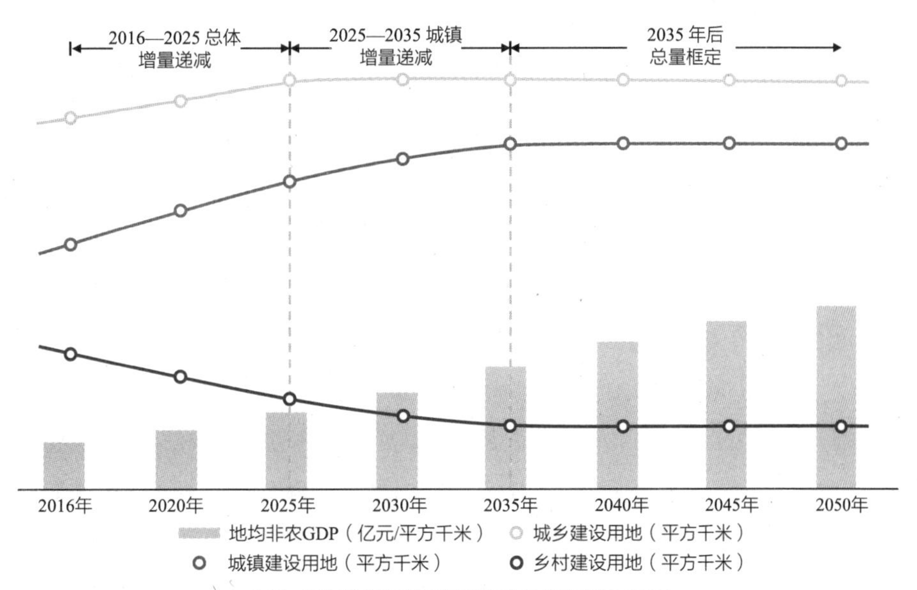

图 7　某城市历年城乡建设用地及地均非农 GDP

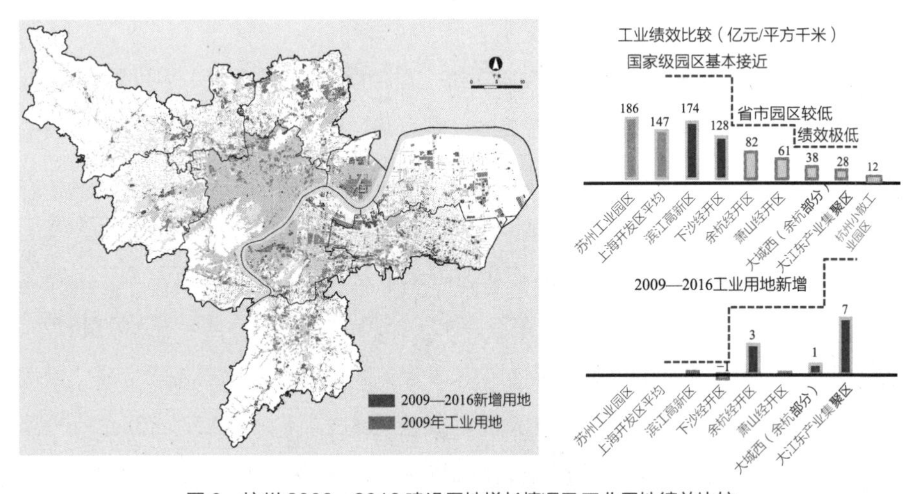

图 8　杭州 2009—2016 建设用地增长情况及工业用地绩效比较
资料来源：中规院《杭州城市总体规划实施评估》

千米，占全域用地面积的 44.9% 粗放式的扩张导致未来发展难以为继，挖掘存量空间即是主动作为，也是因为城市用地发展达到了资源承载力的极限，被动转型。因此上海一直通过相关政策的制定，控制建设用地零增长，鼓励存量更新。2014 年，上海市政府下发《关于进一步提高本市土地节约集约利用水平的若干意见》，提出了“总量锁定、增量递减、存量优化、流量增效、质量提高”的土地管理思路。2017 年批复的《上海市城市总体规划（2017—2035 年）》进一步提出，至 2035 年，全市规划建设用地总规模控制在 3200 平方千米以内，并作为 2050 年远景控制目标；通过鼓励和引导各项城市建设节约集约利用土地，加大存量建设用地挖潜力度，推进土地利用功能适度混合利用。存量更新相比增量扩张而言，增量扩张可以通过土地招拍挂获得短期收益，而存量更新在需要通过税收从更长期获得收益（郑德高[9]，2015）。北京在这六个城市的案例分析中虽然属于平衡型增长的城市，但是人口增长和用地增长也存在扭曲的情况，人口增长主要在中心城区，从 2004 年至 2015 年中心城区人口从 950 万增至 1275 万[10]，占据市域增量人口的 52.4%。而用地增长主要集中在郊区，从 2005 年至 2015 年郊区（中心城区外）用地从 1578 平方千米增至 2011 平方千米[11]，占据市域城乡建设用地增量的 82.5%；并且大量为缺乏规划的集体建设用地的增长，占据超过郊区总建设用地增长的 1/3（37.9%）。这也一方面导致中心城区人口过去集聚，大城市病的问题突出，同时中心城外大量低效的集体建设用地，因此新一轮北京总体规划也特别强调了用地负增长，并提出拆建比的严格挂钩管控制度，明确全市城乡建设用地平均拆建比（指一定区域内拆除的原有总建筑规模与新建的总建筑规模的比值）为 1 ∶ 0.7–1 ∶ 0.5，希望通过长效的腾退整治，实现既有违法建设的清零（常青[12]，2017）。

2.3 土地依赖型城市的困境与出路

一方面，随着中央城镇化工作会议提出“严控增量，盘活存量”等发展要求后，我国特大城市纷纷提出土地总量管控的发展思路，城市发展逐渐进入存量发展主导时期，以扩张为表征的土地依赖难以为继。《全国国土规划纲要（2016—2030 年）》提出 2030 年国土开发强度不超过 4.62%，城镇建设空间控制在 11.67 万平方千米以内[13]，若保持目前年均 0.24 万平方千米（从 2010 年 3.98 万平方千米增至 2015 年 5.16 万平方千米）的增长趋势，到 2025 年左右中国将全面进入存量时代。另一方面，土地依赖会削弱城市应对未来发展的机会。土地依赖本质上是“以地生财”的增长方式，是一种对于未来土地收益的透支，影响了城市经济的可持续发展。过度依赖土地，会失去城市经济转型发展的先机，影响城市未来的健康发展。同时，土地依赖下的城市快速扩张，必然会降低对于城市空间增长品质与公服设施均衡性布局的关注，产城不融合的现象会加剧，从而导致城市吸引力和城市竞争力的下降。因此，国家宏观政策需要各个城市严控土地的增量，同时从城市竞争力角度而言，摆脱土地依赖也是城市的一种必然选择。

3 类型三：创新驱动型城市

3.1 创新驱动既是时代潮流，也是国家战略

全球的经济与城市发展进入第三次城市化浪潮（Scott[14]，2017），第一次城市化浪潮是手工业的发展，第二次城市化浪潮是工业化和规模化的大生产，第三次城市化浪潮是知识—文化经济的发展，其突出的表征是知识—文化经济的崛起和创新引领的发展，传统增长模式日益失效，全球经济主要依靠新动能来拉动增长，全球创新时代随之到来，全球经济地理面临新一轮的重组，这对中国来说，既是挑战更是机遇。在新的发展时期，可以看到，美、英、德、日等发达国家均制定国家创新战略，抢占新一轮竞争高地。我国也于 2015 年将“双创”写入政府工作报告，2017 年将创新驱动列入十九大报告的发展战略，创新能力在近年努力下显著提升。近年来，中国由于外来投资疲软、海外市场乏力，传统的出口带动、投资带动模式迎来巨大挑战，因此中国城市必须摆脱外源依赖，寻找内生动力，推动创新发展的重要性日益凸显。近年来北京、深圳、杭州的创新作用也日益显现，如何评价一个城市的创新能力，如何看待不同城市的创新类型，寻找城市创新发展的规律也成为学界和政府重点关注的话题。

3.2 中国创新型城市的类型与路径

3.2.1 创新型城市的三种类型

在近几年，在弗里德曼、萨森提出了全球城市的概念和内涵后，通过总部—分支机构法，以生产性服务业的企业关联网络为主要研究对象，全球城市的研究取得突破性的进展，中国的一批学者（唐子来[15]，等，2010）也借鉴 GAWC 的研究方法分析了中国的全球城市、全球城市网络。但是关于创新城市的研究才刚刚开始，笔者借鉴全球城市的分析方法，在此基础上结合中国的实际情况加以改进。GAWC 全球城市的指标对中国城市而言，更多的是考察世界 500 强在中国设立分支机构的数量，从而判断中国城市在全球城市地位，对中国城市而言，更多的是外源性指标，考察的是中国城市吸引外资的能力，显然中国的自主创新能力逐渐提高之后，这一指标难以衡量中国城市在全球创新能力，因此需要增加城市内生的创新往外辐射的能力，因此笔者增加了一些内生性创新指标来可衡量城市的创新能力。

笔者尝试以城市创新要素的外源性和内生性双向指标为切入点来构建城市创新结构性指数。外源性指标主要包括 GAWC 商务企业数、世界 500 强制造业企业数、实际利用外资额、常住外籍人口数等外源性指标，内生性指标主要包括上市企业数、年境外游客数、独角兽企业数、PCT 申请授权量等指标，通过打分加权的方式，构建涵盖两大方面、六大维度、11 项核心指标的量化模型来构建城市创新结构性指数，并判断城市的创新类型：综合型创新城市、输出型创新城市、引入型创新城市（表 2）。

（1）综合型创新城市

作为全国经济实力最为强劲的两大顶级城市，北京、上海的城市创新实力也是最强的，其发展动力较为均衡，无论是外来资源引入还是内生创新发展，都表现出强大的优势和控制能力。在引入和输出的六项维度中，北京表现相对更为均衡，上海在创新带动的能力上相对逊色，独角兽企业数量较少，这也是上海这几年大家感觉创新能力欠缺比较重要的一个指标。其实总体而言，北京、上海两个城市都表现出综合发展的创新类型（图 9）。

（2）输出型创新城市

除了北京、上海两个特大城市的创新能力外，以深圳、杭州等城市为典型代表，近年来创新企业风起云涌，独角兽企业越来越多，国内其他城市也能感知这些城市的创新辐射能力，从承受创新结构性要素的评价来看，这两个城市确实输出型的创新指标表现突出，是中国创新企业的首先之地。杭州、深圳的总体创新能力排在北京、上海之后，其突出的创新特点是输出型指标相对较强，输入型指标相对较弱，在当前全球化受阻，新区域主义盛行的背景下，强化自主创新能力，壮大输出型创新能力，对于重构全球新创新空间和秩序尤为重要。当然深圳与杭州同为创新输出型城市，相比较而言，深圳的创新辐射和创新控制能力更强，杭州创新文化影响力更强。

（3）引入型创新城市

相较于北京、上海、深圳、杭州，在研究案例中，广州、苏州、成都、天津等城市的创新动力则较为传统，主要以引入型的外部动力为主。一方面，与城市自身创新实力有关，缺乏优质高校、科研院所和龙头型企业，只能借助外部资源

城市创新结构性指数 **表 2**

依靠引入的外源性指标		可以输出的内生性指标	
外来企业	GAWC 商务企业数、世界 500 强制造业企业数	创新控制力	上市企业数、对外控股投资数
外部链接	常住外籍人口数、国际航空客运年输送量	创新文化影响力	年境外游客数、国际会议数
外来投资	实际利用外资额	创新辐射力	独角兽企业数、PCT 申请授权量

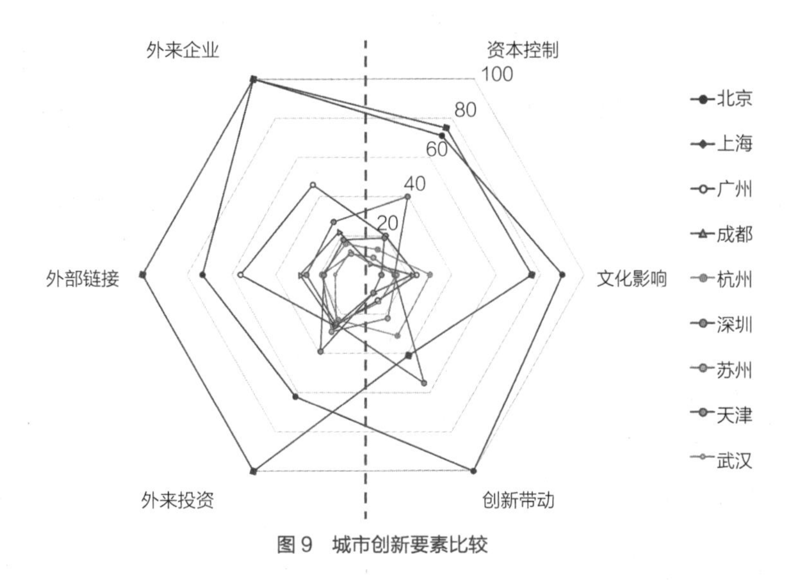

图9 城市创新要素比较

实现创新；另一方面，主要与城市惯性依赖强相关，传统的招商引资模式难以一时改变，而培育新的创新企业、培育新经济创新生态环境还很弱相关。总体而言，广州、苏州、成都、天津等一系列城市都表现出引入型指标强、输出型指标弱的特征，但这些城市在新一轮规划都在强调创新驱动，在创新输出的结构性要素中，广州、成都、苏州在创新文化影响力上有发展潜力，短板是缺独角兽企业，天津上市公司较多，有一定的创新控制力。在全球创新地理和创新秩序重组的背景下，深圳、杭州、武汉等创新型城市正在不断冲击传统城市格局，在创新领域不断改写城市位序，甚至开始出现超越京沪的潜力。

3.2.2 创新型城市的多元路径与融合发展

由于创新活动自身具有开放、流动、扩散的属性，因此若干创新型城市之间很容易发生彼此互动与联系，进而形成创新集群乃至区域创新网络。在区域创新网络中，各个城市借助自身优势，逐渐探索形成具有自身特色的创新路径。通过分析创新领域的分布、创新产出的差异，可以分析各个创新型城市不同的创新路径。

（1）知识创新路径

该路径的典型代表多是聚集大量高质量大学的城市，例如南京、武汉等，其创新领域中的知识—文化型行业更加突出，而在创新产出方面高质量论文、在校大学生数等指标远远高于其他城市，表现为典型的U（niversity）端创新特征。进而借助知识创新带来的原生应用，推动城市创新产业进一步发展。

（2）模式创新路径

该类路径以杭州为代表，创新领域更多地集中在电商、金融等服务性行业，虚拟经济或信息经济发展势头迅猛，与消费互联网行业融合紧密，依靠资本和流量实现创新价值。其创新产出优势主要集中在独角兽企业和创新融资项目数等，表现为C（onsumer）端创新。

（3）技术创新路径

该类路径的创新活动根植于城市自身的制造业发展，以深圳、苏州等城市最为典型。在创新领域中，硬件创新的比例较高，而创新产出的优势也集中在国际专利授权量、高新技术占比等生产性领域，表现为B（usiness）端创新（图10）。

需要指出的是，U端创新、C端创新和B端创新需要融合发展，比如杭州，创新的长板是C端创新，U端和B端是短板，因此杭州不断加强大学科研院所的建设，强化智能制造的发展。此外，从全球创新竞争而言，创新驱动的核心在于科技突破而非概念炒作，核心科技是实现高自主性、低依存度的核心因素。通过中美独角兽企业的结构比较可以发现，目前我国创新型城市的原发性技术进步和前沿探索研究不多，缺乏具有颠覆性创新能力的企业，并未产生大量新的“硬科技”，现有创新更多的是运用商业化思维将技术转化为应用，利用国内市场迅速推广形成流量规模。而这种创新在可持续性上明显存在潜在风险，这既是中美创新的重要区别，也是当前“贸易战”美国遏制我国高科技产业的关键意图所在（图11）。

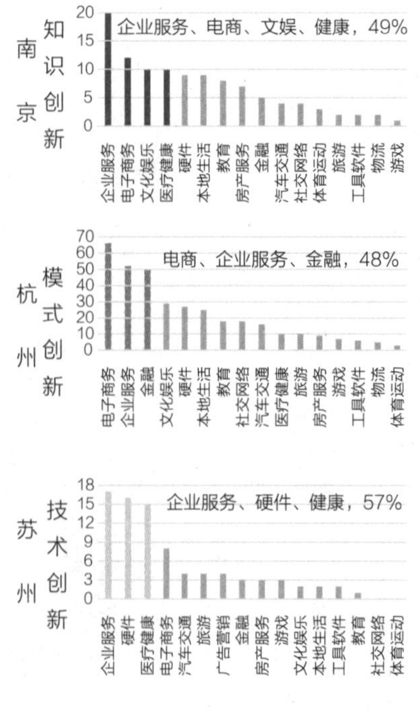

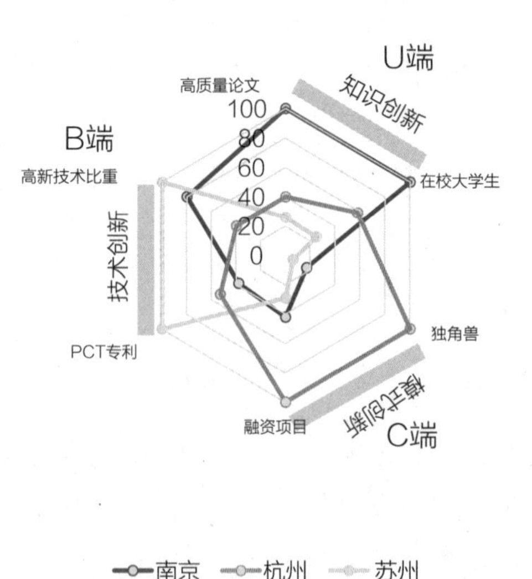

图10　南京、杭州、苏州在创新领域和创新产出的路径比较

资料来源：智投云，城市统计年鉴，国家知识产权总局，Science杂志

3.3 创新型城市发展的空间应对

创新驱动的重要性日益增强。随着外部国际环境的不断变化，未来创新对于城市发展动力的作用日益加大，城市的创新能力与创新空间的营造也密切相关，通过好的创新空间吸引创新性人才，通过高质量的创新性人才吸引创新性企业，从而营造一种良好的创新生态环境。因此，城市规划需要进一步关注创新空间的需求与组织。创新人群注重交往、关心环境、追求品质，有着相对较高的空间要求。创新型城市需要针对创新人群的空间偏好，塑造更有利于创新活动发生的空间环境，例如对咖啡厅、茶馆等创新商业网点的培育，对公园绿道、健身房等运动健康设施的建设等，对大学、研究所、实验室、风投公司等创新相关机构的大力引入。与之相对，在城市产业空间的组织方面也不同于传统工业经济时代，知识经济下的创新活动需要新的空间组织模式。一方面空间尺度上，不再追求大的空间板块，而是在一定范围内形成宜人尺度的特定创新—产业单元，以创新圈或创新单元的形式承载创新活动，实现生活、生产、生态的高度融合；另一方面空间载体上，园区，校区、城区、社区、景区都将成为新的创新型产业空间，产城人文绿相融合的特色小镇、创谷等也是创新公司和人群青睐的创新空间场所。

4 类型四：人口红利型城市

4.1 人口红利是中国城镇化的重要基础

在上一轮工业化发展中，乡村人口和劳动力向城市的转移是推动我国经济发展的重要动力，由于城乡之间巨大的发展差异，城市享受廉价劳动力所带来的人口红利，中国的城镇化和工业化也推动了中国经济的快速增长，其突出的表征就是大量的投资、大规模的城市建设、大规模的工业化生产和相对廉价的劳动力。但是随着我国

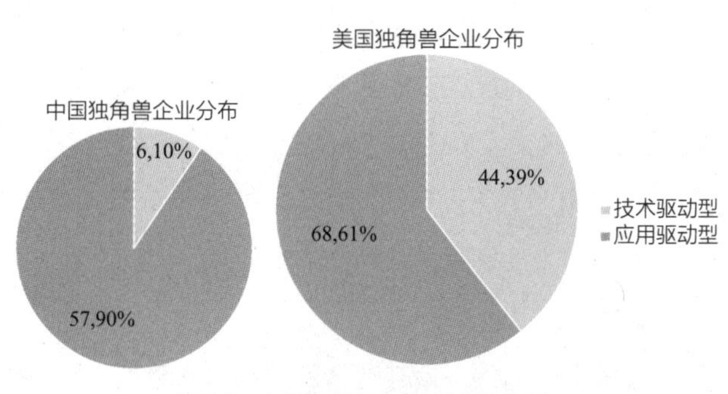

图 11　中美独角兽企业创新领域对比

资料来源：波士顿咨询

总人口增长放缓、预计 2030 年国家的总人口将达到峰值，同时老龄化加剧、抚养比上升，国家总体的人口红利将逐渐消失，而区域和城市的人口红利将逐渐显现，城市将从招商引资转入招商引人的新阶段。在城镇化水平超过 50% 之后，中国城市的土地城镇化也将基本完成，城镇化的下半场亟待通过人口城镇化完成历史性任务。主要是表现为两个方面，一是要实现包容性的增长，逐步实现农业转移人口的完全城镇化；二是，预计至 2030 年，还将有 2.4 亿人进入城镇，继而对我国空间格局产生较大影响。此外，城市之间的人口流动也将成为新的常态，如何在这次人口转移中最大程度地吸引人口，维持城市人口红利将成为各个城市面临的新挑战。

4.2 城市人口红利的分类

4.2.1 城市人口竞争加剧

随着国内产业整合和消费升级进入关键阶段，人口正在成为拉动城市生产和消费两端的核心要素，人口与城市之间的逻辑关系正在发生变化。旧地理模式下，政府往往通过区位、税收、土地成本等吸引产业入住，继而吸引人口形成城市，“乐业带动安居”的逻辑显而易见。知识经济时代的到来，“安居带动乐业”的逻辑更加有效，只有品质优越的城市才能吸引到更多的人口，进而支撑当地产业的发展。

因此，在新地理模式的带动下，吸引人口成为新一轮城市发展的重要战略，一些新一线城市不断推出吸引人口的政策，同时短时间过多的人口增长也会带来大城市病，因此一些特大城市开始出台控制人口的政策；此外还有一些城市想吸引人口，但是人用脚投票的结果是人们并没有选择这些城市，这些城市的人口增量开始减少，甚至一些城市开始出现人口收缩。城市人口的增长也大致符合库涅茨克倒 U 形曲线，有的城市是人口增长加速期，有的是人口增长减速期，有的是人口稳定期，甚至有的城市出现人口的负增长（图 12）。

4.2.2 三种不同的人口红利型城市

（1）主动调控型城市

以北京、上海为代表的超大城市，由于已经进入库涅茨克曲线的稳定阶段，在考虑生态承载力、空间品质、城市安全等因素后，提出人口调控政策，人口目标由规模增长向结构优化转变。近两年的人口规模数据现实，调控政策初见成效，常住人口开始微降，例如上海总人口从 2016 年底 2419.7 万人降到 2017 年底的 2418.3 万人，但应在执行中注重弹性引导与理性控制，保障民生。

（2）红利集聚型城市

本轮人口流动过程中，涌现一批红利集聚型城市，仍然表现出较强的人口吸引力，大体分为两类，一是广、深、杭接棒京沪，成为人口红利向东部沿海地区

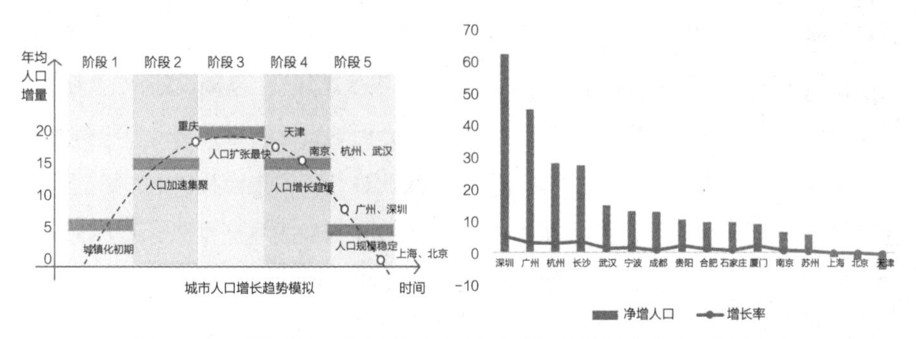

图 12　人口增长的库涅茨克曲线与 2017 年我国主要城市常住人口增长情况

资料来源：各城市统计公报

流动新的目的地；二是中西部劳动力大省的核心二线城市人口回流迅速，长沙、武汉、成都等人口增长表现亮眼。整体来看，此类城市大体都有相对较好的人居环境、充沛的就业机会和高性价比的生活成本。同时各个城市先后出台“引才工程”，通过创业补贴和住房优惠等政策大力招引高端人才，沿海沿江的人才资本高地已经初步显现。当前集聚的人口红利将在未来一段时间内不断释放，支撑城市竞争力的形成。

（3）人口增量（或总量）收缩型城市

此类城市在新一轮发展中尚未完成转型，缺乏人口吸引力，人口微增、甚至减少，最为典型的是苏南城市以及北方大中城市。2017 年苏州、无锡、常州等城市的人口增量总和仅为 9.7 万，约为杭州的三分之一。而哈尔滨、长春等北方城市受到产业转型滞后、经济增长乏力的影响，人口持续流失，人口红利萎缩的开始发生。由于没有人口输入，该类城市可能面临老龄化加剧、少子化突出等问题，进而影响城市的可持续发展，因此需要加大政策投入，提升人口吸引力，加快人口集聚。

4.3　人本城市的回归

无论城市人口发展处于哪一阶段，营造吸引人的城市成为当前城市规划的重点，要强调人本城市的回归。首先，要适当控制城市生活成本（格莱泽[16]，2012），如住房成本及多样化选择等，促进本地生活成本与基本公共服务之间平衡，营造高性价比的城市生活。其次，要加大与居民生活息息相关的配套建设力度，其中包括医疗、教育、交通等方面，保证居民相对均衡的公共服务设施水平。第三，要强化人文魅力特色，塑造自身“城市性格”，挖掘城市历史文化要素，提升城市建设品质，创造高质量的生活水平。第四，要满足人民日益增长的对健康、休闲需求，完善城市体育、医疗等设施，提升休闲设施水平；第五，要加强社区生活圈的建设，在 15 分钟步行可达范围内，配备居民生活所需的文教、医疗、体育、商业等基本服务功能、就业功能与公共活动空间，营建宜居、宜业、宜游城镇社区生活圈网络。

由于认识能力和城市经济实力的不足，城市在生态环境、基础设施、公共服务、城市文化、城市品质方面留下大量的历史欠账，而这些恰恰是提升人口吸引力的重要领域，也是广大市民最为关切的问题。因此进行“城市修补、生态修复”是治理“城市病”、保障改善民生的重大举措，是适应经济发展新常态，大力推动供给侧结构性改革的有效途径，是城市转型发展的重要标志，应当作为提升市民获得感的重要工作。

5 小结：从投资依赖型转向创新驱动型；从土地依赖型转向人口红利型城市

本文以投资、土地、创新、人口四个维度构建城市发展的坐标系，明确城市发展的动力模式及演变路径。传统的城市发展模式是偏投资依赖和土地依赖，而新的城市发展模式是创新驱动和人口红利型的。总体上这些城市可分为四类，一类是以深圳为代表，既是创新驱动，又是人口红利型的，这类城市将在新一轮城市竞争的格局中赢得发展优势，走向繁荣；另一类既是投资依赖，又是土地依赖型的城市，将在新一轮发展会面临发展瓶颈，走向衰落。此外，大量的城市可能既有投资依赖型或土地依赖型的一种，也有创新驱动或人口红利型的一种，如以杭州为代表的创新驱动明显，但对土地依赖性也相对较高的城市，以及以郑州为代表的人口红利强，但投资依赖度依然很高的城市，这两类城市要主动转型，优化长板，补足短板，在城市竞争和经济地理重组的格局中不要掉队。

通过四种类型的城市分析，可以看出，城市发展的动力在新一轮城市化浪潮中在快速转型，总体而言，城市发展动力正在从投资依赖转向创新驱动，从土地依赖转向人口红利的发展。转型发展具有其内在的必然性：第一，我国经济增长进入从高速增长转向中高速增长的新常态，投资为主导的大新城、大新区建设模式难以为继，亟需改变。经济增长将更多依靠技术进步，需要不断转换增长动力，让创新成为驱动发展的新引擎，才能不断推动经济增长从中低端迈向中高端水平。第二，我国进入城镇化增长的后半程，城镇人口与城镇空间的增长速度将不断减弱。我国 2017 年城镇化率达到 58.52%，已进入城镇化增长的减速期。但由于过去对于土地等要素的过度投入，城市空间扩张过快，已经很大程度上消耗了未来土地的增长收益。因此，未来需要更加重视人才红利，通过人才红利推动经济持续发展，回归到人本主义的城市理念（图 13）。

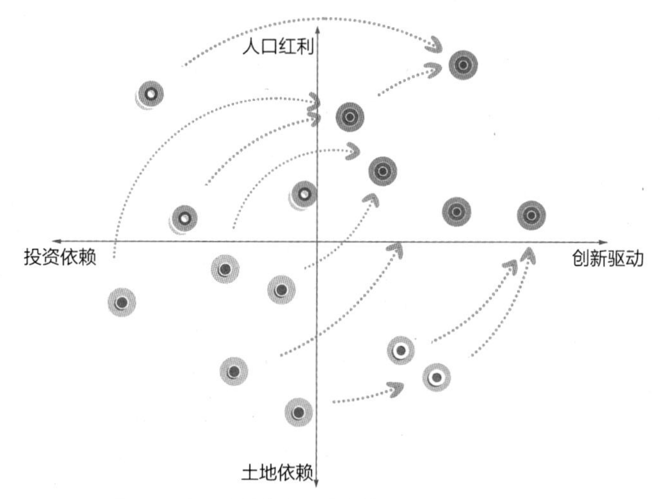

图 13　十五个城市发展动力布局及转换趋势模拟图

（感谢张振广、张一凡对本文的数据资料和图纸分析的支持）

参考文献

[1] 许小年 . 寻求经济增长新动力——以供给侧改革开拓创新空间 [J]. 新金融，2016（01）：11-13.

[2] 郑德高，孙娟 . 基于竞争力与可持续发展法则的武汉 2049 发展战略 [J]. 城市规划学刊，2014（02）：40-50.

[3] 郑德高 . 长三角地区转型发展新观察——以安徽省工业化与城镇化发展为例 [J]. 城市规划，2011，35（S1）：127-131.

[4] 许小年 . 多变环境中的不变之道，2018 浙商证券“凤凰论坛”报告 .

[5] 北京城市总体规划（2016—2035 年），上海城市总体规划（2017—2035 年）.

[6] 赵燕菁 . 土地财政：历史、逻辑与抉择 [J]. 城市发展研究，2014，21（01）：1-13.

[7] 马光远 . 土地财政是无奈，鼓吹则是无耻 [J]. 城市住宅，2010（09）：18-19.

[8] 中房智库，根据相关地方城市统计局、财政局等公开数据整理，http：//www.sohu.com/a/202632647_769047.

[9] 郑德高，卢弘旻 . 上海工业用地更新的制度变迁与经济学逻辑 [J]. 上海城市规划，2015（03）：25-32.

[10] 2015 年北京市 1% 人口抽样调查资料，北京市全国 1% 人口抽样调查联席会议办公室、北京市统计局 .

[11]《北京市土地利用总体规划（2006—2020 年）（文本）》，《北京城市总体规划（2016 年—2035 年）》.

[12] 常青，徐勤政，杨春，等 . 北京新总规建设用地减量调控的思考与探索 [J]. 城市规划，2017，41（11），33-40.

[13] 国务院关于印发全国国土规划纲要（2016—2030 年）的通知 [J]. 中华人民共和国国务院公报，2017（06）：35-64.

[14]（美）艾伦 .J. 斯科特 . 浮现的世界：21 世纪的城市与区域 [M]. 王周杨，译 . 南京：江苏教育出版社，2017.

[15] 唐子来，赵渺希 . 经济全球化视角下长三角区域的城市体系演化：关联网络和价值区段的分析方法 [J]. 城市规划学刊，2010（01）：29-34.

[16]（美）爱德华·格莱泽 . 城市的胜利 [M]. 刘润泉，译 . 上海：上海社会科学院出版社，2012.

张京祥
陈宏伟

张京祥，南京大学建筑与城市规划学院教授，中国城市规划学会常务理事，中国城市规划学会城乡治理与政策研究学术委员会主任，中国城市规划学会学术工作委员会委员
陈宏伟，中国城市规划设计研究院规划师，南京大学建筑与城市规划学院硕士

面向创新型发展需求的城市空间品质提升 *

1 引言

中国的许多城市发展正在向创新型经济转型。2008 年全球金融危机以来，中央政府采取了一系列大力促进创新发展的针对性政策措施，诸如明确“创新驱动”为国家战略，实施“千人计划”以吸引海外高层次人才，提出“大众创业、万众创新”号召全民参与，推进“互联网 +”、“中国制造 2025”战略等，以鼓励商业模式创新与制造业转型升级。在宏观政策的推动下，近年来许多城市（北京、上海、深圳、杭州等）都提出了建设“科技创新中心”、“创新城市”等新的发展目标定位。城市的创新转型是一个复杂的过程，受到许多因素的共同作用，空间品质提升是促进城市实现创新发展的重要动力之一❶。总览欧美发达国家的发展过程，那些具有卓越空间品质的城市大多有效地吸引了创新人才、高科技企业及其相关要素的集聚，并激发出活跃的创新活动与创新氛围，从而有力地推动了城市经济的转型升级[1，2]。

关于城市品质的研究，源于西方国家 20 世纪下半叶以来对“生活质量”的倡导，主张城市应使人们的生活更美好[3]。近年来，随着中国经济与社会发展进入“新时代”，许多城市的发展建设由过去单一追求“增长规模”开始转向更加关注“内涵品质”。在此背景下，关于城市品质的探讨实践日渐趋盛，业界对城市品质的界定也是众说纷纭[3-6]。从广义上来讲，城市品质是物质空间环境与社会人文品质的综合，涵盖了自然、经济、生活、文化、管理等关乎人民生活质量的方方面面[3]，本文主要是聚焦探讨面向创新发展需求的城市的空间品质（物质环境）提升。

---

* 本文为国家自然科学基金课题（51578276）资助成果。

❶ 需要说明的是，城市品质的提升提高了城市创新发展转型的可能性，但并不必然导致创新的发生。

2　高品质城市空间驱动创新发展的内在逻辑

2.1　吸引创新人才和企业

城市发展方式的转型凸显了城市空间品质的重要性。在以往以资本和要素为主要驱动的发展模式下，资本是稀缺性资源，决定着空间发展的区位，通常选择靠近港口、铁路或原料的区位投资建厂以降低生产经营成本，而替代性强的产业工人对居住、就业的环境难有更高的要求，其空间选择被资本所主导，即资本决定投资的区位，进而决定劳动力流向[7]。在此背景下，提供尽可能低成本的生产制造空间是各城市“招商引资”的关键。然而，随着城市的创新转型发展，经济发展的动力由自然资源、加工制造愈来愈向研发、服务与信息等要素转变[1]，传统形式的要素资本重要性不断下降，日益被人力资本所取代[8, 9]，科学家、企业家、投资人、高水平技术工人等一流的创新人才主导着创新型经济的发展。实际上，争夺这些人才已经成为当前城市创新转型的关键抓手，近年来国内许多城市都出台了各种各样“人才计划”(图 1)。在各城市间竞相“招才引智”的背景下，创新人才具备了很强的话语权和自主性，可以高弹性地选择居住和就业城市，生活质量成为其进行就业地点选择的重要考量因素[1]。高品质的城市空间提供了更具魅力的生活和工作环境，提升了城市居民的生活质量，从而对人才展现出更强的吸引力。一些高科技公司则趋向于选址于品质更好的城市，以便于招聘到优秀的员工[10]，寻求增值的资本开始跟随高创新企业和人才的去向。

随着发展的战略重点由“招商引资”转向“招才引智”，城市空间品质的首要意义就在于提供更好的生活与办公环境，以吸引一流的创新人才，进而吸引创新企业(或培育创业企业)，从而推动城市的创新发展。

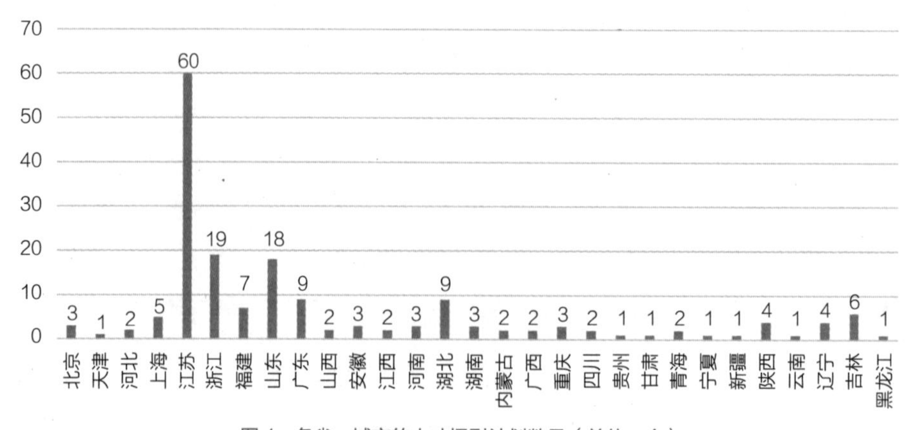

图 1　各省、城市的人才招引计划数目(单位：个)

资料来源：千人计划网，http：//www.1000plan.org/qrjh/section/4.

2.2 推动多元创新主体的交流互动

多方面的因素共同推动了创新模式由封闭式创新向多主体协同的开放式创新转变。在传统的发展模式中，创新通常表现为企业内部“发明—开发—设计—中试—生产—销售”的线性过程。20 世纪 80 年代以来，传统大批量、标准化的福特制生产形态开始逐步向小批量、差异化、灵活化的弹性生产转变，企业需要对市场需求和技术变化进行快速的响应[11]，这推动了企业采取开放式的创新战略，面向外部寻求技术、资本等相关资源[12]。其次，创新的内容也发生了改变，大量的商业模式或产品创新源于不同行业之间的交叉融合，将已有的技术与其他传统产业（如广告、媒体、时尚、金融及健康服务等）的充分融合成为重要的创新方向，例如当前盛行的大量“互联网 +”创业[2]。最后，创新创业者在创业过程中通常也需要与风险投资、孵化器、政府等进行密切互动，以整合所需的各类资源。

高品质的城市空间可以有效地促进多元主体间的交流互动：一方面吸引创新人才、企业等主体的集聚，另一方面提供了交通便利、适宜交流的场所和环境，从而激发出更多正式与非正式的交流活动，包括路演培训等专门性的创业活动、不同人群间的社交活动与思想交流、企业间的商务会谈等多种方式，例如硅谷的许多创新联系就发生在餐厅、高尔夫球场等非工作场所中的面对面交谈之中[13]。不同人之间的思想交流、碰撞有利于产生出新的创意，多元主体间的合作、互动可以推动人才、技术、资本等资源的整合，进而实现创意创新，推动城市产业的创新转型发展。

3 面向创新发展需求的城市空间品质总体特征

在市场主体的自发集聚或者政府的主动干预下，国外一些高品质的城市空间不断集聚着创新要素，形成创新活跃的空间区块。这些创新空间区块具有不同的空间形态，或是自上而下规划的、具有明确边界的园区或街区载体，或是自发形成的融入城市空间中的无边界区域，本文将其统称为创新空间。有学者根据区位的不同将其分为两类：一类是以硅谷为代表的独立于城区的郊区科学园；另一类是通常位于城区，集聚了“锚机构”、企业集群、初创企业、孵化器和加速器，并且配套齐全的城市创新区（Innovation District）[2]。在空间品质上，这些创新空间及其所在城市具有一些共性特征。

3.1 良好的生态环境

良好的生态环境吸引着创新创业人才，是高品质空间的重要特征。20 世纪

图 2　硅谷良好的生态环境吸引着创新创业人才
资料来源：图片来自网络

70–80 年代，美国东北部“冷冻地带”的大量人口因为追求舒适宜居的生活环境而向西、南部“阳光地带”转移，推动了美国西、南部一些城市高科技产业的发展，硅谷早期的崛起便是典型的佐证。硅谷全年阳光明媚、温和宜人的地中海气候独具魅力，大片的山谷、绿地适宜户外运动与休闲，低密度的商办花园塑造了宜人的办公环境（图 2）。这吸引了大量的大学生、科学家、工程师以及投资人等，其中包括硅谷半导体产业的奠基人威廉·肖克利（William Shockley）。他在新泽西的贝尔实验室发明了晶体管，之后被硅谷的气候吸引而搬到了当地的山景城并创立了晶体管实验室。该公司衍生出了著名的仙童公司，并由后者进一步直接或间接地衍生了 Amelco、Molectro、GMe 等许多关键企业，它们几乎构成了当时硅谷的整个半导体产业 [14]。

近年来，美国西部山区——“绿色海岸”地区的创新产业兴起也表现出同样的规律。这一地区北起蒙大拿州，沿落基山脉一路向南至亚利桑那州，原以农牧业主导产业，20 世纪 90 年代以后当地原始的景致与户外活动吸引了一些创业者和风险投资家，而后逐渐发展起以信息技术、生命医药、先进制造为代表的高科技产业。近十年来，该地区创造了全美最高的 14.7% 的就业增长率和 20% 的人口增长率，成为支撑美国复兴的四大经济板块之一。其中一些县市超过 30% 的地区被划为自然保护区，但却创造了近四十年以来 345% 的就业岗位增长率，4 倍于那些没有或缺少自然保护区的县市 [15]，城市的生态环境有力推动了产业的创新。

3.2　混合的工作与生活空间

创新人才还倾向于选择那些工作与生活混合的城市空间，在这些区域研发、办公等工作空间通常与居住、商业等生活空间相互融合或者紧凑布局以方便通达。

图 3　纽约曼哈顿地区孵化器的分布及其“楼上孵化器，楼下 PRADA”的空间形态

资料来源：参考文献 [18] 以及纽约经济发展局 .

https：//www.nycedc.com/service/incubators-workspaces/incubators-workspaces-map

美国的相关研究发现，新一代的年轻人越来越将“生活质量”理解为与餐馆、零售、文化等场所的接近程度[16]，城市不仅被视为一个工作目的地，也是一个生活和娱乐的理想场所[17]。因此，工作与生活相混合的城市空间更能够吸引到人才。在宏观数据上，在全美 51 个大都市区的中心商业区附近的居民区，拥有大学学位的 25-34 岁的人口数量在 2000 到 2009 年间增长了 26%[2]。具体到实际案例，美国的许多大都市的城市中心区因为能提供更多的商业设施而成为其吸引高科技人才的重要砝码，推动了创新企业及其他要素高度密集的“创新区”的出现[2]，其中纽约曼哈顿下城区的“硅巷”是典型样本。该地区集聚了包括 Linkedin、Kickstarter、Tumblr 等明星公司在内的超过 500 家互联网创业企业，许多孵化器以及创业企业将办公地点选择在繁华的城市街区，以便于购物和消费，形成“楼上孵化器，楼下 PRADA”的创新空间形态，同时纽约一些靠近商业区的小户型住宅也开始热销[18]（图 3）。

3.3　多元的公共空间

在欧美国家的城市中，创新活跃的区域往往存在着高品质的公共空间。这些公共空间具有开放性和高可达性，允许不同类型的人使用；同时，其舒适的环境和融洽的气氛能够吸引人进入并发生联系，因而有利于谈话交流与信息共享[19]。这些公共空间既为那些有目的的交流活动提供场所，也因为吸引、集聚了不同的人而增加了偶然交谈的机会，从而提升了城市空间中交流互动的频率，产生出更多的创新可能。在布局上，公共空间与办公空间通常距离较近或者相互融合以便于使用。根据开放性的不同，这些公共空间大致可分为三种典型的类型。第一类是传统的广场、公园、街区等，这样的空间是完全开放的。第二类是以咖啡馆、酒吧、公共图书馆为代表的需要支付一定费用的商业空间，这些空间有着舒适的交流环境，正在成为城市的标志性创新空间。在“咖啡因驱动下”，知识员工之间的社交活动、公司会议、创业家与投资人之间的会面、各种形式的沙龙大量地发生在这些空间中。第三类是专门为创新交流活动所开发的空间。联合办公空间促进不同创业者之间的思想交流和知识溢出，一些由投资人所创立的包含办公空间的孵化器也提供了创业者与风险投资人深入交流以确立投资关系的场所[20]。这些各具特色的公共空间有效促进了地区的创新和网络联系。

3.4 丰富的文化空间

创新人才对于文化活动与氛围的偏好也影响到其就业的选址，使得具有历史街区、文化场馆或其他文化活动场所的城市空间展现出创新的活力。在当前语境下，创新并不局限于基础技术的研发及其商业化，创新的内容越来越多地倾向于具有文化特点的产品和服务而非简单的制造业产品[1]，涵盖了传媒、时尚、设计等领域。主导这些创新产业的人才本身就有着更高的文化与审美品位，因而倾向于文化氛围浓厚、文化空间丰富的城市，例如有研究发现艺术家更喜欢有专业机构和丰富夜生活的内城，从而影响到文创产业的布局[21]。在硅谷高科技产业崛起之前，湾区就因为嬉皮士、乌托邦、摇滚乐等引领全美的文化和思潮吸引着大批的大学生移民，而在其高科技产业蓬勃发展的整个过程也都伴随着这些文化艺术潮流[14]，创立了苹果公司的乔布斯就是一个典型的嬉皮士。在一些其他的欧美城市，许多衰退的老城区通过历史建筑的改造提升、文化设施的植入塑造了丰富的文化空间，并催生了活跃的文化活动，从而吸引了知识密集型企业以及相关机构的进驻，如巴塞罗那普布诺地区、伦敦国王十字知识区等。

3.5 便利的交通设施

便利的交通设施既是创新空间内部功能组织的基础，也是城市活跃的创新交流、互动的保证。在欧美国家城市，那些创新活跃的空间区块大多都有完善的内、外部交通设施。对内交通方面，这些区块（例如创新街区或园区）通常具有便利通达的路网、适宜的步行环境以及健全的公共交通。这些交通设施将区块内部的研发、办公、商业以及公共空间有机结合起来，同时便利的交通联系也增进了区块内部各主体之间的面对面交流，推动区块内商务会议、技术交流、社区活动等各种活动的展开。然而，仅有区块内部的交流互动是不够的，大量的跨区域甚至全球尺度的创新联系同样重要，不同尺度的交流互动被认为是知识创新的关键[22]。因此这些区块通常与邻近的交通枢纽或大都市具有便捷的交通联系。伦敦国王十字知识区内具有六条地铁线以及国王十字和圣潘克拉斯两个火车站，汇集了城内、国内与国际的多条交通线路，是英国重要的交通枢纽[23]。波士顿外围大量的高科技产业集群分布在环状的交通廊道——128 公路沿线，并且通过多条放射状的交通廊道与城市中心联系，以保证快速的交通通达[24]。

4 面向创新发展需求的城市空间品质提升策略

4.1 策略 1：加强环境治理与生态资源合理利用，改善城市的生态环境

生态环境的恶化严重影响了当前城市空间的品质。在长期粗放式的工业化和城市化进程中，高能耗、高污染的产业破坏了城市的生态环境，城镇空间的快速扩张、蔓延也消耗了大量的绿地，政府长期以经济为中心的发展模式也忽视了环境治理。这造成了一系列的环境问题，如空气污染、水体污染、垃圾围城、城市绿地空间不足等，特别是雾霾问题，严重影响了居民的健康和生活质量。这些生态环境问题直接导致了城市人才与资本的流失，甚至出现了“环境移民”的现象：一些以知识精英和富裕阶层为主的群体因为追求新鲜空气和优美环境而逃离污染严重的城市，移民到欧美等环境宜人的国家或是逃往国内那些污染较轻的地区[25]。

提升城市的空间品质首先要改善其生态环境：一方面，加强雾霾、水体污染等环境问题的治理，淘汰高能耗、高污染的低端产业，营造清洁、宜居的城市环境；另一方面，强化生态空间的保护和建设，严守生态红线和城市开发边界线以保持或增加城市水体、绿地面积，优化城市景观设计以塑造优美的城市风景。需要补充的是，对于一些生态资源优渥、环境优美的未开发地区还要合理地开发利用，“在有风景的地方植入创新经济的载体”，例如东莞松山湖高新区依靠其生态景观资源吸引了大批高科技企业入驻，华为计划在此建设 12 个欧洲小镇风格的低密度办公组团作为其终端总部基地。

4.2 策略 2：完善创新空间的生活配套，促进工作、生活空间的融合

各种类型的创新园区（产业园区、高新区或科技城等）是当前城市创新空间的主要组成部分。多年来的开发区发展经验形成了以低成本空间招商引资的思路惯性，对员工的生活质量和相关配套缺乏关注。在城市规划和建设中对于功能分区的强调也在一定程度上导致了生产空间与生活空间的分离。因此，许多园区载体都面临着

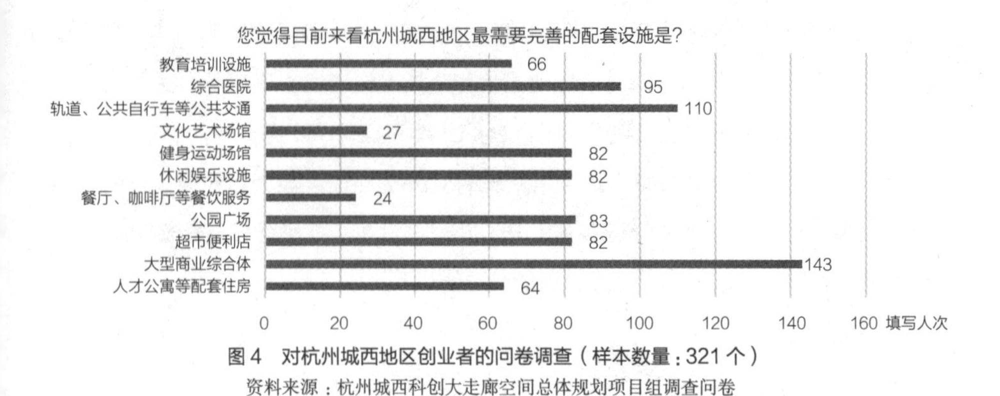

图 4　对杭州城西地区创业者的问卷调查（样本数量：321 个）

资料来源：杭州城西科创大走廊空间总体规划项目组调查问卷

商业、居住等生活性配套缺乏的现实问题，特别是那些位于郊区的“飞地型”园区。在对杭州城西科创大走廊❶的调研中，我们发现该地区存在着明显的配套不足，创业者对商业综合体、医疗等服务配套的需求尤其突出，削弱了其对于人才的吸引力（图 4）。其他一些城市的创新产业园也因为配套缺乏而难以招到高科技企业入驻❷。

面对这些问题，应完善创新园区载体（特别是郊区的园区）的居住与商业功能配套，促进工作与生活空间的融合，提升生活质量和园区吸引力。这也已经成为美国的许多郊区科学园的流行做法。北卡罗来纳州的三角研究园（Research Triangle Park）是典型代表。RTP 发现其孤立的缺乏生活配套的环境难以吸引到年轻人，于是在 2012 年 11 月宣布了一项 50 年的总体规划，来增进园区的生活功能：规划提出建设一个充满活力的中心区，并增加超过 1400 个多户住宅单元并配套零售功能[2]。在硅谷，Facebook 计划新建的办公园区 Willow Campus 也混合了办公、住宅、商业等多种功能，该园区占地约 360 亩，包括了约 12000 平方米的商业空间，包括商店、药房、杂货铺等[26]。

4.3　策略 3：完善创新空间的公共空间配套，营造多元的创新交流空间

城市创新空间工作与生活功能的相互分离在一定程度上也造成了公共空间的缺乏。许多创新园区的用地基本上以研发、办公、制造等产业功能为主，在其邻近区域缺乏足够数量、种类与品质的公共空间配套，限制了创新主体之间的交流。例如在杭州城西地区有 25% 的创业者认为该地区的公园广场最需要完善，相关部门也提出该地区“缺乏活力街区等公共空间，不利于创业者与人才的自主交流”。

---

❶ 杭州的城西科创大走廊是近几年杭州重点发展的创新空间，以杭州未来科技城、青山湖科技城与浙大科技城三个科技城为主体，以吸引国内外高层次创新创业人才为目标。

❷ 在对长三角某城市的调研中发现，一些郊区的创新园区因为缺乏足够的生活配套出现了“注册在园区，办公在城区”的尴尬局面。

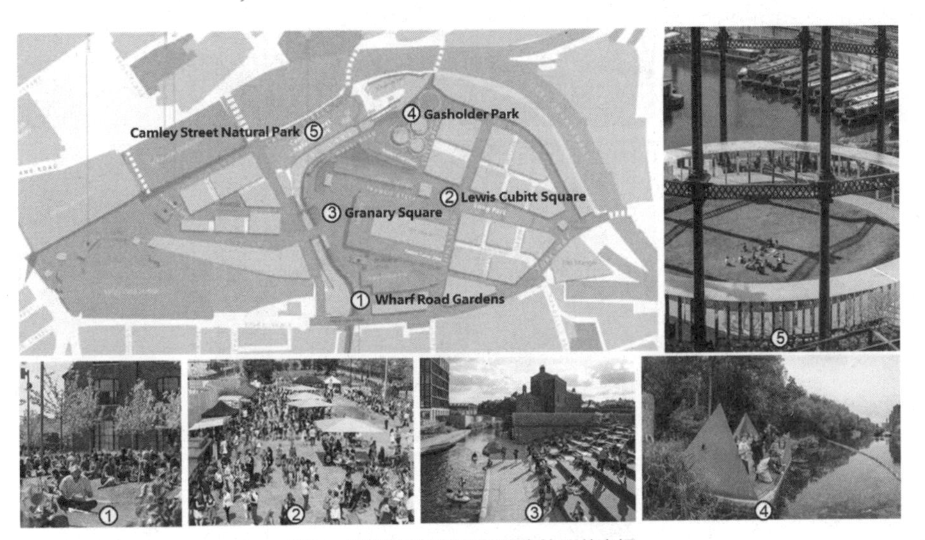

图 5　伦敦国王十字知识区中的公共空间
资料来源：国王十字区网站 .www.kingscross.co.uk/regents-canal.

因此，需要为创新空间配套多种类型的公共空间，从而营造适宜交流的场所。首先，在创新空间邻近区域建设高品质、有吸引力的公园、广场、街道等传统公共空间，促进不同人之间的休闲、社交等各类活动。例如在伦敦国王十字区的更新改造中，10.5 公顷的范围内 40% 的用地面积用于广场、街道、公园、河岸景观等开放空间，这些风景优美、趣味十足的公共空间激发了活跃的思维，促进了区域内的广泛的交流 [23]（图 5）。其次，完善园区咖啡馆、酒吧等商业型公共空间的配套，推动非正式的创新交流。例如在波士顿的肯达尔广场的开发中注重这些商业型公共空间的配套，一些有“时髦”氛围和免费 WIFI、紧邻街道并且全天开放的酒吧、咖啡馆成为了该地区开展会议、分享想法与风险投资会谈的重要场所，从而将高校（MIT）、高科技企业、投资人以及其他相关人员有效融合起来 [27]。最后，建设孵化器、联合办公、会议场馆等专门型公共空间，以满足创业服务、会议交流、竞赛路演等创新活动的需求，来承载或激发更多的创新交流活动。

4.4　策略 4：推动城市更新改造与文化设施建设，塑造有吸引力的文化空间

营造丰富的文化空间和浓厚的文化氛围，提升城市对于创新人才的吸引力。创新园区的建设并不仅局限于现代化的标准厂房、办公楼宇等空间形态，应利用城市中历史街区、工业遗址的更新改造和功能置换建设具有文化魅力的研发、办公楼宇等创新载体。与此同时，完善城市中的展览场馆、文化机构等各类文化设施配套，以便于承载丰富多样的文化活动。在伦敦国王十字区的更新改造中，文

图 6　伦敦十字区由仓库改造而成的伦敦艺术大学新校区
资料来源：参考文献 [24]

化空间的建设是其吸引创新人才和企业的重要动力。该片区原是印刷、漆料等生产的工业区，在“二战”以后英国的去工业化进程中迅速衰落。1996 年，该区域的改造开发开始启动，并于 2007 年破土动工，预计于 2020 年完成。在片区的改造过程中，文化氛围的打造被置于重要的位置。首先是历史建筑的保护与更新。该地区遗留了许多维多利亚时期的历史建筑，其中有 20 座被列入总体规划的保护名录，并通过更新改造承担新的功能，例如谷仓广场经过翻修改造变成大学校址，卸煤场被改造为商业街。在此基础上，引入文化地标，塑造充满文化创意的区域形象。伦敦最高的艺术学府伦敦艺术大学首先入驻，改造后的仓库成为上课、时装秀等活动的场所（图 6）。伦敦中央圣马丁艺术学院、大英图书馆等超过 20 所高校与文化机构也相继入驻。建筑的改造和文化机构的入驻激发了活跃的文化艺术活动，美食节、音乐节、画展、露天戏剧、视觉艺术展等各种类型的文化活动都来此举办。2014 年底，包括大英博物馆、弗朗西斯・克里克研究院、卫报传媒集团、谷歌等在内的 35 家学术、文化与媒体机构联合发起成立了伦敦十字知识区。目前该区域有着超过 3000 名科学家、12000 名学者以及 50000 名雇员 [23]。片区的文化空间与氛围的塑造吸引了这些创新创意人才与企业。

4.5　策略 5：完善城市公共交通与慢行系统，打造便利的交通环境

完善的交通设施是城市创新空间的基础支撑，良好的公共交通和慢行系统是关键。在城市创新空间的区块内部，完善公共交通以及步行道、自称车道等慢行系统建设，提升区块内部的交通可达性，将研发办公、商业配套、公共空间等各类功能有机结合起来。巴塞罗那普布诺地区（Poblenou）2000 年开启了著名的

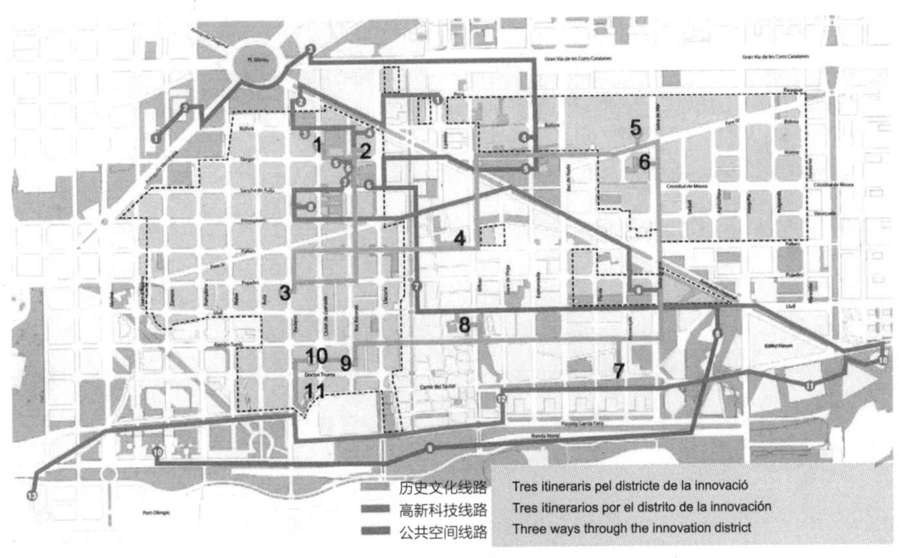

图 7　巴塞罗那普布诺地区密集的路网和三条主线

资料来源：参考文献 [28]

"22@ 计划"（22@Barcelonaproject）更新改造，由衰落的工业区逐渐转型成为高新知识经济区。在该规划中，投入了 18 亿欧元的基础设施投资，涉及了 37 千米的道路改造，完善了 29 千米的自行车道网络，以创造有利于公共交通、自行车或者步行的交通环境。这些交通网络将区域内各类功能空间联系起来，形成了历史文化、高新科技、公共空间三条主线[28]（图 7）。在创新空间的对外交通上，主要是改善一些郊区创新园区的对外交通联系。在杭州城西地区，由于生活性配套不完善产生了大量的通勤交通，同时创新企业密集的差旅出行形成了该地区到火车站、机场的密集联系。但交通线路不畅、轨道交通等公共交通的缺乏造成交通不便。因此，需要加强轨道交通、交通廊道建设，重点完善这些郊区园区到主城以及交通枢纽（机场、车站等）的交通联系，以满足创新人才的生活以及差旅出行需求。

5　结语

在过去以投资和要素驱动、城市空间粗放扩张的时代，城市的空间品质与经济发展常常是相互分离、甚至相互冲突的，提供低成本的生产制造空间（各类产业园区）以招商引资是城市空间建设的核心逻辑之一，而对于城市的空间品质以及居民的生活质量则缺乏足够的关注。因为在自然资源以及劳动力要素充裕、资本稀缺的条件下，城市空间品质的好坏对于经济发展的影响是有限的，反而有可能因为成本的上升(如各种环保要求)带来招商引资的难度。随着发展的创新转型，城市空间建设的出发点正由单纯地招商引资逐渐向招才引智扩展、向创造创新联系扩展，城市的空间品质对于经济发展的积极意义开始展现出来。从欧美发达国家城市的发展经验来看，良好的生态环境、混合的工作与生活空间、多元的公共空间、丰富的文化空间、便利的交通设施共同构成了高品质的城市空间，并起到吸引创新人才与企业以及促进创新交流的关键作用。然而，过去粗放地发展模式却积累了生态环境恶化、交通拥堵、职住分离等各种类型的空间问题。如果无法有效解决这些问题，类似“环境移民”这样的人才、资本流失现象可能会仍将持续，城市经济的创新转型也将受到制约。从这个角度来看，提升空间品质应是推动城市创新转型的战略性举措。

参考文献

[1] (美)乔尔·科特金. 新地理:数字经济如何重塑美国地貌 [M]. 王玉平,王洋,译. 北京:社会科学文献出版社,2010.

[2] Bruce Katz, Julie Wagner. The Rise of Innovation Districts: A New Geography of Innovation in America[R], Brookings Institution, May 14th, 2014.

[3] 胡迎春,曹大贵. 南京提升城市品质战略研究 [J]. 现代城市研究,2009,24(06):63-70.

[4] 罗小龙,许璐. 城市品质:城市规划的新焦点与新探索 [J]. 规划师,2017,33(11):5-9.

[5] 邹府,王红扬. 标志性空间:概念及其在城市品质提升规划中的运用——《杭州市上城区标志性空间规划》解析 [J]. 现代城市研究,2013,28(05):44-51+59.

[6] 周凯龙. 基于城市品质提升的肇东城市中心区更新规划研究 [D]. 浙江大学,2013.

[7] 汤海孺. 空间的创新与创新的空间——浙江特色小镇的背景与生成机理 [A]. 中国城市规划学会、沈阳市人民政府. 规划 60 年:成就与挑战——2016 中国城市规划年会论文集(16 小城镇规划)[C]. 中国城市规划学会、沈阳市人民政府:中国城市规划学会,2016:8.

[8] Clarke S E, Gaile G L. The Work of Cities[J]. Economic Geography, 1998.

[9] Florida R. The Rise of the Creative Class[J]. Washington Monthly, 2004, 35(5): 593-596.

[10] Martha O'Mara. Strategy location and the changing corporation: how information age organization make site selection decision[R], Real Estate Research Institute, 1997.

[11] 王缉慈,等. 创新的空间 [M]. 北京:北京大学出版社,2001.

[12] 李万,常静,王敏杰,等. 创新 3.0 与创新生态系统 [J]. 科学学研究,2014,32(12):1761-1770.

[13] 邓智团. 国际高新企业为何流行"搬回市区"[J]. 理论导报,2017(03):47-48.

[14] (美)阿伦·拉奥,皮埃罗·斯加鲁菲. 硅谷百年史:伟大的科技创新与创业历程(1900-2013)[M]. 闫景立,侯爱华,译. 北京:人民邮电出版社,2014.

[15] 新华社. 美"绿色海岸"将成下一个硅谷? [EB/OL]. http://www.chinadaily.com.cn/hqgj/jryw/2013-11-05/content_10501395.html.2013-11-05.

[16] Baris M. The rise of the creative class: And how it's transforming work, leisure and everyday life[J]. Next American City, 2003, 44(January): 297-301.

[17] Clark T N. Amenities drive urban growth: A new paradigm and policy linkages, the city as an entertainment machine[J]. Research in Urban Policy, 2004, 9(03): 291-322.

[18] 邓智团. 在高密度城市中集聚,正成为创新企业区位选择的新趋势 [EB/OL]. http://baijiahao.baidu.com/s?id=1595185169113410678&wfr=spider&for=pc.2018-03-15.

[19] 冯静,甄峰,王晶. 信息时代城市第三空间发展研究及规划策略探讨 [J]. 城市发展研究,2015,22(06):47-51.

[20] 王波,甄峰,朱贤强. 互联网众创空间的内涵及其发展与规划策略——基于上海的调研分析 [J]. 城市规划,2017,41(09):30-37+121.

[21] Markusen A, Schrock G. The artistic dividend: urban artistic specialisation and economic development implications[J]. Urban Studies, 2006, 43(43): 1661-1686.

[22] 王秋玉,吕国庆,曾刚. 内生型产业集群创新网络的空间尺度分析——以山东省东营市石油装备制造业为例 [J]. 经济地理,2015,35(6):102-108.

[23] 英国研究中心. 创新区的崛起——伦敦科技新区案例集锦(上篇)[R]. 2018-10-12.

[24] 广东省城乡规划设计研究院. 广深科技创新走廊规划 [R]. 2017.

[25] 中国与全球化智库,中国社会科学院. 国际人才蓝皮书 [R]. 2015.

[26] TOP 办公研究院. 我们研究了全球的创新区,发现了创新区的三种模式 [EB/OL]. http://www.360doc.com/content/17/0803/13/22081874_676331405.shtml. 2017-08-03.

[27] 邓智团. 第三空间激活城市创新街区活力——美国剑桥肯戴尔广场经验 [J]. 北京规划建设,2018(01):178-181.

[28] 周婷,Miquel Vidal Pla. 巴塞罗那波布雷诺旧工业区更新策略探析 [J]. 住区,2013(03):138-145.

杨宇振

杨宇振，重庆大学建筑城规学院教授，教育部山地城镇建设与新技术重点实验室骨干专家，中国城市规划学会学术工作委员会委员、国外城市规划学术委员会委员

空间生产与日常生活：两种模式的分析及其问题

空间和日常生活之间的关系是理解空间生产机制的一种开始，不同规模、不同功能属性、不同地区的空间生产，如经济特区、国家新区、自由贸易区、城乡统筹试验区，如高铁站、航站楼、各种国家或地区的口岸，如住房、医疗设施、学校、公共交通、公园等的空间安排和变动，是宏观政治、经济和社会机制在具体地方相互作用的实践和结果，却在微观层面上形成了日常生活的空间，规定日常生活的路径，改变日常生活的节奏。这是一个伴随着时间的剧烈变化过程。亨利·列斐伏尔曾经指出，“人类世界不仅仅由历史、文化、总体或作为整体的社会，或由意识形态的和政治的上层建筑所界定。它是由这个居间的和中介的层次：日常生活所界定的。在其中可以看到最具体的辩证运动：需要和欲望，快乐和快乐的缺失，满足和欠缺（或挫折），实现和空的空间，工作和非工作”。[1]

恩格斯在《英国工人阶级状况》中谈到工业革命前后的英国，“近六十年来的英国工业的历史，在人类编年史上无以伦比的历史……（人口）完全是由另外的阶级组成的，而且和过去比起来实际上完全是具有另外的习惯和另外的需要的另外一个民族。产业革命对英国的意义，就像政治革命对于法国，哲学革命对于德国一样。”[2] 能模仿恩格斯的这一论述，来比对看待中国过去半个多世纪的变化吗？过去四十年间是中国前所未有的快速城市化和城乡空间变化的时期，对 20 世纪 60–70 年代出生的人来说具有特别意义；这是一段从“空间作为分配品”向“空间作为商品”为主的混合方式的转变时期。他（她）们的青年到中年，伴随着中

---

[1] Lefebvre，H. 2002，Critique of Everyday Life (Vol. 2)：Foundations for Sociology of the Everyday [M]. Trans. By John Moore. London & New York：Verso，P45.

[2]（德）恩格斯，英国工人阶级状况 [M]// 马克思，恩格斯．马克思恩格斯全集：第 20 卷．北京：人民出版社，1957：295–296.

国快速的城市化，激烈的政治、经济制度的变迁、城市空间前所未有也不将再有的大变化；他（她）们的日常生活也随着空间变化而巨大地不同于他（她）们的父辈。儿时农村的或者生产大院的空间记忆，已然消失了空间的载体——这是现实的描述而不是乡愁式的感慨。

过去四十年间中国许多城市空间的变化既是社会生产方式变化的结果，也是这一生产方式本身的构成，影响着人群日常生活的状态，影响着每一个人的时间和空间的使用方式，与人群交往的方式。文章首先讨论空间生产的一般性问题；进而论述“空间作为分配品”的基本生产机制与问题，认为不论对于哪一种政治制度的政府，这种生产机制持续是重要的空间生产方式;进而分析“空间作为商品”的状况，探讨空间稀缺性的生产与日常生活状态之间的关系。文章最后分析网络时代的空间与地方生产，提出地方公共空间与服务设施的均衡化生产和供给，以及高效的网络化连接，是在高度流动性状况下重要的空间生产内容，认为它所需要注意的，是如何能够更加与地方人群的需求相结合，生产出多样而不是提供单一的空间产品，这种转变将带来新的空间生产方式，意味着新的变化。

1 空间生产的一般性讨论

空间生产的开始是从地景中“切割”出不同的空间——这种切割是在一定的空间范围内，基于对部分群体社会生活的想象和控制、发展出一套专业的知识与技术体系（比如，城市设计、城市规划、建筑学等就是这一套体系中重要的构成），为达到某种社会性目的，如促进生产或消费，或维护公共安全等，赋予切割出的空间各种不同的功能属性（如工厂，或者具有政治意涵的示威性广场），分配或者销售给不同群体。其中的难点不在于空间切割（切割技艺本身成为一种专业技能），而在于切割后空间块之间的联系与分隔，亦即空间块容纳的社会属性之间的联系与分隔，关于人类社会生活与时间和空间的关系，进而影响到各种人群的日常生活状态。恰恰是赋予社会功能和考虑功能间的关联性，构成空间生产的核心内容而不是其他。因为这一层功能间的复杂关系是基于理解或者试图改变人类存在方式的考虑。

空间生产从一开始就具有主体性，也就是说，从地景中“切割”出不同的空间，从来就不是随意性的、自由的切割，而是基于特定主体，从基本地理条件到社会功能间关联共同构成的一幅复杂网络形态的条件或限制中发展出来的。它可以从个人物件的摆置形成的相互空间关系开始[1]，到区域（如欧盟）、国家（如某一民族

---

[1] 此处并不讨论这一层的关系，因为它比较属于个体的行为，尽管它是更加社会性空间生产的开始。

国家）层面的空间属性重赋和关系调整。

但是空间生产的主体不是单一的，或者说，它具有多元主体性。从个体到家庭，工厂、公司或者社会机构，到市级、省级地方政府，到国家政府、超国家联盟或者国际机构，具有能动性的个体到能够形成共同意图的群体，都可以成为空间生产的主体。不同尺度、不同规模、不同领域、不同社会动员能力和实践能力的空间生产主体，基于其利益或目的，重新切割空间和重赋空间属性，调节原本自有空间与其他空间之间的相互关系，以期获得可能的发展和变化。从个人社会关系到地方、国家、地区和全球间蛛网般的关联性构成了空间生产的复杂性。互联网技术发展、特区或新区的设置、自由贸易区设定、技术创新带来的全球和地区的人流和物流加速共同促进了不同空间尺度单元之间交易成本的降低，进一步加大了关联的复杂性和不确定，改变了空间生产的状态。或者说，空间之间交易时间的压缩，亦即导致空间内部（各种不同尺度）资本生产与再生产周期的快速缩短，改变着之前空间生产的“范式”。

从空间“切割”到空间的“再切割”、空间属性与关系调整存在着激烈的社会冲突。大卫·哈维指出，“资本积累不但因社会差异和异质性而茁壮，更积极生产了社会差异和异质性。……后现代转向是发展新的获利领域和形式的最佳媒介……片断化和无常开启了探索瞬息万变的新产品缝隙市场的丰富机会”。[1] 事实上，并不存在完全的、纯粹的空间切割。从总体层面上看，任何一次大规模的空间属性与关系调整，都是一次大规模的社会变动。如 1853 年到之后大约二十年间的奥斯曼对巴黎的“开肠破肚”；如 20 世纪 90 年代以来中国城市的大规模拆迁，都是从一种生产关系向新的生产关系变化的过程，用新的空间来承载新的生产与社会关系。而任何一种主体试图切割空间，都面临着如何处理之前形成的空间网络关系与形态的问题，亦即面临着对待各种空间层级的历史与现状的问题[2]。2000 年以后，随着互联网技术的普及和空间生产周期的压缩，快速的生产和消费增加了一种普遍的不稳定感，对不确定性的焦虑；也进一步促成了在日趋全球化、趋同化的世界中如何获得身份特征的张力。新空间网络是一种强大的力量和状况，对于许多民族国家、省市地方等空间生产的主体，利用之前不同时期叠合空间网络形成的历史、故事、遗留物来抵抗这种趋同性，成为普遍状况。资本却也利用这一身份焦虑来生产积累和利润。

---

[1] （英）大卫·哈维，资本的空间，台湾：台湾编译馆与群学出版有限公司，2010：181.

[2] 马克思在《路易·波拿巴的雾月十八日》说道：“人们自己创造自己的历史，但他们并不是随心所欲地创造，并不是在它们自己选定的条件下创造，而是在直接碰到的、既定的、从过去继承下来的条件下创造”。

在所有的空间主体中，国家与地方政府因为其较为强硬的空间边界（军事的、文化的或者是意识形态的，或者是行政的），也因为它对于空间内部资源配置的能力，一种被赋权的能力，而成为较特别的一类主体。不同国家有着不同的动员或者改变地方社会的能力，或者说，也是一种重新切割地景和再配置空间的能力。因为被赋权的特征，它必须处理不同空间主体间的冲突（包括内部与对外），解决主要矛盾[1]，以获得权力的合法性。也因为被赋权的特征，它具有地方属性——它是在一定空间范围内的赋权，其权力合法性是在一定空间范围内的权力合法性；它必须在高度的政治和经济竞争中，为地方，或者是销售地方来获取某种政治或者经济的增量。另外一类空间生产的主体（企业或公司），却不必然是地方的（郭台铭曾经说过，商人没有祖国），尽管它可能和地方有着千丝万缕的联系。作为资本流动的载体，它将根据资本积累的基本原理，找寻交易成本低，交易效率和利润率高（各种因素综合的结果）的地方作为资本生产与再生产的空间。也就是说，权力具有地方性特征，它必须维持、改善某一空间范围内的日常生活质量，如就业、福利、建成环境等，以获得政治认同（无论是从上到下还是从下到上）；但它却面临资本高度流动性的挑战。尽管之前有这样的状况，在一个经济全球化的进程中，它本身越来越无法支配或者生产所有的内容，必须和资本合作，吸引资本在地方生产和再生产——尽管它本身也可以参与资本积累的进程[2]，但地方性的权力与去地方性的资本之间的紧张关系，始终是支配空间生产的主要因素。

日常生活的基本状态由生产、生活（包括休闲在内）以及两端之间的连接构成。自从劳动力变成一种可以在市场上销售的商品，生产与生活加速分离。劳动力追随购买劳动力商品的企业；而企业追随变化的市场。市场的变化又与市场规模的扩大或者萎缩有关（市场空间范围的变化）。也就是说，劳动力商品是资本积累中创造价值的要素，它追随资本的空间移动和变化（不同类型的资本又在空间上有不同的分布和移动状况）；但作为社会性动物的劳动力的生产与再生产却需要相对稳定的社会环境，他（她）需要在家庭和社区、各种教育机构的环境中认知和获得基本的人类情感、知识和技能；不同年龄、不同职业、不同社会角色的群集性、混杂性和综合性是生活构成的必要；而根据生产或商业目的组织起来的理性的、层级性、结构性的人员搭配，则是生产构成的基本状况。

曾经有一种实践，试图在面对市场流动性的状况下，把生产与生活限定在相对狭小的空间范围内，或者自给自足（如欧文的新协和村，周作人提倡的新村等），

---

[1] 尽管这一矛盾在日趋全球化进程中已经变得不容易辨识；或者说，它具有一种高度的不确定性和游移性。

[2] 比如罗斯福新政中通过公共工程建设来促进就业；或者某种国家资本主义实践。

或者通过生产的商品与其他地方交换来获得生产与生活资料（如霍华德的田园城市，或者计划经济时期的单位制工厂），但这种有限的生产与生活的自足或者相对自足，很难抵抗市场的流动性和社会分工带来的多样性和复杂性。进而，劳动力作为商品的流动性与劳动力的社会生产与再生产所需要的相对固定性之间产生了矛盾和空间距离。现代社会的一个主要特点，就是试图解决这两者间的矛盾，而其中的一种支配性的方式，就是通过技术创新，减少克服两者空间距离的时间成本，如可以通过新干线，在东京工作，在距离东京两百千米的小镇生活；通过高铁，在苏州生活，在上海工作，每日往返于苏州与上海之间。

总之，空间生产是从地景中切割出不同属性、不同尺度的空间，然而它的核心不是"切割"，而是理解空间块包纳的社会功能之间的关系，基于理解发展出可能的能动性关联。它当然受到各种不同主体的支配，也因为不同空间层级的支配和关联而形成一种复杂面貌；其中，特别受到地方政府和资本的强力作用。地方性的权力与去地方性的资本之间的紧张关系，是支配空间生产的主要因素。但空间生产不仅仅是各种不同主体的实现意图工具，它最终应指向改善人群日常生活的状况，而这又与构成日常生活的生产、生活和之间联系的空间安排和处理紧密相关。以下将进一步讨论空间作为"分配品"和"商品"的不同属性，它们在巨大程度上影响着生产、生活和通勤的状态。

2 空间作为分配品的生产

"空间作为分配品"是空间生产中的一种主要模式。它是在一定空间范围内，由某类主导性人群，借助空间切割工具，对内部空间进行分类、关联和组织，这是一种相对静态的、向内的空间生产方式；它往往拒绝与外部发生更紧密的关联，因为外部性的关联将很可能破坏内部均衡（这是"空间作为分配品"这种主导的空间生产模式试图获得的一种状态）；内部结构的微小变化对它来讲就是巨大的交易成本，因此它总是试图保持一种静态稳定。克拉瓦尔谈道，"苏联专家从 20 世纪 50 年代中期起试着将东欧转型为可比美西方的欧洲经济共同体，但因为他们经济体系的内部逻辑而未成功。因为他们的经济是中央规划，不允许对外开放。每个国家都被视为自给自足的实体而被掌控，企业并不被允许直接与外国公司协商。在缺乏真正价格的系统下，贸易自由化是有困难的。结果苏联集团无法演化成社会主义的世界系统。"[1]

[1] （法）保罗·克拉瓦尔．地理学思想史 [M]. 郑胜华，刘德美，刘清华，译．3 版．北京：北京大学出版社，2007：193.

“空间作为分配品”是一种分配式的供给方式，往往根据社会阶层、人群规模的差异，来分配不同份额的空间消费品，比如根据行政等级的差别，供应不同面积的住房，安排不同的交通工具，也可以获得不同教育质量、等级的安排。因此，“空间的分配”是基于一种一定社会等级秩序状况下的空间生产方式，它需要强有力的地方权力支持，来维持社会的等级秩序，来推行空间的分配。为了提高分配的效率，它需要对空间内部不同等级和范围内的人群状况与数量、产业类型与数量等进行详细分析，进而提出尽可能精细的分配方案。比如，“二战”期间德国的建筑师戈特弗里德・费德尔就曾经基于对 120 座约有 20000 人的城市调研，提出了总用地规模、分类用地面积以及各种设施的十分详细的面积和比配，并用这些数据来指导新的城镇规划[1]。

或者说，“空间作为分配品”希望达到的空间均衡状态是克里斯泰勒描述的“中心地”层级结构的状态。尽管“中心地理论”是关于居民点地理空间分布的讨论，其物品供给价格与空间距离的运输成本之间的关系讨论可以倒过来成为不同空间等级中公共空间规模与服务覆盖范围之间关系的讨论。中心地市场的空间范围也可以作为提供公共服务设施覆盖的空间范围（这一假设的前提是，同等级中心地提供的公共服务质量、类型、规模是相同的，而这也恰恰是“空间作为分配品”生产模式试图达到的目标）。但是现实状况往往是，一是由于有限资源，难以达到整体均衡，只能在很有限的一部分空间中达到相对均衡；二是由于需要强化中心地，特别是高等级中心地的作用，来强化社会集体意识、秩序和社会管理，因此事实上加大了空间的不均衡状态。高等级中心地往往占有更多资源，也是国家与地方政府更加重点建设的地区[2]。这种情况也在许多后发的发展中国家，在“二战”后摆脱殖民状况后新成立的民族国家中普遍存在。

“空间作为分配品”的这种空间生产方式存在的前提是在一定劳动效率下，劳动力数量与产业规模之间的合理匹配，生产与消费的相对（总体或局部的）均衡。生活是生产的附属，或者说，生活服务设施的规模、种类等往往取决于生产的规模而不是相反。进而，生产与生活之间的空间距离并不会太远，它们是在同一主

---

❶ 见（德）迪特马尔・赖因博恩，19 世纪与 20 世纪的城市规划 [M]. 虞龙发，等译 . 北京：中国建筑工业出版社，2007：141-143。

❷ 希特勒的御用建筑师阿尔贝特・施佩尔曾经在 1943 年出版的《新德意志建筑艺术》中写道“根据德国城市新形象的法律创造了对新建筑来说必不可少的法律手段。因为这些法律手段围绕的不再是单一的努力：交通规则、旧城整顿、住宅建设、绿化等，必要时也有相关法律适用；它更多的是关于新的城市中心、某个区域的重点建设中心，它必须统帅每一个私人建筑……这些建筑为全体人民服务：礼堂建筑、剧院和纪念堂。同样，国家其他的新建筑都要与此相适应，建立起完整统一的具有代表性的街道和广场空间。这些应当是我们的新的城市之冠，我们今天的城市中心”，转引自（德）迪特马尔・赖因博恩 .19 世纪与 20 世纪的城市规划 [M]. 虞龙发，等译 . 北京：中国建筑工业出版社，2007：140.

体主导下的结果。比如，计划经济时期的单位制工程就是很典型的例子。生产的部分安排在便于运输生产资料的位置；生活的部分围绕着生产空间布局，生产和生活只是一墙之隔。工厂规模很大，生活区中的各种服务设施配备齐全，包括职工子弟中学、小学、医院、运动场、礼堂、派出所等。支配日常生活的空间就是厂区内的空间。在新的历史时期，新的政治与经济制度下，由于劳动效率的变动（知识与技术可以从外部引入）、作为商品的劳动力追随资本流动、产业类型与规模亦随市场状况而调整以及社会阶层结构的变化等原因导致了“空间作为分配品”的普遍解体。寻求均衡的、静态的空间生产与分配机制在与外部空间的关联（一组政治与经济制度的安排）中受到了冲击，进而产生了新的模式。

但这并不意味“空间作为分配品”的空间生产方式会消失，或者没有现实价值，它仍然和持续将是一种重要的空间生产与供给方式。前面谈到，地方性是权力的特征。为了维护合法性，权力必须致力于地方的生产，包括制度、公共政策等的生产，而“空间作为分配品”仍然是地方政府空间生产的主要方式。它通过支配公共资源，对公共空间与服务设施的生产与分配（尽管有时候要与资本合作），和相对均衡的空间分布，来生产权力的合法性。或者说，在治权空间内的，不同规模、等级的公共空间和服务设施的均衡分布，是生产地方权力合法性的重要手段之一，不论是哪一种政治制度的政府。因为它紧密地与日常生活的状态相关。均衡分布以及在不同等级公共空间与服务设施之间良好的通达性是改善日常生活最重要的物质手段，是民众获得满意度的来源之一，因此也是权力合法性的基础之一。2008 年以后，均衡城乡间的基本公共服务供给与资源配置成为了中国地方政府的主要工作之一。

3 空间作为商品的生产

“空间作为商品”是空间生产的另外一种主要模式。空间作为商品的首要考虑是价格。商品的价格与供求状况有关。在假定的空间范围内，对于空间商品的需求（包括预期需求）大于供给，则价格上涨；反之则下降。为了方便说明，我们拿某一城市作为一个基本空间单元来做简要分析。当该城市化进程加速[1]，劳动

[1] 需要进一步讨论的问题，也是许多学者讨论过的问题。某一空间范围城市化的加速，存在着各种不同的原因，比如对于一些国家内部不稳定的状况，往往是安全的考虑促成人群往都市移动，以寻求安全庇护（比如“二战”间的国民政府陪都重庆的状况里；一些动乱中国家的首都城市等）。以下讨论的是市场状况下的城市化进程。和下文讨论的城市内部的局部空间为何价格高于其他空间类似，这个城市一定存在着某种“稀缺性”，吸引资本在该空间中投入生产与再生产，进而吸引作为商品的劳动力的空间移动和聚集。“稀缺性”的生成必要的两个条件，一是必须要有交易的产生，二是差异性的存在。

力（包括农村和其他城市的劳动力）向该城市聚集，导致包括住房和各种服务设施需求迅速增加，供给的空间分配品数量与质量不能满足实际需求，供求关系变化，进而导致空间价格上涨。但其中需要问的一个问题是，为何劳动力会向该城市而不是其他城市迁移？或者说，它的城市化进程为何会比其他城市速度快？一种不考虑其他人文因素（如距离家乡近等）的回答是该空间中的资本积累速率快于其他空间（意味着或者各要素间的交易成本低，交易效率高；或者某些要素质量高，如高新技术的投入，劳动力素质高）；该空间中的人均资本增量高于其他空间。也就是说，作为一个总体空间，它的资本总量在增长，而且增长率比其他城市高，因此它的总体空间价格也增加了（尽管它无法被购买）。一定空间内总资本量的上涨，也就意味着空间内部各亚空间单元平均资本量的上涨，进而普遍的价格上涨。它在和其他空间（包括远方空间）交换的过程中，和相近时期、地理接近的其他空间比较，它的平均利润率比较高，它的总收益大于它的总支出。

我们可以把这一问题延伸到城市的内部。为何某一空间的价格要高于其他的空间？杜能（Thunnen）、阿隆索（Alonso）以及芝加哥学派的不少学者等都讨论过类似问题[1]。一种答案是，该空间因为其某种特质能够吸引资本投入，并且能够预期生产出比周边其他空间更高的利润；也就是说，其空间的某种稀缺性导致价格上涨。这一答案背后延伸出各种不同的空间商品生产状况；比如，该空间对于特定人群的综合交易成本低于其他同类型的空间（进而能够获得某种更高的效率，或者更好的服务或者享受等），如可以节省时间成本的近地铁、轻轨、高铁等住房价格就高于其他远距离住房价格（考虑单一因素，下同）；近所有优质公共资源（稀缺性的一种）的空间价格都将高过于远距离的空间。当所有的房屋都可以接近大海，看到海景时，海景房便不是稀缺物，也不能因之涨价；但若只有其中的一、两个房屋可以看到大海，那它的稀缺性就是获得更高市场价格的必然。当某一建筑有特殊历史承载，可以吸引游客，那么这一历史就会被制造成特殊空间商品进行销售，利用它的历史资源的稀缺性来获得利润。

“空间稀缺性”是市场状况下的产物，也是社会建构的产物。在非市场状况下，空间有使用价值的差别，而无交换价值。不同类型、属性的空间，只是被作为分配品供给不同状况的生产或生活使用。需求是有限空间中的需求，此空间中的需求与彼空间中需求之间不能沟通，也不能形成基于价格的竞争机制，因此也就无法生产出“空间稀缺性”及其市场价格。但由于“空间作为分配品”的供给状况与接近权力中心（高等级中心地）的程度有关——低等级的中心地空间供给在很

[1] 如见 von Thunnen, J.H.(1966). *The isolated state*. Oxford: Oxford University Press; Alonso, W. (1964). *Location and land use*. Cambridge, MA: Harvard University Press.

大程度上取决于高等级中心地的政策制定，因此产生各种低等级的地方政府向高等级地方政府派驻机构，以获得更大的供给份额（高等级中心地也可能需要通过这种方式来获得地方信息）。在市场状况下，需求是更广泛空间中的需求，在各种要素（如信息、劳动力、资本等）在空间中流动，与人类生存状况有关的所有要素，它们在同时期里同类要素中的差异性、独特性，都可以成为“稀缺性”被生产出来，进而成为在市场销售的高价格空间商品。比如，快和慢都是人类生存的状况，但是“超快”和“特慢”都可以被作为稀缺性生产出来，如高速铁路，如在四周机动车的环境中规定和生产完全步行的区域等，进而在市场中获得高价格。

说“空间稀缺性”是一种社会建构，指的是它同时具有确定性与不确定性——它们是由社会变迁和运动带来的。空间稀缺性的状况是一定时期内社会和历史过程的结果，由于物质空间的相对难以改变，因此具有一定的稳定性和确定性。“土地作为不可移动的生产资料的特殊性存在于两个方面：‘区位’与‘历史’。‘区位’和‘历史’都是时间的社会建构，是不可再生、不可复制的独一无二的生产资料。在某种程度上，现代城市设计的根本要义不是塑造优美的城市形态或者城市轮廓线（那是对古典时期的无望的想象），不仅是作为公共政策（今天它同时还是市场的工具），当然更不是极端狭隘的城市规划的三维化、立体化，而是协调公私关系，生产尽可能多的良好‘区位’（它是优化城市空间存量最重要、最关键的方式）。尽可能多的良好区位意味着尽可能多的公共资源的生产和开放，面向更多民众的生产和开放，而不是私人的、一小群人的占有；是促进某一空间范围内‘整体最优’的方法和手段（其中当然也包含美学的考量，但并非如之前作为主要的支配性要素）。其中，需要处理地方城市空间布局的特殊性，把自然的山、水、公园、广场、学校、医院、公交站点、公共服务设施等合理利用、均衡布局，并生产良好的通达性。它的生产与状况是权力、资本与社会之间长期的博弈与共同建构的结果……良好区位的建构是调节产权关系的复杂和困难的过程。”[1]

但此一时期的空间稀缺性并不必然一定会是下一个时期的空间稀缺性，反之亦然。比如，计划经济时期的厂房是普遍的空间，但在市场经济中，它很可能成为一种稀缺空间（包括特殊的空间形态、巨大的体量和承载的历史），比如典型的北京 798 地区，比如台北的一些文创园、德国鲁尔工业区改造为特别的公园等。但总体看来，“空间稀缺性”越来越具有一种不确定性，它将被不断地创造与销毁（大量生产过程本身就是摧毁稀缺性的过程）。这与资本积累的速率提升有关。在一般性地景中塑造“空间稀缺性”，进而通过市场获得高的价格，进而抛弃它，或者在

[1] 杨宇振．历史叙事空间化与日常生活——空间的当代社会实践 [J]. 城市建筑，2015（34）：27.

另外的地点生产同一类型的稀缺性，或者创造新类型的稀缺性（作为现代社会的一种特殊媒介，广告在其中起到了重要作用）。因此可以说，“空间作为商品”的生产方式，它的基本特点就是不断地生产空间稀缺性与摧毁空间稀缺性，以获得持续的利润。这种生产方式，也是城市空间变迁的主要力量。马克思、恩格斯早在 1848 年的《共产党宣言》中就指出："生产方式的不断变革、各种社会关系的不停变动、永远存在的不确定性和焦虑感，这些是资本主义时代区别于以往任何时代的特征。一切牢靠的、固定的关系被一扫而光，新的关系在老化之前已经荒废陈旧。一切坚固的东西都烟消云散了，一切神圣的都遭到亵渎”。[1]

总体来说，“空间作为商品”的生产方式并没有什么一致的空间分布模型，哪里有丰厚的市场，哪里可能产生尽可能高的利润，哪里就是资本（各种不同来源的资本）投入生产的地方；它根据市场需求切割空间——当然在一定的限制条件下，但它总试图调整这些限制条件，使之向自己有利的方向变化，进而造成了所谓的整体上“空间马赛克”状况、地理上不均衡发展的状况，以及诸如一墙内外差异巨大的空间景观的状况。但是，在“空间作为商品”与“空间作为分配品”同时存在一个特定空间中的状况下，作为商品的空间往往会追随作为分配品的公共空间，形成一种可见的运动轨迹。作为分配品的公共空间（包括服务设施的空间）是公共财政在特定地方的投入，预期引起地方一定空间范围内资本存量增加，进而价格的上涨，因此作为商品的空间（无论这一空间生产的主体是私人资本还是国有资本）往往会尾随而至，利用时间差获得可能的利润。

“空间作为商品”与空间的确权紧密相关。只有确定空间的所有权、支配权、收益权等，空间商品才能够在市场上流通。“空间确权”成为过去三十多年间中国空间生产的一个基本内容。某种程度上，“城乡规划更倾向于是一种界定空间产权、推进交易发生和降低交易成本的政策与空间实践（如果我们把城乡规划看成是对空间私有财产和公共财产的公共管理，城乡规划必须使得这些空间财产保值、增值）。……虽然本身不能独立界定产权，但城乡规划却是整个‘空间作为商品’生产链条和交易过程中极为重要的一环。”[2]

“空间作为商品”对于日常生活意味着什么？它首先意味着人群根据生活状况（包括家庭收入、教育、环境等方面）来选择和消费不同价格的住房，与公司或者工厂根据获取市场（或者便于运输，或者基于彰显身份的考虑等；降低交易成本，提高交易效率的考量）来选择地点之间造成的空间距离。对于个体而言，最佳模

---

[1]（德）马克思，恩格斯．共产党宣言 [M]// 马克思，恩格斯．马克思恩格斯选集：第 1 卷．北京：人民出版社，2008：275.

[2] 杨宇振．资本空间化：资本积累、城镇化与空间生产 [M]. 南京：东南大学出版社，2016：250.

式就是住房尽可能靠近工作地点，通勤时间和成本最低，但若在同一空间范围内此类需求增加，住房价格、办公或者工厂价格将上涨，直到有些个体不能负担房租，通过增加通勤成本，外迁到房租较低的地区来平衡开支。对多成员家庭而言，选择的考虑就更加复杂，它往往在家庭收入、综合家庭成员通勤时间以及家庭中支配性考虑（如儿童教育，或者环境质量等）共同构成的状况中选择。和“空间作为分配品”不同，“空间作为商品”导致普遍的工作与居住的分离，通勤时间成本与费用巨大地影响工作与居住的空间距离，进而作用于城市的空间结构。在市场发达的状况下，当通勤的交易成本低，城市性的空间扩张就会发生；反之，则城市总体趋向收紧和密集发展；内部类似多蜂窝状，居住尽可能围绕着各种不同的工作区形成蜂窝状分布在城市中。“空间作为商品”使得人群有更大的空间移动自由度，也带来更大的不确定性；既获得了多样选择的自由（是一种受到收入状况限制的自由；在市场销售劳动力商品的价格限定下的自由），却也可能失去了一种社区感、集体感和稳定感。这是一个辩证的过程和状态。

对于大多数空间而言，分配品与商品的状况长期存在并共生。空间分配品是地方政府获得权力合法性的一种产品，它通过空间分配生产地方的稳定感、集体认同感；它强调相对公平与正义。比如，20 世纪 20—30 年代的维也纳地方政府，掌权的社会民主党通过国家立法收取新税种，包括奢侈品税、房屋建设税等；所有的市政投入直接来自于税收而不是发放债券，因此市政府在财政上可以独立运作，不受到债权人的控制；在社会服务方面，幼儿园、医疗服务、度假地、娱乐设施、公共洗浴和运动设施向公众免费开放；用气、用电和垃圾都由市政支付，来改善健康标准；解决大量市民居住问题的公共住宅是社会民主党主要关心的方面，1925 年开始大规模社区建设，其中包括了著名的卡尔·马克思公寓。[1] 这是一种管理主义的模式，这一模式在资本全球化流动的状况下越来越面临困境。大卫·哈维曾经讨论到，不论是哪一种意识形态的政府，在 20 世纪 70—80 年代以来，大多从原来管理型的政府向经营型的政府转变[2]；销售地方，吸引资本成为地方政府着力工作的重点；地方的各种特征，如历史的（地点或名人）、地理的、传说的等特征被商业包装重新上市，空间作为商品成为普遍现象。在这一过程，如前所述，不断的创造与不断的摧毁是空间作为商品的特质，加速了日常生活的变化；这种生产方式致力于摧毁限制流动的空间边界，减少交易成本和加速交易发生，它已经和也很可能进一步使人

---

1. 见维基百科中的“红色维也纳”词条：https：//en.wikipedia.org/wiki/Red_Vienna。
2. Harvey. D. (2000). From Managerialism to Entrepreneurialism：The transformation in Urban Governance in Late Capitalism，in Malcolm Miles，Iain Borden，Tim Hall，(ed.) The City Cultures Reader，London and NY：Routledge，pp.50–59.

类（不论是哪一个层级的人群）普遍陷入各种密集、琐屑的关联性中。

4 网络时代的空间与地方生产

段义孚在《空间与地方》中说，“地方意味着安全，空间意味着自由”[1]。物质空间经由日常生活使用而成为地方。对于个体而言，地方才更具意义。但网络时代的到来改变了人群使用空间的方式，改变了地方的属性，使得空间的生产陷入一种困境。曼纽尔·卡斯泰尔曾经提出，随着网络社会的浮现，加快了经济的重组、加剧了劳动力的分异，出现了二元化的城市。“劳动力日益分化过程的都市表现是，以信息为基础的规范经济和没落的以劳动力为基础的非规范经济”。[2] 网络不仅创造前所未有的信息沟通方式，更重要的是，它已然改变生产方式并将引起新的变革。交通与通信成本的快速降低，不仅使得生产资料不必然要在地方获取[3]，劳动力特别是高级劳动力也不必然要在地方获得。它使得市场扩大化（生产与消费均不一定在地方发生），竞争激烈化。它加速了劳动力的两极化：它可以根据需要在地区和全球范围内寻找高级劳动力，在虚拟空间中组织和管理生产关联、创意设计；进而在可能获得综合效益高的地方（或者生产环节的高效低价；或者直接面对丰厚的市场）进行物质生产——往往是劳动密集型企业的工作，需要的是低端的劳动力。它生产了两类主要人群并加大人群的分异：一类在虚拟空间中收集、整理和分析信息，生产、组织和管理信息，在全球和地区范围内频繁通勤；另一类在虚拟空间中消费往往是被推送的信息，也通常被固定在一定的空间范围内。[4] 这是两种很不同的日常生活状态。

---

[1]（美）段义孚．地方与空间：经验的视角 [M]. 王志林，译．北京：中国人民大学出版社，2017：1.

[2]（美）曼纽尔·卡斯泰尔．信息化城市 [M]. 崔保国，等译．南京：江苏人民出版社，2001：248-249.

[3] 如工业革命初期，工厂必须接近生产资料，劳动力必须和生产资料尽可能靠近，以减少交通成本。这也促成了早期的一种城市化模式。

[4] 大卫·哈维曾经在《资本的城市化》一文中讨论到资本积累危机在空间范围的变化，从一个部门开始，在部门内部产生；在部门之间转移（比如说，从金融部门到房地产部门），进而向更广的所有部门的蔓延；也谈到资本积累危机在不同产业之间的转移，危机从一般商品生产的领域，向城市建成环境转移，再向教育、警察等社会性方面的转移（Harvey，1985）。从更广的层面上看，资本积累危机的产生是供求关系以及供、求内部生产关系所导致的结果。在空间全部都是分配品的生产方式下，供求关系是明确的，空间内的人口与劳动力增长是可预测的，生产需要完成的指标是额定的，每个个体的消费量往往根据等级划定，空间内部的生产等级关系是相对稳定的。它最大的问题是遇到不可以预测的天灾或者人祸引起的变化。在空间作为商品的生产方式下，由于市场信息的不对称性和市场空间范围的变化，往往造成从求大于供，向供大于求的状况转变，进而使得资本不能再次进入循环，积压在不能成为商品的物品或空间中，引发积累危机。而其生产关系中导致劳动力的二元化，使得大量普通劳动力不能获得较高收入，进一步萎缩了市场的规模。见 Harvey D. (1985). The urbanization of capital：studies in the history and theory of capitalist urbanization. Baltimore，Md.：John Hopkins University Press。

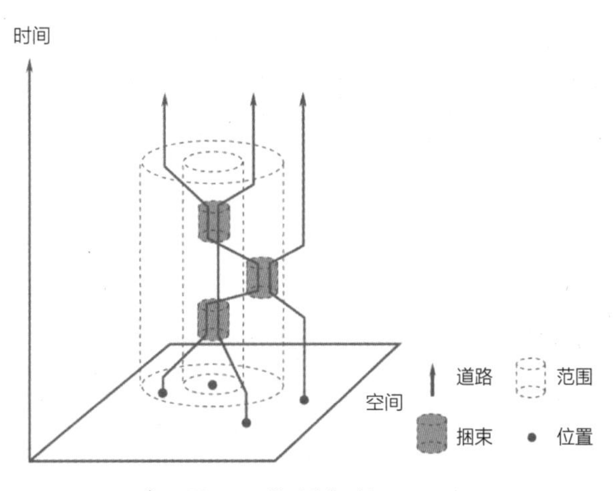

图 1　日常时空与路径

资料来源：Gregory，D.1989，Areal differentiation and post-modern human geography，转引自：(美)保罗·诺克斯，史蒂文·平奇．城市社会地理学导论 [M]. 柴彦威，张景秋，等译．北京：商务印书馆，2005：244.

对于高流动性的人群，什么是地方（Place），已经成为一个需要讨论的问题，也是现在与将来空间生产要面临的一个尖锐的问题。对于个体而言，地方的存在是身体在一定空间中长期经验（Experience）的结果，它需要在这一空间中建立熟人关系、经常使用建成环境、通过亲自参与在地活动一定程度理解这一空间中的社会状况（图 1）。高流动性巨大地分裂和解构了这一过程，使得在一个空间中的长驻（先前日常生活的状态），变成在多个空间中的短驻和在多个空间中穿行（网络时代的状况）；它在很大程度上用虚拟空间中建立的社会关联替代了在建成环境中的社会关联。或者，我们换一个角度。某一个空间先前常有相对稳定的使用或者消费人群，人群与空间的使用经过长期磨合形成一种默契；在网络互联时代变成了走马灯式的各种消费人群，不同人群按照规定的统一的、机械的方式使用空间，或者说，建立了一套一致的空间使用语法，以减少不确定性的发生。人与特定空间之间建立的情感与记忆——这种关联即是理解地方的要义，从“时间纵深”向“空间蔓延”状态转变。不仅如此，在空间中长驻的人群因为高度商品的流动、各种人群的来往而改变了对地方的认知。这一过程当然不开始于网络时代，而是马克思、恩格斯在《德意志意识形态》中谈到的，从人们只开始谈论经商、航海和船队时开始（引用平托的话）[1]；只是网络时代的来临巨大加速了无（软）边界的可流通空间（按照一致的方式安排空间生产，如各国的国际航空港）与需要深入感知的、多样的地方的分异。

---

❶ 马克思，恩格斯．马克思恩格斯选集：第 3 卷 [M]. 中共中央马克思、恩格斯、列宁、斯大林著作编译局编译．北京：人民出版社，2008：66.

地区与全球的网络互联加速了“空间作为分配品”与“空间作为商品”的生产与再生产，它们间产生矛盾又紧密地相互需要。流动性需要依托某些特定的地方，在地方之间流动，通过在地方内部，在地方间流动产生利润；流动性的加大需要稳定性的生产。由于权力的地方属性，在一定程度上，地方政府“空间分配品”生产是获得稳定性的来源。空间分配品的空间属性、数量和规模都依托于对地方人口、产业等状况的预测，然而流动性的加大改变着人口与产业的状况和属性，这是生产空间分配品的困境所在。但空间分配品的质量和独特性[1]，反过来是吸引流动性、进而市场扩张，进而吸引空间商品生产的重要原因。

在一个日趋全球化的世界中，地区的空间分配品的生产事实上是一种外在竞争压力，包括空间之间的文化竞争，也包括吸引资本流动的竞争，与内部生产权力合法性的结果；地区与全球的网络互联进一步强化了空间之间的竞争，也挑战了地方政府权力的合法性。竞争状况下地方的“稳定性”生产与更大空间范围的高流动性生产共同构成了日常生活的结构状况。它迫使人群在这两种状况之间切换，在越来越快速变化的陌生环境中与熟悉的、稳定的场所里切换。帕慕克在《伊斯坦布尔：一座城市的记忆中》谈到，在一个动荡变化的世界中，只有回到那张熟悉的床才觉得安心。我也想起老年段义孚写的一段细腻文字，描写到北京后空间变化引起他身体经验的感知。对于普遍的人群而言，年轻时喜欢变化，年老时喜欢稳定，这大概是人类的生物性所决定的。地区与全球的网络互联促进了“变化”与“稳定”的生产，强化了两者间的对比度，也改变了日常生活的状态。另外的一种挑战是，在资本加速生产与再生产的过程中，在一个高度需要生产“市场”的过程中，在一个信息网络社会中，影像的传播对于理解现实世界的影响。哈维提醒我们，“盲目迷恋影像而忽视了日常生活的社会现实，会转移我们的凝视、政治和感受，使之脱离经验的物质世界，进入似乎永无止境、错综交织的再现网络……最重要的是，提倡文化活动以作为资本积累的主要场域，导致商品化和套装化的美学，牺牲了对伦理、社会正义、公平，以及剥削自然和人性等地方和国际议题的关心”。[2]

一种判断是，地方公共空间与服务设施的均衡化生产和供给，以及高效的网络化连接，是在高度流动性状况下重要的空间生产内容；它既改善日常生活的状况，

---

❶ 因为是空间分配品，和空间商品比较，在新的时期，它往往意味着更大的可进入性，对于更多人的开放；比如城市的公共空间、公共交通等，以及综合的建成环境质量。建成环境质量当然不是仅仅空间分配品组成，而是分配品与商品共同组成的状况，这也就意味着地方权力对于空间生产（包括分配品与商品）的调节和规定；这也是前面提到的地方性的权力与去地方性的资本之间的紧张关系，是支配空间生产的主要因素。

❷（英）大卫·哈维，资本的空间，台湾：台湾编译馆与群学出版社，2010：187.

生产了权力的合法性和地方感，它也促进了资本在地方的积累，生产空间的商品。同时由于它的公共性、集体性和开放性，各种层级、规模、尺度的公共空间也很可能成为各种事件发生的地点，成为网络世界中传播的热点。它同时满足了日常生活中对于稳定与流动的需求。“城乡规划的确改变着日常生活的空间。它不仅改变着日常生活中的物质空间，也通过物质空间改变着人们的社会关系和精神状态。城乡规划无法从根本上改变空间生产的机制，却可以在微观尺度上增进日常空间的宜居性、舒适性——比如，增设街角公共空间，规划自行车、步行专用道，恢复街道的活动，改善空间的环境美感等。城乡规划通过加速空间生产与消费的速度，改变着人们与地方之间的关系与情感”[1]。它所需要注意的，是如何能够更加与地方人群的需求相结合，生产出多样而不是提供单一的空间产品，这种转变将带来新的空间生产方式，意味着新的变化。

参考文献

[1] Lefebvre, H. 2002, Critique of Everyday Life (Vol. 2): Foundations for a Sociology of a the Everyday [M]. Trans. By John Moore. London & New York : Verso Books.

[2] （德）恩格斯，英国工人阶级状况 [M]// 马克思，恩格斯 . 马克思恩格斯全集：第 2 卷 . 北京：人民出版社，1957.

[3] （英）大卫・哈维，资本的空间，台湾：台湾编译馆与群学出版有限公司，2010.

[4] （法）保罗・克拉瓦尔，地理学思想史 [M]. 郑胜华，刘德美，刘清华，译 .3 版 . 北京：北京大学出版社，2007.

[5] （德）迪特马尔・赖因博恩，19 世纪与 20 世纪的城市规划 [M]. 虞龙发，等译 . 北京：中国建筑工业出版社，2007.

[6] 杨宇振 . 历史叙事空间化与日常生活——空间的当代社会实践 [J]. 城市建筑，2015（34）：26-28.

[7] （德）马克思，恩格斯 . 共产党宣言 [M]// 马克思，恩格斯 . 马克思恩格斯选集：第 1 卷 . 北京：人民出版社，2008.

[8] 杨宇振 . 资本空间化：资本积累、城镇化与空间生产 [M]. 南京：东南大学出版社，2016.

[9] （美）段义孚 . 地方与空间：经验的视角 [M]. 王志标，译 . 北京：中国人民大学出版社，2017.

[10] （美）曼纽尔・卡斯泰尔 . 信息化城市 [M]. 崔保国，等译 . 南京：江苏人民出版社，2001.

[11] （美）保罗・诺克斯，史蒂文・平奇 . 城市社会地理学导论 [M]. 柴彦威，张景秋，等译 . 北京：商务印书馆，2005.

[12] （德）马克思，恩格斯・马克思恩格斯选集：第 3 卷 [M]. 中共中央马克思、恩格斯、列宁、斯大林著作编译局编译 . 北京：人民出版社，2008.

[1] 杨宇振 . 资本空间化：资本积累、城镇化与空间生产 [M]. 南京：东南大学出版社，2016：253.

汪芳
林诗婷
路丽君

汪芳，北京大学建筑与景观设计学院教授、NSFC-DFG中德中心“城镇化与地方性合作小组”中方组长
林诗婷，北京大学建筑与景观设计学院硕士生
路丽君，北京大学建筑与景观设计学院硕士

流动性视角的城市记忆与城市空间品质*

随着城镇化和全球化水平的不断提高，旧城改造、城市更新等项目不断推进，城市的原有面貌也发生了重大改变。在这样快速建设的背景下，蕴涵丰富历史文化的遗产被破坏，城市记忆不断重构甚至消亡。但是“城市靠记忆而存”[1]，丧失了城市记忆，不仅会使得“千城一面”的问题愈演愈烈，由此引发的社会问题也会愈来愈严重。城市记忆通过影响人的行为影响空间的建构，进而影响空间品质。城镇化与全球化带来的高流动性，打破地方中原有的平衡，记忆主体发生变化，人的行为也会发生改变。

北京是世界著名古都，历史悠久，拥有丰富的城市记忆。与此同时，其作为中国的政治、文化、经济中心，吸引全国甚至世界各地的人慕名前往。随着人群的流动变化，北京的原有状态受到影响，如后海鸦儿胡同、南池子街区、景山八片历史保护区、张自忠路南历史文化保护区等。本研究通过对以上四个街区进行空间句法分析与现场调查，探讨新社会群体进入背景下，记忆与空间品质的变化与关系。

1　城市记忆起源、要素与特点

20世纪初法国社会心理学家莫里斯·哈布瓦赫首次提出“集体记忆（Collective Memory）”并对其进行定义——一个特定社会群体成员共享往事的过程和结果[2]。这引起了广泛的关注，学者在此基础上进行了拓展。如20世纪70年代德国历史学家杨·阿斯曼开创了“文化记忆”理论，指的是一个民族或国家的集体记忆[3]。

---

*　国家自然科学基金面上项目（编号：51778005）。

而关注城市的学者也提出了“城市记忆（City Memory）”、“城市的记忆（The Memory of the City）”，普遍认为其为集体记忆的一种[4]。

因此，即使尚未形成“城市记忆”的统一定义，但作为集体记忆的一种，其可看作是与城市时空交汇中产生的相互作用的特定群体共享往事的过程和结果[2, 5, 6]，包括了集体记忆所具有的双重性，即城市记忆可以是一种物质现实，如雕像、纪念碑等，也可以是一种象征符号或具有精神涵义的东西[2, 7]。此外，关于城市记忆特点的讨论也非常激烈，如动态性、连续性和整体性[6]；地域性、时代性、连续性和选择性[8]；历时性和集体共识性[9]。不可否认的是，城市作为人类文明产物，城市记忆实则也是文化记忆的一种，包括了时空关联、群体关联和可重构性等特征[3]。

2 城市记忆影响空间品质

“回忆形象需要一个特定的空间使其物质化，需要一个特定的时间使其现时化”[3]，因此城市记忆必定是需要地点[3]，“地点本身可以成为回忆的主体，还可以成为回忆的载体，甚至可能拥有一种超出人的记忆之外的记忆[10]”。城市记忆是空间化的[3]，分布在城市中[11]。这些记忆与人的认同紧密联系，而人在记忆、认同的作用下，形成自己的行为模式，作用于周围的人与物，进一步影响了空间品质。

人在社会化的过程中获得了记忆[3]。通过记忆，人们来确定身份认同，集体记忆则影响身份建构和族群认同[12]；同时，记忆引发地方认同，进而增强地方依恋[13]。城市记忆与认同共同作用，影响空间的建构与重建。因为“集体记忆既是时间的，又是空间的，它根植于地方，包含了地方的往日，文化景观则记录下审视往日的种种方式，即一种记忆和纪念场所相互交织的网络”[14]。其中，李凡等（2010）发现，城市记忆的形成受到客观和主观世界的影响，城市历史文化景观比生态休闲景观等更能唤起人的回忆[15]。刘玄宇等（2017）通过对南海《更路簿》的集体记忆进行分析，发现渔民的地方认同是记忆重构的核心，活动空间与记忆相互依赖影响[16]。Blunt（2003）研究发现，记忆与怀旧在20世纪30年代指导着McCluskieganj新家园的建立[17]。Till（2012）通过五个受到伤害城市的研究，提出记忆能够帮助城市重建[18]。因此，集体记忆作为文化的储存库，不仅可以成为历史城市中可持续保护的合适驱动力，还可以通过增强居民之间的地方认同促进城市可持续发展[21]。

但是，城市空间也会影响集体记忆的建构和重建。因为城市记忆不是唯一的或静止的，因为不同记忆主体在不断地竞争与协商，空间发生了变化，记忆随之发生变化。Light（2004）提出，罗马尼亚的布加勒斯特街道重新命名是空间和历史重新配置的一种形式，通过重命名改变了集体记忆，进而重新定义了国家认同[20]。不同种族、社会阶层和利益团体，他们对同一地点或景观赋予的意义就不同[21，22]。因为记忆随着语境变化而发生变化，被选择的记忆可能有完全不同的认知和表述[23]。历史城市的街巷肌理和景观保存着重要的集体记忆，而城市建筑的稳定性对记忆的延续具有重要意义[24]。

由于目前的研究主要是对单个空间或景观展开分析，本文拟通过对北京四个历史街区进行分析和比较，探讨由于人群的变化，记忆与街道空间之间的耦合关系，进而寻求城市记忆与城市空间品质的关系。

3 北京四个历史街区的案例研究

20 世纪 90 年代，北京开始进行旧城改造，住房市场化使得北京低收入群体难以购得旧城中的新房。而 2004 年颁布的《关于鼓励单位和个人购买北京旧城历史文化保护区四合院等房屋的试行规定》促进了非北京籍的人购买北京四合院。后海鸦儿胡同、南池子街区、霞公府等历史街区的四合院绅士化，原住民迁移；而景山八片历史保护区、椿树园、槐柏树危改片区、海运仓、和平里危改小区、张自忠路南历史文化保护区等衰败旧城街区聚集低收入人群，尤其是流动人口[25]。

由于原住民的迁移或移民的进入，在这些特定空间中活动的社会群体发生了重大的改变，随之带来的是记忆的差异。记忆影响认同，进一步影响人的行为，造成空间变迁，因此北京这些历史街区的空间品质发生了变化。由于绅士化街区与高密度街区在居住人群、居住密度、住宅质量等上具有较大的区别，本研究选取后海鸦儿胡同、南池子街区、景山八片历史保护区、张自忠路南历史文化保护区等四个街区为案例地，1993 年记忆主体大量变化前，2013 年记忆主体变化基本稳定两个时间点，采用空间句法，根据路网特点，以特定空间边缘外 1 千米为研究区域，运用空间句法研究分析全局和 800 米日常出行尺度的整合度和穿行度变化，并结合现场调查，探究记忆变化对空间品质的影响（图 1）。

3.1 后海鸦儿胡同

后海鸦儿胡同位于什刹海的东侧，濒临水面；且历史悠久，元朝已有街道雏形；20 世纪 90 年代后，被开发利用。通过对 1993 年和 2013 年全局整合度分析，发现 2013 年整合度大幅提升，即区域可达性增强。其中区域内原有的细小分支道路消失，平直道路的整合度提升幅度最为明显，而鸦儿胡同的内部道路可达性提升，转而大于临水道路。在 800 米出行尺度上，鸦儿街区内部道路的穿行度略有提高，

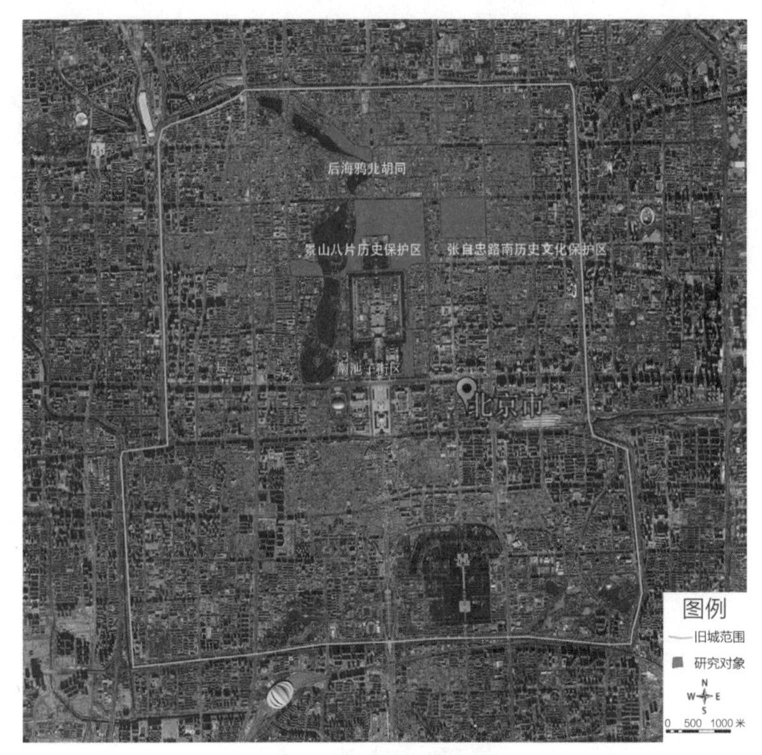

图 1 研究街区的区位图

周围环境的道路可利用性提升，以鸦儿胡同为中心的发散状高穿行度路网在 2013 年日渐成型。此外，鸦儿胡同街区内部道路整合度有所提升，虽然幅度不明显。

由于被开发利用，鸦儿胡同发生了较大的变化，如高收入外地人群进入，院落易主。此外，在旅游化的影响下，大量游客进入胡同，房舍被改造或改建为酒吧，建造了临水现代建筑[26]。随之带来了城市记忆和空间品质的变化。除了改建与新建带来的城市记忆变化外，为了适应高收入人群和游客对出行便利性的需求，路网日渐清晰简化，原有的支道消失也改变了胡同的城市记忆。为了满足游客多景点游玩的需求，原来的水边道路带动片区通行，转变为与鼓楼片区一同构成高可达性路网，可以说空间品质得到了一定的提升。这是城镇化过程中道路系统改造的正常现象，但是适应慢生活节奏的“多如牛毛”的胡同空间特点丧失，城市记忆也在逐步丧失或被改变（图 2）。

3.2 南池子街区

南池子街区位于皇城东南侧，紧邻皇城边界，2003 年完成改造，而改造前原有的 1076 户住户中有 600 户以上没有在改造完成后就地回迁[27]。通过 1993 年和 2013 年全局整合度的对比分析，发现南池子改造区整合度提升，可达性高的道

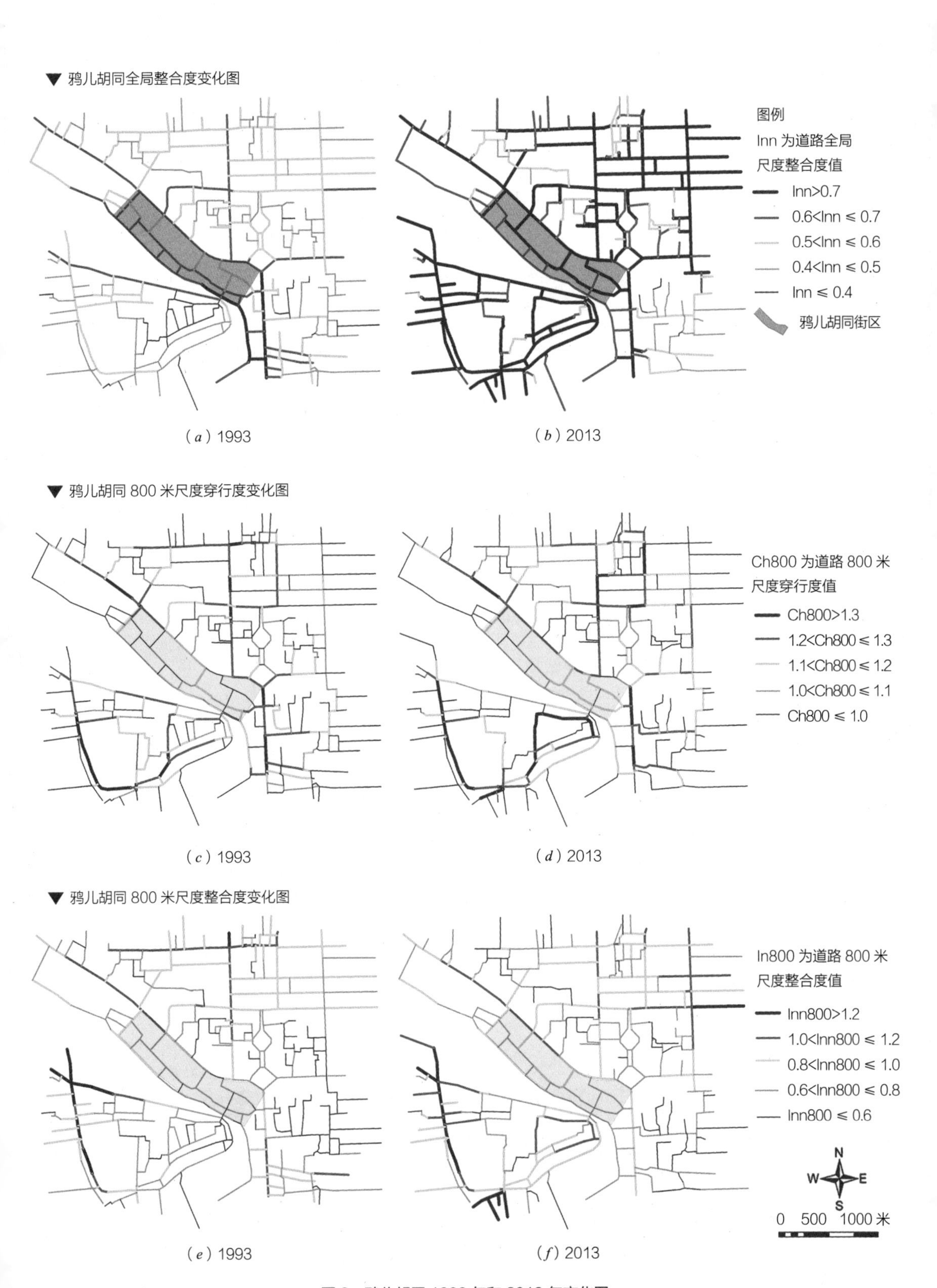

图 2　鸦儿胡同 1993 年和 2013 年变化图

（a）-（b）为鸦儿胡同全局整合度变化图；（c）-（d）为鸦儿胡同 800 米尺度穿行度变化图；（e）-（f）鸦儿胡同 800 米尺度整合度变化图

路增加，其中内街道数量不减反增，而改造区外围细小支路大幅减少。可见2013年南池子街区形成较为成熟的道路体系，整体保证可达性为大量人群出行提供便利。对日常出行800米尺度的穿行度和整合度分析，发现改造后的南池子历史街区将通行的道路“变曲为直”，提升内部交通的通达性，人们选择最短路通行时优先为几条直路而非原来曲折的路线。此外，从整合度图可以发现南池子改造区在800米尺度下，内部的道路可达性明显提升，1993年仅外围道路高可达状态转变为道路内部与外部高可达。

可见，南池子街区的改造区虽然保留原来的大部分的路网，但是内部空间结构已然发生变化，由低可达转变为高可达道路贯穿。这些空间品质的变化与人群的变化密切相关。因为改造，原住居民大部分流失。且由于改造后居住环境大大改善，周围商业化程度低，环境安静，多有画家、外国居民等新居民进入，使得南池子街区的记忆主体发生了重大的变化，空间品质得到提升。虽然场地建筑外貌风格较为传统，但受到记忆主体生活需求的影响，整个道路的宽度等多服务于车辆等现代交通。与后海鸦儿胡同一样，南池子街区丧失很多低穿行度、低可达性的小道，逐渐形成平直完整的高可达性道路体系，局部的保存并没有给整个街区带来历史街道的保存，改变了街区的城市记忆（图3）。

3.3 景山八片历史保护区

景山八片历史保护区位于皇城北侧，是北京旧城25片历史文化保护区之一。由于产权不清等原因，整个区域规划建设受阻，大量低收入外来人口聚集[28, 29]。以景东街区为例，从保护规划实施到2013年，更新改造面积仅占总建筑面积13%左右，人户分离占总人口1/4以上，居民把房子低价出租给外来人口，人口密度到2013年达到4–6平方米/人[30]。

通过全局整合度分析，发现从1993年到2013年景山八片区的整合度下降，其中因街区路网的变迁外围的主干道可达性下降，低整合度小路有所增加，尤其是东南侧。也就是说经历了20年的外来人口聚集及艰难的保护规划之后，其内部路网的整体结构并没有明晰，低可达性路网继续密集化。从800米尺度的穿行度图，发现高穿行度道路（Ch800>1.2）数量不升反降，而下一层级的穿行度道路（1.0<Ch800 ≤ 1.2）数量略有提升。

也就是说，随着外来人口的聚集，人对空间的开发力度加大。由于2017年实施了旧城外貌更新，外墙都进行翻新，但是建筑的更新并没有带来内部空间的疏通，道路仍旧是老北京胡同2米左右的尺度，在一定程度上保持了原有的城市记忆。但是由于没有统一的规划，外来人口数量较大，个体记忆、行为存在较大差异，

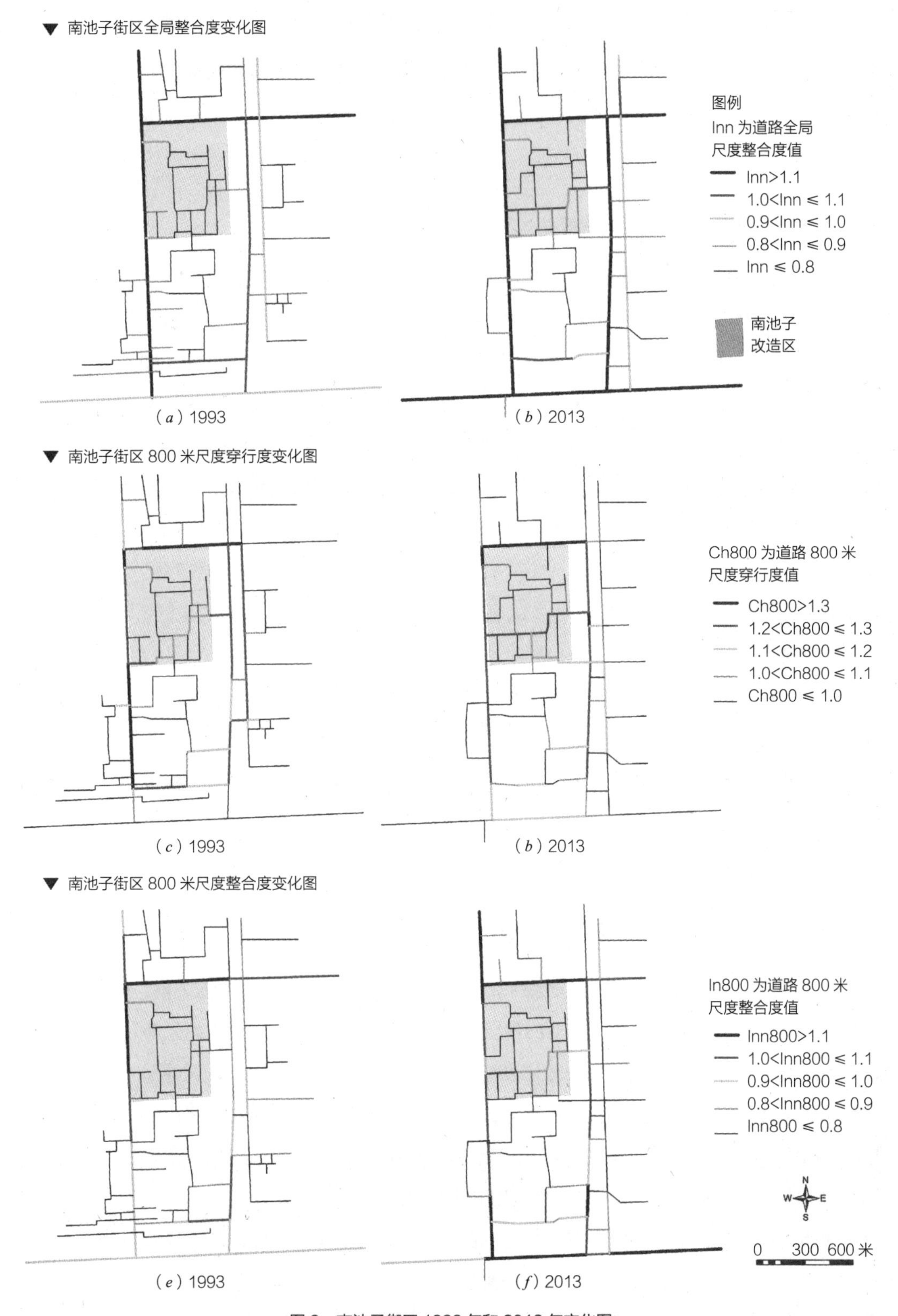

图 3　南池子街区 1993 年和 2013 年变化图

（*a*）-（*b*）为南池子街区全局整合度变化图；（*c*）-（*d*）为南池子街区 800 米尺度穿行度变化图；（*e*）-（*f*）南池子街区 800 米尺度整合度变化图

路网日渐稠密。从 800 米整合度图，发现 20 年后景山八片周围道路的可达性明显提高，保护区内部几乎没有变化，低收入人群日渐聚集形成自己的空间秩序。虽然建筑等变化不大，但是高密度的居住人口通过日常出行形成低可达的稠密路网使得空间品质不升反降（图 4）。

3.4 张自忠路南历史文化保护区

张自忠路南历史文化保护区位于皇城和景山八片历史保护区的东边。与景山八片相似，该保护区在城镇化过程中成为低收入群体和流动人口聚集区，人均居住面积较低，人口密集[30]。从全局整合度来看，张自忠路南历史文化保护区及其周围的整合度呈整体降低，历史街区内部除西北角道路变多外没有明显变化，而外部其他区域低可达性支路在 2013 年明显减少。该保护区外部道路虽然有所改变，但是整体的可达性仍然是降低的趋势，包括东四北大街、美术馆后街等。从 800 米尺度的穿行度和整合度图，发现居民日常出行优先选择的道路逐渐集中于个别道路，穿行度高于 1.1 的道路减少，高于 1.3 穿行度的道路增多集中于南剪子巷、大佛寺东街。但是高穿行度的道路并未体现出高可达性，相反在人群日益聚集下，保护区内部和周围道路的可达性整体降低。

与景山八片历史保护区的情况相似，张自忠路南历史文化保护区因为人口密度提高，记忆、文化等差异，出行行为差异与分散化，所以全局的整合度下降。但是不同的是，虽然保护区外部的一些支路消失，某些区域的支路增加，该片区的整体路网没有密集化，变化不大。尽管如此，高穿行度的道路可达性欠佳，说明空间品质下降（图 5）。

3.5 新群体进入影响下的空间品质

四个历史街区和新居民都可以分为两类。第一类是绅士化街区与高收入人群，居住于海鸦儿胡同、南池子街区。他们多以高价购得房舍。相应的居住空间是在较短的时间内完成改造与更新的，居住密度低。另一类是市井化街区与低收入人群，居住于景山八片历史保护区、张自忠路南历史文化保护区。他们使用的空间以低廉的价格租赁获得，片区内的建筑设施比较破旧，与本区低收入原住民居住在一起，居住密度高，因各种原因导致该区保护规划实施困难。

两类新居民都给空间品质带来了变化，但是有所差异。由于高收入新居民的进入，他们带来了自己的文化与记忆，对生活质量的要求较高。因为具有充足的资金，所以能够在较短时间内按照自己的记忆对空间进行改造与更新。此外他们使用现代交通工具的出行习惯影响了街区的道路系统，从而使得整体可达性升高，

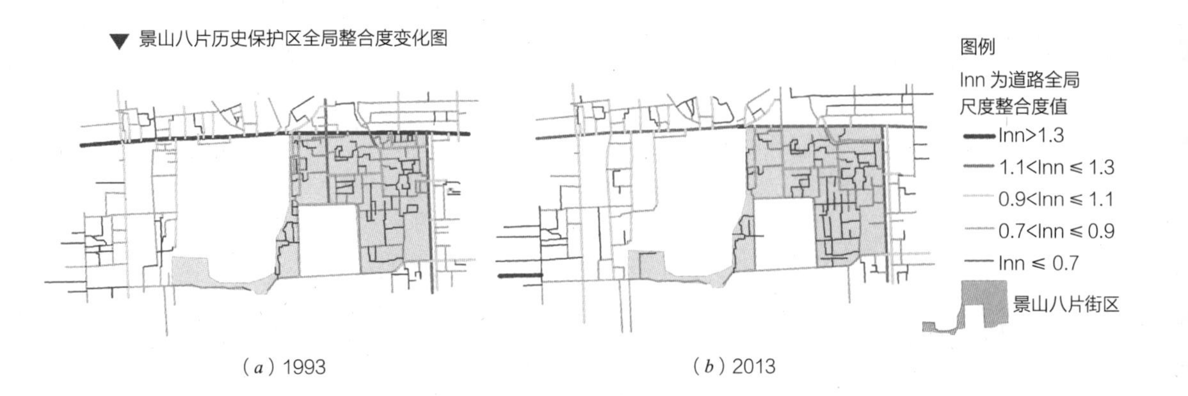

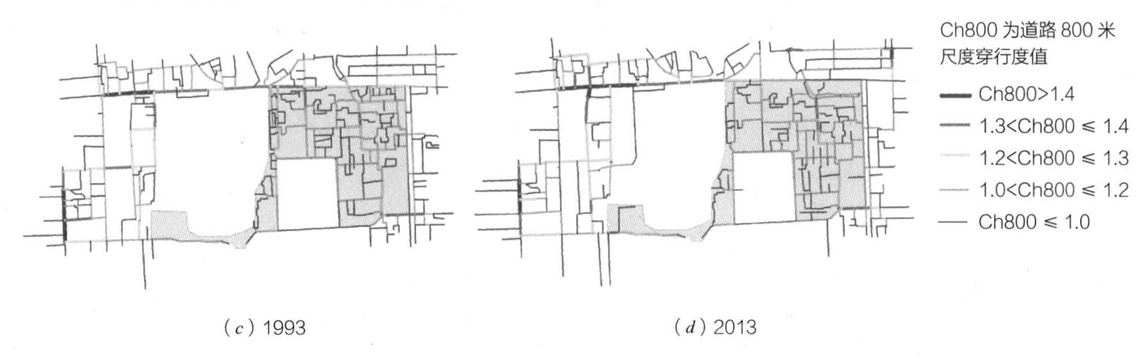

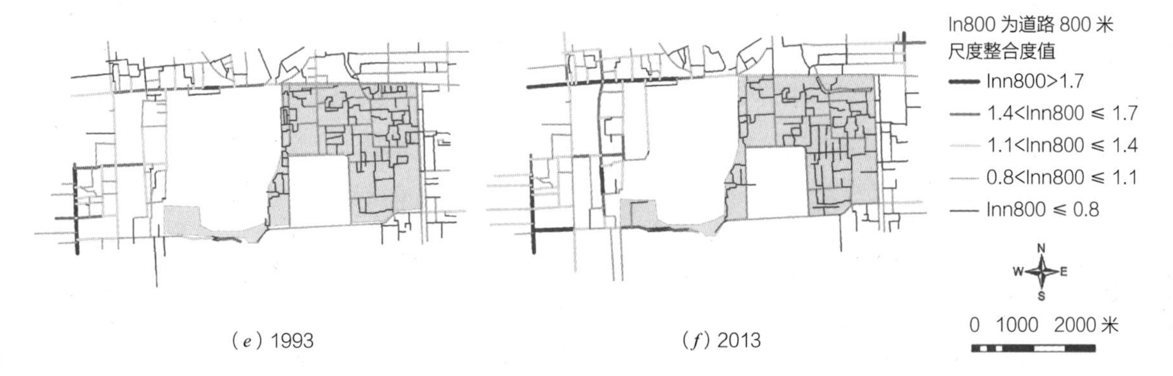

图 4 景山八片历史保护区 1993 年和 2013 年变化图

（a）-（b）为景山八片历史保护区全局整合度变化图;（c）-（d）为景山八片历史保护区 800 米尺度穿行度变化图;（e）-（f）景山八片历史保护区 800 米尺度整合度变化图

路网体系骨干逐渐清晰，空间品质整体得到一定的提升。不管是鸦儿胡同的“由被带动转化为比肩鼓楼”还是南池子胡同的“化曲为直”，整体道路都在城镇化背景下得到优化，加强与周围交通主干道的联系，这样的路网服务于现代化的生活，有利于当下生活中人群的出行。由于主干道的可达性和使用频率加强，低可达性的小路废弃，道路稠密程度降低，在一定程度上改变了原有北京胡同稠密八达的特点。其周边环境越来越向着现代化的城市肌理发展，老北京风貌逐渐缺失，改变了这些街区的城市记忆。

相比于高收入的新居民，低收入新居民的进入对城市记忆的影响较小。虽然他们的记忆与原住民有所区别，但是因为他们主要是以租赁方式获得房舍，居住密度高，人员构成较为复杂，文化、记忆与行为多样，一定程度上不利于他们形成地方认同，难以形成聚集性活动空间，活动更为灵活与混乱。他们难以做出较大规模的空间改造，难以形成绅士化空间中的干路。因此，整体道路可达性降低，街区及外围的主干道可达性均有所下降，一些道路利用程度高，但可达性低，导致交通不利。而道路稠密程度基本不变或略有增多，低可达性路网继续密集化，空间品质降低。这在道路利用上虽然有老北京路网密集的特点，但是高密度的居住空间已经改变了这里的城市记忆。

4 结论与讨论

不同社会人群拥有不同的记忆，适应着不同的空间，进而影响了他们改造空间行为和空间品质。改造后的空间影响了原住民的记忆，形成了新的城市记忆。本文中鸦儿胡同、南池子街区改造后均有高收入人群入住，对空间品质要求更高。因此，在整个改造以及后期整体环境的改变过程中，低可达性的细小道路丧失，随之整个路网体系骨干道路凸显可达性增强，道路体系日渐成熟，使得出行便利性提高，区域现代化。虽然街区尽量在表面上效仿过去的建筑模式和街道外表，但是随着细小的低可达性道路的丧失整个北京胡同历史氛围已缺失。而低收入人群随着城镇化的推进逐渐聚集于旧城中改造困难、房租低廉的衰败历史街区，比如景山八片和张自忠路南历史文化保护区。这里居住密度高，人口结构和文化、记忆背景复杂，政府改造推行困难，居民自发改造下，形成如今的空间形态，特点呈现出：整体道路可达性降低、一些道路利用程度和可达性不一致导致交通不利、道路稠密程度基本不变或略有增多、不同案例地道路体系多样化等特点。在如此大的居住密度下密集的路网不仅不能保存老北京风貌反而不能保证人们的日常生活，空间品质有所恶化。

▼ 张自忠路南历史文化保护区全局整合度变化图

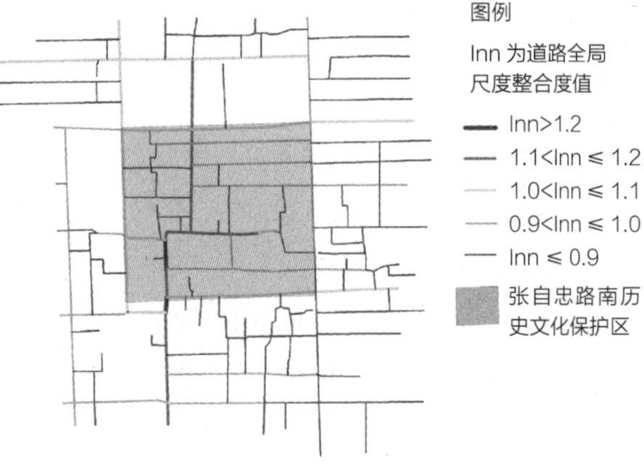

（*a*）1993　　（*b*）2013

▼ 张自忠路南历史文化保护区 800 米尺度穿行度变化图

（*c*）1993　　（*d*）2013

▼ 张自忠路南历史文化保护区 800 米尺度整合度变化图

（*e*）1993　　（*f*）2013

图 5　张自忠路南历史文化保护区 1993 年和 2013 年变化图

（*a*）-（*b*）为张自忠路南历史文化保护区全局整合度变化图；（*c*）-（*d*）为张自忠路南历史文化保护区 800 米尺度穿行度变化图；（*e*）-（*f*）张自忠路南历史文化保护区 800 米尺度整合度变化图

不管是什么类型的新居民进入，空间都因为人的记忆与行为的不同而发生不同的变化，空间品质也会相应发生变化。但是在高速发展的现在与未来，流动性是不可避免的。从两类居住区看，流动性视角下，保留城市记忆与提升空间品质似乎并不能共存。但是，事实并非如此。城市记忆对城市可持续发展举足轻重，亟待解决的首要问题是如何通过城市记忆的传承提升空间品质。未来的地方必然是一个多元主体汇聚的地方[30]，各种文化记忆交融而形成新的记忆，新的地方，记忆总是与空间紧密联系。城市不可能完全抛弃记忆，而记忆也不可能完全不变，为了实现高城市空间品质需要找到流动变化背景下记忆保持与变化的平衡。

参考文献

[1] Mumford L. The City in History：Its Origin，Its Trransformations，and Its Prospects [M]. Penguin，1966.

[2] （法）莫里斯·哈布瓦赫 . 论集体记忆 [M]. 毕然，郭金华，译 . 上海：上海人民出版社，2002.

[3] （德）扬·阿斯曼 . 文化记忆：早期高级文化中的文字、回忆和政治身份 [M]. 金寿福，黄晓晨，译 . 北京：北京大学出版社，2015：49.

[4] Rossi A，Ghirardo D，Ockman J，et al. The Architecture of the City [M]. The MIT Press，1982.

[5] 汪芳，严琳，熊忻恺，等 . 基于游客认知的历史地段城市记忆研究——以北京南锣鼓巷历史地段为例 [J]. 地理学报 . 2012，67（04）：545-556.

[6] 汪芳，严琳，吴必虎 . 城市记忆规划研究——以北京市宣武区为例 [J]. 国际城市规划 . 2010，25（01）：71-76+87.

[7] 刘亚秋 . 记忆二重性和社会本体论——哈布瓦赫集体记忆的社会理论传统 [J]. 社会学研究 . 2017,32(01)：148-170+245.

[8] 于波 . 城市记忆研究 [D]. 华中科技大学，2004.

[9] 周玮，朱云峰 . 近 20 年城市记忆研究综述 [J]. 城市问题 . 2015（03）：2-10+104.

[10] （德）阿莱达·阿斯曼 . 回忆空间：文化记忆的形式和变迁 [M]. 潘璐，译 . 北京：北京大学出版社，2016.

[11] Legg S. Spaces of colonialism：Delhi' s urban governmentalities [M]. John Wiley & Sons，2008.

[12] 孔翔，卓方勇 . 文化景观对建构地方集体记忆的影响——以徽州呈坎古村为例 [J]. 地理科学 . 2017,37（01）：110-117.

[13] 钱莉莉，张捷，郑春晖，等 . 地理学视角下的集体记忆研究综述 [J]. 人文地理 . 2015，30（06）：7-12.

[14] Alexander T. 'Welcome to old times'：inserting the Okie Past into California' s San Joaquin Valley present [J]. Journal of Cultural Geography. 2009，26（1）：71-100.

[15] 李凡，朱竑，黄维 . 从地理学视角看城市历史文化景观集体记忆的研究 [J]. 人文地理 . 2010，25（04）：60-66.

[16] 刘玄宇，张争胜，牛姝雅 . 南海《更路簿》非物质文化遗产集体记忆的失忆与重构 [J]. 地理学报 . 2017，72（12）：2281-2294.

[17] Blunt A. Collective memory and productive nostalgia：Anglo-Indian homemaking at McCluskieganj [J]. Environment and planning D：society and space. 2003，21（6）：717-738.

[18] Till K E. Wounded cities：Memory-work and a place-based ethics of care [J]. Political Geography. 2012，31（1）：3-14.

[19] Peterson A F. Sites of Memory，Sites of Mourning：The Great War in European Cultural History [J]. History Reviews of New Books. 1996，30（3）：179-180.

[20] Light D. Street names in Bucharest，1990 - 1997：exploring the modern historical geographies of post-socialist change [J]. Journal of Historical Geography. 2004，30（1）：154-172.

[21] Martin N P，Storr V H. Bay Street as Contested Space [J]. Space & Culture. 2012，15（4）：283-297.

[22] Dwyer O J. Interpreting the Civil Rights Movement：Place，Memory，and Conflict [J]. Professional Geographer. 2010，52（4）：660-671.

[23] Jing J. The temple of memories：history，power，and morality in a Chinese village [M]. Stanford University Press，1998.

[24] 汪芳，吕舟，张兵，等 . 迁移中的记忆与乡愁：城乡记忆的演变机制和空间逻辑 [J]. 地理研究 . 2017，36（01）：3-25.

[25] 程晓曦 . 混合居住视角下的北京旧城居住密度问题研究 [D]. 清华大学，2012.

[26] 季洁 . 维护历史环境特色 延续传统街区活力——以北京什刹海历史文化保护区鸦儿胡同为例 [J]. 北京规划建设 . 2013（05）：91-94.

[27] 宋安 . 北京南池子历史街区改造规划及人居环境评介 [J]. 城市建设理论研究：电子版 . 2015（10）.

[28] 崔琪 . 历史文化街区保护规划实施评估——以北京景山八片（东城区）街区为例 [A]. 中国城市规划学会 . 城市治理与规划改革——2014 中国城市规划年会论文集（03- 城市规划历史与理论）[C]. 中国城市规划学会：中国城市规划学会，2014：18.

[29] 霍阳阳 . 浅谈引入控规对于历史街区保护的作用——以北京景山八片（西城区）历史文化街区为例 [A]. 中国城市规划学会 . 城市治理与规划改革——2014 中国城市规划年会论文集（08 城市文化）[C]. 中国城市规划学会：中国城市规划学会，2014：11.

[30] 孙九霞，周一 . 遗产旅游地居民的地方认同——“碉乡”符号、记忆与空间 [J]. 地理研究 . 2015，34（12）：2381-2394.

谭颖昊

谭颖昊，北海市规划局

社会环境公正
——一个提升规划质量的新角度

1 引言——城市品质和规划质量提升中的进展与困惑

近年来，提升城市发展品质和城市规划质量成为新热点。一方面，随着我国城镇化水平的提高，城市规划的重点逐渐由增量规划转为存量规划，如何在旧城改造和城市更新中提升已建社区的生活质量成为人们关注的焦点。另一方面，城市品质已经成为城市规划追求的重要甚至首要目标，是我国城市化模式的一种匡正[1]，北京在《北京城市总体规划（2004—2020）》中首次提出要建设“宜居城市”，上海也将“健康生态之城”和“幸福人文之城”写入城市愿景。对城市品质的重视也对规划质量提出了新的目标和新的要求。何为有品质的城市，如何通过高质量的规划保障城市品质成为了规划师必须思考的内容。

1.1 提升城市品质和规划质量的进展

城市品质实际上是在思考我们需要一个怎样的城市。从2000年前道教关于“天人合一”的哲思到柏拉图的理想国，从霍华德的田园城市对大规模城市化工业化的反思到可持续发展、人居环境建设等理念的提出，城市品质的内涵随着社会的发展不断丰富。现今国内外对于城市品质的探讨从理论到实践都有更广阔的视野。国际研究包括城市宜居性（Urban Livability）的营造、各类居民生活质量（Quality of Life）的提高和城市规划作为公共政策的重要部分对促进社会公平、提升整体社会福祉的作用等主题[2, 3]。国内学者从城市的精神文化内涵、居民生存质量、城市特色彰显等方面解读了城市品质的内涵，提出城市品质是城市内在精神品味和外在形象质量的统一[4, 5]。罗小龙、许璐通过梳理近年来各地在城市品质提升方面的规划实践工作，将城市活力、城市宜居性和促进城市转型发展作为城市品质提升的重要参考标准[6]。张松、镇雪峰认为城市保护通过提升空间景观品质、优化人文环境和促进城市可持续发展提升了城市品质[7]。可以看到，城市历史文脉的保护到了新的高度，以生态修复和城市公共服务提升为主的城市双修工作正大力推进，城市特色塑造和标志性空间的打造也被逐渐重视。

对城市品质内涵的不断探索实际上是对城市规划目标的不断思考，也是规划质量提升的发展方向。以丰富城市精神文化内涵和塑造城市特色风貌为目标的历史建筑、历史街区的保护在总体规划和历史名城保护规划中备受重视，GIS、空间句法等分析手段为定量分析街区空间肌理和结构特征提供了可能，突破了传统规划设计难以量化的瓶颈[8]。以提升城市生态环境品质为目标的新规划理念不断涌现，如以降低城市建设对水环境影响，增加城市弹性为目标的海绵城市理念得以大力推行[9]。总体规划和控制性详细规划等各类法定规划也在不断更新规划理念和技术手段以提高规划质量。杨保军、张菁、董珂指出我国未来的总体规划要“质与量并重”，体现精细化和科学化，由“指标管理”、“增长管理”、“平面管理”进阶到“边界管理”、“形态管理”和“立体管理”[10]。精细化管理的思想和方法也被广泛运用到控制性详细规划和城市设计中，例如以城市空间、建筑形态、环境景观等方向在内的多层要素控制被广泛运用[11]。随着计算机技术的发展，基于大数据的各类应用在规划行业兴起，被认为是提高规划质量的重要方式，如利用公交数据和共享交通数据进行居民通勤分析、职住分析[12]，以及通过构建城市三维模型来提高对城市形态的把控质量等[13]。规划理念和规划技术日新月异的进步，让精细化管理成为可能，也为提高规划质量、提升城市品质打下了坚实的基础。

1.2 城市品质提升的规划方法之困惑

通过分析提升城市品质和规划质量的进展，发现目前我国对城市品质和规划质量的研究多集中于城市物理环境的改造提升，虽然“以人为本”、“提升城市宜居度”作为城市品质提升的重要内容一直被广泛认可，但是在进行规划时还是停留在人居物理环境的提升阶段，着重于从规划编制的技术出发针对某一特定类型的规划进行方法上的改进，缺少了对人本身的关注。从宏观数据上来看城市在高速发展，城市生活环境品质在提升，但是在微观上人的多样性和多样化需求往往被忽视，城市规划在执行过程中对各方权益得失的影响甚少被考虑在规划编制中。由此，一方面造成城市物理环境提升过程中重视城市形象、环境品质而忽视居民生活特点和实际感受的情况时有发生，另一方面出现了部分规划内容由于忽视人的社会关系复杂性而不能得到有效落实的现象，难以真正提高城市品质。

“以人为本”的规划理念早已深入人心，但是以“何人”为本，如何“以人为本”，如何将个人的多样性复杂需求纳入城市品质的考量，如何通过对人的关注提升规划质量却在国内鲜有研究。一些学者认为，我国从“文化基因”上就较西方更加偏向“泛人”的一端，由此我国规划实践中常常陷入服务于假想“人口”而背离真实“人群”的困境[14, 15]。这些现状促使我们去思考：是否应该有一种更“以人为本”的解读视角来提升规划质量，塑造品质城市？

2 “社会环境公正”理念的内涵解析—— 一个提升规划质量的新角度

社会环境公正（Social Environmental Justice）源起于列斐伏尔和大卫·哈维关于城市权利（The Right to the City）的论述，从规划理念上提供了一个审视规划质量的新角度。列斐伏尔认为城市权利是城市社会中居于首位的权利，是关于城市市民的权利，包括进入城市的权利、居住在城市的权利、参与城市生活的权利、平等使用和塑造城市的权利等[16]。大卫·哈维延续了列斐伏尔的立场，并强调城市权利是一种被忽视的集体权利，也是一项基本的人权。他是这样界定城市权利的：“城市权利即是一种对城市化过程拥有某种控制权的诉求，对建设城市和改造城市方式拥有某种控制权的诉求，而实现这种对城市的控制权需要采用一种根本的和激进的方式”[17]。Nancy Fraser 提出平等的政治参与（Parity Political Participation）是保障公民城市权利的根本性措施[18, 19]。Iris Marion Young 在 Nancy Fraser 的基础上，提出认同（Recognition）、再分配（Redistribution）、参与（Representation）是在公共政策中实现公平正义和城市权利的原则[20]。最后 Caren Levy 综合了 Nancy Fraser 和 Iris Marion Young 的思想，提出了“社会环境公正”的理论框架，并进一步阐述了应当把握的核心原则和如何利用这些原则指导城市规划实践[21, 22]。按照 Caren Levy 的观点，社会环境公正理论中的三个核心原则是再分配（Redistribution），无差别的相互认可（Reciprocal Recognition）和平等的政治参与（Parity Political Participation）。在城市发展语境中，这三个原则的内涵不断被丰富，也为规划质量和城市品质的提升提供了新的解读角度。

2.1 “再分配”原则的内涵与解读

体现“社会环境公正”的物质再分配指的是城市规划作为一项公共政策，其目标应当是全体公民共同享受城市发展带来的好处，共同承担城市发展的风险和成本。再分配的公平性是现阶段实现城市品质的重要体现，也是提升规划质量所追求的最终目标。城市规划范畴内存在的再分配不均衡现象很多，如面向不同人群的不同居住区在空间分布、公共服务设施水平上存在着较大差异[23]，城市公园绿地空间公平性不足[24]等。不仅是规划本身是资源再分配结果的直接体现，规划还通过空间分布直接或者间接影响居民获取生产生活资料的难易程度，再次影响资源再分配的公平性。在小尺度规划上，规划对城市公共资源的布局配置会直接影响其他社会资源的再分配，如交通方便的地方人口集聚度和租金相对更高，就业机会也相对更多，但低收入人群由于能够支付的租金有限，往往承担的通勤成本更高，接触的就业机会反而更少。一项针对杭州公租房空间分布的研究表明，公租房在空间区住上表现出选址偏远，分布集中，交通服务水平不高，住户职住分离现象突出，医疗、卫生和教育设施不健全，休闲娱乐设施缺乏等特征[25]。在大尺度规划如城镇体系规划和城市群规划的影响下，城市间甚至会形成“虹吸效应”。“再分配”原则中的另一重要内涵是强调共同承担城市发展的风险和成本。城市建设过程中必然部分居民的权益要为城市公共利益让步，如在修建高速公路等公共交通设施和旧城改造的地块规整过程经常伴随着征地拆迁。合理的回建区规划和适当的经济补偿也是保证再分配公平性的重要措施。在具体不同的规划中，再分配可以体现在不同方面，但其核心内涵都是以全体市民拥有平等的城市权利，共享共担城市发展来衡量规划品质的高低。

2.2 “相互认可”原则的内涵与解读

“社会环境公正”理念中“相互认可”是指城市规划政策制定方与政策作用方需要相互认可，政策制定方应尤其注意城市发展中各类弱势群体的利益，是实现规划品质提升的重要方式。城市规划政策制定方对政策作用方的“认可”，指的是规划工作者要意识到多样化的人群的多样化的需求，将人由群体化对待转向个体化对待。多样化的人群首先指的是身份差异，即年龄、性别、阶级、受教育程度、民族、宗教信仰等个人特质产生的多样性。已经有多项研究表明，阶级、性别、年龄等身份属性差异造成人们对城市环境有各自的期望值和利用方式[26, 27]。Caren Levy 指出在城市规划中广泛运用的“旅行选择”假设多是站在中产阶级的男性立场，忽视了低收入人群、女性等弱势群体在做出出行选择时被动选择的情况，造成了系统性的对出行需求估计的误差。千人指标和万人指标式的规划技术管理规定，实际上忽视了人群与人群之间的差异性，最终不仅造成人们不认可规划，也会导致公共资源的失衡。其次，认可人群的多样性也指规划过程中应考虑到人群社会属性和经济活动的差异。现实世界的纷繁复杂，造成了诸多灰色地带的情形，如边境非法贸易等。城市中的非正规活动（Informality）是一个全球性的难题。这些不完全合法的行为往往在城市规划中不被考虑，但又对城市建设产生着不容忽视的影响。Colin McFarlane 认为城市是一个发展的过程，非正规活动是城市发展过程中的产物，不能被排斥在城市发展之外，而是应该融入于城市发展的进程中[28]。第三，人的多样化的需求同样需要被规划制定者识别。如何平衡人的多样化需求实际上一直是城市规划的重要内容，大到调和经济发展与环境保护之间的矛盾，小到平衡社区居民对公共空间的不同需求，都是规划过程中必须做出的抉择。识别人的多样化的需求实际上是对规划师的敏感性和规划的精细度提出了更高的要求。

"相互认可"原则的另一个重要方面是政策作用方对政策和政策制定方的认同，以及人们应当意识到自己所拥有的权利和对规划的影响。Caren Levy 在研究交通规划中的性别差异时指出，机动性不单单是人们的迁移能力，还是在公共空间安全移动的自由和权利，人们应当意识到自己拥有这样的权利，自己需要参与到规划当中。这样的意识是实现规划公平性的土壤，也为提高规划质量点明了新的方向：提高规划质量可能不仅局限在规划本身，而是在于培养和创造人们参与规划的环境。

2.3 "平等参与"原则的内涵与解读

"平等参与"是指不同身份的民众都可以有效参与城市规划的过程，并在规划决策中发挥作用，是提升规划质量、实现公民权利的重要措施。平等的公众参与首先指的是市民拥有同等的公众参与的权利。这里的"同等"是指无论身份如何，公众都拥有知悉规划情况、参与规划讨论甚至决策的权利。在以物质环境改造为主要目标的规划中，公众意见往往是被忽视的一方。研究显示一些规划尤其是诸如交通规划等专业性较强的规划常常以利益相关者（尤其是投资者）和服务提供者的意见取代公众意见[29]。除了参与的对象外，"社会环境公正"理念下的公众参与更加强调参与的程度。Arnstein 的公众参与理论按其参与程度分为"操纵"、"引导"、"告知"、"咨询"、"劝解"、"合作"、"授权"、"公众控制"八个层次[30]，而仅有最后三个层次是真正意义上的公众参与，也是"社会环境公正"理念中希望实现的平等参与。我国目前公众参与的主要方式是市民在规划编制过程中提出意见和建议，以及相关利害关系人对控制性详细规划和修建性详细规划等规划方案提起听证等。由于公众城乡规划知识不足，参与意识有限，参与规划编制的方式、程度有限，公众参与程度目前还处于比较初级的阶段。在大尺度规划中，规划信息的不透明、公众参与法定程序的不明晰和公众参与平台的缺乏导致公众的声音更加难以被听到。公众意见无法有效表达，会直接影响规划的精细化程度和规划落实的情况，是造成规划质量不高的一大原因。

“再分配”、“相互认可”和“平等参与”原则是相互贯通相辅相成的。“再分配”公平是“社会环境正义”理念的最终目标，“相互认可”原则是实现再分配公平的实践指导，“平等参与”则是保障再分配公平的最终手段。

3 “社会环境公正”理念实践探讨

在实践过程中，“社会环境公正”理念为规划方法的改进提供了一个人性化的方向。这一理念也不仅局限于某一类规划，而是可以应用于不同类型的规划实践，并贯穿于整个城市规划管理的过程中。下面笔者以城市更新规划为例探讨在“社会环境公正”理念框架下如何利用“再分配”、“相互认可”和“平等参与”三个原则提高规划质量，提升城市品质。

3.1 “再分配”原则与增强对弱势群体的保护

“再分配”原则强调规划对城市中弱势群体的保护，在实践中以资源平衡为主。城市更新也是资源再次分配的重要环节，与人们生活息息相关的居住、出行、医疗教育等公共服务都会直接受到影响。目前城市更新工作中面对的突出问题一是存量土地多不属于政府储备土地，开发过程中往往市场利益优于公共利益；二是旧城相对而言道路较窄、地块零碎，各类公共空间和公共通道的功能发挥不佳。以“社会环境公正”理念审视城市更新规划中的资源再分配，有以下几个方面需要着重考虑。

（1）公租房、廉租房等住房保障项目的落实和优化。如上文所述，公租房、廉租房往往地理位置不佳、配套设施不足。旧城又聚集了大量需要公租房和廉租房的居民。住房保障项目的开发往往与房地产运作有一些利益冲突，尽量化解这些利益冲突才能够真正落实住房保障。深圳市在城市更新过程中打破以往政府出地出财政进行住房保障项目建设的陈规，出台《深圳市城市更新项目保障性住房配建规定》，要求拆除重建类城市更新项目改造后包含住宅和商务公寓的，一、二、三类地区的人才住房、保障性住房配建基准比例为 20%、18%、15%，并将保障性住房建筑面积的 50% 计入容积率[1]。这种配建制度一方面避免了单独安排住房保障项目导致的交通偏远、配套设施不足的问题，另一方面还解决了政府的财政压力，保证了住房保障项目的可持续发展。

（2）公众通行能力的保障和路权的合理分配。按照“社会环境公正”的理念，

---

[1] http：//www.szgm.gov.cn/xxgk/xqgwhxxgkml/zcfg_116521/gjsszcfg_116522/201801/t20180125_10748967.htm

道路资源的分配应当以实现人的通行能力为依据。因此，路权分配过程中应优先考虑行人、非机动车和公共交通的通行。城市更新也经常伴随着城市道路的改造。限制小汽车，发展慢行系统、骑行空间和公交优先战略成为体现公共利益的重要方式。为保证公众通行权利，首先应该在规划阶段编制更新区域专项交通规划，确保慢行系统、骑行系统和公交系统的连贯性，并在控制性详细规划图则中体现各类公共通道的控制性指标，最终在出具具体设计指标时明确划定地块涉及的公共通道范围和类型。对于实在无法落实指标的地区，可以采取开放部分单位大院、大型小区的内部路等方式解决。

（3）公共服务设施的补充完善和公共空间的设计。老旧社区的公共服务设施短缺是目前城市更新中遇到的普遍问题，如何利用现有条件尽可能多地安排各类公共服务设施应当成为规划的重要目标。由于地块零碎、土地有限，公共服务设施也需要依靠配建、共建等方式进行完善和补充。深圳市创造性地开创城市更新单元制度，将宗地改造变为规模区域的统一改造，政府平均可以拿回 30% 的土地用于落实公共配套和道路市政设施，并创造了更多公共空间[31]。公共空间的打造与城市活力息息相关，也是体现城市品质的重要内容。在城市更新中充分考虑公共空间的流线、内容、功能是十分必要的。建设特色活力区[32]、优化轨道交通站点公共区域[33]、挖掘历史资源、塑造特色产业和多样化空间[34]等策略都提供了公共空间设计的方向和建议。公共服务设施的完善和公共空间的设计也是城市更新过程中利益共享、责任共担的重要一环。

3.2 “相互认可”原则与规划精细度的提升

“相互认可”原则强调的是对多样化人群的多样化需求的分析，也提出了需要让居民认可规划的目标。城市更新涉及大量居民生活环境的改造，分析居民需求成为提高规划质量的第一步。目前的城市更新规划多停留在用服务半径、千人指标等简单单一的方式衡量居民需求。在社区规划中，不同居民的个性化需求得到了更多关注，如在创新社区规划中考创意工作者和居民对多元居住空间和创意公共开放空间的需求[35]，和基于个人生理需求、安全需求、社交需求、尊重需求和自我实现需求的社区规划研究[36]。但是离识别差异化人群的多样性需求、识别非户籍人口和城市灰色地带人群的行为活动，构建居民主动参与、认可规划的氛围还有一定距离。提高城市规划中的双向认可程度，可以从以下几个方面入手。

（1）对旧城中不同社会属性的人的不同需要加以识别，有针对性地满足不同人群的需求。旧城中往往集中了不同社会身份的人群，如因居住支付能力有限而选择在城中村居住的进城务工人员，依靠租金生活而社会关系单一的原住民和由于教育工作需要形成的城市新移民等。不同的社会身份造成这些人群的需求有较大差异，调查显示有 76.9% 的新生代农民工希望政府给予与城市户籍市民相同的公共服务和公共福利，而处于“食利阶层”的原住民则对融入社会有更多需要[37]。2012 年的一项调查还显示北京外来农民工职住距离与城市居民相比更小。在通勤方式上，农民工以步行和公交为主，而城市居民则以地铁和私家车为主。同时有 35.04% 的农民工居住地较工作地接近市中心，显示出对内城空间的较强需求[38]。提高规划质量的重要一环就是要识别这些不同社会属性的人群的需求，并进行针对性的改进，如在内城更新过程中适当加大保障性住房的比例，进行教育、医疗设施布局时考虑到进城务工人员的需求，针对原住民提供相应公共社交场合等。

（2）对城市中灰色地带的居民活动进行识别，实现包容性规划。城市更新中经常涉及小产权房等历史遗留问题和临时市场、马路夜市等处于灰色地带的居民经营活动。以小产权房为例，全国工商联房地产商会调查结果显示，在 1995—2010 年间，全国小产权房竣工建筑面积累计达到 7.6 亿平方米，相当于同期城镇住宅竣工面积总量的 8%[39]。小产权房由经济利益驱动产生，却也在客观上是城市弱势群体在房价高企的情况下的最后选择[40]。关于小产房的解决方式历来具有争议，主张允许小产权房合法化的学者认为其有利于降低房价并让农民享有土地的增值收益，反对派认为小产权房会造成耕地流失，不利于规范房地产市场。在小产权房已经成为一种重要的城市住房形态时，城市规划编制和管理过程中以一种包容性的态度正视这些非正规活动的存在，正视从事非正规活动人群的需要，有利于提高城市形象，保护市民的合法权益。

（3）利用大数据等新兴技术对人群和人群需求进行分析。用大数据分析人群在城市中的情况已经在诸多研究和规划中应用，如通过移动通信定位数据形成“热图”，进而对各类人群使用公共设施情况进行分析[41]。在城市更新中，由于可利用的公共改造用地有限，精确分析人群的使用情况和需求变得尤为重要。利用大数据分析男女老少的出行特点、消费习惯、社会交往等人的行为并以此作出合理预测和规划，是对指标式规划的良好补充，在客观上推动了规划对人的关注。需要注意的是，大数据体现的是部分人群的最终决策，并非真实需求，还需要结合其他手段进行人群需求的估计。

（4）构建规划知识普及平台，帮助居民认可规划。“相互认可”原则中的一个重要方面就是居民对规划的认可，这里一方面是为公众参与打下基础，另一方面也提高了规划落实的质量。在城市更新规划中可以采用多种方式向居民宣传规划成果，提高居民对规划的认可，如针对社区居民的城市规划普及课程、针对中老年人的规划电视广告等。曼彻斯特通过设置社区规划课程和规划实践帮助社区内的青少年理解规划项目，也收到了很高的评价。香港、上海等地通过举办建筑规划相关知识展览等形式丰富了居民了解规划知识的渠道。通过多种渠道向公众普及规划知识，最终是要帮助民众建立自身与城市发展的关联，让民众意识到城市权利不仅是参与规划时争取自身权益的权利，而是要真正关心城市发展的长远利益。

3.3 “平等参与”原则与公众参与质量的提高

“平等参与”原则强调的是公众参与的质量，也是保证规划质量的重要部分。目前，城市更新规划是我国城市建设的热点，具有涉及面广、矛盾突出的特点，群众参与意识强烈。因此，如何通过公众参与提高城市更新的质量就显得尤为重要。“平等参与”指的是在城市更新规划中各类人群参与的权利平等，同时公众的决策地位要得到重视和提高。理想化的“平等参与”，是政府、市场、居民成为伙伴关系共同推动多目标综合性的城市更新转变。要提高公众参与的质量，以下几个方面可供参考。

（1）构建公众参与的长期有效平台。目前居民只能在规划前期调研和规划公示期间参与到规划工作当中，而且往往是个人发声，缺少集体力量。这样一方面会造成居民参与效率不高，另一方面也难以形成统一的、具有实践意义的意见。英国将第三方机构如 NGO 等社会组织引入城市更新的过程中，由第三方机构负责向居民讲解规划，定期与规划编制单位反映居民针对周边生活化境改造的需求。第三方机构还能起到过滤作用，对于明显不符合实际情况的市民要求不予采纳，由此形成了长期有效的公众参与平台。我国社会组织的力量较为薄弱，但是由学者主导的“社区规划师”制度和社区街道办为公众参与提供了可能的平台，值得深入研究和挖掘。

（2）在制度上保证居民的全过程参与。城市更新规划的编制是一个长期过程，在规划编制前期、中期、后期都应当设置公众参与的环节，保证公众参与度的深度。规划前期主要目标是让居民反映对周围环境改造等想法和公共服务设施的需求，规划中期需要让居民对中期成果提出意见和建议，规划后期应当让居民看到诉求如何被实现或者由于何种原因不被采纳。规划实施之后还需要收集居民意见来评估规划实施的情况和质量。目前《中华人民共和国城乡规划法》只规定了在规划编制的批复之前必须公示，在法律程序上并不能保障其他环节的公众参与情况。将公众参与过程置于规划行为的相对稍后阶段，往往会使矛盾聚集到规划工作的后期，加剧了公众意见被采纳的难度[42]。在规划全过程中保证公众的参与的正当性和有效性，有助于实现公众诉求，避免集中的矛盾和冲突。

（3）针对不同人群转换规划材料的形式，提升规划内容的可读性。规划图则和文本专业性太强，导致公众无法读懂的现象常有发生，严重影响了公众参与的质量。目前多个城市采取现场讲解、召开座谈会等方式向公众解释规划内容。除此之外，将专业的规划图则和文本转变为通俗易懂的宣传材料，针对不同人群进行材料优化也会有利于公众参与到规划当中。如对青少年可使用更加有趣的语言或漫画等新形式，对老年人和残疾人则应适当考虑听力障碍和视觉障碍的情况。随着科技的发展，超越图则和文本的展示方式也被运用到公众参与当中，如利用虚拟现实技术将规划成果直接展示给公众[43]。技术进步为提升规划的可读性提供了可能，但仍需要管理部门提高便民意识来真正帮助各类公众读懂规划。

（4）增加公众参与形式。目前我国城市更新规划中的公众参与还局限于解答规划内容、听取公众意见等较为单一的形式。可以参考国内外各类规划更新案例，丰富公众参与的形式，增强居民参与规划的兴趣。波士顿设立了参与式项目基金（Boston Participatory Budgeting）让青年人参与环境改造项目策划的竞赛并接受公众投票，获最多票数队伍的策划项目将在项目基金和专业规划师的帮助下落到实地，大大激发了青年参与规划的热情。多样化的公众参与形式有利于提高市民的参与兴趣，增强市民的参与能力，从而提升公众参与的质量和规划质量。

“社会环境公正”理念的运用不仅局限于规划编制的过程，而是涉及规划教育、编制、实施、管理等多个环节全过程的实践指导。也只有在规划编制、实施到管理的全过程中强调对“人”的关注，才能真正意义上实现将人的多样化需求纳入城市规划的考量，从而提升规划的质量。

4　结语

“社会环境公正”理念从人的城市权利出发，提出了“再分配”公平、“相互认可”和“平等参与”三个在规划实践中保障个人城市权利的原则。这一理念启发我们在城市规划实践中在对物理环境的改造的基础上增加对人的多样化和个性化需求的关注，以期通过共享、精细、平等的规划让城市品质的提升惠及全体市民。如何在实践中真正践行“社会环境公正”理念，需要的不仅仅是规划师专业技术上的改进，更依靠整个规划制度人性化程度的提高和规划管理者对弱势群体城市权利的重视。一个注重“再分配”公平、达成规划师和市民双向认可、实现平等参与的规划必然是一个高质量的规划，但是也会面临规划成本过高、周期过长等一系列问题。如何在规划实践中平衡人们的需求冲突，平衡规划编制效率与公平、效果与成本是践行“社会环境公正”理念时必然要思考和面对的问题。

参考文献

[1] 徐林，曹红华．城市品质：中国城市化模式的一种匡正——基于国内 31 个城市的数据 [J]. 经济社会体制比较，2014（01）：148-160.

[2] Michael Pacione. Urban liveability：a review [J]. Urban Geography，1990，11（1）：1-30.

[3] Bussell M R，Sheldon K. Comprehensive Local Community Development via Collaborative Quality of Life Planning：Best Practices from Two San Diego Neighborhoods[J]. Community Quality-of-Life Indicators，2011，3：1-19.

[4] 宋晔．和谐社会城市品质和道德文化建设 [J]. 河南师范大学学报（哲学社会科学版），2007（05）：8-11.

[5] 胡迎春，曹大贵．南京提升城市品质战略研究 [J]. 现代城市研究，2009，24（06）：63-70.

[6] 罗小龙，许璐．城市品质：城市规划的新焦点与新探索 [J]. 规划师，2017，33（11）：5-9.

[7] 张松，镇雪锋．城市保护与城市品质提升的关系思考 [J]. 国际城市规划，2013，28（01）：26-29.

[8] 肖竞，曹珂．历史街区保护研究评述、技术方法与关键问题 [J]. 城市规划学刊，2017（03）：110-118.

[9] 仇保兴．海绵城市（LID）的内涵、途径与展望 [J]. 现代城市，2015，10（04）：1-6.

[10] 杨保军，张菁，董珂．空间规划体系下城市总体规划作用的再认识 [J]. 城市规划，2016，40（03）：9-14.

[11] 任小蔚，吕明．城市设计视角下城市规划精细化管理思路与策略 [J]. 规划师，2017，33（10）：24-28.

[12] 茅明睿．大数据在城市规划中的应用：来自北京市城市规划设计研究院的思考与实践 [J]. 国际城市规划，2014，29（06）：51-57.

[13] 孙澄宇，罗启明，宋小冬，等．面向实践的城市三维模型自动生成方法——以北海市强度分区规划为例 [J]. 建筑学报，2017（08）：77-81.

[14] 梁鹤年．“文化基因”[J] 城市规划，2011，35（10）：78-85.

[15] 周显坤．“以人为本”的规划理念是如何被架空的 [J]. 城市规划，2014，38（12）：59-64.

[16] 吴宁．列斐伏尔的城市空间社会学理论及其中国意义 [J]. 社会，2008，(02)：112-127+222.

[17]（美）戴维·哈维．叛逆的城市：从城市权利到城市革命 [M]. 北京：商务印书馆，2014.

[18] Fraser N. From Redistribution to Recognition? Dilemmas of Justice in a ‘Post-Socialist’ Age[J]. New Left Review，1995，1（212）：68-93.

[19] Fraser N. Social justice in the age of identity politics：redistribution，recognition，participation[J]. Discussion Papers Research Unit Organization & Employment，2015，2（99）：193-226.

[20] Young，I. M. Justice and Politics of Difference[M]. Princeton University Press，1990.

[21] Levy C. Travel Choice Reframed："Deep distribution" and gender in urban transport[J]. Environment & Urbanization，2013，25（1）：47-63.

[22] Levy C. Routes to the just city，towards gender equality in transport planning. In：Gender Asset Accumulation and Just Cities[M]. s.l.：s.n.，2016：135-149.

[23] 周亚杰．北京居住与公共服务设施的空间分布差异研究 [D]. 清华大学，2011.

[24] 吴健生，司梦林，李卫锋．供需平衡视角下的城市公园绿地空间公平性分析——以深圳市福田区为例 [J]. 应用生态学报，2016，27（09）：2831-2838.

[25] 茹伊丽，李莉，李贵才．空间正义观下的杭州公租房居住空间优化研究 [J]. 城市发展研究，2016，23（04）：107-117.

[26] 徐磊青．城市开敞空间中使用者活动与期望研究——以上海城市中心区的广场与步行街为例 [J]. 城市规划学刊，2004（04）：78-83+96.

[27] 刘芳芳，刘松茯，康健．城市户外空间声环境评价中的性别差异研究——以英国谢菲尔德市为例 [J]. 建筑科学，2012，28（06）：53-59.

[28] Colin McFarlane. Rethinking Informality：Politics，Crisis，and the City[J]. Planning Theory & Practice，2012，13（1）：89-108.

[29] Hodgson F C，Turner J. Participation not consumption：the need for new participatory practices to address transport and social exclusion[J]. Transport Policy，2003，10（4）：265-272.

[30] Sherry R. Arnstein. A Ladder Of Citizen Participation[J]. Journal of the American Institute of Planners，1969，35（4）：216-224.

[31] 邹兵．存量发展模式的实践、成效与挑战——深圳城市更新实施的评估及延伸思考 [J]. 城市规划，2017，41（01）：89-94.
[32] 卢济威，王一．特色活力区建设——城市更新的一个重要策略 [J]. 城市规划学刊，2016（06）：101-108.
[33] 王腾，曹新建．轨道交通站点地区的城市更新策略——基于中外大城市实践的横向比较 [J]. 城市轨道交通研究，2011，14（11）：33-39+56.
[34] 武凤文，邱宁．软触媒叠加下的北京市宛平城更新改造规划策略 [J]. 规划师，2016，32（s2）：110-115.
[35] 王兰，吴志强，邱松．城市更新背景下的创意社区规划：基于创意阶层和居民空间需求研究 [J]. 城市规划学刊，2016（04）：54-61.
[36] 农昀，周素红．基于个体需求的社区规划编制和实施体系的构建 [J]. 规划师，2012，28（01）：12-17.
[37] 王吉勇．深度城镇化的人本需求与城市供给——对深圳规划变革的思考 [J]. 规划师，2013，29（04）：21-26.
[38] 刘保奎，冯长春．大城市外来农民工通勤与职住关系研究——基于北京的问卷调查 [J]. 城市规划学刊，2012（04）：59-64.
[39] 齐琳．全国小产权房近 8 亿平方米，工商联建言小产权房转保障房 [EB/OL]. http：// bj.house.sina.com.cn/ news/2013-03-04/0755 1786857.shtml，2013-03-04.
[40] 邹晖，罗小龙，涂静宇．小产权房非正式居住社区弱势群体研究——对南京迈皋桥地区的实证分析 [J]、城市规划，2013，37（06）：26-30.
[41] 王鹏，袁晓辉，李苗裔．面向城市规划编制的大数据类型及应用方式研究 [J]. 规划师，2014，30（08）：25-31.
[42] 孙施文，朱婷文．推进公众参与城市规划的制度建设 [J]. 现代城市研究，2010，25（05）：17-20.
[43] 许溪．基于虚拟现实技术（VR）的公众参与方法在城市设计中的应用研究 [D]. 广西大学，2016.

刘永红
邹兵

刘永红，深圳市规划国土发展研究中心副总规划师，教授级高级工程师

邹兵，深圳市规划国土发展研究中心总规划师，教授级高级工程师，中国城市规划学会理事、学术工作委员会委员、城市总体规划学术委员会委员、城乡规划实施学术委员会委员

城乡包容性发展与品质规划
——兼论超大型移民城市的深度城市化

1 引言

如何协调城市和乡村发展的矛盾冲突是世界各国城市化过程中遭遇的普遍性问题，各国方式路径不同，效果迥异。我国从 1990 年代中后期开始驶入城镇化的快车道，到 2017 年全国常住人口城镇化率已经达到 58.52%。快速城镇化在成功转移了大量农村剩余劳动力并缓解了农村土地压力的同时，也不可避免地导致乡村地区人才、资金和其他资源的流失；不仅衍生了诸多的社会问题等，也造成部分乡村地区的凋敝衰败。我国人口基数巨大，即使达到西方发达国家城市化 80% 以上的水平，也仍将有 2—3 亿人口居住在乡村地区。国家在建设全面小康社会和基本实现现代化的过程中，不可能忽视乡村的可持续发展问题。乡村现代化本身也是国家整体现代化的重要组成部分。这也是笔者推断为什么国家继实施新型城镇化战略之后又启动乡村振兴战略的重要原因之一。与此同时，与 58.52% 的常住人口城镇化率比较，全国户籍人口城镇化率只有 42.35%，其中存在 16 个百分点的差异。这表明，大约有 2.25 亿的农村户籍人口虽然常年居住和就业在城镇中，但并没有真正融入城市生活，不能完全享受城镇化带来的公共服务和相关福利；外来农村人口市民化的任务依然十分艰巨。另外，一些发达地区的特大城市郊区虽然已经在形式上完成工业化过程，但在思想观念、生活方式、经营模式上距离实现“人的城市化”还有相当长的过程。当前形势下，城乡发展不平衡、不充分的矛盾不仅突出地反映在诸多方面和各个层次，要解决这些矛盾也需要经历一个长期艰巨的过程。在逐步解决问题的过程中，倡导城乡的包容性发展就具有十分重要的现实意义。

2 城乡包容性发展的内涵及其演进

2.1 城乡包容性发展的内涵

包容性是指社会个体或某个社会主体能够包容客体的特性。包容性发展是指以人为中心的，人与人、人与社会、人与自然的和谐发展。这一概念内涵，强调发展应回归其本意，应照顾到全社会各阶层各群体所有人的实际需求、可行能力、发展机会以及利益分配，尤其关注社会弱势群体的需要。包容性发展的目标是实现经济增长、社会进步和人民生活改善的同步，要让广大人民群众共同承担发展责任、拥有发展机会、分享发展红利。

城乡包容性发展强调发展不是排他的，是机会上均等的共同发展。城市化的传统模式都是以城市为中心、以城市为主导的，强调城市对于农村资源的汲取以及农村对城市的贡献支持；城市享受城市化的增值收益，农村承担城市化的成本，造成乡村地区和城市地区的两极分化。城乡包容性发展并不否认城乡之间的差异；而是在承认城乡之间差距客观存在的条件下，强调突出城乡各自的比较优势，谋求双方的共同发展。城乡包容性发展更多地强调平等发展，让广大的农民和城市市民平等地享有经济发展的成果。其核心目的，是促进发展品质提升，不仅包括城乡整体发展面貌的改善；还包括实现广大城乡居民的安居乐业，享受城乡发展带来的生活配套便利、相对合理的物价、相对完善的社会保障体系等。

2.2 城乡包容性发展内涵的演变

中华人民共和国成立以来，在工业化主导思路下，遵循工业化推动城镇化的战略，城乡关系的定位偏向于以城市发展为主，乡村发展为辅，乡村成为城市发展的主要力量来源和基础支撑。计划经济时期，乡村向城市工业化提供劳动力和农业剩余，城市通过工农产品“剪刀差”吸取超额收益，乡村地区始终处于净输出状态。改革开放以后，形势虽然有所变化但农村支持城市的整体格局并没有明显的改变，农村继续为城市发展提供大量廉价劳动力和土地资源。在城乡差异带动下，大量农村劳动力离开农村去城市发展，然而受限于城市壁垒，尤其是特大城市户籍制度始终没有放开的约束，农民工既无法真正进城，也无法真正离乡。城市获得发展的主要收益，乡村则要承担农民工生活退路和社会保障。城乡之间的发展差距并没有明显的缩小，反而是农村大量青壮年劳动力进城打工，老人、孩子留守家中，导致了大量农村土地闲置、耕地撂荒。农村持续向城市“输血”而自身“失血”严重，城市发展仍然是建立在牺牲乡村的基础上。

进入 21 世纪后，为了避免城乡差距扩大及由此带来的问题，国家将解决“三农”问题作为各项工作重中之重，出台了一系列支持农村发展的政策。党的十六届三中全会提出了城乡统筹发展，十六届五中全会提出了推进社会主义新农村建设，开始对原有的城乡关系进行逐步纠偏，重构城乡发展新关系，促进城乡包容性发展的思路逐步清晰明确。近十多年来，农村公共设施建设和文教体卫保障等各个方面也有了一定的提高，但与城市相比依然差距明显。大量农村流动人口集聚于大城市，而大城市的户籍制度限制、公共服务设施排他等原因，广大外出务工人员面临着租不起房、无公平的就学和医疗权利保障。城乡发展不对等的状况依然十分严重。

党的十八大提出了“新型城镇化”战略，实施以城乡统筹、城乡一体、产业互动、节约集约、生态宜居、和谐发展为基本特征的新型城镇化，促进大中小城市、小城镇、新型农村社区协调发展、互促共进。《国家新型城镇化规划（2014—2020年）》强调，要以人的城镇化为核心，合理引导人口流动，有序推进农业转移人口市民化，稳步推进城镇基本公共服务常住人口全覆盖，不断提高人口素质，促进人的全面发展和社会公平正义，使全体居民共享现代化建设成果……促进城乡要素平等交换和公共资源均衡配置，形成以工促农、以城带乡、工农互惠、城乡一体的新型工农、城乡关系。新型城镇化的重点任务还是城镇化，关键在于如何推动那些流转到城镇的流动人口能够沉淀下来，推进城乡规划、基础设施和公共服务一体化，推进农业现代化，加快社会主义新农村建设。在城乡关系上，立足于城乡一体化发展，强调城镇化发展的同时，农业现代化和新农村建设也要同步发展，城乡发展要协调互补。

在新型城镇化战略实施下，城乡发展不对等不平衡反而局面有所改变，农业农村发展取得了快速发展。城乡之间劳动力和资金在政策引导下实现了更为有效的流动、更合理的配置，城市和乡村取得了更好的发展。但农村存在的留守人口“386199”现象、农村土地抛荒闲置、乡村发展缺乏主力军的问题依然严重。从长期看，我国当前最大的发展不平衡仍然是城乡发展不平衡，最大的发展不充分仍然是农村发展不充分，最受影响的是广大农民。为了尽快缩小城乡差距、让广大农民共享中国改革开放发展成就，党的十九大进一步提出了乡村振兴战略，更加突出了农村、农业和农民“三农”问题的重要性，不再是在新型城镇化下推进农业现代化和新农村建设的问题，而是将乡村振兴战略已经上升为与新型城镇化并驾齐驱的国家战略。城乡关系不在于一体化，而是站在相对平等基础上来考虑城乡发展。城乡包容性发展倡导一种新的发展理念和价值观，能够平衡好新型城镇化和乡村振兴两大战略，将原本两个不同类或者无法融合的发展主题有机协调统一，进而促进城乡经济社会生态协调发展。

2.3 城乡包容性发展演变过程中的城乡规划

城乡发展是城乡规划关注的重要内容，国家通过立法方式规范城乡规划建设行为，走过了从“城乡二元结构”走向“城乡一体化”的规划引导发展历程。中国 1989 年制定《中华人民共和国城市规划法》，1993 年制定《村庄和集镇规划建设管理条例》，当时实行的是城乡二元结构，分别建立起了城市规划、村庄和集镇规划的编制、审批和实施制度。2008 年又重新修订了《中华人民共和国城乡规划法》，促进城乡一体化规划进程，确立了城乡统筹、区域协调和先规划后建设等原则，致力于规划引领城乡经济社会发展建设。第十三届全国人民代表大会第一次会议批准了国务院机构改革方案，组建自然资源部，对自然资源开发利用和保护进行监管，建立空间规划体系并监督实施，更是实现了城乡地域范围国土空间的全覆盖。

3 新时期城乡包容性发展的新趋势、新特点

党的十八大以来，中国确立了经济、政治、文化、社会以及生态文明建设“五位一体”总体布局，提出创新、协调、绿色、开放、共享“五大”理念作为发展指导思想。城乡包容性发展应遵循城乡社会发展客观规律，坚持以人为本，坚持经济社会、人口、资源与环境的均衡发展，坚持“公平正义、共同富裕”的基本原则，坚持让人民群众共享发展的成果。近些年来，中国经济社会发展有了积极的变化，出现了一些新趋势、新特点，为城乡包容性发展创造了良好的外部环境。

3.1 消费需求升级与城乡发展模式的转型，是促进城乡包容性发展的关键所在

改革开放四十年以来的大部分时期，经济发展重点是要满足人们基本的物质文化需求，工业化成为发展的主导驱动力，城镇化是建立在工业化的基础上，通过工业化实现城镇化占据了城乡发展模式的主流。而随着全国告别温饱阶段迈向小康社会，人们普遍追求更加快乐幸福的生活，原来被压抑的需求、需要不断释放。随着居民生活水平的不断提高，人们需要便利的出行、充裕的就业机会，齐全的生活配套，舒适的空间环境品质，良好的医疗服务条件和完善的社会保障体系。当基本的物质文化需求得到满足，传统的工业化面临着内需不足、产能过剩的局面，而以提升人们生活品质的生产性服务业、旅游休闲产业等市场空间巨大，要求城乡发展模式实现转型。无论是乡村还是城镇，凭借良好的生态资源本底、独具潜力的旅游休闲资源，以及传统文化底蕴，通过良好的地区发展营销，发展文创产业、旅游休闲、生

态农业等，吸引到人们来旅游、来休憩、来消费。很多外来务工人员回到家乡，办起了农家乐，搞起了传统民宿；或者从事生态农业，为乡村地区发展探索出了一条新的发展路子。乡村有乡村的特点，城镇有城镇的优势，双方各具优势，能够满足居民多样化的需求，能够促进双方的相容性发展。在这一思路指导下，随着文化素质提高，和互联网快速发展，广大农民在满足了基本的温饱后，进而要求平等享有与城市相似的生活水准。虽然说，农村地区也在教育、医疗和养老等方面开展了大量工作，广大农民也在分享改革开放带来的红利，但是与他们对标城市标准的需求来看，现有的发展水平与他们的意愿需求还存在较大的差距。

3.2 以大数据、信息化、网络化为主的技术创新应用，是促进城乡包容性发展的重要支撑

传统观点认为城市的存在和发展在于城市规模经济。人口的空间集聚，带来了对设施供应的集中化需求；统一集中化的设施供应，能够降低设施提供的边际成本。向城镇发展还是促进乡村发展，代表着资金和人才的流向走向集聚还是走向分散。但互联网的兴起有可能颠覆这一传统模式。近年来，互联网发展迅猛，以淘宝、京东等平台为代表的互联网经济快速发展，大大改变了传统的经济发展模式在带给社会更多的就业机会的同时，也在改变人们的生活方式。人们的通信、旅游、餐饮、媒体、教育、医疗等，都在依赖互联网开展。反过来，电子商务的发展，对传统的商业空间形成巨大的冲击，高铁在全国范围内的网络化布局，进一步降低了城乡经济发展对地域的依赖。在网络化和电子商务时代，依托电子商务平台，受益于物流业的快速发展，城乡地区重新站到相对公平的位置。城乡发展降低了对城市中心体系的依赖，降低了对规模经济的依赖。受益于电子商务平台，受益于快速交通的便利，受益于物流行业的快速发展，为城乡包容性发展提供了强有力的支撑。因此，为了网络化的城市和乡村地区公平竞争，要加强乡村社会服务设施和市政基础设施的均等化供应，可以采用分散式、个体化的经营模式，研究协调规模化、集中化的区域基础设施和公共服务与相对分散的、个体化的基础设施和公共服务。

3.3 品质提升驱动下的多样化、差异化发展，是城乡包容性发展的主要方向

包容性发展突出对人需求的满足，这里的人不是一个统计概念，而是每个个体的多样化、差异化的需求。但特大城市的规划中，通常是按照规划常住人口指标配置各项设施而不考虑流动人口的需求。事实上，流动人口的子女就学、医疗、公共交通出行、休憩等需求均为刚性需求，只不过这种需求被人为地压抑了，以

至于将这种需求转移到户籍所在地去承担。所以说，以人为本，核心是突出对不同人群的多样化、差异化、个性化需求的尊重。城乡发展面对的，不再是统一化、同质化、模式化的经济社会生态需求，而是逐年呈现多样化、差异化、个性化的需求。比如，千城一面的城市形象导致城市居民没有归属感和家园感，客观上要求根据城市特点塑造城市形象和文化特色；同样，而以钢筋水泥、高楼大厦为主的城市意向，越来越满足不了人们对生态环境、对娱乐休闲游憩的差异化、个性化需求，将会大大提升乡村地区发展机会。

4 超大型移民城市的包容性发展与深度城市化——以深圳为例

深圳作为改革开放的先行地区，是中国快速城镇化的一个“缩影”，也是一个非常典型的样本，在城乡发展上先后经历了最早的特区内的农村城镇化，再到特区内外二元化，再到特区一体化，在促进城乡包容性发展方面进行了探索，对全国其他地区具有一定的借鉴价值。深圳是全国首个“没有农村”的城市，在乡村振兴的实践方面不具代表性。深圳当前存在的城乡关系主要矛盾，是在名义上实现完全城市化的形势下，原农村地区和农村人口的深度城市化问题，以及地区发展不均衡、不充分的问题。以下主要就快速城市化过程中如何让外来农民工逐步融入城市生活以及原农村集体社区的深度城市化问题展开讨论。

4.1 深圳城乡发展历程的回顾

深圳通过改革开放四十年的快速发展，从一个边陲小县发展成为一个超大型城市。深圳不仅经历了农村城镇化，将原来的乡村地区转变为城市；同时大量的外来人口迁移到深圳，也创造了跨区域异地城镇化的奇迹。深圳抓住了世界制造业转移尤其是香港产业转移的历史契机，通过改革开放全面释放潜力，依托人口和经济要素的快速集聚，完成从“村”向“城”的快速转变。追溯深圳快速城镇化的历程，深圳以开放包容心态容纳外来资本和劳动力，为城乡地区提供相对公平的发展机会，努力实现了从城乡发展向城市发展的跨越。深圳四十年的发展历史，也是城乡关系不断变化的历史。深圳先后经历从城乡自然发展到城乡二元化，再到特区一体化发展的过程，从最初的城乡对立走向城乡包容性发展。

4.1.1 1980—1992：特区工业化、城市化启动和快速发展

1980 年深圳经济特区成立，当时缺乏政府引导和统一规划，还处在农村城市化初期，农村建设处于自然发展的局面。1981 年广东省人民代表大会常务委员会发布《深圳经济特区土地管理暂行规定》，明确，任何单位和个人需要使用土地，

应向深圳市人民政府申请，经批准并完备应办手续后方得使用；并对土地使用年限和土地使用费缴纳进行了规定。对于农村发展，深圳先后颁布了一些政策，逐步规范农村村庄和农民建房。1982 年深圳颁布实施了《深圳经济特区农村社员建房用地的暂行规定》，对农村村庄建设与农民建房进行规范。1986 年，深圳又发布了《关于进一步加强深圳特区农村规划工作的通知》，要求按照城市总体规划的要求，划定控制线，对特区农村农民建设实行“红线”管理。1989 年颁布了《关于深圳经济特区征地工作的若干规定》，决定对特区内可供开发的属于集体所有的土地，由市政府依照法律的规定统一征用，然后保留部分土地给到被征地单位兴建经营性的商业、服务楼宇。

4.1.2　1992—2003：特区全面城市化与特区外快速工业化

1992 年深圳开启了特区农村城市化，城乡关系演变为特区内外关系，正式进入特区内外二元化时期。1992 年深圳颁布了《关于深圳经济特区农村城市化的暂行规定》，实施了特区全面城市化，对特区集体所有尚未被征用的土地实行一次性征收，将深圳特区范围内 68 个村委会、沙河华侨农场和所属持特区内常住农业户口的农民、渔民和蚝民，全部转化为市民。撤销村民委员会建制，建立居委会；在原各村集体企业的基础上组建和完善城市集体经济组织，独立承担发展集体经济的职能，并对村民就业、社会保障等都做了安排。1993 年深圳又撤宝安县设宝安、龙岗两区，下辖各镇，各镇下辖各村，宝安、龙岗两区又称为特区外地区。自此，深圳进入了特区内外二元化时期，原特区内全面转变为城市化地区，但夹杂着星罗棋布的城中村；特区外地区以村镇发展为主，按照农村集体经济模式推进工业化。

4.1.3　2003 至今，全市全面城市化和大特区一体化

2003 年，深圳发布了《关于加快宝安龙岗两区城市化进程的意见》，撤镇建设街道，撤村设居委会，村集体经济组织全部成员转为城市居民；原属于其成员集体所有的土地依法转为国家所有，深圳成为中国首个没有农村、没有农民的城市。实施了宝安、龙岗两区全面城市化。之后又制定了《深圳市宝安龙岗两区城市化土地管理办法》，按照工商用地 100 平方米 / 人、宅基地 100 平方米 / 户，道路、市政、绿地、文化、卫生、体育活动场所等公共设施用地 200 平方米 / 户的标准，专门为各村划定了发展用地，估计自行发展。虽然深圳通过制度安排消除了农村，但是这轮全面城市化并不深入彻底，留下大量土地历史遗留问题，时至今日，深圳开展的城市更新、土地整备等二次开发工作，依然要同原农村集体经济组织进行政策博弈，这也是后话。2010 年，深圳获批将特区范围覆盖到全市，自此实现了从特区内外二元化走向特区一体化。

4.2 城乡均等化发展机会的提供

深圳的农村城市化比较特殊，城市和乡村是采用不同的发展模式。城市规划建设是政府在主导，以自上而下为主；乡村则是由原农村集体经济组织主导，以自下而上为主。深圳推行的全面城市化，制度安排初衷是加强政府掌控力度，降低城市化成本，但是客观上让城乡获得均等化的发展机会，有效促进了城乡包容性发展。1992 年的特区农村城市化，给特区原村民和村集体划定了红线范围，红线内由原村集体和村民自行发展。2004 年的原宝安、龙岗两区全面城市化，又是给原特区外地区原村民和村集体预留了发展空间，允许按自行发展。针对规划城区，则是以政府或是委托的开发单位（比如华侨城、招商集团等）为主体，完善各类配套，进行规划建设。这样深圳城镇化出现了两种发展模式，分别对应于城市地区和乡村地区。一种是自上而下政府主导的城镇化，包括市、区、镇各级政府主导土地综合开发，招商引资，完善公共配套；另一种是自下而上的以原农村集体经济组织推动的城镇化，村里负责公共配套，负责招商引资。在市场力量驱动下，两种不同城镇化模式交织在一起，同时承接了海内外劳动力密集型产业的转移，共同作用，实现了城乡共同发展。随着农村城镇化推进，空间上深圳市域范围建设用地连成一片，在形态上已完全城区化。

同时，规划也是顺应经济发展需要，给予了均质化的发展机会。如 1986 年《深圳经济特区总体规划》确定了带状组团结构，在城市发展初期将城市的主要功能分散到不同的城市组团，保持足够的空间弹性，既促进了局部资源的快速集聚，又避免了集中式发展必须面对的空间上不断发生的冲突和矛盾。这就给城乡地区带来了均等化的发展机会。在当时条件下，规划跟着土地走，土地跟着资金走，属于开发导向。不论是城市空间还是乡村空间，由于对于乡村地区发展并没有设定相应的发展管制，空间上获得相对均等化的机会。1996 年的《深圳市城市总体规划（1996—2010）》将城市规划区拓展到全市域，确立以特区为中心，以西、中、东三条放射发展轴为基本骨架，三条发展轴的城乡地区，也是有均等化发展机会。当然，由于经济流向因素，导致后面西部地区发展快，中部和东部地区相对滞后，也是市场经济规律发挥作用而形成的格局。

4.3 城乡基本公共服务权利的保障

城市公共基础设施的空间分布，尤其是教育设施、医疗设施、公园绿地、公共空间等，对居民的日常生活品质影响巨大，无疑是体现包容性发展水平的重要指标。以教育设施规划为例，其目的是让广大居民的孩子接受平等的教育，体现现代社会代际上的公平。父母在这一代可能是贫穷或者富有，但是孩子们能够接受平等的教育，今后拥有平等的发展机会和权利。此外，基本医疗服务、公共空间以及公园绿地等，都需要满足空间均衡化分布要求。规划一般通过采用人均指标（千人指标）之类的，来确保公共设施的空间配置能够达到均衡的目标，进而实现社会公平正义。

由于城乡地区两种城镇化发展模式的差异，以及 1992 年原特区城市化和 2003 年宝安、龙岗两区城市化的先后时序不同，造成了公共服务配套的差异。在地域空间上表现为原特区内外发展不均衡，原特区外地区发展水平低下、发展不充分问题很明显，呈现突出的二元化结构。究其原因，在于最初发展以工业化为主导，尤其是深圳原特区外地区，以工业化推动城市化特征尤其明显，各类资源尤其是空间资源安排以生产为导向，除工业区内少量配套商业和配套宿舍外，公共配套严重不足。根据 2014 年的数据统计，原特区（罗湖、福田、南山、盐田四区）总建设用地约为 214 平方千米，其中公共设施建设用地占总建设用地的比重达到 7.2%，服务 354 万人口；而原特区外（宝安、龙岗、龙华、光明新区、坪山、大鹏新区）总建设用地是 680 平方千米，其中公共设施建设用地占总建设用地的比重不足 3%，服务 682 万人口。公共服务设施在原特区外配套现状仍相对滞后，公共服务承载力较为薄弱。为了推动市域范围内公共服务均等化，深圳早在 2003 年就修订了《深圳市城市规划标准与准则》，首次在用地分类和人均建设用地指标上将特区内外统一。提高公共设施配套标准，以人口规模为主导，建立市、区、居住地区、居住区、居住小区五级体系，提高并细化了文化、教育、卫生、社区管理等行业的相关标准。

为了完善各类公共服务配套，促进欠发达村集体发展，1996 年深圳就启动了首期“同富裕工程”，将全市 1994 年末人均集体分配收入低于 2000 元的 416 个欠发达自然村，作为“同富裕工程”的实施范围，要求增加市、区、镇三级财政投入，分期分批解决欠发达地区的供水、供电、通信、治河、道路、学校、卫生设施，改善生活条件和投资环境；实现共同发展、共同富裕。其后，又先后实施四轮同富裕工程，每轮次实施周期是三年，重点是补足短板，完善公共基本服务，推进公共服务均等化。自 2010 年国务院批准将经济特区范围扩大到全市范围后，为有效改变原特区外地区发展面貌，促进全市均衡发展，促进特区一体化与基本公共均等化，又先后实施了 2010—2012、2012—2015、2017—2020 三轮《深圳经济特区一体化建设三年实施计划》。这些行动计划以基本公共服务均等化为目标，以基础设施和公共服务为重点，运用规划计划多种手段，找准相应的薄弱领域和重点地区，加大规划建设力度，土地供应重点向原特区外地区倾斜，努力促进空间布局优化、区域均衡发展、城市功能提升和公共服务改善实施以来，特区一体化进程得以快速发展，在全市域范围内基本公共服务均等化得以快速推进，取得了良好的实施成效。

4.4 外来农民工的权利维护和包容性发展

4.4.1 城中村的落脚城市作用

加拿大专栏作家道格·桑德斯在《落脚城市》一书中，用“落脚城市”来称呼由乡村移民在城市里构成的飞地，肯定了这些地区的动态与过渡性角色。他认为“落脚城市”是乡村人融入城市、外地人融入本地生活、农村低收入移民跃入城市中产阶级群体的跳板。在深圳快速城镇化过程中，外来农民工功不可没。于深圳发展初期以劳动力密集型为主，正是由于吸引了大量外来农民工来深务工，深圳才能取得今天辉煌的发展成就。外来农民工由于普遍缺乏学历、技术，从事的职业相对比较低端，收入也相对低廉，对居住价格的敏感性非常强。而在各级城市中心相邻的星罗棋布的城中村，则很好地承担了落脚城市作用。城中村很好地满足了外来农民工的居住需要，为这些中低收入人群提供了可负担的居住环境。它补充了城市消费品和产品的低端部分，使城市居民在进行消费和寻求服务时，选择更为多元。

正是因为城中村这一角色的存在，让广大外来农民工能够以相对低廉的价格租住在城市中心地带，能够落脚停留下来，在深圳这样物价相对较高的城市生存下来，学习相应的技术，赚取相应的收益。也有部分外来农民工，通过积分入户的方式获取了深圳户籍，变半流动为稳定型，成为城市居民。而更多的外来农民工，在深圳只是落脚而已，来深更多是想多挣些钱，将来能够将先进的理念、思想和学到的知识，带回家乡。落脚城市作为联系城市与乡村的纽带，在保护外来农民工合法权利的同时，也促进都市和乡村间的包容性发展。外来农民工将打工收入邮寄回乡，与乡村保持着长久密切的联系，使得村庄的教育得到改善、建设发展获得资金等，提高了乡村的教育等公共服务水平。通过外来农民工与家人朋友之间的资源与信息交流，促使了农村信息和知识的输入和观念的更新。城中村是快速城市化过程中体现城乡包容性发展的空间载体。在相当长的一个时期内，在超大型移民城市中保留一定规模的城中村，通过改善其居住环境和适度提高其空间品质，是城乡包容性发展的重要途径。

4.4.2 外来农民工基本公共服务权利的保障

深圳历来比较开放包容，让外来农民工享受基本服务的权利，一直是深圳在努力工作的方向。2011 年，深圳发布了《深圳市关于加强和完善人口管理工作的若干意见》及五个配套文件，其中一个配套文件就是《深圳市暂住人口子女接受义务教育管理办法（试行）》，将外来农民工的小孩义务教育阶段的义务教育义务很好的承担起来。深圳对于外来农民工采取包容和欢迎态度，有一句代表性口号是“来了就是深圳人”，包括每年春运期间组织和资助劳务工返乡，包括开展“优秀来深建设者”评选，甚至为来深建设者子女量身定做公益服务，这些都体现了对外来农民工的开放包容，展现了极具温情的一面。这些年来，以“来了就是深圳人”的理念为指引，以实现原特区内外地区间和深户非深户群体间基本公共服务均等化为目标，深圳将基本公共服务均等化作为促进特区一体化的重要抓手，着力加大基本公共服务资源向原特区外地区、非户籍人口和社会弱势群体倾斜的力度，加快外来农民工的市民化进程，促进基本公共服务均等化。

4.4.3 非正规就业机会的提供

非正规就业是针对正规就业而言，一般是指未签订劳动合同，但已形成事实劳动关系的就业行为。由于外来农民工普遍知识学历较低，难以在公务系统、国有企业、民营私营企业等正规单位就业，一般都是在非正规就业领域就业。一座城市管理者对外来农民工的态度，包括就业是否歧视，是否要求具备本地户籍，是否一定要求学历教育资质等，在一定程度上，也是城乡包容性发展的重要体现。深圳在加强外来农民工安全和各项权益保障基础上，为非正规就业提供了相对宽松的政策环境。由于受制于自身知识结构和能力，大量的外来农民工在深圳，多是从事低技能、劳动密集型工作，比如家政服务、医疗护理、养老服务、美容理发、餐饮服务等传统服务行业，以及服务治安巡防、交通协管等保安、协管员等非正规就业岗位等。这些年来，随着越来越多的老年人来深养老，以及国家十八大开放全面二胎政策，对非正规就业的需求呈现快速增长态势。为了提高对外来农民工的吸引力，深圳不断提高最低工资水平。虽然无法对非正规就业领域提出直接要求，但是也提供了可供参照的标准，客观上也带动了非正规就业领域的工资标准。而且，深圳大部分岗位雇主对是否本地户籍，是否具备高学历水平等，并没有明确要求，这也为非正规就业发展提供良好的发展外部环境，也客观上促进非正规就业机会的快速增长。为非正规就业提供基本的生存空间，是城乡包容性规划所必须关注的重要内容。

4.5 原农村集体社区的转型和深度城市化

深圳通过两轮全面城市化，实现了市域范围内人口城镇化，全部村民转化为市民。撤销原村集体，组建了原农村集体经济组织，以原村集体物业为运营平台，通过股份分红方式，客观承担原村集体该承担的社会保障职能。受益于深圳经济的快速发展，原农村集体经济组织和原村民通过出租房屋、经营性物业等方式获取高额经济收入，形成了所谓的“食利”阶层。原村民在城中村延续原有生活模式，虽然地处城区，但是在社会交往、工作生活方面沿用原有做法，彼此的关系仍依靠家族、血缘等传统纽带维系。在经济、社会和管理等诸方面，存在着一种无形的藩篱，使得这些“城中村”保持着很强的独立性，难以融入整个城市。由于原村民的收入来源主要来自自身私宅的出租收入和集体分红，原村集体（现股份公司）仍有很大的影响力。在利益机制驱动下，基于家族纽带、农村集体的分配方式将延缓原农村集体经济组织和社会组织瓦解速度，导致很大时间内习俗仍将成为支配原村民工作和生活准则。在这种利益体制下，法律和制度很难介入原村民的生活，很难取代习俗成为城市化社会约束人们的标准和准则。随着大量外来务工人员在深圳，原住民和外来人口并存，原社区作为封闭性单位存在，难以建设成为真正意义上的社区，必然带来社会矛盾与冲突，造成相应的社会问题[5]。所以，在深圳，有城市社区和“村改居”社区的区分。

深圳历来重视对原农村集体社区的扶持发展，先后出台多项政策，努力推动原农村集体经济组织由封闭式的村企业转型为现代化市场经济的股份公司，通过多元化经营，改变传统的依赖“出租经济”，让原村民通过股份分红方式共同分享经济发展的成就。然而，在两轮全面城市化后，由于城市化中的土地在全面国有化过程中并没有得到补偿，造成了城市化遗留问题，原农村集体经济组织仍掌握有大量可供开发的建设用地，很多时候，在深圳完善交通市政设施、公共服务配套时，原农村集体社区成为原村民利益代言人，与政府进行谈判，这在一定程度上又进一步限制了原农村集体社区的社会转型。针对这一问题，深圳对原农村集体社区实施整村统筹的土地整备，就是针对名义上已实现城市化的原农村集体社区的土地所采取的一种综合发展模式。它以行政村或自然村为空间单元，在经济测算的基础上，综合运用规划、土地、财税等政策手段，将原来产权不清、空间无序的土地进行边界重划和产权关系调整，一方面满足公共基础设施项目的用地需求；另一方面赋予原农村集体土地清晰的产权，使其进入市场流通实现高效配置。实施中采取“政府与社区算大账，社区再与村民算小账”的方式，充分发挥原农村集体组织的作用，有助于规划的整体统筹和实施效果，也有利于利益的公平分配。从而一揽子解决原农村集体社区复杂的历史遗留问题，实现政府、社区、村民的三方共赢。通过这种方式，在坚持城乡包容性发展的基本原则下，逐步推动原农村社区的经济社会发展模式转型和空间品质的提升。

5 结语：以品质规划促进城乡包容性发展

中国目前仍然处在发展的重要战略机遇期，也处在社会结构快速变动、利益结构深刻调整和社会矛盾不断凸显的时期，城乡包容性发展作为全新发展观，不仅重新界定了城乡关系，也突出了经济社会生态协调发展的内涵，可以预见：一是随着经济快速发展和收入水平的提高，人民群众对民生改善的要求更加迫切，对社会参与、社会公平的期待更高；二是户籍与流动人口之间，城乡之间，社会服务各领域之间服务水平差距较大，开放多元的城市特质和网络社会深入发展，将对城乡发展带来新的挑战；三是随着市场经济的深入发展和政府职能转变，城乡发展基本靠政府“自上而下”实施推进的模式也难以为继，必须探索适应市场经济发展的城乡包容性发展新路径。

城乡规划作为公共政策，为城乡发展服务，本质上是为人民服务的。就跟消费层次升级一样，城乡居民都需要享受更具品质的公共服务，享受更具品质的生活，享受更具品质的社会综合保障，规划也需要进行升级，要服务于城乡发展需要，编制出更有品质的规划，新形势下要赋予规划公平正义和谐的价值观。要以品质规划服务于城乡包容性发展，应积极开展如下工作。

5.1 空间规划体系重构和规划内容确定

目前自然资源部三定方案已经揭晓，将成立包括国土空间规划局等 25 个部门。国土空间规划将统筹之前的主体功能区规划、土地利用规划和城乡规划，实现对各专项规划的统筹，将彻底改变规划打架、规划出“多门”的弊端。按照原来的城乡规划的定位，城乡规划体系是由全国城镇体系规划、省域城镇体系规划、城市规划、镇规划、乡和村庄规划等不同区域层次规划组成，这也是服务于中国城镇化战略的规划制度设计，立足于原有城乡关系。在城乡包容性发展框架下，是否城乡规划体系应调整为全国国土规划、省域国土规划、市域国土规划三层次，或者是全国国土规划、省域国土规划、市域国土规划、镇域国土规划四个层次；在规划内容上，国土规划涵盖原有城乡规划、主体功能区规划、土地利用规划应有的内容。

5.2 新型城镇化战略实施和乡村振兴的统筹兼顾

在新型城镇化战略下，采取的以转移非城市户籍的农业人口为主，以乡村转移到城镇单向流动为主，城市化战略强调适当控制超大城市和特大城市，加快培育中小城市和特色小城镇。乡村振兴战略实施，以及城乡包容性发展要求，是否意味着，人口转移和资金流动是双向的，在人口资源分配和空间开发安排上，包括生产空间、生活空间和生态空间的分配上，是否要兼顾城市和乡村的需求，对既有城市化战略做出适当优化。

5.3 研究制定促进城乡包容性发展的公共政策和技术标准

（1）研究制定差异化高标准的规划标准与准则指导，鼓励城乡多样化、高品质发展。多样化、差异化、更加丰富的城乡体验将是引导城乡差异化发展的重要动力，今后，针对不同等级城镇、乡村地区的规划标准与准则，是否能够差异化制定，不再严格限制中小等级城市、乡村地区的发展规模与标准，让广大欠发达地区或是后发地区能够具备后发优势，以资源的特色、建设的高标准，高规格的服务质量来取得更好的发展。

（2）以城乡规划统筹空间分区，通过财政政策的创新，实现更大地域基本公共服务均等化。城乡地区需要享有城市发展的公共设施便利，但是按照现有财政体制，难以满足乡村地区教育、医疗等基本公共服务均等化要求，是否能够以城乡规划统筹，参照美国部分学区或者其他特定功能区方式，划定分区单元，分区范围内的基本公共服务做到均衡化布局和规划建设，财政资金不再局限在地方层面，能够在更好层面安排。

（3）打破城乡之间人员和资金双向流动的制度桎梏，创造自由公平的城镇化和乡村化的环境。研究制定促进城乡地区经济社会生态协调发展的政绩考核体系，对于愿意进城的农村居民，研究探索确定宅基地财产权和使用权分离制度，离土又离乡；同时研究乡村化（逆城镇化）的实现路径，允许城市居民放弃城市户籍成为村民。

参考文献

[1] 严斌剑，周应恒 . 浅论城乡关系视角下的乡村振兴 [J]. 群众，2018（03）：42-43.

[2] 新华社 . 国家新型城镇化规划（2014—2020 年）[R]，2014.

[3] 许大为 . 评论：重塑城乡关系正当其时 [Z/OL].（2017-12-31）.http：//news.cnr.cn/native/comment/20171231/t20171231_524082520.shtml.

[4] 深圳市规划和国土资源委员会 . 深圳市社会建设空间策略研究 [R]，2013.

[5] 刘永红 . 高度城市化地区的深度城市化推进——以经济特区深圳为例 [A]. 中国城市规划学会 . 规划 50 年——中国城市规划年会论文集（上册）[C]. 中国城市规划学会：中国城市规划学会，2006：5.

[6] （加）道格·桑德斯 . 落脚城市 [M]. 陈信宏，译 . 上海：上海译文出版社，2012.

袁 媛

袁媛，中山大学地理科学与规划学院教授、中山大学城市化研究院副院长，中国城市规划学会青年工作委员会副主任委员、学术工作委员会委员，中国地理学会城市地理专业委员会副主任委员

城市社区品质提升的规划路径
——论多元主体背景下社区规划的协作方法*

1 引言

面对我国当前经济、社会、城市发展现状问题与规划转型需求，提升城乡品质成为城乡发展必然的路径。社区作为人们生活最密切的空间单元，将是未来存量品质提升的主体对象。一个有品质的规划，不仅包括提高规划设计和编制的质量，同时也包括提高规划作为整个过程产出的品质，涉及规划方法和规划过程等内容。因此，在社区品质提升层面，不仅要重视建成环境质量改善的各类设计方法，更包括构建合适的规划方法和协作机制，从而在规划过程中达成有效共识，增强规划实施效率。目前自上而下编制规划的惯性较强，公众参与规划过程不完善，规划师更多是技术力量的代表。如何针对不同类型的社区特点，建构不同力量参与的规划协作方法，促进多元主体达成有效共识并提高社区规划编制和实施的效率?

中国城市经历着社会阶层分化和社会空间重构，催生了多样化的社区类型和多元化的利益主体，规划在解决空间资源分配的基本问题之后，基于社区的规划更加需要调解多元主体的利益诉求（人、产权、单位等）和矛盾冲突。在社会公平、公正的价值观引导下，学界和业界开始探索社区层面的协作式规划的理论与实践，这是实现规划编制与实施自下而上的沟通、协作和达成共识的有效途径（Healey，1997），也是中国目前社会背景下规划实践发展的新趋势（Hu，et al.，2013；袁媛，等，2016）。

---

* 由国家自然科学基金（项目批准号：51678577）、广东省科技创新青年拔尖人才项目、广州市科技计划项目（项目编号：201804010241）资助。

不同类型的社区，根据自身人口构成、社会经济发展特点，在不同力量参与规划协作方面做出了有益的尝试。有代表政府的街道或居委会主导协作（厦门海虹社区）、有代表市场力量的咨询调查类公司参与协作（广州蔡一村）、有代表不同类型社会力量参与协作（兴旺社区与西山社区以及恩宁路历史街区）等。本文解析上述典型案例的规划方法，重点探讨市场、政府和社会三种力量主导的规划协作方法及其优缺点和适用性，以期从规划方法和规划过程视角下，探讨有效提升社区品质的规划路径，并丰富中国自己的协作式规划理论与实践。

2 国内外研究进展

国外协作式规划的方法研究，围绕现实问题的差异呈现出不同模式。从伙伴关系的主体性质分类，可以分为市民主导、机构主导以及混合式三种类型（Moore，Koontz，2003），相比于市民主导的规划过程，混合式和机构主导的方法模式更有利于群体发展和可持续性，更易激发公众意识的觉醒。从主导参与组织的类型来看，分为基于官方组织和基于非官方组织的协作，官方组织与非官方各具优势，互为补充，例如官方保证过程合法化，而非官方更富有创造力等（Innes，et al.，2002）。在社区规划向多元主体协作模式转型的过程中，市场力量、社会力量等的加入，成为协助社区治理的重要力量，如以社区有限公司为核心、以基金会为核心、以社区—大学联盟为核心的协作方法等（Bajracharya，Khan，2010；Reggers，Grabowski，2016；Wellbrock，Roep，2015；Reardon，et al.，2009）。而有所成果的规划协作方法，最终都需要得到制度上的确立与保障（Healey，1997）。

在国内协作式规划仍处于起步阶段，长久以来社区规划的编制实施均由政府自上而下主导推动。随着政府权力的下放和多元社会背景的形成，国内关于协作式规划方法的实践逐渐向多元化趋势发展，如混合式、自下而上的规划方法等。参与主体逐渐由“政府—开发商—规划师”传统规划主体向多元利益主体（社区居民、社区企业、媒体、第三方组织等）转变，更加注重“公众参与的前置”，如以公众参与为核心的共同缔造工作坊（黄耀福，等，2015）、微博等新媒体力量（Cheng，2013；Deng，et al.，2015）、非政府组织（吴祖全，2014）、监督组织（袁媛，陈金城，2015）等社会力量等参与社区规划。

综上，传统规划方法已不能满足当前社区规划的高效实施和品质提升要求，在协作式规划的发展趋势下，社区品质规划路径革新势在必行。根据国内外社区规划方法已有的理论与实践，针对中国城市社区类型的多样化，根据组织沟通协作主体及其等级的不同，将规划方法分为基于市场力量的协作方法、基于社区居委会的协作方法和基于市场力量的协作方法，这些规划方法在“以人为本”理念下，更加强调多元主体平等沟通与协作，能够促进多元主体达成共识，并促进社区规划高效实施和品质提升。与传统的规划方法相比，新的规划方法发挥的作用更加主动，在规划过程中体现出更高的品质。

3 城市社区品质提升的规划理念与路径

3.1 规划理念

新常态背景下的城市社区建设聚焦建成环境的品质和规划过程的质量提升，更加注重存量规划、注重实施、超越设计、注重人本、强调品质。因此，在城市社区品质规划的过程中，如何彰显社区特色，挖掘并保留社区文化，提升社区品质与活力，建立完整的社区改造模式，提出具体的规划目标、准则和实施路径，都是需要社区规划在规划方法上的创新，以提高规划的产出品质。

基于此，城市社区的品质提升主要围绕四大理念展开：①社会公平理念。在规划过程中，充分尊重社区居民的意愿，提高公众参与程度；在多元主体进行利益协调时能够平等沟通协作，体现平等的话语权力，推动自下而上的编制与实施；功能性的民主体现出共同责任与愿景，促进伙伴关系的良性发展。②以人为本理念。在提升社区品质的规划过程中，以社区居民的需求、利益发展作为社区品质规划的出发点和归宿点，在规划过程中尊重居民的意见，在规划产出中贴近居民日常生活需求。③高效性理念。社区规划过程由于多元主体的参与，加之规划流程中前期调研、编制方案、监督落实等多重任务，必然会加大社区规划的时间成本。因此，合理的社区规划方法将有助于多元主体快速达成共识并高效促进社区规划的实施。④有效性理念。行之有效的社区规划方法能够有效地利用、合理配置社区资源，并在最大程度上完成社区规划内容，且在实施过程中能够使公众利益得到有效保障。

3.2 规划路径

3.2.1 规划协作方法路径

从规划参与主体与过程两个维度来分析规划方法协作路径。协作主体主要包括行政力量、市场力量和社会力量三大部分。参与主体按照自上而下层级，包括政府、社区机构、社区企业、第三方组织、规划师、社区居民等。虽然各个主体相互独立，但可能部分来源于居民或社区，更容易了解社区状况和取得居民信任；且各个主体间相互作用。在制度保障的基础上，通过多元主体间的沟通协作与参

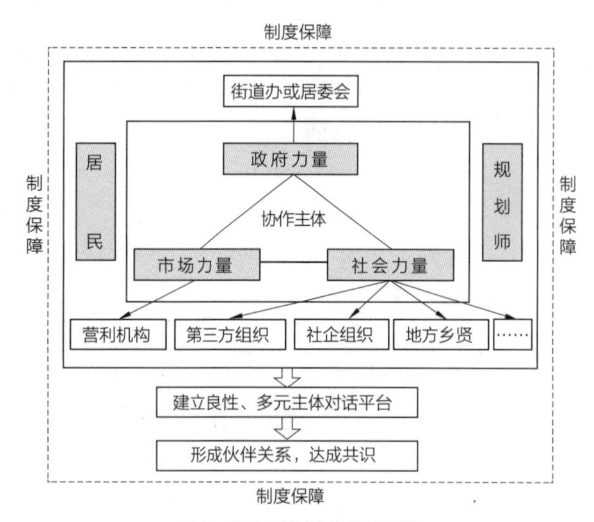

图 1 社区规划协作方法路径

与，进而在平等的基础上建立良性对话平台，寻求公共利益和个人利益的平衡点，促进达成共识和规划的高效实施。在社区规划方法方面提高了设计和编制的质量，进而提高了规划的产出品质（图 1）。

3.2.2 社区品质提升的规划内容

社区规划的内容涉及范围较广，不仅包含社区物质空间环境设计、特色保护、环境维护和改善等内容，还包括就业、经济活力、社会服务及邻里氛围等内容，社区规划成为一项关乎地方发展的综合性行动战略（刘艳丽，等，2014）。本文从社区硬体系统和社区内核系统两方面，尝试性地提出社区品质规划的编制内容框架。

社区硬体系统包括社区物质环境改善、社区服务设施提升、社区生态发展、社区空间规划与设计等方面。社区空间规划与设计对土地利用、空间结构与形态等方面进行改善提升；社区物质环境改善主要包括交通、建筑、绿化环境等方面；社区服务设施提升包括医疗卫生、文化体育、教育、社会福利与保障设施、行政管理与社区管理服务、公用设施等方面；社区生态发展是指对社区自然资源进行规划以保护社区生态环境，如能源规划、水资源规划、食物规划、生物多样性规划等。

社区内核系统主要包括社区功能和社区意识与文化两方面。社区功能包括社区经济职能（提供就业岗位、就业市场、创造本地经济活力）、社会功能（如社区亲情化、适老化改造）、服务功能等；社区意识与文化包括社区历史文化传承、社区认同感与共同意识培养、社区教育、社区新理念实践；另外，积极有效的政策与管理体系始终贯穿社区规划的过程，实现自下而上和自上而下力量的良好对接，通过制度设计激励各方投入实现共同营造。

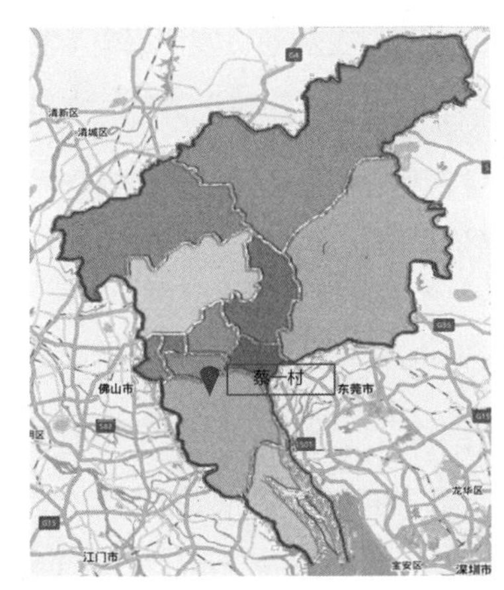

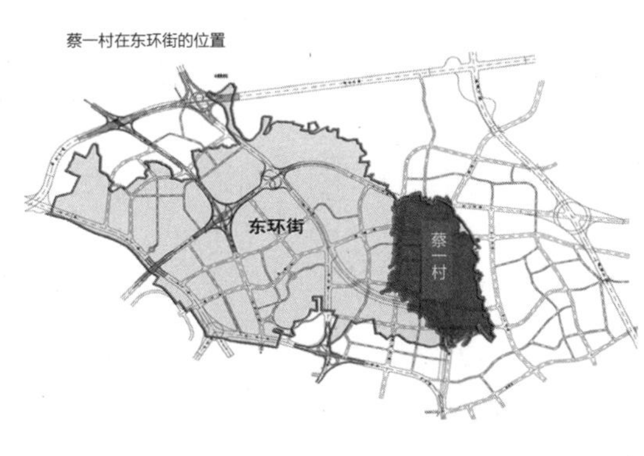

图 2　蔡一村区位图

本文将重点探讨社区协作规划方法的革新及其在不同类型社区的适用性，将新的规划方法深入社区品质规划的编制内容内，从规划过程和方法角度促进社区规划品质的提升。

4　案例分析

针对中国城市社区类型的多样化，根据组织沟通协作主体及其等级的不同，将规划方法分为基于市场力量、基于政府力量（以街道或社区居委会为代表）和基于社会力量（包括社区驻地企业、地方乡贤、学者力量等）参与的协作方法。本文主要研究社区规划中的参与主体角色作用及与其他主体间的联系互动，归纳出其中的协作机制及实用性。

4.1　基于市场力量参与的协作

蔡一村隶属广州市番禺区东环街道管辖，总面积 3.5 平方千米，属于“城边村”，是生产和生活方式半城镇化的村庄（图 2）。集体经济收入以承包土地和出租物业为主，村内产业以第二产业为主，多数土地已被征用为国有土地，其他部分均被企业租借。

蔡一村为广州市第一批市级美丽乡村试点之一，政府委托以城乡规划、公众参与和社区治理领域的营利性服务组织——广州参客公司，主要负责对接村庄村民摸查现状，并协调组织村民参与村庄规划全过程。由此形成了村民、村委会、规划师、街道办事处、参客公司和各级单位部门等多元主体参与的规划协作关系。

在规划前期，广州参客公司在街道办授权下组织了村民动员大会，初步向村民介绍规划的意义与要点，并强调本次规划中村民的参与权力与途径。随后，参客公司协调各方代表组织了蔡一村初步规划方案调研征求意见会，参会人员包括村委会书记、村主任、村民代表、规划设计人员等。现状调查主要通过定向调查（主要对象为两位村委会成员、生产社社长、村民代表、村党员）和随机调查进行问卷调查和入户访谈。蔡一村发展诉求主要集中在建设农民公寓、推进旧厂房升级改造、完善配套设施和落实历史文化保护和传承四个方面，其中反映最强烈的是用地问题。

为了搭建多方公平沟通的平台，建立蔡一村规划工作坊，成员包括市区村规办等相关部门、规划编制单位、参客公司及村民代表等。工作坊主要围绕建设农民公寓、优化路网布局、推进“三旧改造”等进行交流。例如在用地问题上，受“不新增建设用地”约束，合理利用尚存的建设用地成了唯一选择，在规划师的解释下，政府各部门及村民同意将村边角的闲置建设用地集中置换为其他用地；规划师根据参客公司的现状摸查报告和国土部门评定置换的可行性，结合村民意见，最终确定方案。通过土地置换，既解决了农民住房需求，也保证了村庄建设用地符合土规要求，达成了参与各方的共识。规划方案草案制定后，在参客公司的组织下，由村委监督委员会、村民代表、党员代表组成的村民代表大会对规划成果进行审查，村民代表以举手投票的方式进行方案表决。最后，经过专家联合审查与规划成果公示，蔡一村村庄规划村民参与全过程完满结束（图 3）。

蔡一村规划引入市场力量以科学方法辅助民主决策。前期问卷调查的设计和入户访谈的实施都离不开专业的公众参与服务，参客公司在全过程中承接信息收集和活动组织的任务，起了穿针引线的协调作用，大大降低各主体间沟通成本，使得各部门力量得以整合，最终形成了真正有益于村民诉求的规划方案。反思整个规划协作过程，参客公司参与深度仅限于规划调查阶段，未能与社区建立长期互动。在市场机制调控下，营利性服务组织的介入是协作式规划起步阶段调动公众参与最便捷的途径之一（图 4）。

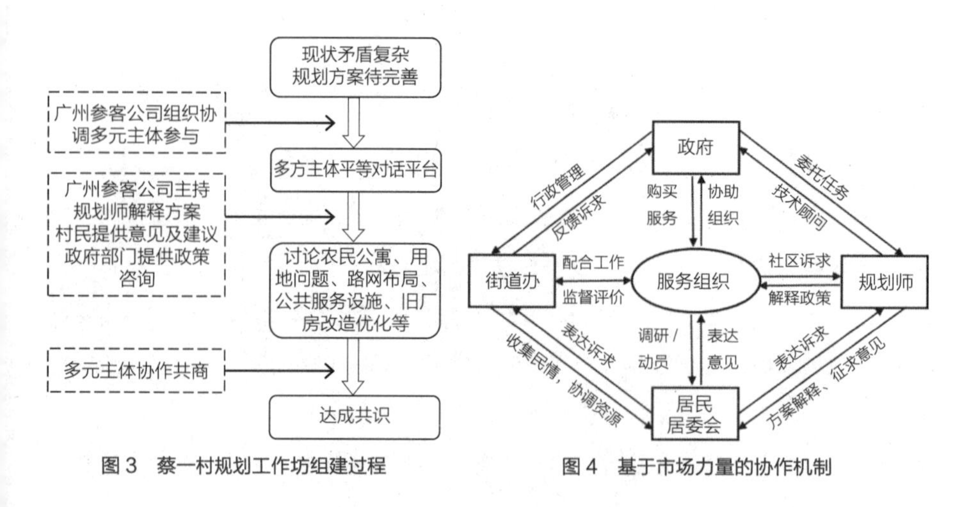

图 3　蔡一村规划工作坊组建过程

图 4　基于市场力量的协作机制

图 5　海虹社区区位图

图 6　绿苑小区区位图

4.2　基于居委会主导的协作

海虹社区位于厦门市海沧区海沧街道，面积约 2 平方千米（图 5）。2010 年，东屿村（海沧区渔村）拆迁户陆续搬入海虹社区所辖的绿苑小区（图 6）。然而，小区单元格局与村民生活习惯（如在闲暇时间串门聚会、喝茶聊天等）不相兼容，且缺乏休憩凉亭、座椅等公共场所供村民聊天，致使有些村民天天返回村里找老邻居聚会。2013 年，村民开始直接向区、市政府反映情况。区、市政府在收到居民意见后，将意见层层反馈到海虹社区居委会。居委会在规划过程中主要负责摸查现状，并协调组织村民等多元主体参与社区改造全过程。

拆迁户居民推选出 15 个有公信力的居民组成居民代表小组，向居委会表达五个诉求，即增设垃圾收集点、增加自行车停车棚、增设康体设施、增建凉亭座椅及增建灵棚。关于灵棚诉求，居委会先以利益自损的角度进行初步协调，即灵棚建设影响拆迁安置房的出售或出租；关于其他四个诉求，居委会搭建多元主体平等沟通平台，邀请海沧街道工作人员、东屿村原村主任和村委书记、绿苑小区开放商海投集团、建设局、拆迁户代表小组共聚社区内的同心议事厅，由此形成了村民、居委会、村委会、开发商、海沧街道办事处和各级单位部门等多元主体参与的规划协作关系。在协商过程中，多方利益相关者进行意见表达、矛盾协调和利益博弈，最终达成共识（图 7）。就凉亭建设方面，小区内部没有完整空地，在不破坏当前绿化的基础上，参与主体发挥了相应作用。开发商海投集团负责维护小区建设的整体完整性，如保证绿化等；建设局作为专业技术支持和审批单位，在统筹各方要求之后设计四个方案，方案出具后需征求海投集团同意，并公示给居民供其自行选择；海沧街道办和村原领导主要作为沟通过程的监督员和协调的润滑剂；村民发挥参与和决策作用，选择理想方案进行建设。在方案确定后，该事件迅速进入建设阶段，促进了规划的高效实施（图 8）。

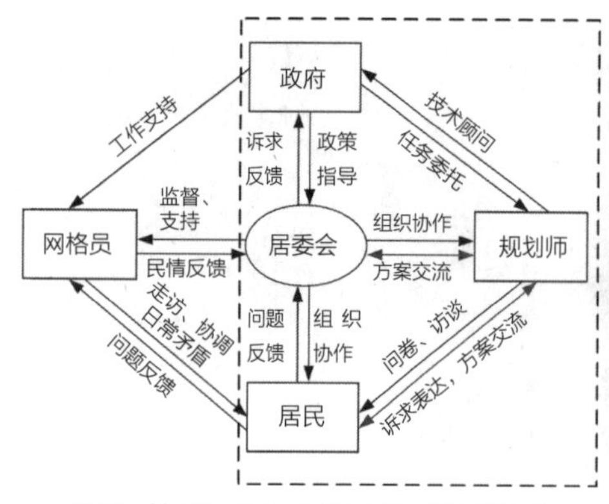

图 7 基于社区居委会的社区规划协作机制

图 8 绿苑小区凉亭——同心亭

海虹社区绿苑小区的公共设施建设中，社区居委会在社区改造全过程中起到信息收集和活动组织的任务，降低各主体间沟通成本，使得各部门各司其职在规划工作中齐心为民谋发展，最终形成了有益于村民诉求解决的规划方案。村民的社区意识和社区认同有所提高，并促进了村民的社区融合。反思整个规划协作过程，社区居委会为主导的协作规划也仅限于拆迁村民，未包括绿苑小区的其他居民，在一定程度上，可能削弱了其他居民的知情权和参与权。另外，以居委会为核心的社区协作关系是偏自上而下的，但是居委会本质是居民自治组织，工作贴近居民生活，倡导为人民服务。在协作式社区规划的初期，社区居委会的介入是调动各方资源、建立平等沟通平台最便捷的途径之一。

4.3 基于社会力量的协作方法

4.3.1 基于社企共建的协作方法

兴旺社区隶属厦门市海沧区新阳街道，辖五个小区及新阳工业区的所有公共户，2013 年总人口为 7353 人，包括外来务工人员、外来经商者和本地居民。社区内工业用地比例高，居住用地较少，物质环境不佳，配套服务设施不足且分布不均（图 9）。兴旺社区内有数百家企业，社区积极创新管理制度，成立了与企业合作共建的组织——社企同驻共建理事会，内部成员既有街道党务工作人员、居委会工作人员，也有辖区内的企业代表和居民代表。以社企同驻共建理事会为核心的协作关系是以社会力量为主导，成为政府、居民和企业的桥梁，并将企业提升到同等地位，这使企业在社区建设中起到了先发作用，也是一元主导到多元参与的先行动作（袁媛，等，2018）。

以公共自行车系统建设为例，由于社区辖内企业众多，公共交通“潮汐现象”严重，而公交站点的覆盖有限，企业员工上下班存在“最后一公里”交通问题。

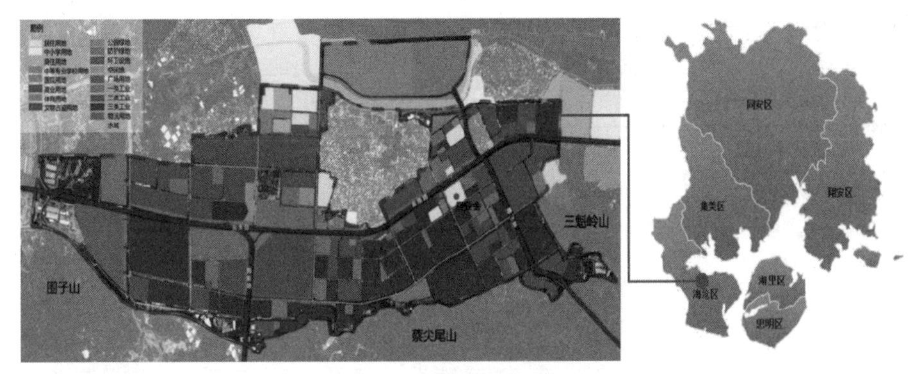

图 9　兴旺社区用地分类图

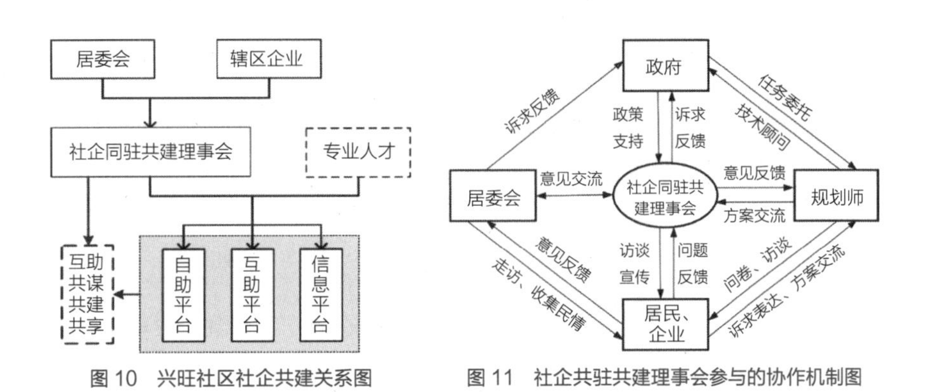

图 10　兴旺社区社企共建关系图　　图 11　社企共驻共建理事会参与的协作机制图

社企同驻共建理事会提出了建设公共自行车系统方案，希望通过实现公共交通与公共自行车的接驳，解决员工上下班交通问题。该事件经历了民意收集、方案确定和方案落实三个阶段。民意收集阶段，社企共建理事在新阳街道的支持下召开意见征集会、开放互动平台和走访企业，收到一万多条居民和企业员工的意见；方案确定阶段，新阳街道、社企同驻共建理事会、建设局搭建了协作平台，共同整理居民意见，采纳了自行车站点设在厂区内、鼓励企业认购自行车等意见；方案落实阶段主要是由社企共建理事会对相关企业进行走访沟通，获得在厂区设置站点的认可和企业对自行车的认捐支持（图 10、图 11）。

从整个协作过程来看，社企同驻共建理事会是打破社区与企业职工沟通协作壁垒的有效途径，推动了问题的进展和解决，并且提高企业的参与度，挖掘了企业作为社区重要的社会中坚力量，在社区发展中所能发挥的作用。但是，社企同驻共建理事会在提高外来人口的社区参与能力和热情上并未展现出可观效果，外来人口参与仍以问卷调查、被动咨询为主，这是外来人口自身社区认同较弱等所致，也是此类社区协作初期面临的难题。

4.3.2 基于地方乡贤的协作方法

西山社区是厦门市海沧区北部的农村社区，总人口 409 人，以本地村民为主，居民关系较为融洽，居民的社区认同感强烈，但农村居民的受教育程度较低，参与热情不足（图 12）。社区内整体环境和基础设施配套欠佳。西山社区成立的乡贤理事会，由五个有地方威望的老人组成，成为政府与村民良性沟通的桥梁。

西山社区作为“美丽厦门·共同缔造”的试点村，物质环境改善中，房前屋后绿化工程和公共空间重建是重点建设项目。但是项目推进涉及部分村民个体利益，所以项目支持率并不理想。整个规划协作过程中，乡贤理事会负责收集整理村民意见，在不同阶段向政府、村委会和规划师进行反馈，同时学习、了解新政策和认知规划方案，用通俗易懂的语言向村民解释，劝导村民配合建设，监督促进方案实施。例如，在乡贤理事会的协调下，村民明确未来拆迁时土地补偿仍归个人后，愿意拆除猪圈，将土地贡献出来作为公共空间（凉亭）；建设期间，在乡贤理事会的带动下，村民积极参与、自发捐款，并出劳出工参与栈道和凉亭的建设。西山社区公共空间的重建不仅改善了物质环境，也激发了村民的主人翁精神和公共参与热情，强化了村民对“公共利益”的认识，修复了社区居民交际网络。

作为本地社区的权威代表，在未掌握实质权利的情况下，理事会职能局限于矛盾冲突后的协调劝导，自身参与的积极性有待提升。因此在完善社区协作关系中，应赋予乡贤理事会适当的权利，强化其在社区规划和建设中的作用（图 13）。

4.3.3 基于学者力量的协作方法

恩宁路街区位于广州市荔湾区，全长约 750 米，两侧为商住混合的骑楼，是广州现存最完整的骑楼街，街区内部为连片的低矮密集的民居，以竹筒屋和民国洋房为主，建筑质量参差不弃（图 14）。恩宁路历史街区改造至今风波不断，例如第一版规划大规模的“强拆”、第二版规划容积率上调、第三版规划商业导向开

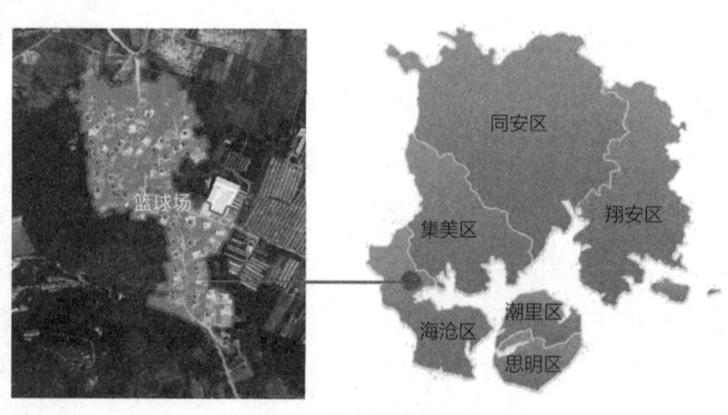

图 12 西山社区区位图

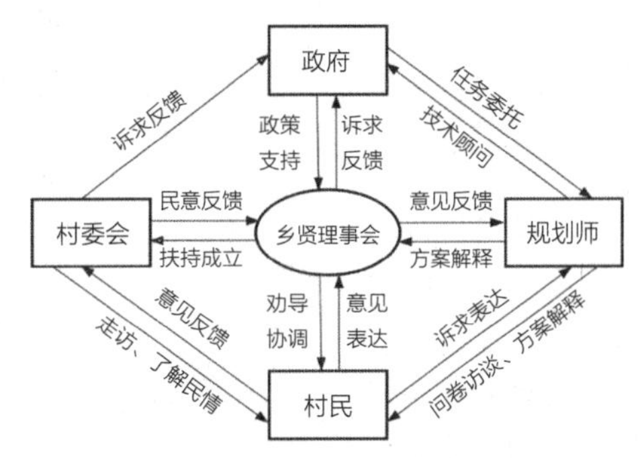

图 13　乡贤理事会参与的协作机制图

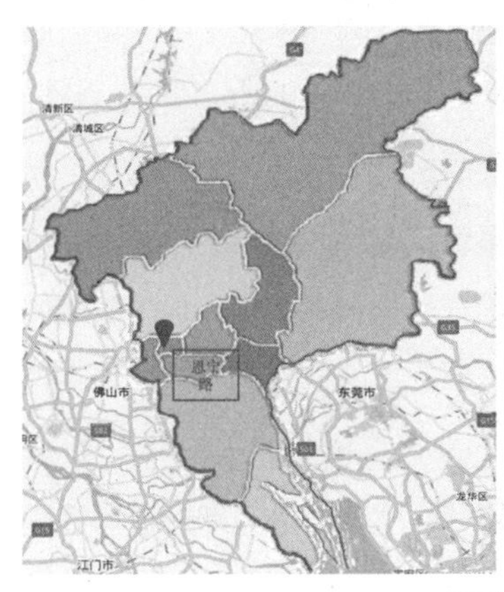

图 14　恩宁路历史街区区位图

发与历史建筑划定含糊不清、第四版规划居民自主更新落空、第五版规划难以推行、第六版规划前景未明等。随着矛盾的不断升级，涉及的利益关系越来越复杂，单凭政府、居民、媒体、规划师等主体已无法在多元利益诉求之中寻求平衡，因此学者力量参与协作规划显得尤其重要。

从第三版规划开始，有部分专家学者以个人名义通过新闻媒体对恩宁路改造提出了批评建议，重点关注历史文化建筑保护范围、改造的程序合法性和公共参与等问题。政府开通了公众参与渠道，部分地吸纳居民和公众的意见，并正式组建“恩宁路改造项目顾问组”。该顾问组包括 10 名建筑和历史方面的专家学者，一名人大代表，一名政协委员和三位居民代表，主要利用其专业素养和社会影响力参与决策过程，在综合经济效益的同时，引导规划方案向满足社会效益的方向倾斜。与此同时，恩宁路学术关注组成立，以“一个关注旧城文化遗产保护的组织”的身份参与其中，成员主要是大学生和志愿者。从 2010 年底开始，关注组用半年时间驻扎街区，进行实地考察与深度访谈，与当地居民建立信任，广泛收集恩宁路相关的历史信息资料，并整理成《恩宁路更新改造项目社会评估报告》和《针对〈恩宁路地块

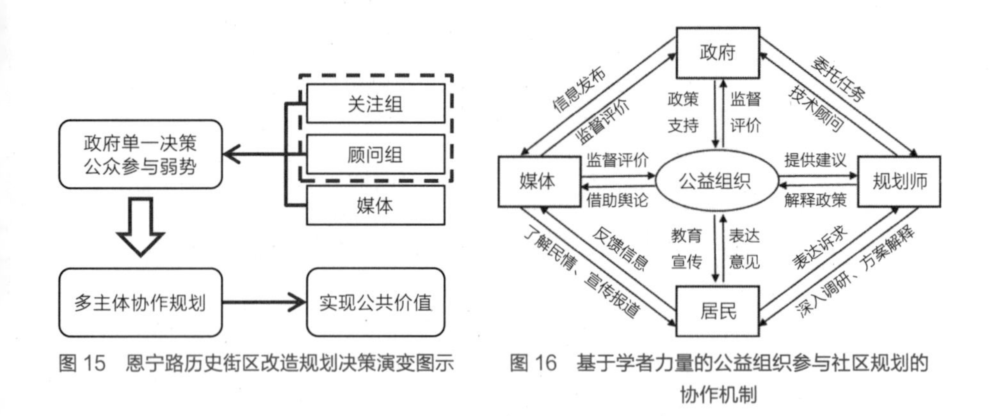

图 15 恩宁路历史街区改造规划决策演变图示

图 16 基于学者力量的公益组织参与社区规划的协作机制

更新改造规划〉意见书》，以期影响政府决策。此外，关注组通过举办沙龙座谈会、出版社区杂志书等方式传递历史文化保护的价值（图 15、图 16）。

恩宁路改造从社区更新逐步扩散为一个公共事件，吸引了青年学生、专家学者和新闻媒体等社会力量的广泛参与，他们之间构成一个信息传递、诉求表达的社会支持网络，使得公众能够有效动员体制内外资源，影响政府决策，促进实现社会公共利益。从项目启动到现阶段，公益组织的建议改变了项目的规划理念，新闻媒体的报道引导了项目的公共价值，决策团体与影响项目进行的利益团体构成了决策施加与反馈的协作机制。

恩宁路顾问组和关注组在规划中以维护公共利益为出发点为公众参与提供技术支持，引导规划决策的合理性。除了参与规划决策，还参与规划评价。纵观整个规划发展历程，公益组织未能有效培养社区自制能力，关注组与顾问组之间未能有机地相互融合，且缺乏强大的组织运作与资金支持。但就其推动规划进展的形式和作用而言，基于社会力量的协作方法为机制完善、改革规划管理体制提供了一种思路。

5 结语

在新常态背景下，品质规划不仅包括提高规划设计和编制的质量，同时也包括提高规划作为整个过程产出的品质，涉及规划方法和规划过程等内容。因此，如何从改善规划方法、优化规划过程角度，有效提高社区品质是社区规划的重点内容之一。协作式社区规划是当前中国探讨规划转型的重要范式，多元主体参与有利于搭建对话平台，提高各主体沟通效率，最终达成规划共识。本文总结并对比了基于市场、政府和社会力量的三种协作方法的实际运用，表 1 进一步总结各种方法的适用性与优缺点。

三种社区规划协作方法的对比 表 1

核心力量	性质	适用性	优点	缺点
市场力量	营利组织	适用于产权问题复杂、居民参与能力低且强调效率的规划项目	营利性服务组织的介入是协作式规划起步阶段调动公众参与最便捷的途径之一，提高规划调查、意见收集与协调效率	一般只对公众参与的过程负责，不对构建公众参与的长效机制负责，在维护社区公共利益上是相对被动的
政府力量	行政组织	自上而下编制规划惯性较强的地区	能够充分组织协调社会资源、敦促居民参与规划	居委会承担了部分行政工作，减弱了社区自治功能
社会力量（社企）	混合组织	外来务工人口为主、工业与居住混杂的社区	更容易获取企业支持、建构社区与企业合作的桥梁	居民个体参与程度不高，参与方式单一
社会力量（乡贤）	地方权威组织	以本地农村人口为主的远郊农村社区	扎根乡土，与村民联系密切，拥有基层社会赋予的“天然”权威	没有政府下放的实质权利，局限于矛盾冲突产生之后的协调，缺乏热情与主动性
社会力量（学者）	公益组织	政民之间沟通出现断层，且社会公共价值缺乏代表主体的规划项目	可以为公众参与提供技术支持，搭建政府和居民沟通的桥梁	以事件为导向，与社区之间缺乏情感联系，参与重心一般不在于培育社区自治能力

不管是基于市场、政府还是社会力量的规划协作方法，目的都是促进多元主体平等参与规划，这是当前社区规划方法转型的趋势，且在实践过程中具有可行性和灵活性。面对利益主体多元化的局面和复杂多样的社区规划问题，政府应适当放权，合理利用不同规划路径的积极效用，有条件地选择规划方法，并给予相应的政策支持与保障。

本文所选取的案例具有一定代表性，但不足以概括中国城市社区规划的所有协作方法；局限于文章篇幅，对于协作主体与其他参与主体的伙伴关系及影响机制探讨较浅。在今后的研究中，为更好地提升社区品质，需要完善多种类型规划协作方法的实证研究，进一步探讨协作方法类型和适用性；需要继续深化社区品质提升的规划运作机制研究，将重点放在政策保障、制度化建设等方面。

参考文献

[1] Healey P. Collaborative planning：Shaping places in fragmented societies [M].London：Palgrave，1997.

[2] Hu Y，Roo G D，Lu B. 'Communicative turn' in Chinese spatial planning? Exploring possibilities in Chinese contexts [J].Cities，2013，35（35）：42–50.

[3] 袁媛，蒋珊红，刘菁．国外沟通和协作式规划近 15 年研究进展——基于 Citespace Ⅲ 软件的可视化分析 [J]. 现代城市研究，2016（12）：42–50.

[4] Moore EA；Koontz TM. A Typology of Collaborative Watershed Groups：Citizen–based，Agency–based，and Mixed Partnerships [J]. Society & Natural Resources，2003，16（5）：451–460.

[5] Innes JE；Connick S；Booher DE. Informality as a Planning Strategy–Collaborative Water Management in the CALFED Bay–Delta Program [J].Journal of the American Planning Association，2002，21（3）：221–236.

[6] Bhishna Bajracharya，Shahed Khan. Evolving Governance Model for Community Building：Collaborative Partnerships in Master Planned Communities[J]. Urban Policy & Research，2010，28（4）：471–485.

[7] Reggers A，Grabowski S，Wearing S L，et al. Exploring outcomes of community–based tourism on the Kokoda Track，Papua New Guinea：a longitudinal study of Participatory Rural Appraisal techniques[J]. Journal of Sustainable Tourism，2016（8–9）：1–17.

[8] Wellbrock W，Roep D. The Learning Rural Area Framework：A Heuristic Tool to Investigate Institutional

Arrangements which Support Collaboration in Rural Areas[J]. Sociologia Ruralis，2015，55（1）：106-124.

[9] Reardon K M，Green R，Bates L K，et al. Commentary：Overcoming the Challenges of Post-disaster Planning in New Orleans：Lessons from the ACORN Housing/University Collaborative[J]. Journal of Planning Education & Research，2009，28（3）：391-400.

[10] 黄耀福，郎嵬，陈婷婷，等．共同缔造工作坊：参与式社区规划的新模式 [J]. 规划师，2015，31（10）：38-42.

[11] Cheng Y. Collaborative planning in the network：Consensus seeking in urban planning issues on the Internet--the case of China [J]. Planning Theory，2013，12（4）：351-368.

[12] Deng Z，Lin Y，Zhao M，et al.Collaborative planning in the new media age：The Dafo Temple controversy，China[J]. Cities，2015（45）：41-50.

[13] 吴祖泉．解析第三方在城市规划公众参与的作用——以广州市恩宁路事件为例 [J]. 城市规划，2014（02）：62-68+75.

[14] 袁媛，陈金城．低收入社区的规划协作机制研究——以广州市同德街规划为例 [J]. 城市规划学刊，2015（01）：46-53.

[15] 刘艳丽，张金荃，张美亮．我国城市社区规划的编制模式和实施方式 [J]. 规划师，2014，30（01）：88-93.

[16] 袁媛，刘懿莹，蒋珊红．第三方组织参与社区规划的协作机制研究 [J]. 规划师，2018，34（02）：11-17.

杨保军
张菁
董珂

杨保军，中国城市规划设计研究院院长，全国工程勘察设计大师，教授级高级规划师
张菁，中国城市规划设计研究院副总规划师，教授级高级规划师
董珂，中国城市规划设计研究院绿色城市研究所所长，教授级高级规划师

新时代城市层面空间规划的编制方法

2017 年 10 月，党的十九大召开宣告了中国特色社会主义进入新时代。

会议对当前社会主要矛盾做出了如下判断："我国社会主要矛盾已经转化为人民日益增长的美好生活需要和不平衡不充分的发展之间的矛盾。"主要矛盾的变化，意味着空间规划编制目标和重心的变化，即在区域关系、城乡关系、阶层关系上，更加强调均衡、普惠地发展，更加关注以全体人民为中心的发展。

与之相呼应，党的十九大对当前社会经济发展阶段特征进行了剖析："我国经济已由高速增长阶段转向高质量发展阶段，正处在转变发展方式、优化经济结构、转换增长动力的攻关期……必须坚持质量第一、效益优先，以供给侧结构性改革为主线，推动经济发展质量变革、效率变革、动力变革，提高全要素生产率。"阶段特征的变化，意味着城市发展方式的变化，即从主要依赖增量用地、追求速度的发展方式转向主要依赖存量用地、追求质量的发展方式。

在此基础上，2018 年 3 月颁布的《深化党和国家机构改革方案》(以下简称《机构改革方案》)最终确定了自然资源部的行政职责，即"统一行使全民所有自然资源资产所有者职责，统一行使所有国土空间用途管制和生态保护修复职责。"并要求整合"国家发展和改革委员会的组织编制主体功能区规划职责，住房和城乡建设部的城乡规划管理职责"等，建立国家空间规划体系。

上述背景意味我国空间规划的属性在经历了城镇化初期的"理想蓝图型"规划、城镇化中期的"决策咨询型"规划之后，已逐渐步入城镇化稳定期的"资源管理型"规划。这应当成为今后空间规划行政、行业、学科三方面研究的历史标度和制度前提。如何高品质地制定、实施和监督城市层面空间规划，需要深刻解读当前国家所处的历史发展阶段，并将其置于国家空间规划体系之下，按照自然资源部的使命和任务进行研究。

满足“人民日益增长的美好生活需要”，弥补“不平衡不充分的短板”，实现经济社会环境的高质量发展，是国家空间规划体系不可推卸的责任，也是城市层面空间规划的技术难点。为此，在规划编制过程中，必须坚持以下五个方面：

1 夯实基础性

所谓“夯实基础性”，就是发挥空间规划“先布棋盘”的作用，这一点在我国当前的城镇化发展阶段显得尤为重要。要深刻把握“良好生态环境是最普惠的民生福祉”这一精神，把生态保护作为一切社会、经济发展的物质基础，坚持节约资源和保护环境的基本国策，统筹国土开发、保护和整治，形成节约资源、保护环境、改善生态的空间格局，创造良好人居环境，加快形成绿色发展方式和生活方式，建设美丽中国。具体工作包括：

1.1 国土空间开发适宜性评价

即综合考虑自然生态与环境条件、资源潜力与利用程度、经济效益与开发需求，评估该地区各基本单元的开发适应性。采用多因子叠加法，综合考虑自然景观资源、历史文化资源、农田、生态环境资源和水资源保护、工程地质条件、基础设施防护隔离等管控因子，结合现状地表分区、土地权属，分析判定需要生态保护、利于农业生产、适宜城镇发展的单元地块，并划分适宜等级。

1.2 资源环境承载能力评价

即在一定的时期和一定的区域范围内，综合考虑资源、环境等承载要素，对该地区能可持续地承受人类各种社会经济活动能力的评价。采用木桶短板原理，综合考虑水、能源、生态、土地、矿产资源等资源承载力，大气、水、土壤等环境承载力，并针对不同主体功能定位增加有针对性的专项评价，分析判定该地区的短板资源，及相对应的承载能力。

1.3 明确资源环境保护的三大红线

即在上述分析和评价的基础上，明确该地区的“生态功能保障基线、环境质量安全底线、自然资源利用上线”，实行建设总量和强度的“双控”制度。严格控制人口规模、产业结构、增长速度，不能超出当地的资源环境承载能力；严格管制各基本单元的用途，不能背离该单元的开发适宜性。

1.4 划定两类空间、三条线

从是否适宜进行城镇开发建设的角度，划定“全域满覆盖、相互不交叠”的两类空间（即适宜建设空间和不宜建设空间，在划定两类基本属性的基础上，还可进行二级细分）、三条线（生态保护红线、基本农田控制线和城镇开发边界），按照管制分区实施差异化政策，制定相应的用途管制要求。

1.5 强化生态资源环境保护制度

统筹山水林田湖草系统治理，实行最严格的生态环境保护与修复制度，落实最严格的资源节约制度。具体包括：依据资源环境主题实施国土分类保护；依据开发强度实施国土分级保护；坚持耕地保护和生态保护优先，严格控制城镇建设用地规模；建立资源环境承载力监测预警机制，对水土资源、环境容量和海洋资源超采区域实行限制性措施。

2 突出战略性

所谓“突出战略性”，就是发挥空间规划“后落棋子”和“高效落子”的作用，这一工作在我国今后城镇化发展相当长的时间段内仍将发挥重要作用。空间治理能力的提升，在于资源节约和高效利用的全过程，“先布棋盘”实现了资源节约，但是如果不清楚资源如何高效利用，正如一个人节省了钱而不知如何去花，恰恰是更严重的资源浪费。因此，实现空间资源的优化配置，需要寻求资源消耗（投入）最小化前提下综合效益（产出）最大化的“最优解”，即在“夯实基础性”的前提下“突出战略性”，如果忽视其中任何一半，都无法得到“最优解”，也不能称之为“空间治理能力的提升”。

“突出战略性”，就是要在保护资源环境三大红线的前提下，发挥空间规划的战略引领作用。应当以人民为中心，从全球政治、国家安全、产业布局、人口分布、粮食保障、生态治理、文化复兴等方面综合考虑，经略全域空间、建设宜居家园，解决空间发展不平衡、不充分的问题。具体工作包括：

2.1 以人民为中心，以满足人民对美好生活的需要为目标

辩证唯物主义的认识主体是人，脱离了“人”这个认识主体，客观世界即使存在也无意义。因此，建设生态文明必须以人的价值取向为基础，否则，抑制人类自身而实现一个人类认为美好的自然界就成为自相矛盾的逻辑。我国经历了40

年的改革开放已进入了新时代，人民对美好生活的憧憬已从同质化的基本需求提升为多元化的高质量需求，应当推进国土空间的供给侧结构性改革，以建设高品质的宜居家园为目标，优化存量资源配置，扩大优质增量供给，以创新空间和服务空间重新组织城镇空间结构和功能布局。

2.2 坚持“五位一体”的总体布局

空间规划是一个综合型规划、一项系统工程，应当按照中央的要求，落实经济、政治、文化、社会和生态文明建设“五位一体”的总体布局。既要坚持“生态底线思维”，又要秉持“社会公平思维”和“经济竞争思维”；既要同步兼顾“富强民主文明和谐美丽”的发展目标，又要判定特定时间、特定地区背景下不同要素的轻重缓急；协调好发展与保护、数量与质量、近期与远期、城市与乡村、形象与内涵、物质与人文、地上与地下的关系。否则，以破碎化、部门化的思维谋划空间，永远无法认清空间的本质，也无法实现空间的科学决策。

2.3 落实国家和区域战略

应当坚持“四个意识”，以“两个一百年中国梦”为目标，按照国家和区域层面的国土空间规划对各城市的战略定位要求，制订详细的城市空间发展战略和举措，并在城市空间格局和功能布局、要素配置上全力保障战略定位的实现；应当贯彻“五大发展理念”，在强化“创新驱动，区域协调、城乡统筹，绿色引领，开放协作，共享包容”等方面，推动城市发展模式的根本转型。

2.4 判读区域竞争优势、明确城市主要职能

在资源紧缺的条件下，为实现区域整体资源的最优配置，应通过 SWOT 分析、波士顿矩阵分析、波特产业竞争力四阶段分析、价值链分析、多方案情景分析等战略分析工具，根据各城市的区位条件、资源禀赋、经济基础和发展阶段实现错位分工，在职能选择上“不求全、但求特”，在规模预测上“不求大、但求精”，以“世界眼光、国际标准、中国特色、高点定位”，依托“特”和“精”在全球和区域网络节点中寻求竞争优势。

2.5 强化区域协同、从竞争转向合作

从区域视角看，“竞争”代表着初级阶段的粗放式发展，而“合作”代表着成熟阶段的精细化发展。协同的内容包括生态共保、文化共兴、设施共建、产业分工、城镇互联、城乡融合等方面，而最关键的是区域协同机制的建立。

3 坚持科学性

科学性是空间规划学科的基础，是空间规划行业的依托，是空间规划行政的前提。作为全要素、全空间、全时段的规划，我们不仅应认识、尊重、顺应城市发展的规律，也应认识、尊重、顺应生态演化的规律、社会演进的规律、经济演替的规律。具体工作包括：

3.1 树立人与自然是生命共同体的观念

“人的命脉在田，田的命脉在水，水的命脉在山，山的命脉在土，土的命脉在树。”应当将“山水林田湖草”当做一个相生相息、复杂有机的生态系统来看待，遵循生态系统的多样性、整体性及内在关联规律，系统梳理和掌握各类生态隐患和环境风险，对山上山下、地上地下、陆地海洋以及流域上下游，进行整体保护、系统修复、综合治理，增强生态系统自我调节、自我修补、自我平衡、自我循环能力，维护生态平衡。

应当传承中国古代“道法自然、天人合一”、“因天材，就地利”、“人与天调，然后天地之美生”的理念，在城市选址和规划建设过程中顺应“天道”，采取低冲击开发模式，将城市“轻轻地”放在山水之中。应尊重大尺度山水格局，实现城市“望山望水”；延续中尺度山水脉络，实现城市“达山达水”；利用小尺度山水空间，实现城市“乐山乐水”。

3.2 明确城市的人类文明流传载体价值

人类之所以能建立文明，就是在于群体知识、经验的积累和传承。城市是人类文明的结晶和流传的载体，城市中的历史文化街区和建筑，就是城市文明历史的物化“基因”。应坚持在“传承中延续”，既不是完全抹杀、破坏历史，也不是全盘照搬、复制历史，而是塑造一个有价值的“当代”，即在未来的回望中，找到当代文明基因传承和革新的清晰脉络，找到属于这个时代的特征标识。

应当传承中国古代“辩方证位、体国经野”、“礼乐相迎、山水相映”、“以文铸魂、以文化人”的理念，将中国传统的营城思想和文化基因与当代人民对美好生活需要结合起来，保护弘扬中华优秀传统文化，延续城市历史文脉，在城市空间中体现地域特征、民族特色和时代风貌。

3.3 尊重要素驱动城市空间演进的规律

城市空间的形成和演变是政治、经济、军事、社会、文化等要素在地理空间上综合作用的结果，也受到自然地理、交通区位、公共政策等要素的影响。应当

“追本求源”，通过要素的持续演替推动城市空间的持续演进；而不是“舍本逐末”，片面效仿和追求城市空间的“虚假繁荣”。

应从国际地缘政治的视角出发，充分认识特定区位城市的政治、军事地位，在空间上全力保障其特殊职能的实现；应从历史视角研究城市发展动力演变、更替的过程，从区域视角研究城市的唯一性优势和适宜承担的角色，在时间和空间上“顺势而为”，通过技术创新推动产业转型和新动能的形成；应尊重土地经济学的基本规律，以投入/产出效率作为空间方案决策的基本依据，合理布局城市各主导功能板块，谨慎判断城市是否有必要跨越门槛；应从社会治理的角度出发，研究城市中的社会阶层分异和差异化需求，推动全民共同参与社区治理，完善社区交往空间和公共设施。

3.4 顺应城市空间高质量发展的趋势

城镇化快速发展的前期，正如人从“小孩”长到“成人”的阶段，需要预测“成人”的体量、搭建“成人”的骨架、生成“成人”的器官，主要任务是“从无到有”的建设。当城镇化快速发展进入中后期之后，正如人从“青年”到“中年”的阶段，预测体量、搭建骨架、生成器官已不是主要任务，预防疾病、提高素质、强身健体成为关注的焦点，主要任务转变为“从有到强”的改善。应通过城市设计、有机更新、生态修复、绿色发展等工作，治理城市病、改善人居环境、提升城市竞争力。

应对城市整体和重点地区展开城市设计工作，加强对城市的空间立体性、平面协调性、风貌整体性、文脉延续性等方面的规划和管控；通过再开发、整治改善或保护等方式，展开城市更新工作，以全新的城市功能替换功能性衰败的物质空间，改造和提升城市环境品质；完善“基质——廊道——斑块”的景观生态格局，推进自然生态的保护、修复和建设；在城市建设中坚持绿色发展理念，倡导低碳循环经济，建设绿色化的公共设施和公用设施，提倡绿色交通，建设可持续水系统和绿色能源系统，推进固体废物资源化利用，治理环境污染，提升安全韧性。

应与时俱进地更新规划制度和技术工具，从“宏大叙事”转向“累积渐进”，从“追求美学完型”转向“尊重既有物权”，从“精英规划”转向“众筹规划”，从规“划”走向规“则”。应充分预见“增量土地财政”失效对经营城市带来的颠覆性影响，尽快实现发展动力转换，通过科技创新和绿色生态实现社会经济发展与资源消耗脱钩；并通过以租代售等方式，实现城市财政从产权出让的一次性收入逐步过渡到产权出租的常年性收入，保证城市运营维护的资金来源。

4 强化权威性

规划权威性以科学性为前提，是空间规划行政的保障。在自然资源部统一行使所有国土空间用途管制和生态保护修复职责之后，过去各类空间性规划因部门化分割导致的内容交叉、空间重叠、标准不统一等问题将发生根本地改变，空间规划将真正成为城市党委政府在空间领域的基本施政纲领和重要公共政策，其权威性也将得到进一步加强。

但是，规划本质是面向未来的不确定性科学，也是从模糊到清晰的层级体系，所以“过刚则折、过犹不及”，加强权威性并不意味着管制边界的无限精准和管制力度的无限强化，“适度”与“守中”是空间治理的基本原则，强化权威性也需要讲科学。具体工作包括：

4.1 建章立制，建立法律法规和规章制度

建立“1 部综合法 + N 部专项法”的空间规划法制体系。

1 部综合法应当对应自然资源部事权，以建立完善国家空间治理体系为目标，支撑由空间规划、用途管制、差异化绩效考核制度，以及自然资源产权制度、保护与开发制度、资产化机制等构成的国土空间开发保护制度。其中针对空间规划制度，应涉及规划的制定、实施、修改、监督与检查、惩罚与赔偿的规定，明确空间规划的空间层次和上下位关系。

“N 专项法”应当对应空间管制分区，制定针对生态空间、农业空间、城镇空间（也可根据需要增加其他空间类别）的专项规划、专项用途管制、专项保护与建设要求及其他相关制度的专项法律。

4.2 有效传导，建立“刚柔并济”的规划传导机制

空间规划一套“横向到边、纵向到底”的完整规划体系，并不是通过一个规划就能实现“一张蓝图干到底”。相应地，上下位规划之间应当是从模糊到清晰的递进过程，如果一个上位规划过于清晰或过于刚性，则下位规划就没有了存在的意义，上位规划就难以承担“不可承受之重”。

因此，要做一个“既定又不定”的规划，按照事权归属进行分层管控，区分中央、省级、市级政府的监管权；按照空间基准进行分度约束，分别采用定则、定量、定构、定界、定形、定序的管控方式。通过分层管控和分度约束，既给下级政府预留适度弹性和深化的空间，又不至于过度宽松导致上级政府的规划管制失效，实现“在变化中求不变”，确保管制的“宗旨”而非“形式”在下位规划中得以落实。

4.3 监督反馈，建立规划“体检评估”制度

空间规划是面向未来的科学，面对未来不确定性是规划的永恒课题。应当认识到，希望通过加强数据采集、提高科学技术实现精准预测和精细管控会陷入方法论的“泥潭”，而只有通过“制度理性”而非“技术理性”，方能摆脱困境。即借鉴系统科学中的控制论思想，通过建立“规划——实施——反馈”的动态循环过程，对外部变化进行实时的反馈并校正规划方向。

因此，要建立既有“正向监督”功能、又有“逆向反馈”功能的规划“体检评估”制度。从“正向监督”功能看，健全规划督察员制度，针对上级政府事权，重点监督下位规划落实上位规划刚性内容的情况，对违反刚性内容的行为进行判别并提请纠正和查处，并与城市领导干部的绩效考核与离任审计挂钩，保证规划理念和要求的一以贯之；从“逆向反馈”功能看，分析研判城市内外部环境变化，对规划应当修改的内容提出建议，并按照程序提请规划修编。

5 注重操作性

空间规划以实践为根本目标，“夯实基础性、突出战略性、坚持科学性、强化权威性”的最终目的还是为了可操作，为了让空间规划成为一个可以落实的规划，必须注重操作性，具体工作包括：

5.1 以“简政放权、明晰事权”为总体方向

城市层面空间规划的组织编制和实施主体是城市人民政府。虽然，基于当前我国行政管理体制的现状，为避免城市政府空间决策在空间和时间上的负外部性，现有的规划制度将城市层面空间规划的审批权和监督权上收至上级政府，甚至专门列出了需要国务院审批城市总体规划的 108 个城市；但是，为了实现责权对应和高效治理，应在有效约束负外部性的前提下，尽可能简化上级政府审批、监督的规划内容，强化规划内容中本级政府事权的主导地位，并预留弹性、深化空间，充分调动城市政府作为实施主体的积极性。

城市层面空间规划应成为市委、市政府的施政纲领。既能够立足长远、凝聚全社会发展共识、树立城市中长期发展愿景、目标，让“空间顶层设计”从长远指导城市发展的方向，真正从“项目”牵引建设转变为“规划”指引建设；又能够重点突破、解决社会关切的焦点问题、形成城市发展路线图和近期行动计划，通过下位规划落实到用地许可，真正实现规划可实施、可落地。

5.2 以尊重产权为基础展开空间规划

在城镇化发展的中后期,“公平”优于“效率”成为空间规划关注的重心。相应地,空间规划应从“战略思维 + 美学思维”转向“法律思维 + 制度思维”,从“技术上的最优解”转向“多方博弈基础上的最大公约数”,将“尊重产权”作为空间规划的逻辑起点。

应当对包括自然资源在内的各类资产进行全国范围内的统一调查和确权登记,并形成并列于“用地现状一张图”的“产权现状一张图”,并以这两张图为基础,从公共利益的角度出发,开展各层次的空间规划。

5.3 以规划可行性分析为前提依据

从经济、社会、环境等多个维度考虑,针对新区选址、老城更新、设施建设、生态修复等重大问题进行规划多方案比较,对方案的市场需求、投入 / 产出绩效、社会影响、环境风险等方面进行比选分析,综合判断较为可行的规划方案。

5.4 以用途管制和项目清单为“出口”

在市场经济起决定性作用的制度背景和快速城镇化发展中后期的时代背景下,政府应从“万能型政府”转型为“服务型政府”,将空间管理重心放在“公共资源管制 + 公共服务供给”上。公共资源管制主要是对土地、生态、水、能源,以及自然景观和历史文化资源等在消耗过程中具有负外部性的公共资源进行管制;公共服务供给主要是对“三公”设施(公共绿地和公共空间、公共服务设施、市政公用设施)等在形成过程中具有正外部性的公共设施进行供给。

相应地,作为政府空间政策工具的空间规划,它的“出口”应包括:公共资源管制的限制性规定(即用途管制)和公共服务供给的建设计划(即项目清单)。

用途管制方面:应建立全域覆盖、分区管控,层级传导、逐级深化的用途管制制度,并在“出口”形成包含“使用、产权、生产”等属性、“新增、转用”等方式的许可制度。

项目清单方面:应从政府的公共服务供给事权出发,形成落实到政府下属各区县及部门、明确到政府财政经费的建设项目清单。特别需要注意的是:其范畴应限定于政府事权的供给,避免政府主动参与市场行为(如商业用地开发、工业园区建设等)。

6 总结

建构空间规划体系的目的是生态文明建设和高质量发展。我们应当不忘初心，从这两个基本目的出发，解决“真问题”、推进“善治理”、实现“美目标”。

空间治理体系和治理能力的现代化不仅是解决“事权不清”、“政出多门”那么简单，而应紧紧围绕这两个基本目的，实现体系的重构和涅槃重生，建立一个“可用、管用、好用”的空间规划体系，一个能够支撑“两个百年中国梦”实现的空间规划体系。

城市层面的空间规划是国家空间规划体系的关键层次，为编制一个高品质的空间规划，应当夯实基础性、突出战略性、坚持科学性、强化权威性、注重操作性。

王兰

王兰，同济大学建筑与城市规划学院教授、院长助理，中国城市科学研究会健康城市专业委员会副主任委员、秘书长，中国地理学会地理模型与地理信息分析专业委员会委员

健康城市规划：回归与提升 *

当城市居民每天通勤，在小汽车中困坐一小时，这可能是职住不平衡和小汽车依赖带来的不健康。当儿童和青少年上学只能由家长开车接送，难以步行安全便捷到达学校，这或许是教育设施分布和慢行系统需要优化带来的不健康。当空气颗粒物超过世界卫生组织公布的健康标准，可能是城镇化和工业化带来的不健康……世界卫生组织提出："城市是人类健康可以得到改善或遭受损害之地[1]"。

健康是生理、心理和社会福祉的完整状态，而不仅仅是没有疾病或虚弱；享受可达到的最高健康标准是每个人的基本权益（Constitution of the World Health Organization，1948）。健康建立在个人与其生存的自然环境和物质建成环境、社会经济条件的互动过程中。城市，为超过半数的人类提供了栖居之地，为其居民提供医疗服务、就业岗位和休闲锻炼场所，也带来空气污染、噪声和心理压力等现代城市问题。

源于改善工业城市的公共卫生条件，城市规划以控制传染病、提供物质空间的基本健康保障为当时的核心。随着传统传染病（例如霍乱、黄热病等）的基本消失，新型传染病（例如 SARS 和登革热等）并未与城市规划建立联系。病患数量巨大并快速增长的慢性非传染性疾病（例如心血管疾病、呼吸系统疾病、肥胖和糖尿病等）被认为是城市的"新疫情"，而城市规划被认为对公共健康具有重要和正面的作用[2]。通过提高城市空间品质，影响居民的生活和工作方式，城市规划

* 基金支持：国家自然科学基金项目（51578384）（71741039）。

[1] http：//www.who.int/dg/speeches/2018/municipalities-physical-activity/zh/。

[2] http：//www.who.int/zh/news-room/commentaries/detail/health-must-be-the-number-one-priority-for-urban-planners。

对于建成环境的优化，可能降低此类疾病的发病率。同时，日益增加的心理疾病与建成环境的相关性尚在探索中，而促进社会交往的城市空间有利于疏解心理压力（Evans，2003）。因此，城市居民身心健康的优化均与城市建成环境密切相关；城市规划作为对空间进行安排和美化的专业技术和公共政策，需要考虑从传统传染病到新类型传染病、慢性非传染性病和心理疾病的公共健康新挑战[1]。提高城市品质、提升规划质量，均应在规划中纳入对健康的考虑，践行世界卫生组织“健康融入所有政策”的号召。

在此背景和动议下，本文回顾城市规划与公共健康的互动关联，讨论当前健康城市发展的进程；对核心概念进行辨析，提出健康城市规划理论框架和工作流程。健康城市规划是一种回归，也是一种优化提升。健康作为品质规划的重要维度之一，本文力求为健康城市规划与设计的深入研究和规划实践提供基础。

1 城市规划与公共健康

建成环境对公共健康的影响由来已久。传染病是城市公共卫生最初的关注焦点。现代流行病学的创始人 John Snow 早在 1854 年追踪伦敦霍乱爆发的原因，发现被污染的水井是源头，说明城市公共设施与疾病蔓延的密切相关性。城市规划正是作为地方政府确保城市公共健康的重要方式而出现。英国现代城市规划通常被认为源于 1840 年代的公共卫生立法；《公共卫生法》的形成与工业革命后所产生的城市问题直接相关，并由此法开始授权政府对城市事务进行管理和实际操作的权利（孙施文，2017）。在美国，早期工业城市的城市人口快速扩展（例如纽约从 1800 年的 4 万人迅速扩展到 1900 年的 450 万人）、居住拥挤和卫生条件恶劣，也带来霍乱、黄热病等感染性疾病的反复出现；纽约市的死亡率在 1810 年到 1856 年之间增长一倍（City of New York，2010）。这是当时的城市公共健康问题，相对应的是 1881 年成立的街道清扫局（现在的卫生局）；1901 年的《房屋租赁法》和 1916 年的《区划法》，对建筑和街道的采光、通风进行了规范。区划通过控制建筑高度和红线退界，确保日照和通风等基本居住环境健康条件；功能分区将具有污染性的工业用地与居住用地进行隔离。随着建成环境对公共健康的基本保障，大型传染病逐渐减少和消亡。到 1940 年代，传染性疾病导致的死亡已经降为总死亡人数的 11%（Jones，2005；Cutler，et al.，2005）。城市规划对公共健康的关注逐渐减弱。

---

[1] 仇保兴在中国城市科学研究会“健康城市专业委员会”成立仪式上的致辞。

到 1980 年代，欧美国家开始对慢性非传染性疾病盛行进行反思，城市规划在公共健康中的角色再次被重视。世界卫生组织发挥着重要的推动作用：提出健康城市理念、推动健康城市运动，致力于促进城市规划与公共健康的结合，并集中在如何使城市规划产生对健康的正面影响。世界卫生组织 2016 年发布的《城市健康全球报告（Global Report on Urban Health）》提出了更健康城市的愿景，包括：①为可持续发展降低健康的不公平性；②覆盖城市的健康设施和服务；③通过城市对抗流行性疾病；④战胜城市新疫情——非传染性疾病（主要指心血管疾病、呼吸系统疾病、肥胖、糖尿病等）；⑤解决 21 世纪的营养不良。其中，非传染性疾病（NCDs）主要由城市居民的生活方式和工作状态决定，是偏重物质形态空间的城市规划和设计可能影响的主要方面。报告称全世界每年大概有 3800 万人死于非传染性疾病，占总死亡数量的 63%。体力活动缺乏所导致的年均死亡人数是 320 万人。世界卫生组织推荐至少每周 150 分钟中强度或 75 分钟高强度的锻炼。而体力活动是物质环境设计最重要的影响健康的机制。报告指出城市规划师看不见的手将影响人们居住、工作和娱乐方式，也影响人们日常生活到达居住工作和娱乐地的方式。融入健康的设计方式包括：增加自行车道、汽车快速专用道、混合使用的邻里、公交导向开发（TOD）；并应控制城市蔓延，减少小汽车依赖。因此，世界卫生组织充分认识并强调城市规划在公共健康中的作用，提出“健康必须是城市规划者的首要重点[1]”。

城市已是全球半数以上人口日常生活的重要环境，预计在 2050 年世界总人口将达到 100 亿，其中 75% 的人口将居住在城市；因此城市规划被认为是解决人类不良健康状况的综合治理方案的重要部分（Gilescorti，et al.，2016）。国际城市与区域规划师协会（ISOCARP）1993 年大会已将重点放在重建规划与公共健康之间的联系上，其主题是“城市区域和福祉：规划师能够为促进城市区域内人民的健康和福祉做些什么？”目前，健康研究已成为欧美城市规划领域的重点。哈佛大学 Forsyth 教授（2018）指出，当前出现了规划的“健康转向（Healthy Turn）”，与 Healey 教授（1992）提出的“交流转向（Communicative Turn）”对应。因此需要城市环境与人类健康之间的广泛联系，并为健康而规划设计。将健康的考虑纳入规划和设计成为当前对于城市空间品质的重要干预和提升维度。系统性基础研究和规划实践方法论均有待推进，需要回答的核心问题是：

（1）哪些城市建成环境要素显著影响公共健康，如何影响？

（2）规划和设计如何优化城市建成环境，推动公共健康的提升？

（3）如何开发工具和方法，将健康融入规划和设计的各个类型和空间层面？

---

[1] http：//www.who.int/zh/news-room/commentaries/detail/health-must-be-the-number-one-priority-for-urban-planners。

2 健康城市发展进程

世界卫生组织于 1984 年提出了健康城市的理念，并推进了健康城市计划。其原则包括：公正，即所有人都必须拥有充分实现其健康的权力和机会；促进健康，城市应制定健康的公共政策，打造支持性环境，加强社区行动并发展个人技能，调整健康服务；跨部门行动，健康是从日常生活背景中得来的，受社会大多数部门行为和决策的影响；社区参与，富有见地的、目的明确的而且积极参与的社区是设置优先事项、做出决策及执行决策的关键因素；支持性环境，城市健康计划应着力打造支持性的物质和社会环境，例如生态、可持续性、社会网络、交通、住房等问题等[1]。健康城市必须具备能够确保健康规划的整体方案机制，并在其健康政策和其他全市关键战略之间建立联系（De Leeuw，2005）。

欧洲健康城市规划实践起源于城市规划师与英国、意大利的学术顾问之间的合作。合作的第一阶段编制了关于健康城市规划的指导性文件：《健康城市规划：以人为本的世界卫生组织城市规划指南》；第二阶段成立了世界卫生组织的健康城市规划行动小组（WHO City Action Group on Healthy Urban Planning）（Barton，2009）。欧洲的“健康城市”项目一直致力于让城市规划者参与其中；但城市规划与公共卫生曾经具有的历史联系已日渐薄弱。在 1998 年一项有关公共卫生和城市规划工作的问卷调查中，受访者来自欧洲健康城市网络第二阶段（1993-1997）中的 38 个城市的城市规划部门负责人。调查结果显示，仅在 25% 的公共健康事务中公共卫生和城市规划进行了定期合作；有近三分之一的规划部门负责人认为规划政策和健康不相协调。调查中还发现了诸多违背健康的规划问题，例如机动交通水平过高、重视私人开发利益、社会隔离以及对居民日常需求关注不足等（Barton，2000）。

美国的健康城市规划可追溯至 1996 年的旧金山可持续发展规划；经过 20 年的发展，迄今为止明确提及公共健康（Public Health）的规划共有 890 项，覆盖超过 45 个州。根据美国规划协会（American Planning Association）的一项调查，在这些与公共健康有关的规划中，最常涉及的共同健康主题为步行和自行车交通（Active Transportation）、环境健康（Environmental Health）、体力活动（Physical Activity）、清洁的空气和水（Clean Air and Water）、休闲健身（Recreation）、积极生活（Active Living）以及公共安全（Public Safety）[2]。同时美国编制了相关的

---

❶ WHO. The Jakarta Declaration on Leading Health Promotion into the 21st century. WHO/PPE/PAC/97.6，Geneva.1997。

❷ American Planning Association. Healthy Planning：An Evaluation of Comprehensive and Sustainability Plans Addressing Public Health.URL：https：//www.planning.org/publications/document/9148251/。

规划设计导则，推动健康考虑的纳入。例如在2011年《纽约市整体规划》修订中，促进积极的生活方式和交通方式、创造一个更积极健康的城市建成环境成为重要的规划目标之一；因此编制发布了《积极设计导则：促进体能活动和健康的设计（Active Design Guidelines：Promoting Physical Activity and Health in Design）》，为营造更健康的建筑、街道和公共空间提供有力的设计依据。2013年，由洛杉矶城市规划发展部门发布了《设计一个健康的洛杉矶（Design a Healthy LA）》，力求通过建成环境空间设计来改善居民健康状况（张雅兰，王兰，2017）。

我国在1989年启动全国卫生城市项目，健康城市是在卫生城市项目的基础之上进行了拓展，更广泛地关注影响健康的多种因素[1]。2007年至今，中国已在10个城市进行健康城市试点，主要集中在东部地区；针对烟草使用、健康生活方式、道路安全等方面，实施一系列干预措施[2]。2015年我国提出“健康中国”战略；2016年中共中央政治局通过《健康中国2030规划纲要》，明确把健康城市建设作为推进健康中国发展的重要抓手；同年全球100多个城市的市长共同发布《健康城市上海共识》，明确为健康福祉努力的城市是可持续发展的关键。2017年十九大提出“我国社会主要矛盾已经转化为人民日益增长的美好生活需要和不平衡不充分的发展之间的矛盾”；而健康是人民对美好生活需求的基本和重要方面。在此背景下，“健康中国”的建设需要城乡规划与设计的创新应对。目前“健康融入所有政策”受到各级政府的重视，例如杭州市健康城市建设办公室已邀请笔者开展研究，力求在新一轮总体规划编制中充分考虑健康要素和影响，成为我国第一个在总体规划层面纳入健康理念的城市。中国城市规划学会于2016和2017连续两年在其召开的全国年会中，设立了“健康导向城市设计”和“健康城市规划尺度与效应”分论坛。同时，中国城市科学研究会于2018年成立了健康城市专业委员会，大力推进相关研究和实践。

3 核心概念辨析

健康城市及其规划日益成为我国城乡规划学领域的探讨热点和重要方向，迫切需要建构适合我国城市发展和人群特点的健康城市理论框架，并探索相应的规划设计实践。“健康城市”和“健康城市规划”是理论建构的核心概念。健康城市可以是城市本身的健康，也可以将城市中人的健康作为核心。需要理清“健康的城市（Health of City）”、“城市中的健康（Health in City）”和“为健康的城市（City

---

[1] 《关于加强爱国卫生工作的决定》（国发〔1989〕22号）。

[2] http：//www.wpro.who.int/china/mediacentre/factsheets/healthy_cities/zh/。

for Health）”[1]。健康城市规划是健康城市的规划设计，也有可能涉及健康的城市规划。本文分析其中差异，从而明确在联动城市规划与公共健康联动为背景下的概念实质。

3.1 健康城市：城市的健康 vs 城市中人的健康

健康城市的概念在 1984 年由 WHO 提出；在其 1998 年发布的《健康促进词汇表（Health Promotion Glossary）》中，“健康城市是一个不断创造和改善其物质建成环境与社会环境，拓展社区资源，从而使居民能够相互支持，实现生活的多种需求并发展达到他们最大潜能的城市[2]”。健康城市是一个过程而不是结果；是不断努力、改善居民的健康及健康的决定因素，而不是达到一个特定的健康标准状态；强调通过预防来完善城市的物质和社会环境，并推动居民养成健康的生活方式[3]。在此概念下，WHO 提出和推动的健康城市项目致力于长期持续寻求将健康纳入世界范围内各个城市的发展日程，建构支持公共健康的城市层面的体制机制。

我国健康城市概念多引用于复旦大学傅华教授（2003）；他在《现代健康促进理论与实践》提出，“所谓健康城市是指从城市规划、建设到管理各个方面都以人的健康为中心，保障广大市民健康生活和工作，成为人类社会发展所必需的健康人群、健康环境和健康社会有机结合的发展整体”。强调健康城市是健康人群－环境－社会的有机整体，并以人的健康为中心进行规划、建设和管理。仇保兴（2018）则提出有待创建针对新型传染病、慢性病和心理疾病的 2.0 版的现代健康城市学，通过跨学科研究的协同创新，以健康的城市组成健康中国[4]。

健康城市规划存在“城市的健康”还是“城市中人的健康”的辨析。城市的健康意味着城市作为生命体自身的健康发展，可分为健康的环境、健康的经济和健康的社会三个维度，包含着经济繁荣、社会稳定、交通便捷、环境品质高等多个方面。城市的健康影响着城市中人的健康；通过社会经济条件、物质建成环境品质、自然环境状况等对人体健康产生直接影响，也通过影响人的生活方式和工作状态对人体健康产生间接影响。因此，居民健康是城市健康的重要表征和结果，城市的健康是居民健康的保障和支撑。因而，健康城市的概念中应蕴含着城市本体健康和城市中人的健康两个内涵，前者对后者具有包含关系（图 1）。

城市规划师从早期关注人的健康，延展到关注社会、经济和环境多方面的可

---

❶ 吴志强在中国城市科学研究会“健康城市专业委员会”成立仪式上的致辞。
❷ http：//www.who.int/healthpromotion/about/HPG/en/。
❸ http：//www.wpro.who.int/china/mediacentre/factsheets/healthy_cities/zh/。
❹ http：//www.who.int/dg/speeches/2018/municipalities-physical-activity/zh/。

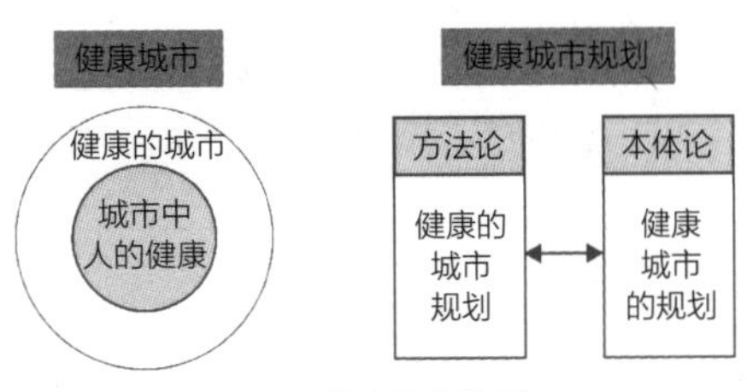

图 1　核心概念辨析

资料来源：笔者自绘

持续发展，体现了从人的健康到城市的健康的拓展。1980 年代开始对健康城市研究和规划的回归，是以人的健康为核心开展。规划的“健康转折”探讨的是人体身心健康与建成环境的关联性，并基于此优化规划设计原则和标准。针对城市中人的健康开展基础实证研究和规划设计，将作用于人体健康，同时可推进城市本体的健康。

因此，健康城市应该既是“健康的城市（Health of City）”也是“城市中的健康（Health in City）”，是两者的统一，并通过规划设计建设“为健康的城市（City for Health）”。其中健康的城市为实现城市中人的健康提供保障；为健康的城市是规划建设的目标。在此辨析基础上，本文提出：在城市科学和城乡规划学领域中，健康城市是以推进健康环境、健康经济和健康社会的规划建设为前提，以建成环境的优化为核心，提升居民身心健康的城市。

3.2　健康城市规划：健康的城市规划 vs 健康城市的规划

世界卫生组织提出，健康城市规划（Healthy Urban Planning）是鼓励城市规划师在规划策略和项目中，融入和支持对公共健康的考虑，并特别强调公平、福祉、可持续发展和社区安全（WHO Regional Office for Europe，2003）。在健康城市规划框架下，规划师需要理解，他们的规划设计会在有意识和无意识情况下产生健康影响（Duhl，Sanchez，1999）。根据世卫欧洲分部，健康城市规划是为人的规划和关于人的规划（Gilescorti，et al.，2016）。其核心目标是将健康的考虑纳入城市规划过程、计划和项目中，并建立必要的体制和机制能力实现这一目标。城市规划师及其相关职业可以改变和优化城市居民健康、福祉和生活质量的决定要素，包括居民的生活和工作条件、设施和服务的可达性，以及建立有效社会网络的能力[1]。

健康城市规划存在“健康的城市规划”和“健康城市的规划”的辨析。笔者认为“健康的城市规划”是在规划的方法论层面，体现规划方式、方法和流程是

[1] http：//www.euro.who.int/en/health-topics/environment-and-health/urban-health/activities/healthy-urban-design。

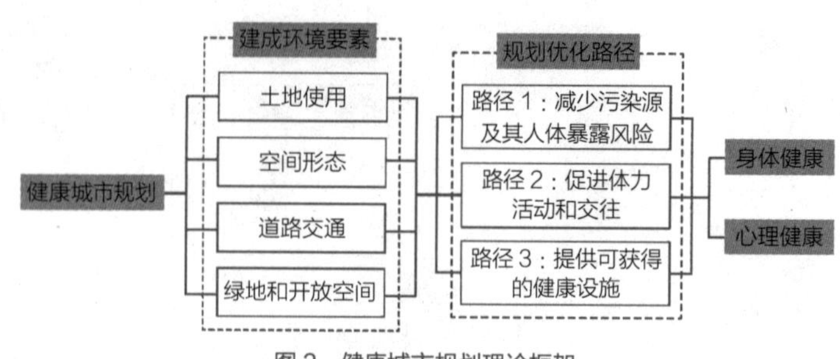

图 2　健康城市规划理论框架

资料来源：根据王兰等（2016）修订

健康的；同时将健康理念和要素纳入规划的编制和管理。“健康城市的规划”是规划的城市模型和发展目标，在城市本体论层面，强调为特定城市范式而规划设计。两者是相互支撑的关系（图 1）。

4　健康城市规划理论框架

对健康城市规划全面的定义要考虑与城市环境有关的所有健康影响因素，并反映 WHO 的卫生战略核心原则[1]，包括平等、社区参与和部门协作。因此，世界卫生组织通过协商的办法列出了关于规划的主要健康目标清单，并且与可持续发展和 21 世纪议程的主题保持一致[2]，以此作为健康城市规划的主要原则：促进健康的生活方式；促进社会凝聚力和支持性社交网络；促进获得优质住房；促进获得就业机会；促进优质设施的可达性；鼓励当地粮食生产和销售健康食品；社区和道路安全；促进公平和社会资本发展；确保良好的空气质量和防治噪声污染；确保良好的水质和健康的卫生条件；促进土地和矿产资源的保护；减少污染排放。

基于我国现有物质规划体系，笔者提出了“四要素三路径”的理论框架，主要针对规划可以掌控的影响公共健康四大要素，通过三个路径影响居民身心健康。四类要素包括：土地使用、空间形态、道路交通以及绿地和公共开放空间；提升居民身体和心理健康的三个规划优化路径包括：减少污染源及其人体暴露风险、促进体力活动和交往、提供可获得的健康设施（图 2）。

土地使用的类型、布局、开发强度和混合程度影响着公共健康。特定类型的用地（例如工业用地、绿地等）与热岛效应、空气污染和噪声等健康负面要素直接相关（Groenewegen，et al.，2012；Larry，et al.，2013；Mackenbach，et al.，

---

[1] World Health Organization. Health 21：the health for all policy framework for the WHO European Region.1999.URL：http：//www.euro.who.int/__data/assets/pdf_file/0010/98398/wa540ga199heeng.pdf。

[2] UN. Agenda21.2003.URL：https：//sustainabledevelopment.un.org/content/documents/Agenda21.pdf。

2014）。合理的土地布局可实现职住平衡，提供可达的健康设施（例如各级医院、卫生院、养老设施等），减少小汽车依赖，降低污染排放，增加体力活动的可能性。适度高强度和混合使用也可通过推进慢行交通的选择，减少污染和促进体力活动，并同时可创造社会交往可能性（Wu，et al.，2016；Weng，et al.，2016；Evans，2003）。空间形态与公共健康的关系主要体现在风场对污染物疏散的影响、热环境对热岛效应的影响以及人体空间舒适度感受对心理的影响和出行的影响；主要包括街谷空间、建筑裙房关系等（Xu，et al.，2017；丁沃沃，等，2012；杨俊宴，等，2014；徐望悦，王兰，2018）。

道路交通包括对公共健康产生负面影响的机动交通和正面影响的慢行交通。机动车尾气是空气污染物的主要来源之一（Giles-Corti，et al.，2016；陈卫红，等，2016；武俊良，等，2015）；同时存在土壤污染和噪声污染（Gillopez，et al.，2017；Mueller，et al.，2017；冯萃敏，等，2015；赵钰，等，2014）。慢行系统包括人行道、自行车道、独立于市政道路的步行骑行道，其连接度、整合度和设施品质对鼓励体力活动具有重要意义（Su，et al.，2016）。绿地和开放空间对公共健康的影响主要体现在规模、布局和植物配置三个方面，对空气污染、噪声和心理压力均有一定缓解作用（王兰，等，2016；2018）。

集中在物质规划可调控的四大要素方面，减少污染源及其人体暴露风险、促进体力活动和交往、提供可获得的健康设施是重要的路径。而作为公共政策的健康城市规划则具有更广泛的维度。相关实证研究揭示了现代健康问题的复杂性和相互关联性，要求制定城市健康政策要比过去具有更加宽广的视野，从传统城市规划对健康问题的关切转变到一个全面的领域（Lawlor，et al.，2003；McCarthy，1999）。因此，健康城市规划的基本原则是跨学科、跨机构和跨部门的合作，共同认识问题和解决问题（Barton，2009）。

5　健康城市规划实践探索

城市规划研究需要为实践提供基础和引导。如果规划或政策本身能够考量到其对健康的影响，那么会改善许多现有的公共健康问题（Sallis，et al.，2016）。由于实践者很难同时兼顾健康的多个议题，需要提供导则，明确规划干预的核心，从而集中应对和优化（Forsyth，2018）。因此，笔者基于理论梳理和实践探索，建议在宏观层面以总体规划为依托，中观层面以城市设计和控制性详细规划为依托，微观层面则以修建性详细规划和景观设计为依托，建构健康城市规划实践的工作框架，将健康融入现有城市规划体系。

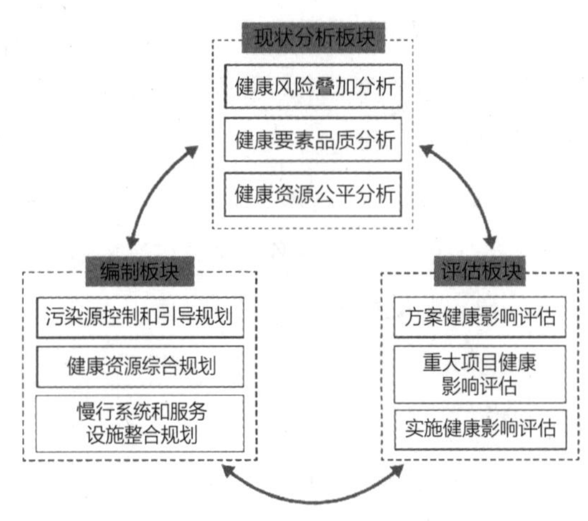

图 3 健康城市规划实践工作框架
资料来源：笔者自绘

具体工作流程和内容包含：现状分析板块建议包含健康风险、健康要素和健康公平三个分析内容；编制板块则以减少污染源及其人群暴露和增加体力活动两个健康提升路径为引导，增设污染源控制和引导规划、健康资源综合规划、慢行系统和服务设施整合规划等内容；并建立方案、重大项目和实施的健康影响评估机制，形成对前面两个板块的反馈和优化（图 3）。

在现状分析中，“健康风险叠加分析”旨在明确建成环境要素对健康的负面效应。可将公共健康的多种影响因素和表征数据进行系统叠加，例如污染源分布、热岛、风环境等建成环境因素，以及社会经济因素、特定疾病高发区域等，综合分析评估研究区域内的健康风险区域，确定城市设计需要改善的重点地段。“健康要素品质分析”旨在明确建成环境要素对健康的正面效应。可分析特定城市现有健康要素对于人群健康的影响，例如绿地和开放空间、街道空间品质等，以便在规划中进行保持和优化。“健康资源公平分析”旨在分析现有健康资源是否满足不同人群的需求。特别是公共健康研究表明疾病多发于社会联系较少或处于较低社会阶层的群体中（Lindheim R，1983）。可开展针对不同人群的健康资源现状分布分析，重点考虑不同特征人群（包括年龄特征、收入特征、居住特征以及职业特征等）对健康资源（医疗资源和体力活动资源）的需求特点，分析不同健康资源设施的现状空间分布及规模匹配情况。

在规划编制中，一方面可基于健康城市相关研究，对已有规划原则进行优化；也可新增特定规划内容。笔者建议新增污染源控制和引导规划、健康资源规划和慢行系统和服务设施整合规划。城市存在不可避免的点状和线性污染源，包括垃圾处理场、大流量的机动车道路等；需特别控制这些污染源与居住和公共设施等人群密集的土地使用性质的距离（例如高速公路两边 100 米内不宜设置学校和住宅），并开展减少污染对人体暴露风险的细节设计（例如交叉口自行车等待区设计可避开机动车尾气）。健康资源综合规划将基于精准人口空间分布数据，对各类医疗服务设施、健身设施和场所、绿地公园等进行按照年龄分段人群进行规划。慢行系统和服务设施整合规划则强调拓展传统慢行系统规划，将慢行与多样的服务设施，基于 POI 进行规划整合。这些是健康城市规划中的部分内容，更多针对健康的规划设计有待基于研究进一步补充。

针对规划方案和实施，可采用健康影响评估（Health Impact Assessment，HIA）作为健康城市规划的闭环的最后一步，可同时反馈影响现状分析和规划编制。根据世界卫生组织，健康影响评估是评判一项政策、计划或者项目对特定人群健康的潜在影响，以及这些影响在该人群中分布的一系列相互结合的程序、方法和工具[1]。可在规划编制初期、过程中和基本完成时开展健康影响评估，对方案进行比选和优化；也可在实施后开展，为类似规划项目提供参考。

基于这样的流程，健康城市规划可在现有规划体系的三个层面展开，其健康城市规划的设计要素和关注点存在一定差异。在宏观层面，总体规划关注城市整体层面系统性的健康要素，例如慢行系统、健康相关服务设施布局、污染源控制与引导等。在中观层面，以街区为空间单元的城市设计和控制性详细规划是主要的承载形式，可关注空间设计品质，满足不同人群健身和互动需求，提升街区活力，增强体力活动和社会交往的频次和时长。在微观层面，已有建成区内的健康社区微更新设计与管治是重要的承载形式；可在此空间层面进行减轻污染暴露、促进体力活动和交往两个方面的细节设计。通过健康融入不同层面规划和多种项目类型，为不同人群提供参与和共建的空间设计和机制，城市规划将可能为干预和提升公共健康提供本质性的解决方案。

6 结语：推进研究与实践的互动

健康城市的实证研究为以证据为基础的实践（Evidence-based practice）提供了支撑，具有研究和实践两方面的巨大潜力；但其挑战在于从研究到设计实践的转换：一方面研究者和实践者的空间尺度和对象存在一定差异；另一方面理论通常是某一方面的点滴突破，而实践者需要涵盖多方面的完整的健康设计考虑，特定研究结论的应用因而不明显和清晰（Forsyth,2018）。加强研究转化（Research Transition）是未来推进的重要方向，相关研究的成果转化可以提高健康研究对于

---

[1] http：//www.who.int/hia/about/en/Last printed 9/26/2018 6：50：00 AM。

城市规划决策的影响力，进而可能解决许多全球性的健康问题。针对基于模型和证据的有效的知识交换的建议包括：对于证据的使用应当适用于特定的背景环境；知识生产者和使用者之间的持续伙伴关系等（Sallis，et al.，2016）。

同时，研究者之间开展跨学科的协同创新研究也存在专业术语和知识边界的壁垒。规划教育本身也尚未将公共健康相关的知识和分析方法纳入现有课程体系；医学（包括公共卫生专业）也没有向学生提供关于土地使用规划和城市管理的知识。专业学者之间对于彼此的研究基本原理和实践操作均缺少理解。

面对严峻的全球性健康挑战，城市规划是多层次、多部门协同应对机制中的重要一环。正如 Patsy Healey（2017）指出，规划的政治学就是关于解决处理场所品质，应关注影响这些品质的决策过程，并且抓住会影响地方决策的宏观政策限制和机会。因而在创建健康城市过程中，迫切需要建立适宜的法律、行政以及技术性城市规划设计框架（Gilescorti，et al.，2016）。现有规划编制和实施体系刚开始将健康纳入其考虑内容和重要使命，在机制和认识论方面均需要有所改变。

因此，城市规划仍在“寻找回到健康本质的道路”（Corburn，2009）。存在的困境包括研究转化为实践的难度、跨学科研究的障碍、体制机制支撑和健康纳入规划意识的滞后等。虽然存在着复杂性和不确定性，规划设计的干预可以使建成环境更加健康。从起源于改善基本卫生条件的城市规划，一直致力于保障公共健康的基本底线。当前面临着针对健康的回归和提升，迫切需要跨学科研究的推进，以居民身心健康为核心，对现有规划原则和指标进行优化，并推动跨部门合作和规划工作机制调整，从而在规划师力所能及的范围内，提升公共健康水平。本文尝试理清概念，提出健康城市规划的理论框架和内涵，并为规划纳入健康理念提供了基本工作框架，力求推进从理论到实践的互动，为“健康中国”建设提供城乡规划学科的创新应对，也为健康作为品质规划的重要维度提供理论和实践基础。

感谢在本文撰写过程中，美国伊利诺伊大学张庭伟教授、同济大学吴志强教授的指导；感谢研究生孙文尧、蒋希冀的协助。

参考文献

[1] Constitution W H O. Basic Documents[J]. Geneva：WHO，1948.

[2] Evans G W. The built environment and mental health[J]. Journal of urban health，2003，80（4）：536-555.

[3] 中国城市规划学会．持续发展 理性规划——2017 中国城市规划年会论文集 [M]. 北京：中国建筑工业出版社 .2017.

[4] City of New York，Active Design Guidelines：Promoting Physical Activity and Health in Design[S]. 2010.

[5] Jones，MM. Protecting Public Health in New York City：200 Years of Leadership；1805 - 2005. 2005. http：//www.nyc.gov/html/doh/downloads/pdf/bicentennial/historical-booklet.pdf

[6] Cutler D，Miller G. The role of public health improvements in health advances：the twentieth-century United States. Demography. 2005，42（1）：1-22.

[7] Giles-Corti，B.，A. Vernez-Moudon，R. Reis，et al. City planning and population health：a global challenge[J]. Lancet，2016，388（10062）：2912-2924.

[8] FORSYTH A N N. EVIDENCE-BASED PRACTICE[J]. Healthy Environments，Healing Spaces：Practices and Directions in Health，Planning，and Design，2018.

[9] Healey P. Planning through debate：the communicative turn in planning theory[J]. Town planning review，1992，63（2）：143.

[10] De Leeuw E，Skovgaard T. Utility-driven evidence for healthy cities：problems with evidence generation and application[J]. Social Science & Medicine，2005，61（6）：1331-1341.

[11] Barton H，Grant M，Mitcham C，et al. Healthy urban planning in European cities[J]. Health Promotion International，2009，24（suppl_1）：i91-i99.

[12] Barton H.，Grant M.. Healthy Cities Phase 4 Review[J]. Journal of Urban Health，2010.

[13] 张雅兰，王兰．健康导向的规划设计导则探索：基于纽约和洛杉矶的经验 [J]. 南方建筑，2017（4）：15-22.

[14] 傅华，李枫．现代健康促进理论与实践 [M]. 上海：复旦大学出版社，2003.

[15] WHO EURO[C]. Healthy Cities around the world：An overview of the Healthy Cities movement in the six WHO regions[C]. International Healthy Cities Conference. Belfast，2003.

[16] Duhl L J, Sanchez A K, World Health Organization. Healthy cities and the city planning process : a background document on links between health and urban planning[R]. Copenhagen : WHO Regional Office for Europe, 1999.

[17] Groenewegen P P, van den Berg A E, Maas J, et al. Is a green residential environment better for health? If so, why?[J]. Annals of the Association of American Geographers, 2012, 102 (5): 996-1003.

[18] Larry, Durstine, Benjamin, et al. Chronic disease and the link to physical activity[J]. Journal of Sport & Health Science, 2013, 2 (1): 3-11.

[19] Mackenbach J D, Rutter H, Compernolle S, et al. Obesogenic environments : a systematic review of the association between the physical environment and adult weight status, the SPOTLIGHT project[J]. Bmc Public Health, 2014, 14 (1): 1-15.

[20] Wu Y T, Prina A M, Jones A, et al. Land use mix and five-year mortality in later life : Results from the Cognitive Function and Ageing Study[J]. Health & Place, 2016, 38 : 54-60.

[21] Weng M, Pi J, Tan B, et al. Area Deprivation and Liver Cancer Prevalence in Shenzhen, China : A Spatial Approach Based on Social Indicators[J]. Social Indicators Research, 2017 : 1-16.

[22] Xu Y, Ren C, Ma P, et al. Urban morphology detection and computation for urban climate research[J]. Landscape & Urban Planning, 2017, 167 : 212-224.

[23] 丁沃沃，胡友培，窦平平．城市形态与城市微气候的关联性研究 [J]. 建筑学报，2012 (7): 16-21.

[24] 杨俊宴，张涛，谭瑛．城市风环境研究的技术演进及其评价体系整合 [J]. 南方建筑，2014 (3): 31-38.

[25] 徐望悦，王兰．呼吸健康导向的健康社区设计探索——基于上海两个社区的模拟辨析 [J]. 新建筑，2018(2).

[26] 陈卫红，曹丽敏，刘跃伟，等．空气细颗粒物与呼吸系统的健康损害 [J]. 公共卫生与预防医学，2016，27 (3): 1-4.

[27] 武俊良，任玉芬，王雪梅，等．城市道路径流的排污特征 [J]. 环境科学，2015，36 (10): 3691-3696.

[28] Gillopez T, Medinamolina M, Verduvazquez A, et al. Acoustic and economic analysis of the use of palm tree pruning waste in noise barriers to mitigate the environmental impact of motorways[J]. Science of the Total Environment, 2017, 584 : 1066-1076.

[29] Mueller N，Rojas-Rueda D，Basagaña X，et al. Health impacts related to urban and transport planning：A burden of disease assessment[J]. Environment International，2017，107：243.
[30] 冯萃敏，米楠，王晓彤，等．基于雨型的南方城市道路雨水径流污染物分析 [J]. 生态环境学报，2015（3）：418-426.
[31] 赵钰，单保庆，张文强，等．子牙河水系河流氮素组成及空间分布特征 [J]. 环境科学，2014，1（1）：143-149.
[32] Su S，Zhang Q，Pi J，et al. Public health in linkage to land use：Theoretical framework，empirical evidence，and critical implications for reconnecting health promotion to land use policy[J]. Land Use Policy，2016，57：605-618.
[33] 王兰，廖舒文，王敏．影响呼吸系统健康的城市绿地空间要素研究——以上海市某中心区为例 [J]. 城市建筑，2018（9）.
[34] Lawlor D et al. The challenges of evaluating environmental interventions to increase population levels of physical activity：the case of the UK National Cycle Network[J]. Journal of Epidemiology and Community Health，2003，57：96-101.
[35] McCarthy M. Transport and health.[M]//Marmot M，Wilkinson，R，eds. Social determinants of health. Oxford：Oxford University Press，1999.
[36] Sallis J F，Bull F，Burdett R，et al. Use of science to guide city planning policy and practice：how to achieve healthy and sustainable future cities[J]. The lancet，2016，388（10062）：2936-2947.
[37] Lindheim R，Syme S L. Environments，people，and health[J]. Annual review of public health，1983，4（1）：335-359.
[38] Healey P，Cars G，Madanipour A，et al. Transforming governance，institutionalist analysis and institutional capacity[M]//Urban governance，institutional capacity and social milieux. Routledge，2017：20-42.
[39] Corburn J. Toward the healthy city：people，places，and the politics of urban planning[M]. Mit Press，2009.

张松
单瑞琦

张松，同济大学建筑与城市规划学院教授，中国城市规划学会学术工作委员会委员、城市规划历史与理论学术委员会副主任委员、历史文化名城规划学术委员会委员

单瑞琦，同济大学建筑与城市规划学院博士研究生

美好城市与城市设计 *

1 美好城市，一个乌托邦梦想?

“什么能造就一个好的城市? ” 这是凯文·林奇在《城市形态》(Good City Form) 一书开篇就提出的问题。由于城市的复杂性、价值标准的差异性和历史文化的多样性，判定一个城市的好坏似乎也是一件相当困难的事情，以至于他自己都不得不调侃道：这也许是个毫无意义的天真的问题。

在他更早的 (1960 年)、更为我们所熟悉的《城市意象》中，他已经发现：“美丽愉悦的城市环境非常稀少，有人甚至认为它不可能存在。没有一个比村庄大的美国城市拥有完整的精致景观，几个小镇也只是有一些漂亮的街区。可惜大多数美国人并没有意识到这种城市环境的重要意义。他们……并不清楚和谐城市环境的价值所在。……如果这一切能成为日常生活的一种愉悦和居住的永久港湾，或是成为丰富多彩世界的一个组成部分，生活将会变成什么样? ” (凯文·林奇，2001a)

虽说对于什么是好的城市，不同利益群体、个体可能会有不同的理解，对美好城市的感受和认知可能会因人而异。但如何共同维护和塑造一个好的城市，应当是规划师、管理者和市民所必须面对的现实问题。而在快速发展和高速度城市化进程中，城市环境品质塑造、维护、提升与管理问题，是众多城市比较忽略的一个重要方面。

城市品质是城市物质空间环境和地域人文精神的综合反映，良好的人工环境不仅关乎美好人居环境塑造和城市生活质量提升，而且有助于提升城市的综合竞

* 本文相关研究得到国家自然科学基金项目（51778428）的资助。

争力，在促进旅游休闲、文化交流和经济发展等方面有着积极作用。建成环境的品质与城市的历史、文化、生活密切相关。想要做出有助于营造好的城市的高品质规划和决策，需要尊重不同群体的价值观和利益诉求。作为发展资源和条件，好的城市、或者说好的建成环境，应当由谁来评估认定？又由谁来维护管理？当然，与之相关的问题也需要展开理论研究和学术探讨。

凯文·林奇认为：将城市作为一种空间现象研究的理论分支主要有三，第一个分支为“规划理论”，研究怎样制定或者应该怎样制定复杂的城市发展策略，由于其涉及面广，因而又称为“决策理论”；第二个分支为“功能理论”，侧重于城市本身，试图解释为什么城市会是这种形态，以及这种形态是如何运转的；第三个分支为“一般理论”，用于处理人的价值观与居住形态之间的一般性关联，也就是如何认定好的城市，而这一支是发展得比较弱、需要特别关注的理论。《城市形态》一书也正是他聚焦这一问题的代表性学术成果。书中认为，“城市的形态，它们的实际功能，以及人们赋予形态的价值和思想，形成了一种独特的现象。因此，城市形态的历史绝不能只是对几何街道肌理转变的描述。……城市形态的历史也不能只是对国家政权力量后市场作用的描述。决策过程是具有累积性的，不论是好或坏，都会留给下一代和未来的居民。聚落形态的产生总是人的企图和人的价值取向的结果，但它的复杂性和惰性常常隐藏在这些关系的下面”（凯文·林奇，2001b）。

回顾历史，20世纪上半叶，谋求施加秩序以及稳定的力量在转变，多样性、复杂性是当代城市的重要特点。而以霍华德等人为代表的更早的传统观点认为，“城市将代表一个更加公正与平等的社会秩序的价值观，城市将开启社会变革的进程”（琼·希利尔、帕齐·希利，2017）。因而，好的城市具有宜居性、可识别性、良好的公共空间和公共生活等共同特征，能够保障充足的社会供给以实现社会繁荣和公正，并保持文化的多样性和包容性。

林奇在关于城市形态一系列研究中，强调了城市形态的生态价值、文化意义、美学感受，对通过城市设计来管理变化（Managing Change）的策略和方法展开了深入的探索。1976年，他在《此地何时：城市与变化的时代》（What Time Is This Place?）中，针对城市规划应对变化的重要性和管理变化的设计策略做了深入系统的分析研究，阐述了时间意象的质量对个人幸福感至关重要性，同时也取决于我们是否能够成功管理建成环境的变化。强调“对变化实施管理，目的是为了达到更满意的状态，或至少避免向糟糕的方向发展。”（凯文·林奇，2016）

我们今天确立的创新、协调、绿色、开放、共享五大发展理念，是针对我国现阶段发展中的突出矛盾和问题而制定的。这样的发展理念有助于修补快速增长在建成环境和文化景观中造成的空白与隔阂，重新审视城市的本质和意义，并积极寻找实现美好城市的方式和路径。

2 建成环境与美好生活相关性

近年来，行业内外似乎已达成一个普遍共识，这就是中国城市发展已从快速扩张时期转变进入追求品质的存量规划阶段。但是，存量规划不应只是存量土地再开发的规划问题，而是包含建筑、空间、环境和人在内的综合性资源保护、利用和管理相关策略机制系统问题。简而言之就是建成环境（Built Environment）的规划管理。要实现城市美好生活的目标，当然不是将“城市规划”替换为“城市设计”，将“城乡规划”改为“空间规划”就能够立刻奏效的。在存量发展时期，需要对城市建成环境有全面系统的认识和把握。

建成环境，与人造环境（Man-made Environment）、历史环境（Historic Environment）等概念比较相似。新马克思主义空间理论家大卫·哈维针对“人造环境”概念指出：这个概念是一个复杂的复合商品，它由无数不同要素组成：道路、运河、码头和港口、工厂、仓库、下水道、办公室、学校和医院、住宅、商店等，每一个要素都是在不同条件下、依据不同规则被生产出来的。因此，“人造环境”是一个总的简化概念，是在我们详尽探究其生产和使用过程的时候需要马上进一步解析的概念。他认为，人造环境是长期存在的、难以改变的、空间上不流动的、并经常吸收大量粗糙的投资（大卫·哈维，2017）。

城市建成环境与人们的生活、社会生产和环境生态的关系越来越密切。“很多原因能够说明改变建成环境是很紧要的，但是对于大部分人来说没有比能够促进经济增长更重要的了。经济增长是大部分人拥有个人成就感、创造社会和个人财富、缓解全球紧张局势和保护环境的基本需求之一，但并不广为人知的是建成环境——住宅、办公楼、制造厂、高速公路、运输线路、公园、政府大楼、电厂和其他所有基础设施——在支撑着它们，在我们的经济中扮演着重要的角色”（克里斯托弗·莱茵贝格尔，2017）。但是，“专业人士几乎全身心都放在新的发展上，对环境的衰退很少关心”（凯文·林奇，2016）。

“事实上，污染、环境、生态与生态系统、发展及其后果，把关于空间的问题粉碎并掩盖了”（亨利·列斐伏尔，2015）。显然，我们这些年的城市规划及管理，以支持地方政府快速发展为基本取向为前提，更多地关注于土地利用和土地开发，对空间问题、环境问题和社会问题没有给予同等程度的重视。

据说“美国梦”的中心思想是借助知识的应用，并通过广泛的科学探索方法来理解，社会将向着更加公平、繁荣、民主的方向发展（琼·希利尔，帕齐·希利，2017）。而实际上，在美国，由于城市贫穷问题和内部不平等现象日趋严重，甚至让一部分人产生了“美国梦还做吗？”的疑惑。美国土地战略规划专家克里斯托弗·莱茵贝格尔甚至认为，“下一个美国梦是与新出现的经济形式一起出现，基于市场想要建成环境能够为人类提供选择的认识的基础上产生的，并且在环境、财政和经济方面更加可持续”，“那些不能提供适宜步行生活的大都市地区可能是注定要失去经济发展的机会，创意阶层将被吸引到在生活安排上能提供多种选择的大都市区域”（克里斯托弗·莱茵贝格尔，2017）。

从空间生产的角度看，人造环境是长期存在的、固定于空间的、复杂的复合商品，其中的各个单独组成要素可能会被完全不同的利益者生产、维护、管理和拥有。坦白地说，这里存在着一个协调的问题，因为错误弥补起来非常困难，而且个体生产者也许不会总是去采取行动来生产空间中诸要素适当的混合（大卫·哈维，2017）。并且，城市的文化个性和城市精神是一个历史性的形成过程，与其动用智力提炼城市精神的精妙表述，不如通过有机更新和城市修补，实实在在地改善物质空间和建成环境，而改善这一策略目标的基本维度就是环境品质。

3 空间生产与城市权

法国哲学家亨利·列斐伏尔在1968年5月的学生和工人运动前夕出版了《城市权》（进入都市的权利，The Right to the City）一书，企图勾画影响甚大的城市化以后资产阶级哲学是什么样的。其大部分在以后被列斐伏尔在其名著《空间生产》（1991）中进行了扩展。他认为城市是一个作品，这个作品是所有市民参与形成的（唐·米切尔，2018）。

列斐伏尔认为，“凡是与‘真实’相关的，在其中，空间就不再是中性的和‘纯粹’的了。在真实的空间的问题构成和认识论的空间（比如中性的）的问题构成之间，它已经拉开了一段距离”。列斐伏尔坚信，空间是一种社会性的产品，空间的政治维度是无法回避的。“空间不再是一个被动的地理学的中心，或者一个空间的几何学的中心。它变成了工具性的”（列斐伏尔，2015）。

巴黎第八大学雷米·埃斯（Remi Hess）教授在列斐伏尔《空间与政治》的序言中指出，“空间应当被当作一个总体来考虑，我们应当在它的复杂性中接近它，并在这种复杂性中展开对它的批判。那些关于空间、景色、乡村和城市的描述性作品则不再重要。它们都是通过剪裁形成的。它们仅仅是空间中所存在的事物的清单而已。列斐伏尔期望展示出一种物质空间、精神空间和社会空间之间的理论统一性，每一种社会都会生产出自己的空间，伴随着一种世界性的（Mondial）空间的出现，都市，作为积累的摇篮、财富的场所、历史的主体、历史空间的中心，就发生了分化（éclaté）。”

城市成为了不平等的产物和不平等的再生产者，这种对空间的理解已经摆脱了把空间作为一系列事情发生背景的观点。相反，空间在构建社会关系的同时社会关系也持续地对空间进行生产和再生产（艾伦·哈丁，泰尔加·布劳克兰德，2017）。“不动产，被动产化了，也就是变成了流动的财富，被卷入了交换的洪流中，卷入了金钱和资本的洪流与退潮中”（列斐伏尔，2015）。

城市权暗含使用城市空间的权利，在城市居住的权利。简单来说，保护住房权也许不足以保护城市权，但这是走向保护城市权的一个必要的步骤。住房权是使用城市的形式，这也是为什么列斐伏尔很痛苦地将这种权利和财产权分割开来。对于财产权它是一种异化的权利，是由暴力支持的异化的体现（唐·米切尔，2018）。

因此，无论是旧区改造还是城市更新，或者是遗产保护，都应当将尊重和保障本地区住户的居住权利放在首位。不然历史保护就成了另一个“迁移穷人”的幌子，一种诱惑中间阶级回归的策略。除非现有居民能够选择继续住在改造后的建筑内，否则复原就是不公正的。如果他们有这个权利，那么改造的性质就大不相同（凯文·林奇，2016）。

4 “千城一面”景观的必然性?

在建筑学、城乡规划学和景观学分离出来成为一级学科以来，城市设计在城乡规划学科内外已成为了最热门的学术话题。然而，与城市设计关系密切的“景观”、“城市景观”等专业用语却依然处在被忽略的位置。在1998年发布的国家标准《城市规划基本术语标准》GB/T 50280—1998中并没有“景观”一词，也没有“城市景观”。只是在定义“绿地”和“城市绿化”这两个用语时，有“美化景观”、“美化城市景观”的描述；而在“竖向规划”这一词条下，有“为满足道路交通、地面排水、建筑布置和城市景观等方面的综合要求……而进行的规划设计”的解释，“城市景观”被列在多项实用功能的专业用语之后。

显然，在国内城乡规划学科领域，“景观”还不是特别重要的专业术语，在风景园林学科使用较为普遍，在城市设计及其相关分析研究中也有较多使用。然而，“建筑和景观二者都是具有作为人类活动背景的功能的审美对象来说，它们是很相似的。倘若根据景观的广义的地理学意义，它既包括自然景观也包括人造景观，那么，景观和建筑之间的区别，似乎只是程度上的问题。建筑的审美对象，是个体的建筑物和其他的人造成分，而景观的审美对象则被从总体上定义为包括整个景致，内含许多建筑物、人造物和自然物，也包括人”（史蒂文·布拉萨，2008）。

在景观建筑学（Landscape Architecture，又称景观学）行业中，相应的审美对象应该包括对建筑的审美对象的扩展，不仅包括建筑物和其他人造物体，而且包括整个景致：即景观。然而，不幸的是，经常有这种情况：在贯彻关于建筑审美对象的规则的意义上，景观建筑不包括建筑物。经常是，景观建筑学在建筑完成后的地方开始，经常用植物来美化（或者说掩盖）建筑的多余部分。借用杜威（John Dewey）关于艺术和文明之间的关系的评论来说，景观建筑学似乎是建筑的美丽会客厅（史蒂文·布拉萨，2008）。这一现象，在中国城乡规划学和景观学等专业领域似乎更为严重。

不幸的是，在经济全球化、城市现代化进程中“千城一面”已成为必然趋势。一方面，城市要在经济发展和合作竞争中尽可能融入世界潮流；另一方面，需要坚守自身的文化特色和城市个性。毫无疑问，全球化有积极的一面，即开放性和宽容性，但是缺点也十分明显，它可能造成城市文化特质的雷同。正如亨利·列斐伏尔所指出的：事实上，整个社会生产出了“它的”空间，或者如果人们愿意这样说的话，整个社会生产出了“一个”空间。中国在城市化快速发展时期，街道景观、城市风貌、规划设计乃至产业结构都出现同质化趋势，同质化还带来了城市文化精神的消解。

城市是欧洲文化的主要载体，文化多样性形成了欧洲多元的城市景观。在欧洲国家，景观被作为人类发展过程中出现的不同的文化轨迹对待。通过城市设计维护历史景观的完整性与延续性，欧洲的景观政策和景观管理经验值得我们学习借鉴。欧盟景观政策文件《欧洲景观公约》（2000）中对“景观”的定义是，“被人们感所知的一个区域，其特征是自然因素和/或人为因素作用和相互作用的结果”，涵盖自然的、农村的、城市的和城郊的地区，包括土地、内河和海洋地区。公约强调，景观是人们所处环境的基本构成，是欧洲共同的文化遗产和自然遗产多样性的表达，也是人们身份认同的基础（Foundation of Identity）。

《欧洲大陆的空间可持续发展指导原则》（2000）进一步明确了景观在可持续发展空间中的重要性，文件指出“可持续的空间发展政策与经济和社会需求以及生态和文化功能密切相关，欧洲景观的多样性在欧洲可持续的空间发展中具有不可估量的潜力。在欧洲的发展规划和政策中，景观的价值和意义得到了充分体现，一些国家将历史景观作为国家资产进行保护管理”。良好的自然环境景观、乡土地域景观、历史城市景观等，在国土规划、空间规划和地方规划等不同层面的规划体系中均得到有效地维护与管理（张松，镇雪锋，2017）。

长期以来，我国的城市景观问题被规划设计及管理所忽视，被全球化浪潮所席卷，或者是成为了消费文化的符号标志。今天，景观的概念与资本主义对待土地的态度具有意识形态上的联系。土地变成了只不过是生产的另一种要素，一种资本形式，对它的所有者和使用者没有特殊的意义，也没有特殊的联系（史蒂文·布拉萨，2008）。

大卫·哈维认为，“在任何一个时刻，人工环境都显示为一个景观的重新描绘，这个景观按照历史发展不同阶段的不同生产模式而相互匹配。”关键问题是，在资本主义的条件下，人工环境必须“设定为一种商品的形式”……一种景观是否有用的决定性因素是它的使用价值，建筑物、社区、邻居、区域可以是价值主体，就像市场条件的变化，以及随着资本连续寻求空间修复，其他领域的发展变得对资本更加有吸引力，从而导致价值主体快速贬值（唐·米切尔，2018）。

5 规划的失败，还是失败的规划?

在城市化高速发展之后，城市环境品质和城市文化特色受到越来越多的关注，这也许是因为进入城市世纪，越来越多的人生活在城市，与城市的关系越来越密切，城市建成环境的状况直接影响到每一个人的日常生活。2017 中国城市规划年会围绕“持续发展、理性规划”的主题，聚焦研讨高质量、更加公平的可持续发展规划，以及逐步解决发展中的不平衡不充分问题。同期，中国城市规划学会学术工作委员会编撰出版了《理性规划》，呼唤并倡导中国城乡规划理论和实践中的理性回归（中国城市规划学会学术工作委员会，2017）。

历史上，传统的城市规划学将理性与情感对立，认为规划应该是着眼未来的理性行为。自 20 世纪 50 年代以来，理性规划（Rational Planning）一直是规划学的范式：源自安德斯·弗洛狄（Andress Flaudi）的实质性与程序性谱系，理性规划的假设是规划是技术性、非政治行为。欧内斯特·亚历山大（Ernest Alexander）认为无论是纯粹还是实践理性，规划的理论探索与各种实践的核心是“理性”。因此，规划一定是理性行为，不理性的规划是自相矛盾的（李娜，2017）。

到 20 世纪 80 年代后期，规划理论已经成为了语言不同、纷争四起的巴别塔。几乎所有的理论者都不为实践者所看懂。就其自身而言，规划理论已沦为一种程式化的固定舞步。而规划实践的特征：其一，它已深深地演变为政府的一种工具，只是为了使政府的行为变得合法化进行服务而已；其二，它已愈加服务于私人业主在土地开发当中的利润增长（Michael J. Dear，2004）。规划师沉浸在自我惯习的语境中，正如鲍勃·博勒加德所述，“规划……毫无差别地悬停在其有效性存在问题的现代感性与严重挑战着规划基本假设的后现代真实性之间”（琼·希利尔，帕齐·希利，2017）。

列斐伏尔对城市规划的批评更为猛烈，他指出：“过去，城市规划学既不属于科学，也不属于实践，它仅仅是通过散布意识形态的密云，才成功地‘确立’起来了（变成了一种制度）。这一点不让人感到震惊吗？城市规划只有依靠一种十分敏锐的批判性思想，才能够摆脱处于统治地位的那种强制性意识形态”（列斐伏尔，2015）。

在中国，以往的规划管理依靠指标约束，即以人均指标来审查规划方案的合理性，并批准实施规划。“人均指标”的评价方法是将城市作为一种均质的物体看待，无论新城、还是旧区，山地城市、还是水网都市都是一个模式。正如彼得·霍尔所指出的，城市规模究竟多大才具有可持续性的问题既复杂又有争议性。比城市规模大小更重要的是城市的“内部组织”（Internal Organisation），这与城市的形式、过程、管理和城市更新的本质有关（安德鲁·塔隆，2017）。

现在，为了提高城乡规划的科学性，定量分析研究的方法得到广泛的重视，大数据和人工智能在大型规划设计项目中的应用越来越普遍。在城乡规划分析研究中多以大数据分析结论替代对日常生活中实际问题的观察，一些规划师和管理者忽略了在城市规划中大数据应用的局限性，大数据分析对个体差异和场所空间的特质的忽视，将它们进行简单化、扁平化的处理，忽略了每一人的个性差异和不同场所的特征。“很明显，设计中包含着一种冒险，即用书画（Graphisme）来代替物体，特别是代替人、代替身体、代替他们的姿势和行为”（列斐伏尔，2015）。

大卫·哈维针对“城市是一部增长机器”这一现象做过深刻的剖析，指出“为了积累而积累，为了生产而生产”是资本主义的迫切需求（大卫·哈维，2017）。1978 年以来，“为增长而规划”成为了中国高速经济增长和快速城市化时期的规划范式（吴缚龙，2015）。问题是进入新时代，“我国社会主要矛盾已经转化为人民日益增长的美好生活需要和不平衡不充分的发展之间的矛盾”（十九大报告，2017）。规划学者张兵博士在《国家空间治理与空间规划》一文中指出：“规划体系的变革，前所未有地同国家的改革进程深入密切地联系在一起”，并且，“全球视野之下，建设美丽中国，推进生态文明，形成绿色发展方式和生活方式，是国家空间治理的基本的价值导向”（中国城市规划学会学术工作委员会，2017）。

显然，城市规划行业需要通过改革和发展来尽快适应新时代的要求，与此同时，规划师也要认清自身的地位和作用。规划师应当“认知到场所、人与知识的多重性和多样性”，由此“重新定义空间规划师的角色——从拥有上帝看世界的视角、无所不知的规划专家的现代主义角色，变为在土地管理方面对不同群体、声音和愿望进行识别和调解的角色”（琼・希利尔，帕齐・希利，2017）。

而且，“作为国家工具一部分的城市规划。……城市规划师只是在错综复杂的国家权力工具中占据着一小部分位置。国家中权益冲突和需要的内在化通常使官僚机构之间剑拔弩张、各级政府或行政机关相互对抗，甚至在同一官僚机构中不同部门也争执相悖”。“规划师的任务是对社会再生产的过程做出贡献，结果就是规划师就具备了相对于人造环境生产、维护和管理而言的权力，这使他或她为了稳定而进行干预，为了‘平衡增长’创造条件……为了能够成功实现这些目标，作为一个整体的规划过程（在这一过程中规划师只会完成一组任务）必须是相对开放的”（大卫・哈维，2017）。

6 城市设计的范式转型

1956 年在美国哈佛大学设计研究生院召开的有关城市设计的会议，是现代城市设计诞生的标志性事件。与会者一致认为，20 世纪中叶的知识体系进一步分割了“建造的艺术”和“规划的系统性”，并认为“城市设计”是规划体系的一部分，是一个特殊阶段，“是城市规划中最具创造性”的阶段（亚历克斯・克里格，威廉・S. 桑德斯，2016）。

人们普遍认为，“在新世纪，城市设计对提高城市竞争力，促进城市健康、可持续发展的意义不言而喻。一个卓有成效的城市设计，它的运作实效不仅仅局限于美化城市环境、改善城市物质空间形态、提高人们生活质量，而且对促进城市经济复苏、塑造城市形象、吸引内外投资、增加就业岗位、繁荣城市文化等都具有重要作用。20 世纪 70 年代以来，城市设计在许多国家获得了长足发展，在政府权力、法律法规和公共政策的保障下，城市设计制度也开始得以推行和完善”（唐燕，吴唯佳，2009）。

对专业人士而言，城市设计并不是一个新的概念，只是一些人以为城市设计具有创新性，做出的设计方案往往以追求新奇甚至怪异为潮流，以此来迎合地方政府所谓的“一百年不落后”的权力愿景。早在 1974 年，美国著名城市设计师乔纳森・巴奈特（Jonathan Barnett）就写过一本关于城市设计的书，书名为《作为公共政策的城市设计》，围绕以他为首的城市设计小组在纽约市的城市设计实践，生动地阐述了关注真实生活环境的城市设计，社区参与历史环境保护实践探索。如今，在众多城市领导者都想把自己的城市打造成为纽约曼哈顿的时候，倒是需要认真学习一下 40 多年前纽约这个大城市的城市设计实践经验，诸如通过公共政策制定管理城市整体环境，保护历史地标和城市景观、维护社区网络和保护公共利益，今天来看，这些内容依然是我国的城市设计实践中比较欠缺的方面。

城市化并不意味着高楼大厦的“堆砌”，存量发展时代需要高度重视空间的社会性和空间形式的多样性，而如何“管理变化”（Managing Change）应当成为城市设计范式转型（Shifting Paradigm）的必然选择。日本著名城市设计家西村幸夫认为，“在‘城市设计’这一词汇诞生之前的时代，可以说规划形成的空间就是权力者意志的表现，或者说是理想之乡的表现”。这些宏伟工程，“有一个共通点，就是将城市当作万能之物，城市改造是当时的政治经济状况中的一个方向性选择。它们与‘设计’一词含有的务实的可操作性、非空想主义的、追求形式的观念有很大的隔阂”（西村幸夫，1999）。

事实上，步行道、城市广场、行人、交通堵塞、阳台、林荫大道、大道、河堤，甚至街道，这些词不是首创于 17 世纪的法语，就是在那里首次获得现代的意义。17 世纪初，“在巴黎，只有当公共建筑不再仅仅用于纪念，这些建筑才会变得重要。巴黎最早的绘画一次次地告诉我们，这座城市之所以重要，是因为它不仅仅是一系列大建筑的集合，也远不只是一个商贸中心。巴黎是一座新的首都，一座城市结构能够鼓励居民走出家门，在街上享受的首都。在巴黎，无论来自哪里的人们能够自由融合”（若昂·德让，2017）。

不幸的是，在 20 世纪的环境设计中有一种以损害传统的——特别是前现代的——设计价值为代价的过分强调创新的趋势。建筑和设计的现代主义运动的这种趋势，已经导致了过量的不成功的创新尝试（史蒂文·布拉萨，2008）。还有一些规划师假设，“文化变革是可以通过提供改善了的居住条件和……教育、医疗等设施而诱导出来的”，这是设计谬误（Design Fallacy），一种认为城市设计可以塑造人类行为的谬误，这种谬误浓烈地充斥于城市规划之中（兰德尔·奥图尔，2016）。

目前，在我国城市设计还属于非法定规划，国家层面城市规划法规中并没有针对城市设计的规定。1991 年颁布的《城市规划编制办法》描述性地提及“在编制城市规划的各个阶段，都应运用城市设计的手法”，2006 年施行的《城市规划编制办法》则去掉了相关内容（唐燕，吴唯佳，2009）。在中央高层高度关注城市特色消失、“城市病”泛滥、都市乡愁无处安放等发展中出现的新问题以后，住建部于 2017 年 6 月 1 日起开始施行《城市设计管理办法》（部颁规章）。

我们期望今后的城市设计实践需要转变观念，以城市市民为主体，环境品质为目标。城市设计思维和范式，应当从全面设计未来愿景方案向建成环境的变化管理方面转型。通过城市设计管理建成环境“变化”，维护城市空间环境的整体意义。

城市设计不仅可以使场所更具吸引力，更有效率，并且可以提升建成环境的经济价值。设计作为城市生活的重要方面，其贡献不局限于城市的基本功能和审美需求，也在更广泛地推进经济、社会和文化变革。城市景观保护、营造和管理，需要在城乡规划机制体制中充实完善，而通过城市设计维护管理城市景观的多样性与延续性，欧盟的景观政策和景观管理经验值得我国学习借鉴。

7 从名城保护走向城市保护

1982 年，国家建立历史文化名城保护制度，至今国务院已公布 134 个国家历史文化名城。依照相关保护法规，历史文化名城保护重点包括历史城区（老城区）、历史文化街区（历史文化风貌区）、文物保护单位和历史建筑三个层次。三个层次的建成遗产（Built Heritage）都得到有效保护的历史文化名城恐怕为数不多。这其中原因比较复杂，但在城乡规划管理机制中，历史文化名城保护越来越被边缘化的现象也是十分明显的问题。

城市保护的概念却形成于法国大革命之后，并随着 19 世纪欧洲新的社会和经济秩序的出现而得以发展。19 世纪末 20 世纪初，历史城市才最终被确认为现代意义上的遗产类型。而历史城市的保护进入规划师和建筑师所关注的视野也是在 20 世纪后半叶，首先是在欧洲，后来逐渐扩展到其他地区（弗朗切斯科·班德林、吴瑞梵，2017）。

现代形成的城市保护政策是以对城市肌理所具有的历史价值的认可、对城市结构和形态的理解以及对其背后复杂的历史性层积（Historic Layering）过程的了解为基础。《华盛顿宪章》（1987）指出："真实性"不仅仅与物质性结构和它们之间的相互关系有关，同时也与环境及周边地区，以及城市随时间推移获得一系列功能相关。

2005 年的《维也纳备忘录》（Vienna Memorandum）对此前 20 年来现代城市保护范式进行回顾和总结。指出历史城市内部和周边地带出现的越来越多的现代建筑或高层建筑，对世界遗产城市的"视觉完整性"构成了威胁，并对这一日益凸显的现象表示担忧。城市遗产保护，既要保护历史景观的视觉环境特征，还要维护与之关联的历史文脉及场所精神。要实现这一目标，改善和提升居住环境质量以保持历史地区的活力，通过环境改善和功能引导来维护社会网络结构的稳定性等政策性措施不可或缺。

泛义的城市遗产，既包括那些已经得到广泛认可、代表宏大叙事的重要纪念物和历史地标，也包括承载集体记忆，与市民日常生活密切相关的普通建筑、街巷景观以及社区遗产。目前，在历史文化名城保护规划中更要关心后者，或者说所有的城市都要关心自己的历史、文化和记忆，注重城市遗产的保护管理。通过城市保护提升环境品质，促进城市的可持续发展。每一条街巷，每一个街区都有自身的个性和特质，都需要挖掘文化内涵、保护集体记忆、再生建成遗产。

“21 世纪城市的主流趋向和美学底蕴，将始终体现在返璞归真、回归自然和追求舒适宜人的生活空间中”，“如果说历史文化保护（Historic Preservation）还只涉及一些名城古镇的话。而关系到生态、环境、社会、地方个性的城市保护（Urban Conservation）则是每个城市（包括新开发区）必须关心的大事”（张松，2002）。城市保护具有过去我们不曾认识到的可持续发展战略上的重要意义，城市保护对保持良好的城市生态系统和促进文化多样性保护都具有十分重要的积极意义（张松，2013）。为此，需要全面理解城市保护的多重意义，突破单纯以时代风貌和建筑风格特征为标准来识别城市遗产的局限性，需要发现和认识更多的遗产资源及潜在资源。从更宽泛的环境意识上来看，“保护”与“可持续性”有着平行的含义，并且被频繁交换使用，来表示对有序管理世界自然资源和生物圈的需要：首先，维护人类与自然界之间的长期和谐；其次，在环境以及人类和其他生命形态的生活条件和质量上获得持续提升（丹尼斯·罗德威尔等，2015）。

意大利的历史城市保护有许多经验值得我们学习借鉴，例如《意大利“历史中心区”维护指南》（Istruzioni per la tutela dei ‘Centri Storiei’）针对城市历史中心区的“保护性康复”有如下明确的规定：“首先，这意味着维持‘街道 – 建筑’的总体结构（保持布局、保护道路网、街区边界等）；其次也意味着维持环境的总体特征，这既包括对那些最有意义的古迹性与环境性轮廓进行整体保护，也包括对其他元素或单体建筑有机体进行调适，使之符合现代生活需要；只能考虑对这些元素本身进行例外的、局部的替换，而且替换的程度必须同保护历史中心结构的总体特征相协调”（切萨雷·布兰迪，2016）。

“历史城市的分裂，事实上是与那种普遍化的都市化相伴随的，而这种都市化被称为‘农村化’（Ruralisation）”（列斐伏尔，2015）。要彻底转变历史文化名城保护的被动局面，需要从城市发展战略、规划和政策等源头做起。名城保护或历史风貌保护需要从消极管控向积极保护（Active Conservation）方面转型，在保护历史风貌和地区特征的同时，积极活化利用历史建筑，全面改善和提升旧区居住环境品质。不断拓展对城市遗产价值和保护意义的认知，积极识别那些构成城市场所魅力的特征与元素。通过对历史景观及其背景环境的评估、监测和管理，尽可能避免城市景观的碎片化现象出现，维护城市景观的可持续性，并在保护和传承的基础上不断创新，塑造更具魅力、更加宜人的人居环境。

8 城市风貌维护管理的可能性

在历史文化名城和文物保护等专业领域，较常使用“风貌”、“历史风貌”和“传统风貌”等词。例如在《历史文化名城保护规划规范》GB 50357-2005 这一国家标准中对风貌（Townscape）的定义为，“反映城镇历史文化特征的自然环境与人工环境的整体面貌和景观”。这个说法反映了名城保护规划主要关注历史城区和历史地区的整体格局、传统肌理和街巷风貌的基本特征。

历史风貌，通常被认为是“反映历史文化特征的城镇、乡村景观和自然、人文环境的整体面貌”。规划界前辈学者马武定先生认为：“风貌特色是城市价值的一种显现”，“城市风貌是对某一城市而言具有深层文化意义的城市形态特征，而这种形态特征可以由城市中的各种景观集合地反映被忽略，也可以在某些局部景观上突出地反映出来。城市风貌与城市特色两者都以城市景观所具有的感性形态特征为基础。但城市风貌侧重的是作为文化载体的城市的文化特征；而城市特色所侧重的是作为审美对象的城市的审美特征”（马武定，2009）。

在我国，国内开展立法保护管理城市景观风貌的城市是青岛，1996 年青岛市人大即制定了《青岛市城市风貌保护管理办法》，1997 年、2004 年进行了两次修订，在城市风貌保护方面开启了依法管理的先河。2014 年，青岛市人大通过了新的《青岛市城市风貌保护条例》取代了旧的管理办法。2016 年，《厦门市历史风貌保护条例》、《威海市城市风貌保护条例》正式施行。2017 年 5 月 1 日施行的《浙江省城市风貌景观条例》成为省级城市风貌管理法规最先的实践探索，目前，《成都市景观风貌条例》正在讨论制定中。

城市景观和历史风貌的保护、塑造和管理，需要在城乡规划体系中逐步充实、完善。而景观管理、历史保护和城市设计，常常会被认为是感性思维主导的事情。其实“感性的认识应当被认为是身体的认识”，而且，“感性的判断，经常包含着价值判断”（日本建筑学会，2016）。当然，针对城市的景观资源、景观规划以及景观维护管理机制等也需要进行科学的评估分析，英国的历史景观特征（Historic Landscape Characterisation，HLC）评估体系在这方面积累了值得参考的成功经验。

历史景观特征（HLC）项目由英国遗产委员会（English Heritage）在 20 世纪 90 年代发起，鼓励在可持续发展的框架内进行历史维度的保护。HLC 以保护即“对变化的管理”（Management of Change）为基础，将利益攸关方的计划和项目进行整合。HLC 评估的基础是根据历史聚落的肌理划定“特征地区”（Character Areas）“图示”（Atlas）。该项目在英国首次在景观考古、历史保护和文化作用之间建立起联系，HLC 成为历史环境保护和空间规划（Spatial Planning）最核心的要素。以下是支撑 HLC 项目的基本理念（弗朗切斯科·班德林、吴瑞梵，2017）：

（1）保护必须涉及当下的景观，并帮助管理其变化。它还必须通过对该地区及其环境的全面了解来确定该景观的历史特征。

（2）历史景观特征是人类与其所在环境长时间相互作用的结果，它也是历史变化过程的结果。文化和历史过程的时间深度是理解景观并对其变化进行管理的关键所在。

（3）历史景观特征是知觉和理解的运用。景观是一种文化构筑物，它通过有助于对当今文化属性进行界定的全面的意义，把各种组成部分联系到一起。

（4）历史景观特征是动态和活态的。保护过程中需要我们理解变化如何随着时间推移影响了景观的结构，并在指导当今实践的过程中对此加以考虑。

（5）历史景观特征评估是以管理变化过程中的民主参与为基础的。景观作为文化构建物反映了人类的感觉和价值观念，因此，也需要在管理变化的过程中对不同的观点加以考虑。

这些原则使将景观特征作为一个整体看待，而非一系列单个地点的组合来界定其特征并绘制图谱，并以此为基础制定出一套工作方法。这一方法形成了一套可被用来界定不同观点的解释和理念——即一个资源库，最终得出景观特性则构成了保护管理的基础。历史景观特征评估已成为英国历史环境保护和变化管理的主要运行机制。它已成为可持续发展过程的关键一环，同时也是促成前文提及的《欧洲景观公约》诞生的主要推动力量之一。

2011 年 11 月，联合国教科文组织（UNESCO）通过了《关于历史性城市景观的建议》，旨在推动各国城市历史景观战略性保护。再次强调，“城市保护不局限于单体建筑的保护，它将建筑作为整体城市环境的一个组成要素，使得城市保护成为一个复杂的、多方面的学科，因此，城市保护应是城市规划的核心。”历史性城市景观（Historic Urban Landscape，HUL）方法对城市遗产保护和景观管理的重要启发在于：景观的价值不局限在视觉美学层面，应当关注促使景观形成的经济、社会因素和物质环境“变化”因素，需要重视那些普通的日常景观对于城市生活的意义，因此，规划设计和管理需要了解、重视并发挥社区居民在景观形成和保护管理中的作用。

城市景观管理是城市规划，特别是城市设计领域的重要内容，需要在存量规划时代尽快建立和完善相关机制、形成积极有效的制度体系。城市历史风貌需要立法保护管理，需要更加积极政策城市。在城市有机更新、城市修补和地方特色塑造过程中，需要以城市建成遗产（Built Heritage）保护再生为引导。

9 结语

综上所述，从增量发展到存量规划，需要将规划思维和规划理念由“为增长而规划”转换到为市民而设计,由以“美好未来”为目标或方向转向以“美好城市”为目标和价值取向。那些 2035 新总规已得到批准的城市，其控规、城市设计、建设项目管理等如何深化总规理念? 是简单适应，还是通过改革创新出新的管控手段和方法? 值得期待，也需要在实践中积极探索。

城市设计管理刚刚起步，还是期待城市设计能够由以全面设计未来愿景为目标，逐步转向以建成环境的变化管理（Managing Change）为己任开展实践探索。城市风貌和城市景观的维护管理，需要尊重和理解城市的历史文脉、自然地理、空间肌理和场所精神，需要在城市设计管理实践中有序和有效地管理城市物质空间环境的“变化”。

历史文化名城保护和城市风貌景观的维护管理，需要主动从消极控制向积极保护（Active Conservation）方面转型，城市保护可以通过历史地区复兴塑造城市景观特色、改善居住环境，在促进城市可持续发展，提升城市环境品质方面发挥积极作用。

参考文献

[1] （美）凯文・林奇．城市意象 [M]. 方益萍，何晓军，译．北京：华夏出版社，2001.

[2] （美）凯文・林奇．城市形态 [M]. 林庆怡，等译．北京：华夏出版社，2001.

[3] （美）凯文・林奇．此地何时：城市与变化的时代 [M]. 赵祖华，译．北京：北京时代华文书局，2016.

[4] （英）琼・希利尔，帕齐・希利．规划理论传统的国际化释读 [M]. 曹康，等译．南京：东南大学出版社，2017.

[5] （英）大卫・哈维．资本的城市化：资本主义城市化的历史与理论研究 [M]. 董慧，译．苏州：苏州大学出版社，2017.

[6] （美）克里斯托弗・莱茵贝格尔．都市生活的选择——回归市中心生活 [M]. 陈明辉，范源萌，等译．北京：中国建筑工业出版社，2017.

[7] （法）亨利・列斐伏尔．空间与政治 [M]. 李春，译．上海：上海世纪出版股份有限公司，2015.

[8] （美）唐・米切尔．城市权：社会正义和为公共空间而战斗 [M]. 强乃社，译．苏州：苏州大学出版社，2018.

[9] （英）艾伦・哈丁，泰尔加・布劳克兰德．城市理论：对 21 世纪权力、城市和城市主义的批判性介绍 [M]. 王岩，译．北京：社会科学文献出版社，2016.

[10] （美）史蒂文・布拉萨．景观美学 [M]. 彭锋，译．北京：北京大学出版社，2008.

[11] 张松，镇雪锋．从历史风貌保护到城市景观管理——基于城市历史景观（HUL）理念的思考 [J]. 风景园林，2017（6）：14-21.

[12] 中国城市规划学会学术工作委员会 . 理性规划 [M]. 北京：中国建筑工业出版社，2017.
[13] 李娜 . 集体记忆、公众历史与城市景观 [M]. 上海：上海三联出版社，2017.
[14] （美）迪尔 . 后现代都市状况 [M]. 李小科，译 . 上海：上海教育出版社，2004.
[15] （英）安德鲁・塔隆 . 英国城市更新 [M]. 杨帆，译 . 上海：同济大学出版社，2017.
[16] （美）亚历克斯・克里格，威廉・S. 桑德斯 . 城市设计 [M]. 王伟强，译 . 上海：同济大学出版社，2016.
[17] 唐燕，吴唯佳 . 城市设计制度建设的争议与悖论 [J]. 城市规划，2009（2）：72-77.
[18] （日）西村幸夫 . 城市设计思潮备忘录 [J]. 张松，译 . 新建筑，1999（6）：6-9.
[19] （美）若昂・德让 . 巴黎：现代城市的发明 [M]. 赵进生，译 . 南京：译林出版社，2017.
[20] （美）兰德尔・奥图尔 . 规划为什么会失败 [M]. 王演兵，译 . 上海：上海三联书店，2016.
[21] （意）弗朗切斯科・班德林，（荷）吴瑞梵 . 城市时代的遗产管理——历史性城镇景观及其方法 [M]. 裴洁婷，译 . 上海：同济大学出版社，2017.
[22] 张松 . 21 世纪日本国土规划的动向及启示 [J]. 城市规划，2002（12）：62-66.
[23] 张松 . 促进文化表现多样性的城市保护 [J]. 现代城市研究，2013（4）：16-19.
[24] （英）丹尼斯・罗德威尔 . 历史城市的保护与可持续性 [M]. 陈江宁，译 . 北京：电子工业出版社，2015.
[25] 切萨雷・布兰迪 . 修复理论 [M]. 陆地，译 . 上海：同济大学出版社，2016.
[26] 马武定 . 风貌特色：城市价值的一种显现 [J]. 规划师，2009（12）：12-16.
[27] 日本建筑学会 . 城市建筑的感性设计 [M]. 韩孟臻，等译 . 北京：中国建筑工业出版社，2016.

王世福
张晓阳

王世福，华南理工大学建筑学院教授，中国城市规划学会理事、学术工作委员会副主任委员、城市设计学术委员会副主任委员
张晓阳，华南理工大学建筑学院博士研究生

品质提升导向的城市设计方法优化 [*]

品质具有“品位（Taste）”和“质量（Quality）”两个层面的涵义，是人或物的自身属性和外界感知的结合。随着人民生活水平的提高，“品质”一词常被用来表述城市建成环境和公共服务的品位和质量，也是凸显城市吸引力和竞争力的一种宣言。

2013 年 12 月 13 日，《中央城镇化工作会议公报》提出要“让居民望得见山，看得见水，记得住乡愁”，概括了城市品质的环境和精神层面内涵，也为城市品质提升奠定了基调。2014 年 10 月 15 日，习近平总书记出席了文艺工作座谈会。会上提出“不要搞奇奇怪怪的建筑”，引起业界学界以及公共舆论广泛的热议，其中涉及不同视角对于“品位”的不同解读。2015 年 12 月 20 日，中央城市工作会议时隔 37 年再次召开，强调在“建设”与“管理”两端着力，转变城市发展方式，完善城市治理体系，提高城市治理能力，解决城市病等突出问题。2016 年 2 月 6 日，《中共中央国务院关于进一步加强城市规划建设管理工作的若干意见》提出“塑造城市特色风貌，提升城市建筑水平，完善城市公共服务……”。

一系列来自国家顶层对城市工作前所未有的高度重视，是国家对改革开放以来城市化进程的反思，聚焦点在于承载城市发展的建成环境和自然环境，明确指出“城市品质”这个短板的存在，其实质是城市的生活空间和生态环境品质与经济增长并不匹配，社会进步和文化弘扬也与城市化进程不同步。更为重要的是，这个短板如果不予以解决，将影响未来的可持续发展。

不可否认，良好的城市品质本身就是提升城市内涵、释放内源动力的前提（王世福，吴婷婷，赵渺希，2015）。城市品质提升提供了公共审美形成共识的途径，

* 课题资助：国家自然科学基金项目（51878285）。

而优质的城市环境和公共服务，对城市居民形成附加“教育”作用，能够有效提升城市居民的审美水平以及公共领域的城市文明，有助于建立并增强城市公共领域的归属感和责任感，促进公共领域的内涵凝聚，并进一步激发积极的公共活动（王世福，2013）。基于对城市设计作为具有公共政策意义的专业技术的认识，本文以城市品质提升为导向，对城市设计的编制、评价和实施等内容展开论述。

1 城市品质内涵解读与困境剖析

1.1 城市品质的内涵解读

城市品质具有自然和社会属性，包含城市品位和城市质量两层含义。城市质量是城市物质环境的优劣程度，是客体自然环境和人工环境的一种评价；城市品位是将城市的精神、文化等融入城市的物质建设与发展中，而形成的反映城市个性特色的精神实质，是主体的一种不确定性感受（胡迎春，曹大贵，2009）。辩证地理解，城市品位决定城市质量，城市质量反映城市品位，良好的城市品质是城市内在高品位和外在高质量的统一体。

有关城市品质的理解，存在广义和狭义之分。广义的城市品质是城市自然物质环境品质和社会人文环境品质的结合，包括城市自然品质、经济品质、生活品质、文化品质、管理品质等，表现形式为城市形象、城市品牌、城市特色、城市精神、城市文脉（胡迎春，曹大贵，2009）。狭义的城市品质即城市空间品质，由城市自然环境、历史环境、视觉环境以及城市活动等要素所决定，包括社会文化结构、人的活动和空间形体环境等品质（张松，镇雪锋，2013；阳建强，2015）。

1.2 城市品质的困境剖析

在以增长为主导的扩张发展模式中，城市“品位”的价值核心是经济指标的竞争性表达，GDP 总量以及增长速度成为塑造城市发展“质量”的驱动力，城市建设过程中精神、文化等内在要素缺失或滞后，导致城市品质提升过程不充分。在新城新区的发展建设中，地方政府依赖土地财政，快速扩张用地规模，倡导高强度开发建设，建成区在不断扩张中付出了沉重的环境代价。在旧城更新改造中以获取土地级差为导向，普遍采用大规模拆除重建的改造方式，造成本地人口外流，地方文化、特色和社会结构受到破坏，旧城区在不断改造中付出了昂贵的社会成本。以经济“量”为主导的城市品位造成城市新区增量建设过程中的环境恶化以及旧城存量更新过程中的文化缺失，阻碍了城市空间品质提升的过程。

作为城市工作的显性重点，城市品质提升不仅涉及理念转变与方法优化，也受到多方面的严峻挑战。我国快速城镇化呈现以经济增长为动机的物质空间低品质扩张特征，城市化的建成环境初始成本低而且社会、文化蕴涵少，并已经形成了相当程度的惯性和惰性。无论是硬件的资金投入、品质保证、建造过程，还是软件的运营维护、监督管理、使用秩序，都处于相对粗放的状态。在这种背景下，城市设计被期待为提供更高品质的城市生活环境和公共服务的一种“专业”手段，同样面临着表层与深层的各种挑战。一方面，雄安新区起步区城市设计提出的“世界眼光、国际标准、中国特色、高点定位”原则在城市设计实践中被广泛地讨论和参照，另一方面，城市设计的方案选择与综合评估、城市设计的实施方法与系统优化，仍然延续着某种惯性和惰性。

2 城市品质与城市设计

2.1 城市设计塑造城市品质

城市设计是以公共空间为设计对象，以提升公共环境品质为目的的城市规划外延（王建国，2012；金广君，金敬思，2014）。在目前城市设计实践活动开展中，城市设计常分为区域和城市的城市设计、片区级城市设计、地段级城市设计三个对象层次（王建国，2011），分别对应不同的设计要素，其中区域和城市的城市设计对应城市形体结构，城市景观体系，开放空间和公共性人文活动的组织等；片区级城市设计对应景观风貌结构，空间形态与高度控制，重要界面控制等；地段级城市设计对应建筑色彩、建筑材料、贴现率、公共空间等。可见，品质是城市设计的天然属性，城市设计所涉及的设计要素就是城市物质空间环境品质的组成要素，两者之间有很大的关联性。同时，城市设计具有公共政策属性，关注建成环境的形态和谐性（唐子来，2015），现代城市设计日益关注城市空间的社会过程，并通过城市治理能力的提升来实现城市社会人文品质的提升，具体的城市设计实施也强调通过对城市公共空间的管控来干预和引导高质量的城市建成环境生成，提高城市品位。

2.2 城市品质提升促进城市设计方法优化

城市设计影响城市品质，反过来，城市品质提升也促进城市设计方法优化。城市品质提升意味着城市品位的价值核心由经济指标增长转向社会指标优化，城市质量由粗放式发展转向精细化发展，对应到城市设计公共政策属性和形态属性的优化。精细化发展，城市空间的精明设计成为重要手段，城市设计应以更加理性的方式解决城市粗放式发展遗留问题，通过强调景观、生态、文脉等要素，促进城市质量提升（李昊，2016）；优化社会指标，保证公共利益，城市设计应更加关注公共服务能力和社会满意程度的提升，注重内在品质，满足人的深层次需要，真正实现以人文本的设计。因此，通过分析城市设计对城市品位和城市质量的影响与作用，就可以建立城市品质提升角度促进城市设计方法优化的思路。

3 城市设计方法优化思考

3.1 传统城市设计方法评述

城市设计作为塑造、干预城市空间环境的技术手段，具有复杂深远的经济、社会与环境影响。但是，在传统的经验导向的模式中，城市设计的潜在影响往往被忽视，更多的受个体主观性的支配和引导。在快速大规模物质性建构需求的推动下，我国城市设计实践形成了注重空间形态并嵌入规划管治的特点，其自上而下的决策具有明显的效率优点，也产生相应的一系列问题，体现在城市设计编制、评价、实施等阶段。

凯文·林奇（Kevin Lynch）把“设计”定义为“玩戏式创造和严格评估的某种可能形式，以及如何制作”（Kevin Lynch，1981）。该定义在某种层面上揭示了设计创作的随意性和随机性，以及设计创作固有的对推敲和评估的内在需求。城市快速增量的建设背景下，城市设计形成了“重编研、轻评估”的惯性思维，城市设计以空间环境为工作对象，而现实空间环境之多样、混沌，从认知、解读到营建都充满了复杂性，城市设计方案的空间创意总是无穷无尽，设计逻辑也千变万化，主要基于设计师对于场地的理解及空间构想的主观经验判断。任何一个方案的产生都存在潜在的、多方面的价值，有些价值可以被经验丰富的设计师在设计过程中捕捉或预见，而有些价值则容易被忽略或忽视。因此，传统的城市设计更多的表现为主观性的认知过程，城市设计方案的优劣很大程度取决于设计师的水平，城市设计过程缺乏科学定量分析，以及合理有效的推演过程。

城市设计的主观性和随意性进一步延续到评价阶段，即规划中的评价。在现实的操作中，城市设计方案往往结合专家系统、依据设计原理选择，呈现出一定的感性特征，缺乏科学理性的评价体系和评价标准。更有甚者，城市设计方案的评价和选择基于地方领导的个人喜好，领导个人的品位决定了整个城市的品位，这对于整个城市的建设、发展而言，是冒着极大的风险的。当前城市建设中的“城市整治”、“穿衣戴帽”、“奇奇怪怪的建筑”等现象便是最好的例证。

城市设计在实施阶段同样存在局限性，即便是已经取得良好评价的设计方案。一方面，城市设计方案难以实施落地，核心矛盾来自于城市建成环境的阻力。传统的城市设计过程基于工具理性导向，设计人员依据技术标准和设计规范形成设计方案。当设计对象转变为空间资源、产权关系、在场主体等更加多样、分散要素构成的城市建成环境时，城市设计更本质的内容在于如何解决矛盾、协调利益。因此，现实语境下，单纯功能性、技术性导向的城市设计方案，确实缺少实施落地的基础。另一方面，城市设计在实施过程中存在缺乏评价和反馈的机制问题，无法对城市设计形成适时的调整、干预和优化，设计方案的合理性、执行的变化度以及设计目标实施效果等，规划实施的折衷和变更、专家系统的争议和讨论、社会舆论和公众评价的好恶，都难以形成对城市设计实施的有效反馈，也无法进一步影响和优化后续的城市设计行动。

城市设计发展至今，科学性和实效性成为其制约要素（王建国，2018）。城市设计不再是静止的、片段式的蓝图，而是系统导向下的基于城市复杂、多元化特性的全局性认识、创造性设想（徐苏宁，2012；童明，2017）。成功的城市设计应该包括获得最佳的城市设计方案与执行最优的城市设计实施两个不可分割的部分（王世福，2005），特别是面对方案与实施过程中复杂的经济、社会与环境影响，城市设计迫切需要从被动应对转向积极主动地识别、预测与监控，实现方案优化与理性实施。因此，城市设计在方法、工具和制度层面都应该进行革新，实现科学理性规划设计。

3.2 城市设计方法优化

3.2.1 引入影响评估，提升城市设计科学性

广义地理解，影响评估具有技术与制度的双重内涵：一是作为一种技术手段，对可预见的干预行为（政策、规划、计划、工程）或不可预见的事件（自然灾害、社会冲突、地区战争）的结果做出分析，并为利益相关者与决策制定者提供相关信息；二是作为一种法律程序，嵌入在决策制定与规划干预的制度框架中（IAIA，2009）。影响评估作为一项公共管理政策或开发项目实施的组成部分，具有理性逻辑和科学方法，引入影响评估作为一种城市设计的理念与方法优化，对于提高城市设计的科学性和实效性具有重要价值，具体体现为方案前评估、执行中评估以及实施后评估三个过程。

前评估涉及对于规划干预行为可能产生的影响进行前瞻性分析及模拟，包括环境、社会、经济和政策等各方面的影响，以便为城市设计决策提供科学全面的信息支撑；中评估作为一种协调程序，一方面推动多领域专家与机构的协作规划，

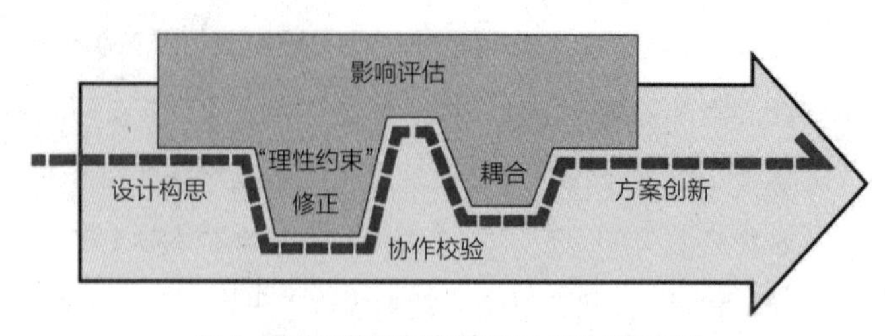

图 1　影响评估作为城市设计方案的创新驱动

另一方面在形成共识的基础上对城市设计执行进行更加全面、理性的修正完善；后评估通过分析城市设计实施结果产生的影响与作用，包括设计的合理性、执行的变化度以及设计目标实施效果等，用以确定后续行动方向，并改进未来城市设计的干预行为。

在城市设计中系统性地应用影响评估，作为城市设计理性约束，有助于提高城市设计在方案选择过程中的客观性与合理性，避免出现主观偏好或过于理想的空间形态构想。同时，借鉴西方国家在城市设计中的影响评估应用经验，从制度性的规则制定与程序设置等方面对城市设计的编制、审批与实施环节进行修补，提高实效性。进一步通过引入应用新技术的各类影响评估来检验方案对于问题的解决程度，以及对于目标的实现程度，实现对城市设计方案的优化，驱动以空间形态构建为核心的城市设计走向更全面的创新（图 1）。

3.2.2　加强技术耦合，提升城市设计技术性

随着国家自然资源部的设立，城乡规划管理职责从住房和城乡建设部整合到自然资源部，这意味着留在住建部的城市设计职能，要更加充分地考虑如何在自然资源的边界与环境效应约束下实现建成环境的高品质建设与发展，既是城市设计面临的挑战，亦是机遇。

在以往的城市设计中，城市中的水资源、能源、碳排放等自然资源要素相对隐性地伴随在空间规划过程中，以定性研究为主，表现出极大的随机性和不确定性。而实际上，各类自然资源要素相关学科大多已形成较为成熟的定量研究科学方法和技术手段。因此，城市设计应以专业协同为原则，积极引入更加科学的自然资源要素定量研究方法，加强技术耦合，优化技术手段，以城市设计的定性经验结合自然资源的定量科学，形成城市人工环境与自然资源环境耦合的新型城市设计方法（图 2）。

加强技术耦合，即实现水资源、能源、碳排放等自然资源要素相关技术在城市设计中的耦合、运用、创新，通过城市设计专业与水利、能源、碳排放等其他自然资源专业的协同研究，优化人工环境与自然资源环境耦合的理论体系、计算体系、控制体系以及评价体系，实现可推广、可计量、可控制、可评价的技术耦

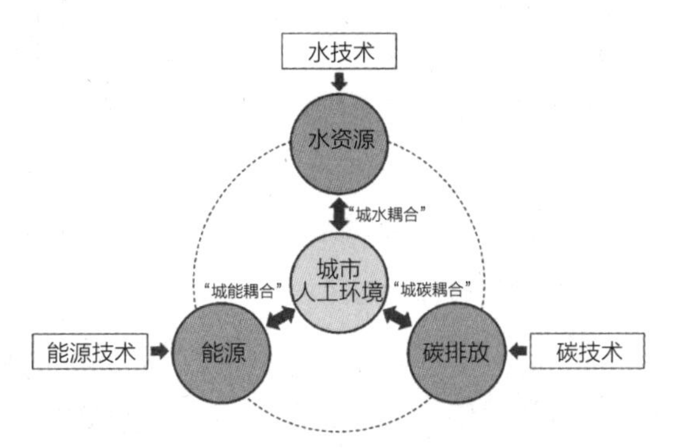

图 2 城市人工环境与自然资源环境技术耦合示意

合的城市设计方法优化。

3.2.3 构建制度保障，提升城市设计实效性

城市设计最终是通过塑造城市空间形态和公共领域来而实现城市品质提升的目标。保证城市设计方案和城市管治能力的匹配及目标的一致性，是提升城市设计实效性的重要途径。乔纳森·巴奈特（Jonathan Barnett）在其代表作《城市设计作为公共政策》中提出，"城市设计的效果取决于具有共识基础、强而有力的公共政策，以及有效率的横向协调。"（Jonathan Barnett，1974），因此，城市设计应立足于公共政策属性，加强交往理性，保证城市居民的公共利益。

要解决城市设计的实效性问题，制度设计需兼顾城市设计的刚性和弹性。一方面，以城市公共安全和公共利益为控制原则，对城市设计中涉及公共安全、生态保护、公共服务等要素的核心指标进行刚性控制（杨保军，陈鹏，2015），在编制、实施过程中加强与当前不同层级法定规划的对接，形成对开发者利益的有效管控；另一方面，对核心指标以外的要素进行弹性控制，凸显灵活性，以应对不断变化的现实需求（李昊，2016）。

面向城市建成环境的城市设计应更加强调交往理性，加强规划技术人员组织协调和沟通交往的能力。城市设计工作不应仅是规划技术人员的专属，而应强调以人为本、以满足美好生活的空间需求为原则，鼓励城市的主体——居民参与到城市建成环境的城市设计中，表达自身观点，保证城市建成环境多维目标的实现。只有城市市民整体素质的提升，才是城市品质最核心的提升。

4 结论与讨论

城市品质提升是个复杂的系统过程，是城市经济、社会、文化、环境等要素叠加后呈现的综合结果。本文从城市品质的内涵切入，认识到城市品质与城市设计之间的关联，结合城市品质提升的需求与城市设计方法优化的必要性，从规划设计、规划评价、规划实施三个层面，分析了当前城市设计方法存在科学性和实效性制约问题。

在此基础上，笔者认为成功的城市设计应是设计和实施并重，包括获得最佳的城市设计方案与执行最优的城市规划实施的结合。以此为目标，结合国家层面提出城市发展由“量”向“质”转型发展的宏观背景，本文提出引入影响评估、加强技术耦合、构建制度保障的策略，从方法、工具、制度层面提高城市设计的科学性、技术性和实效性，最终改善城市的空间环境，提升城市市民整体素质，实现城市品质的综合有效提升。

参考文献

[1] 王世福，吴婷婷，赵渺希. 内源动力视角下的城市转型发展思考 [J]. 城市与区域规划研究，2015，7 (3): 132-147.

[2] 王世福. 城市设计建构具有公共审美价值空间范型思考 [J]. 城市规划，2013 (3)：21-25.

[3] 胡迎春，曹大贵. 南京提升城市品质战略研究 [J]. 现代城市研究，2009，24 (6)：63-70.

[4] 张松，镇雪锋. 城市保护与城市品质提升的关系思考 [J]. 国际城市规划，2013，28 (1)：26-29.

[5] 阳建强. 城市设计与城市空间品质提升 [J]. 南方建筑，2015 (5)：10-13.

[6] 王建国. 21 世纪初中国城市设计发展再探 [J]. 城市规划学刊，2012 (1)：1-8.

[7] 金广君，金敬思 . 城市设计与当代城市设计 [J]. 城市建筑，2014 (10)：20-23.

[8] 王建国. 城市设计 [M]. 3 版. 南京：东南大学出版社，2011.

[9] 唐子来. 城市设计作为公共政策应发挥其有效管控作用 [EB/OL]. [2015-05-25]. http：//www.planning.org.cn/news/view?id=2777.

[10] 李昊. 新时期城市设计变革的八大趋势 [C]// 中国城市规划学会，沈阳市人民政府. 规划 60 年：成就与挑战——2016 中国城市规划年会论文集 (06 城市设计与详细规划). 中国城市规划学会，沈阳市人民政府：中国城市规划学会，2016：10.

[11] Kevin L. Good City Form[M]. Cambridge：MIT Press，1981.

[12] 王建国. 基于人机互动的数字化城市设计——城市设计第四代范型刍议 [J]. 国际城市规划，2018，33 (1): 1-6.

[13] 徐苏宁. 城乡规划学下的城市设计学科地位与作用 [J]. 规划师，2012，28 (9)：21-24.

[14] 童明. 项目导向还是系统导向：关于城市设计内涵的解析 [J]. 城市规划学刊，2017 (1)：93-102.

[15] 王世福. 面向实施的城市设计 [M]. 北京：中国建筑工业出版社，2005.

[16] IAIA. What Is Impact Assessment? [R]. Fargo，ND：InternationalAssociation for Impact Assessment，2009.

[17] Jonathan Barnett.Urban Design As Public Policy——Practical Methods For Improving Cities[M]. Architectural Record，a McGraw-Hill Publication，New York，1974.

[18] 杨保军，陈鹏. 社会冲突理论视角下的规划变革 [J]. 城市规划学刊，2015 (1)：24-31.

杨俊宴
史北祥

杨俊宴，东南大学建筑学院教授、博士生导师，中国城市规划学会学术工作委员会委员、城市设计学术委员会委员
史北祥，东南大学建筑学院副研究员

城市公共空间品质提升的城市设计途径

城市设计诞生之初，其核心目标之一就是为了创造更好的生活环境，即，通过对物质空间中各类要素的处理，创造出使居民感到愉悦，又能激励场所精神，进而带动整个城市良性发展的空间环境。换言之，城市设计即是通过相应的专业方法，提升城市空间品质，进而提升居民的生活质量，推动城市发展，这其中，公共空间品质是关键所在。

1　由物及人：城市公共空间品质提升诉求的变迁

第二次工业革命以来，工业化、城市化的发展带来大量的住房紧张、环境恶化、交通拥堵及服务设施不足等社会与环境问题，使得市民的生活质量获得更多关注，并由此引发了提升城市公共空间品质的诉求，并使其逐渐成为了城市设计的重要议题之一。而由于经济社会发展条件的不同，在不同时期对于公共空间品质的诉求也有所差别，大抵经历了一个由物及人的过程。

1.1　早期以解决环境问题为目标的开放空间提升

19 世纪下半叶，城市理论研究与建设手段明显滞后于人口集聚和空间扩张的速度，城市难以应付人口的急剧增长，城市中出现大量的贫民窟、半贫民窟、超级贫民窟，城市空间品质极端恶劣。在此背景之下，社会改革与城市规划对公共空间的关注大多集中在环境问题上，希望通过把绿色开放空间带入城市，来改善城市的卫生状况，进而解决城市的环境、社会乃至道德问题。同时在这一时期，社会思潮仍受到文艺复兴和巴洛克时期的影响，因此法国、英国等欧洲城市将“卫生”、“安全”、“美观”作为城市公共空间品质建设的基本原则。

1.2 现代社会以提升效率为目标的空间功能提升

20 世纪初，随着现代技术的产生和运用，功能、理性主义思想成为一种新的城市发展理念，并认为对于城市来说，秩序和速度是最为核心的需求。《雅典宪章》提出的居住、工作、游憩和交通四大功能分区是其思想的凝练，并积极倡导以集中式、规模化的公共空间作为日常的游憩场所。在这些发展理念影响下，道路以效率为主，与其两侧功能相脱离；公共空间也与日常生活和工作相脱离。居住、工作、购物和休闲的空间逐渐远离街道，转向室内，而热闹、混乱、充满活力和具有功能的街道消失不见，“高效率”、“大尺度”、“绿色化”成为人们对城市空间的主要诉求。

1.3 存量规划背景下以人为本的空间品质提升

“二战”后，欧美又进入了一个城市化的高峰时期，郊区化运动、卫星城运动虽然是应对城市扩张的有效措施。但是城市尤其是特大城市的交通拥挤、环境污染、犯罪率高、贫富悬殊以及公共设施短缺等问题仍然十分突出。而伴随着现代理性主义下的街道与日常生活功能的脱离，使得传统城市街区邻里友善、和谐相处的人居环境被现代文明侵蚀殆尽。城市街区公共空间矛盾上升为城市规划的突出矛盾，由此，设计更加人性化公共空间的呼声越来越高，街道的社会和文化等功能也越来越受到重视，“多样”、“宜居”、“舒适”成为城市空间品质提升的主要目标。

然而，欧美人本主义品质提升与我国是有所区别的，其主要诉求来源于遏制城市扩张和老城的复兴。而在我国，城市化率超过 50% 后，城市规划逐渐由增量规划转向存量规划，加之人们生活水平的不断提升，对生活品质的追求也相应的不断提高，迫切需要更高品质的空间来满足其对工作与生活环境的更高诉求。由此，城市设计也开始更多的关注人在城市空间中生活的健康问题，以及由此而带来的生态、多样性、混合化、步行化等问题，基于此，“协调”、“便利”、“舒适”成为目前我国城市空间品质提升的方向。

2 空间品质的内涵及要素

2.1 城市公共空间品质的内涵

公共空间作为城市各种活动的重要载体，其“空间品质”已然成为当今社会中诸多学科领域都高度关注的话题，由于研究视角的不同，不同的领域对其解读存在差异，目前关于城市“空间品质”的概念尚未明确。环境学认为公共环境的“空间品质”一般是指在具体环境中，环境总体或某些要素对人群的生存和繁衍以及社会经济发展的适宜程度,是反映人群的具体要求而形成的对环境评定的一种概念[1]。而在城乡规划领域[2],则是通过“空间品质”一词来反映城市空间环境满足人群的个体和整体的使用活动需求的程度。这是一个相对的且不断发展的概念，会随着城市社会经济的发展而变化，并根据不同时期对生活环境的不同需求而有着不同的体现。

城市规划学领域对于公共空间品质的研究最早源自对生活质量（Quality Of Life）的研究。Lansing and Marans（1969）认为空间品质与空间使用者之间是相互联通的，高品质的空间环境应当通过其自身的物质、社会和象征性来传达出一种幸福和满足感；Porteous（1971）阐明空间品质是一个复杂的问题，它涉及全体和个体之间的主观认知、态度和价值观的差异；RMB（1996）提出空间品质是由不同的部分组成，但并不是各组成部分质量的总和，它是一种整体的感知，每个要素都有其自身的特点和质量；RIVM（2002）则指出城市公共空间品质是更广泛的“生活品质”的概念中的重要组成部分，除了其本身物质构成的好坏，还包含健康和安全等基本素质以及舒适和吸引力等其他类别素质。由此可知，城市公共空间品质可视作公共空间品位与空间质量的综合，既包含客观的、外在的空间质量表征又涵盖使用人群的主观内在的认知本质。

对公共空间品质的认知则可以大致归纳为以下几个方面（表 1）：

2.2 城市公共空间品质的要素

由上文分析可知，城市公共空间的品质既包含物质空间环境也包含使用者的心理感受，是一个综合而全面的概念，只有深刻把握公共空间品质提升的核心要素，才能进行针对性的设计与提升，形成契合当代市民需求的高品质公共空间。而对于公共空间品质要素的认知方面，国内外表现出了较大的相似性，安全、舒适、愉悦等要素是其关键所在。

2.2.1 国际对公共空间品质要素的认知

凯文・林奇（Kevin Lynch）基于视觉体验对波士顿、泽西城、洛杉矶等城市空间展开分析，认为可读的立面特征、大规模的绿化、连续性的界面对空间塑造具有极大影响[3]。简・雅各布斯（Jane Jacobs）通过研究美国大城市的街道空间元素及人们在其中的活动特征，从社会学的角度提出“街道眼”的概念，她主张优质的

---

[1] 何强，等．环境学导论 [M]. 北京：清华大学出版社，1994.

[2] 注释：在规划领域内，空间品质一词通常译为“Space Quality”或“Environment Quality”，是对城市空间环境的整体评价。

[3] 凯文・林奇．城市意象 [M]. 方益萍，何晓军，译．北京：华夏出版社，2001.

公共空间品质的基础理论归纳 表 1

理论 / 思想	主要观点	代表学者
城市多样性理论	从社会学的角度研究城市空间品质，强调街道和人行道是城市中主要的公共空间，可以激发城市的活力，并认为街道和广场是城市骨架形成的最基本要素，决定了城市的基本面貌，如果街道有趣，那么城市也就有趣；如果街道沉闷城市也就沉闷	简·雅各布斯（Jane Jacobs）
城市意象理论	从环境行为学角度出发，探讨城市物质空间形态与人的感知的关系，强调人在环境中的体验和感受的重要性，并将城市物质形态研究的内容归纳为道路、边界、区域、节点和标志物五个意向要素	凯文·林奇（Kevin Lynch）
空间场所理论	该理论认为不同的空间场所可以给人带来不同的场所体验，而不同的人在场所中的行为模式也将创造不同的场所感受，并认为物质实体精神层次的意义远比实用层面更重要	诺伯格·舒尔兹（Norberg Schuls）
公共交往理论	该理论提出，市民在城市中漫步对提升城市品质与活力都至关重要，因此认为，通过环境的改造加强人与人之间的互动和社会交往，是一切的基础和起点	杨·盖尔（Jan Gehl）
城市触媒理论	行为活动与空间品质是城市催化反应的两个主体，两者相互作用，多样性的活动促进空间品质的提升，空间品质的改善在一定程度上也会促进空间的活力与生机	韦恩·奥图（Wayne Attoe），唐·洛干（Donn Logan）
城市编织理论	该理论关注于城市整体层面建筑群体的形态、尺度、肌理等元素之间的关系，并通过梳理建筑群体之间内在的关联性，营造一个和谐、高品质、多元复合、富有活力的城市空间	约翰·波特曼（John Portman）

街道空间应当保持小尺度的街区、多样的功能以及连续的步行空间，从而增强街道的安全感和互动性，全面提升街道空间的质量，从而增强活力[1]。杨·盖尔（Jan Gehl）从心理学视角出发，聚焦于人及其活动对物质环境的要求，通过对欧洲城市的深入研究，指出合理的尺度、细节设计、明确的边界、富有变化的立面、可停留的空间以及微观气候环境是影响空间品质的重要因素[2]。阿兰·雅各布斯（Allan B.Jacob）则认为伟大的街道应当是在特征和品质方面非常优秀的街道，他通过对世界各地的数百条街道进行比较，最终提出步行的场所、清晰的边界、悦目的景观、通透的界面与建筑的协调性等是街道空间必不可少的要素[3]。芦原义信从视觉美学角度出发，认为明确的空间领域、统一协调的立面、良好的 D/H 比是影响空间品质的关键要素；Banerjee 则认为空间品质评价应当包含物质和社会两大因素，物质因素包括空间的类型、规模、设施、微气候等特征，社会因素则包括权利平等、社会包容、管理水平等[4]。

---

❶（美）简·雅各布斯. 美国大城市的死与生 [M]. 金衡山，译. 北京：译林出版社，2005.
❷（丹麦）杨·盖尔. 交往与空间（第四版）[M]. 何人可，译. 北京：中国建筑工业出版社，2003.
❸（美）阿兰·雅各布斯. 伟大的街道 [M]. 王又佳，金秋野，译. 北京：中国建筑工业出版社，2009.
❹ Tridib，Banerjee.The Future of Public Space[J].Journal of the American Planning Association，2001，67(1)：9–23.

2.2.2 国内对公共空间品质要素的认知

国内学者对空间品质营造要素的研究着重关注中微观层面的城市公共空间。在城市公共空间品质特征要素方面，郭恩章（1998）认为高质量的城市公共空间至少应具备识别性、社会性、舒适性、通达性、安全性、愉悦性、和谐性、多样性、文化性、生态性这十项基本特性；陈浮（2000）基于空间本质和人的使用感受，认为建筑质量、公共服务、景观规划、环境安全以及文化环境对公共空间品质具有重要影响；高丽娟（2010）以舒适度指标作为衡量空间品质的指标，通过对各类型公共空间设计中的各类要素的调查，筛选出可达性、和谐一致性、可识别性和吸引力为提升空间品质的影响因素。在街道空间品质营造方面，李建彬（2010）提出尺度和界面的整体性、空间的多样性、人性化、舒适性等是提升街道空间品质和活力的关键要素。臧慧（2010）则是通过对国内外众多广场的对比分析，最终提出以人为本、多元混合、互动以及交往场所是广场空间品质营造的关键，并特别指出了地域文化对品质影响的特殊性。

2.2.3 公共空间品质营造要素总结

国内外学者分别从形态美学、社会学、环境行为学等视角，总结出高品质公共空间的特征要素及营造方法。通过对以上观点的梳理与总结，可以归纳出主客观两个维度中影响空间品质营造的核心要素（表 2）。

公共空间品质的营造要素归纳 表 2

相关学者	街道空间品质营造相关要素	
	客观物质空间	主观心理感受
简・雅各布斯（Jane Jacobs）	小尺度的街区、多样的功能以及连续的步行空间	安全感、互动性
杨・盖尔（Jan Gehl）	适宜的尺度、细节设计、明确的边界、富有变化的立面、可停留的空间以及微观气候环境	安全感、交往性、愉悦感
阿兰・雅各布斯（Allan B.Jacob）	步行可达、清晰的边界、悦目的景观、通透的界面与建筑的协调性	安全性、舒适性、参与性
Terri J. Pikora	人行道、道路交通渗透性、景观、景点、设施	安全性、吸引力、障碍性
Kelly J. Clifton	土地利用、人行道、行车与步行环境	安全感、吸引力
芦原义信	明确的空间领域、统一协调的立面、合理的 D/H	—
姜蕾	设施便利	安全感、归属感、舒适感、认知感、愉悦感
郭恩章	识别性、通达性、和谐性、多样性、文化性、生态性	社会性、舒适性、安全性、愉悦性
李建彬	尺度、界面整体性、空间多样性	人性化、舒适性

3 基于空间品质提升的城市设计新趋势

在对公共空间品质有着深刻认识的基础上，面对存量规划及转型发展背景下城市空间品质提升的发展诉求，城市设计更加的关注于人、关注于人的生活环境与生活品质，也由此形成了城市设计发展的四个新的趋势：人文化、生态化、精细化和数字化。

3.1 人文化

在快速城市化发展时期，城市设计的开展多为政府主导，注重宏大的标志性场所营建。20 世纪 90 年代以来，超人尺度的大广场、大轴线建设屡见不鲜，城市设计多成为城市改善物质空间形象的美化运动。在快速的物质空间环境建设过程中，许多城市传统的肌理格局被破坏，相似甚至相同的现代建筑鳞次栉比，非人尺度的空间粗放型增长，造成了“千城一面”的格局，也形成了大量缺乏人气活力的街区。

20 世纪 80 年代开始，随着市民生活水平的不断提升，人们对充满活力的人性化空间的需求愈加强烈，吴良镛等学者便提出“有机更新”的思想，致力于沿承城市的空间肌理与文化脉络，创造更加富于人文色彩的空间环境。人文化的发展开始萌芽并逐渐成长为城市设计的主要趋势，使得城市设计中更加关注于人性空间的营造，尊重城市文化遗产，并传承城市文脉。

近年来，城市设计实践中也已经普遍开始注重人性空间塑造与文脉传承，以历史旧城改造的优秀成果最为丰富。上海田子坊片区的改造更新中基本保留了原有的里弄住宅建筑，通过渐进式、微改造的方式提升了空间品质，也重塑了片区的活力（图 1*a*）。而王澍在杭州中山路的改造中，为了沿承历史文化，通过与建筑业主共同商议的方式进行改造，再现了南宋御街的繁荣景象（图 1*b*）。

（*a*） 上海田子坊改造效果

（*b*） 杭州中山路改造

图 1 城市设计人文化趋势案例

3.2 生态化

在健康发展理念的引导下，城市生态安全与生态环境成为市民持续关注的热点问题，也是当前城市设计研究与实践中的核心问题之一。但生态问题涉及学科门类繁多，包括动植物、气候、物理环境等诸多方面。因此，生态化的发展趋势还需要城市设计融合多种生态技术的支撑，从而使绿色城市设计更具科学性与实施性。

深圳市坪地国际低碳城城市设计是近年来的绿色城市设计的代表案例。项目位于深莞惠三市交界地区，是中欧可持续城镇化合作的旗舰项目。城市设计立足生态保护，通过各类生态技术凸显地区的生态发展引领作用。设计中提出了 SMRAT 的低碳设计模式，在城市设计中融合了生态安全、水环境、风廊道、绿色交通等专项技术，探索了可实施的生态城市低碳设计方法（图 2）。

（*a*） 低碳城市设计方案

（*b*） 低碳城市实景

图 2 深圳市坪地国际低碳城市设计案例

总体上，生态化的发展趋势需要城市设计贯彻生态优先的发展原则，加强服务市民生活的城市公共环境空间的营造。同时，城市设计学科需要与自然、地理等多种理论学科展开更加广泛的合作，吸取先进的生态技术，提高设计的科学性。

3.3 精细化

20 世纪 90 年代中后期以来，我国地方政府普遍采取增长主义的城市发展方式，以经济增长为主要目的急速扩张城市规模。然而，随着当前城市经济、社会、生态等危机全面显现，增长主义的城市发展模式必将终结。在此背景下，城市设计也面临着从规模扩张向内涵提升的转变。以大规模新城、新区建设为代表的扩张型的项目日益减少，存量更新、小尺度的项目将成为城市设计的主要实践类型。这种情形需要更加精细化的城市设计操作，包括城市设计编制的精细化与城市设计管理的精细化。

一方面，城市设计编制的精细化应以提高空间环境品质、改善民生设施为主导，加强政府引导、公众参与和社区合作的结合，并要求设计成果更具深入性与实施性。另 - 方面，城市设计的编制管理也需要精细化发展，需要建立统一的城市设计的编制标准，使其可以纳入法定规划，并建立城市设计的组织审批和实施管理的法律依据。

总体上，精细化的发展趋势需要城市设计的编制过程更加深入，编制成果更加具体，加强与工程实施的对接。同时需要建立系统的城市设计的管理制度，规范城市设计的编制内容，从而更好地发挥城市设计效用。

3.4 数字化

进入 21 世纪以来，以互联网和大数据等技术为代表的数字技术已经成为当代社会的研究热点，相应的科研成果极大地改变了人们的生活和工作方式。近年来，数字技术在城市设计中的应用持续升温，目前城市设计中应用比较成熟的是以时空信息为代表的大数据技术，尤其是在大尺度城市设计中应用广泛。在芜湖市总体城市设计中，应用了手机信令大数据对人群的活动规律进行了分析，解析了城市中人群活动的热点与冷点地区，进而对城市人 - 地的匹配关系进行了评价（图 3）。此外，互联网技术同样深刻地影响着城市设计的发展。互联网以扁平、分散和网络化的方式改变了人们的工作与生活，同时还改变了公共资源的配置和使用，在一定程度上重构了城市公共空间的形式与内涵，提高了公众对公共空间的体验性和趣味性需求，而这些正是城市空间品质提升的诉求，也是城市设计研究的主要方面。

总体上来看，数字化的应用，可以加深对城市空间的认知，并深入了解城市空间的具体使用状况，进而为精准的问题把握及空间设计提供依据，是促进空间

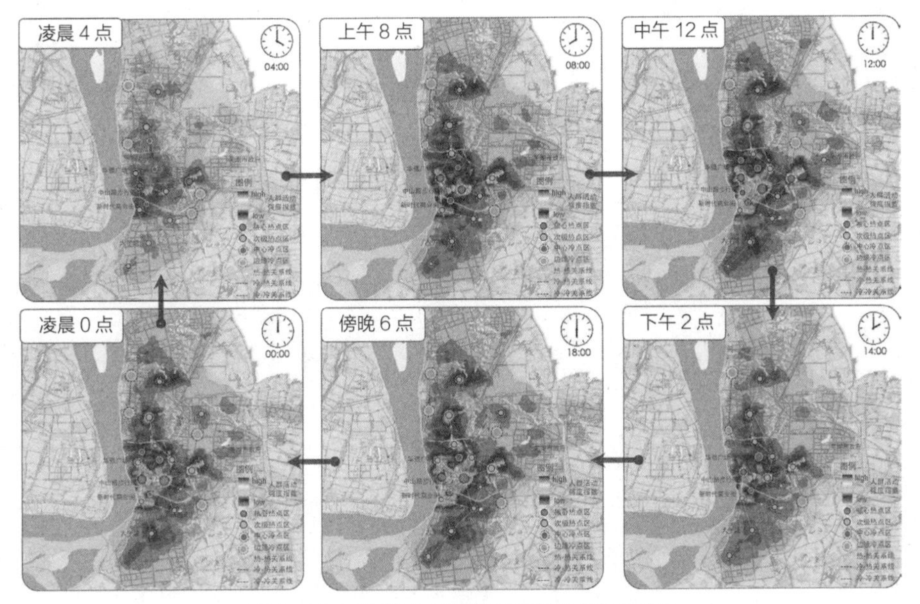

图 3　基于手机信令大数据的芜湖市人群活动分析

品质提升的有效途径。而数字化的发展趋势需要城市设计加强与大数据和互联网技术的结合，拓展新技术的应用领域。此外，城市设计还需要关注互联网时代的城市空间重构，注重体验性场所营造。

4　基于城市设计的空间品质提升途径

针对公共空间品质的特征要素以及人们的主观需求，基于城市设计的发展新趋势，本文认为，城市空间品质的提升应该是一个从宏观到微观，从整体到局部，从空间到文化的完整体系。

4.1　从宏观到微观的全尺度设计

城市设计应贯穿于城市规划的全过程，并形成从宏观、中观到微观不同空间尺度层面设计的连贯性，保证城市空间品质与特色的一致性。

基于此，城市设计需要从宏观层面梳理城市发展的脉络与肌理，提取城市山水自然要素的格局与城市风貌特色，进而凝练出城市总体的空间特质属性，并作为进一步指导中微观层面设计的标准与原则（图 4*a*）。在中观层面，城市设计应重点塑造城市景观眺望体系、城市开放空间体系、山水生态廊道、特色风貌片区等方面，延续并支撑城市的宏观结构与特色（图 4*b*）。而在微观层面，城市设计应该更多地考虑人的使用与实际行为需求，强调空间的精致化与人本化设计，重点打

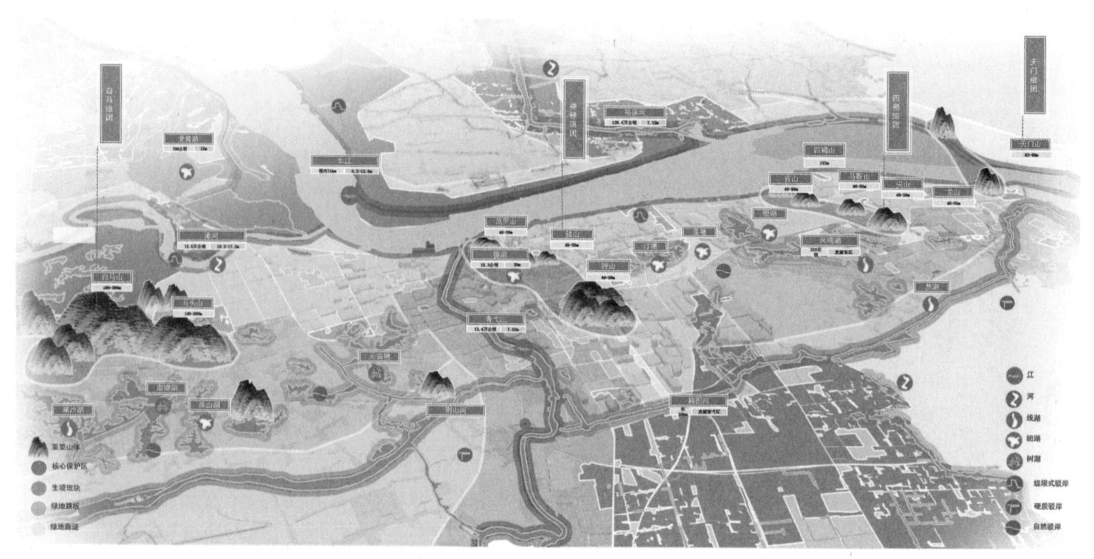

（*a*） 城市整体山水格局

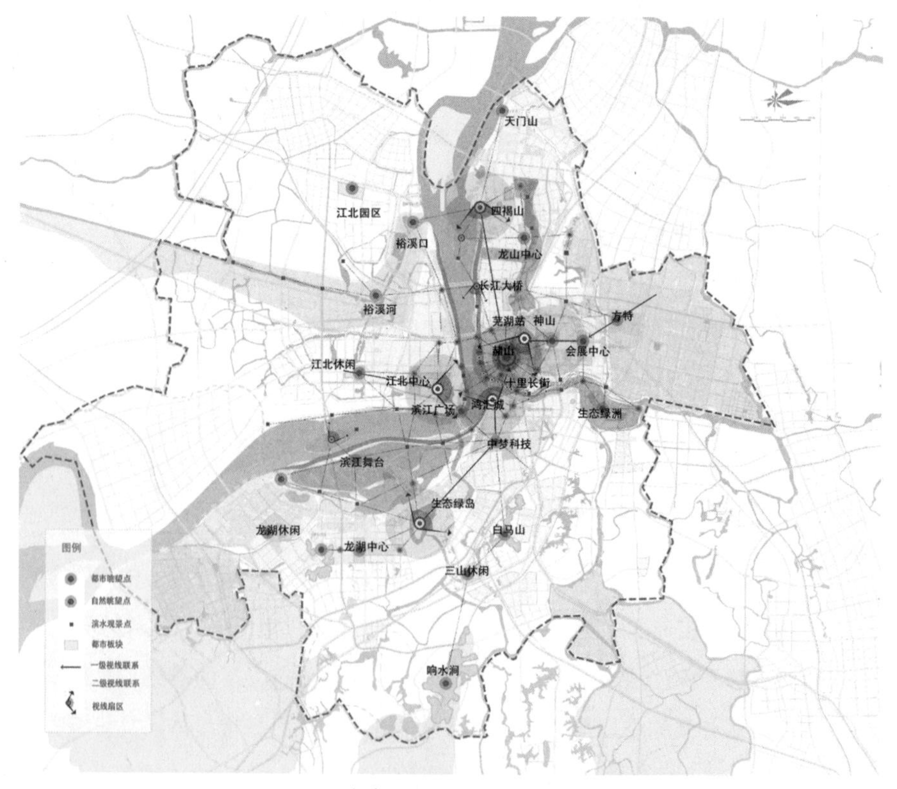

（*b*） 城市景观眺望体系

图 4　全尺度城市设计案例示意

造景观标志节点、休憩活动场所、街道步行环境等方面，通过更为具体与细节的设计强化城市的空间特质。

4.2 从整体到局部的一体化设计

城市空间品质不是一个个孤立的高品质空间，而是一个整体的高品质生存环境以及嵌于整体环境中的高品质节点。因此，在进行城市设计的过程中，应该建立从整体到局部的一体化设计思想，形成核心节点与环境互动、互融的，以点带片，以线带面的提升路径（图5）。

一个良好的高品质节点，是与其周边环境密不可分的，这是塑造空间品质与活力的重要途径。在城市设计中，以高品质空间节点为依托，并通过该局部节点的高品质设计与建设，促使相关功能集聚和后续建设项目的连锁式开发，从而对城市发展起到激发、引导和促进作用，带动片区品质的整体提升。从整体到局部的一体化设计，还应该强调空间风貌的统一与协调、空间形态的有序与变化、空间活动的丰富与多样、空间环境的生态与有机。

4.3 从空间到人文的多维度设计

城市空间品质具有物质性与非物质性两种属性，自古以来，丰富多彩的城市活动就是城市品质体验的重要内容，因此，对空间品质进行规划设计不应局限于物质空间实体本身，而应该扩大到非物质空间的范畴进行并行的讨论，即，空间品质还具有社会属性、文化属性等多重属性。城市设计应该为在空间中发生的各类行为活动提供适宜的场所空间，城市设计的价值也应当表现在能否通过空间营造促进这些行为与活动的沿承（图6）。而从另外的角度说，这些行为活动和城市公共空间的结合能够很好地展现城市的特色与魅力。

因此，进行空间品质的提升设计的一个非常重要的维度就是将“人们如何认知并使用这座城市”纳入城市设计的考虑之中。市民认知的城市格局和真实的实体空间格局是否匹配？是否存在断裂？对于这些问题的回答应当成为城市设计整体思考的出发点，通过设计完成对人文意象的再现与重构。

5 结语

随着物质生活水平的不断提升，人们对生活空间品质的诉求也逐步提升，也促使城市设计的重点由以效率和空间拓展为核心，转变为以人本为核心的设计理念。在深入剖析空间品质内涵的基础上，通过对相关研究的梳理，将城市空间品

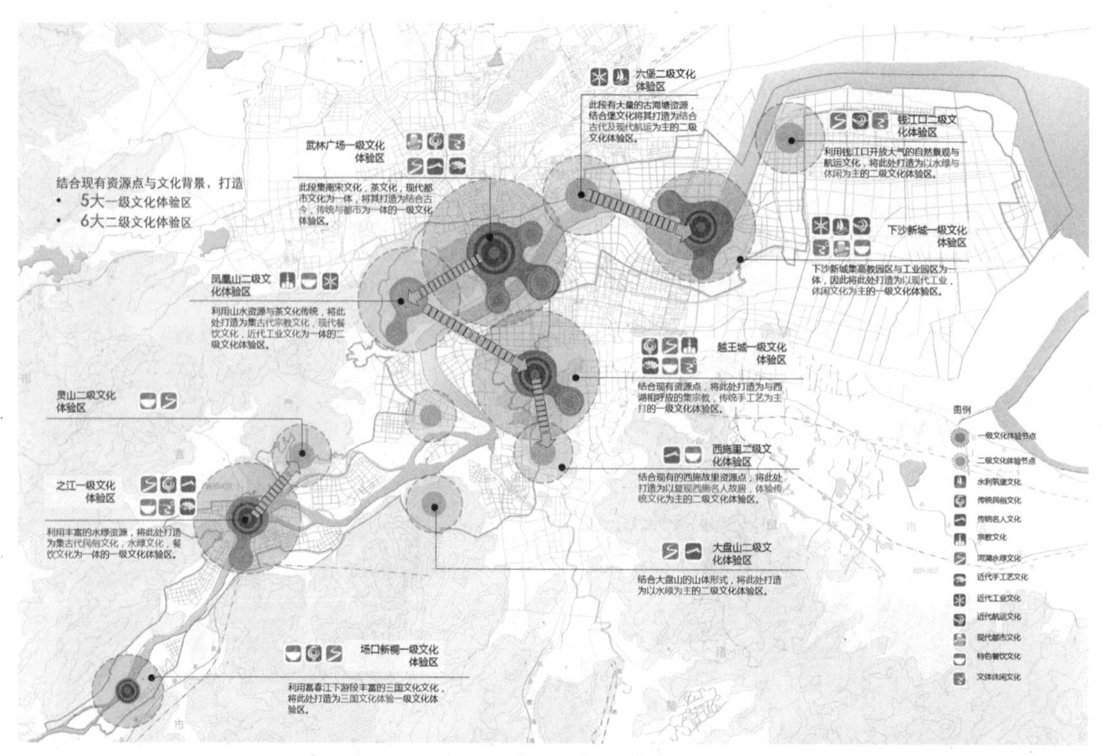

（*a*） 由整体到局部的风貌控制策略

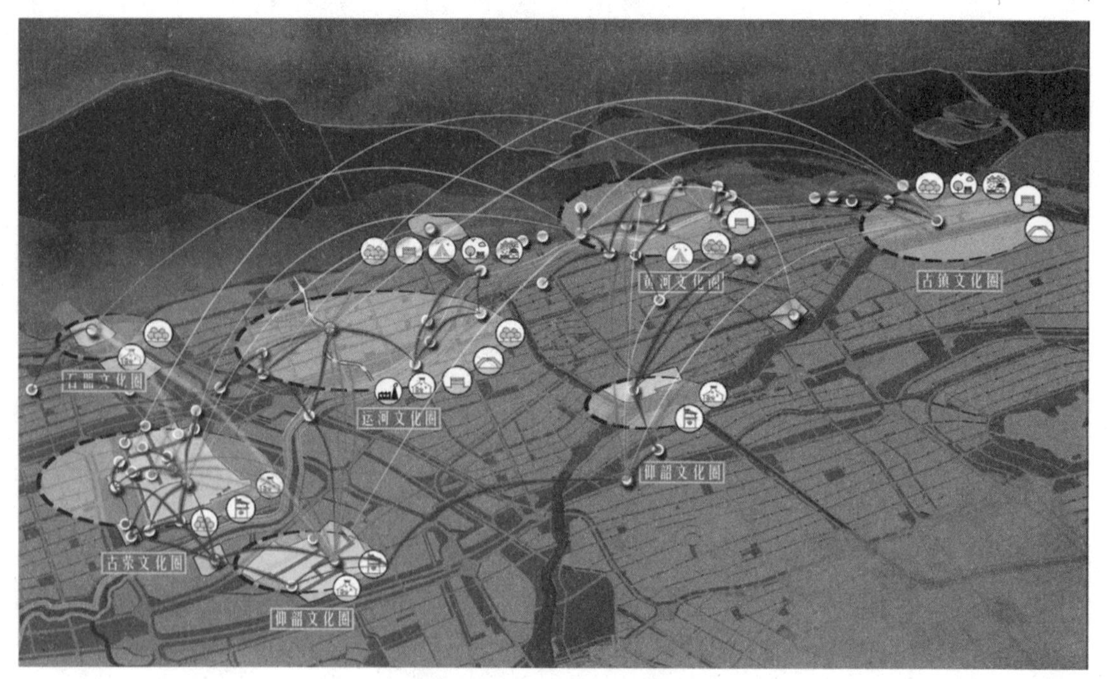

（*b*） 由局部带动的触媒式策略

图 5 一体化设计案例示意

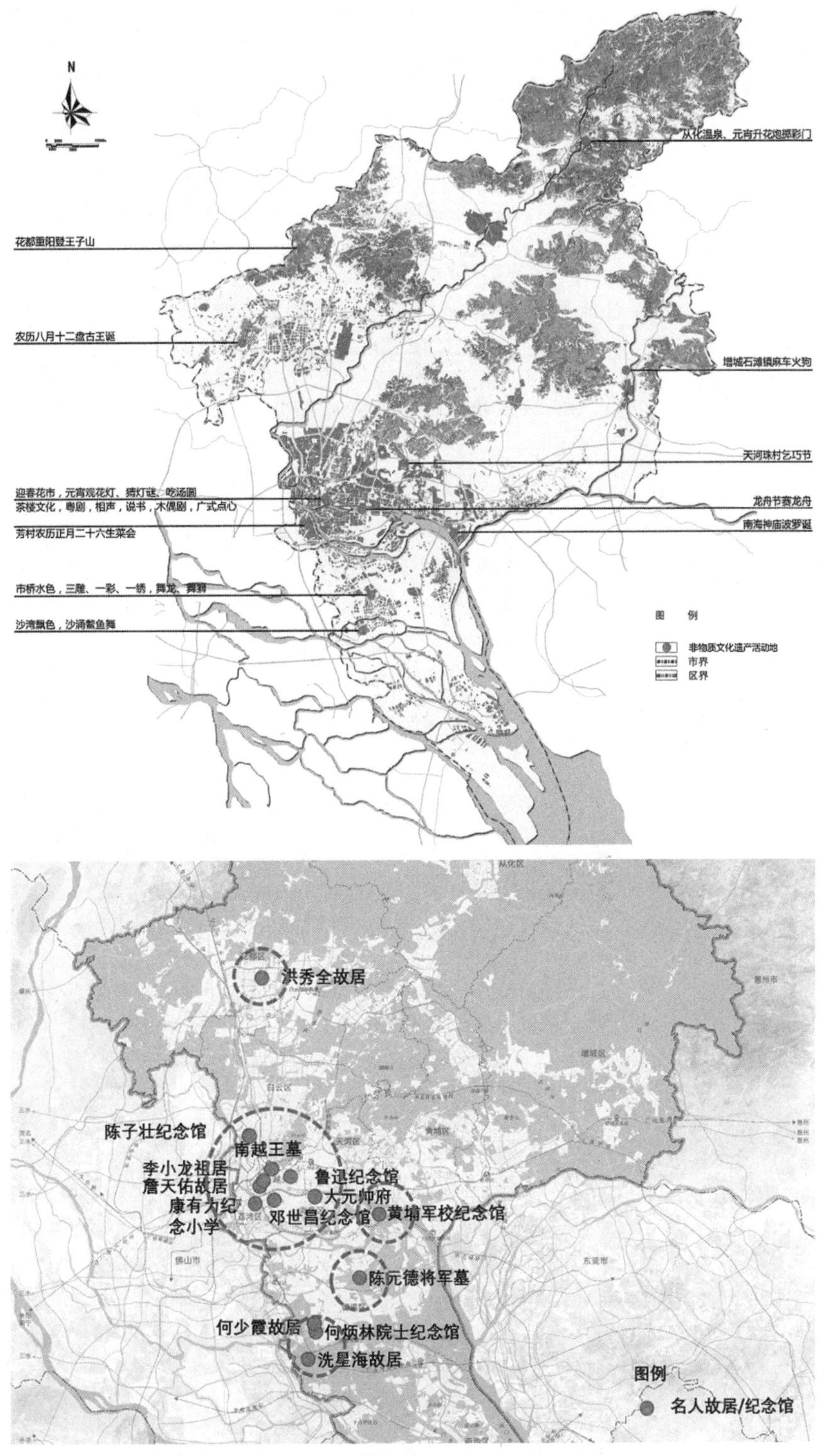

图 6　多维度设计案例示意（人文要素的空间体现）

质的特征要素分为客观物质空间与主观心理感受两个层面，并分别进行了归纳总结。在物质空间层面，多样性、小尺度、步行化、便捷性等成为主要的特征要素，而在心理感受层面，安全感、归属感、交往性等是核心要素。这些要素将成为通过城市设计提升空间品质的关键所在，由此，也促使城市设计出现了新的发展趋势，向着人文化、生态化、精细化以及数字化的方向推进。在此基础上，通过城市设计提升空间品质的途径可以从三个方面展开，即:从宏观到微观的全尺度设计，从整体到局部的一体化设计，以及从空间到人文的多维度设计。

城市设计是城市空间营造的主要手段，也是提升空间品质的必然途径。在明确提升途径的基础上，仍然需要对具体的技术方法与设计要点进行不断地深入探讨，并在实践中不断地优化与完善。

参考文献

[1] Alexander C. Notes on the synthesis of form[M]. Harvard University Press，1964.

[2] Jason Knight，Russell Weaver，Paula Jones. Walkable and resurgent for whom? The uneven geographies of walkability in Buffalo，NY[J]. Applied Geography，2018，92：1-11.

[3] Johannes Parlindungan Siregar. Assessment of Public Space Quality Using Good Public Space Index（Case Study of Merjosari Sub District，Municipality of Malang，Indonesia）[J]. Procedia - Social and Behavioral Sciences，2014，135：10-17.

[4] Kelly J. Clifton，Andréa D. Livi Smith，Daniel Rodriguez，The development and testing of an audit for the pedestrian environment[J]. Landscape and Urban Planning，2007，80（1-2）：95-100.

[5] Li Yin，Street level urban design qualities for walkability：Combining 2D and 3D GIS measures[J]. Computers，Environment and Urban Systems，2017（64）：288-296.

[6] Mcharg I L，MUMFORD L. Design with nature[M]. New York：American Museum of Natural History，1969.

[7] Mohadeseh Mahmoudi，Faizah Ahmad，Bushra Abbasi. Livable streets：The effects of physical problems on the quality and livability of Kuala Lumpur streets[J]. Cities，2015（43）：104-114.

[8] Mohammad Taleai，Elham Taheri Amiri. Spatial multi-criteria and multi-scale evaluation of walkability potential at street segment level：A case study of tehran[J]. Sustainable Cities and Society，2017（31）：37-50.

[9] Shane D G. Recombinant Urbanism：Conceptual Modeling in Architecture，Urban Design，and City Theory[M].ZHANG Yunfeng，trans. Beijing：China Architecture and Building Press，2016.

[10] Tridib，Banerjee. The Future of Public Space[J]. Journal of the American Planning Association，2001，67（1）：9-23.

[11]（美）凯文·林奇 . 城市意象 [M]. 方益萍，何晓军，译 . 北京：华夏出版社，2001.

[12]（丹麦）杨·盖尔 . 交往与空间（第四版）[M]. 何人可，译 . 北京：中国建筑工业出版社，2003.

[13]（日）芦原义信 . 街道的美学 [M]. 尹培彤，译 . 天津：百花文艺出版社，1989.

[14]（美）亚历山大 . 新的都市设计理论 [M]. 黄瑞茂，译 . 台湾：六合出版社，1997.

[15]（美）阿兰·雅各布斯 . 伟大的街道 [M]. 王又佳，金秋野，译 . 北京：中国建筑工业出版社，2009.

[16]（德）迪特·福里克 . 城市设计理论——城市的建筑空间组织 [M]. 易鑫，译 . 北京：中国建筑工业出版社，2015.

[17]（英）斯蒂芬·马歇尔 . 街道与形态 [M]. 苑思楠，戴路，译 . 北京：中国建筑工业出版社，2011.

[18]（英）克利夫·芒福汀 . 城市设计：街道与广场 [M]. 张永刚，陆卫东，译 . 北京：中国建筑工业出版社，2004.

[19] 王建国 . 现代城市设计理论和方法 [M]. 南京：东南大学出版社，2011：201.

[20] 汪德华 . 中国城市设计层次与形态 [M]. 南京：东南大学出版社，2009.

[21] 蒋涤非 . 城市形态活力论 [M]. 南京：东南大学出版社，2007.

[22] 扈万泰 . 城市设计运行机制 [M]. 南京：东南大学出版狂，2002.

[23] 何强，等 . 环境学导论 [M]. 北京：清华大学出版社，1994.

[24]（美）简·雅各布斯 . 美国大城市的死与生 [M]. 金衡山，译 . 北京：译林出版社，2005.

[25] 王建国 . 从理性规划的视角看城市设计发展的四代范型 [J]. 城市规划，2018（1）.

[26] 王建国 . 基于人机互动的数字化城市设计——城市设计第四代范型刍议 [J]. 国际城市规划，2018（1）.

[27] 杨俊宴 . 全数字化城市设计的理论范式探索 [J]. 国际城市规划，2018（1）：7-21.

[28] 杨俊宴，曹俊 . 动静显隐：大数据在城市设计中的四种应用模式 [J]. 城市规划学刊，2017（4）：39-46.

[29] 杨俊宴，袁奇峰，田宝江，等，第四代城市设计的创新与实践 [J]. 城市规划，2018（2）：27-33.

[30] 阳建强 . 城市设计与城市空间品质提升 [J]. 南方建筑，2015（5）：10-13.

[31] 赵烨，王建国 . 滨水区城市景观的评价与控制——以杭州西湖东岸城市景观规划为例 [J]. 城市规划学刊，2014（4）：80-87.

[32] 唐婧娴，龙瀛 . 特大城市中心区街道空间品质的测度——以北京二三环和上海内环为例 [J]. 规划师，2017，33（02）：68-73.

[33] 李长东，孙爱庐，贾莹 . 城市中心商圈空间品质评价意义及指标体系研究 [J]. 西部人居环境学刊，2014，29（04）：98-106.

黄建中
段征宇

黄建中，同济大学建筑与城市规划学院教授，《城市规划学刊》编辑部主任，中国城市规划学会学术工作委员会副主任委员兼秘书长、青年工作委员会副主任委员
段征宇，同济大学交通运输工程学院副教授

品质生活与移动性规划 *

我国的城市发展正在从规模扩展型、速度增长型向质量提升型转变，“以人为本”，提高居民生活质量成为城市规划最关注的问题之一。党的十九大指出，我国社会的主要矛盾已经转化为人民日益增长的美好生活需要和不平衡不充分的发展之间的矛盾。城乡规划工作也需要紧扣主要矛盾的变化，通过编制高品质的规划，不断提升城市居民的生活品质。居民生活质量的提高对如健康、教育、社会福利、环境状况和经济等多个层面提出了要求，其中，以可达性为主要内涵的移动性问题成为影响居民生活质量的关键性因素之一。相比较传统交通规划对交通流通行能力、移动速度的关注，移动性规划将关注重点转向对可达性与生活品质的追求，对经济活力、社会公平、公众健康和环境质量更加关注等多维度的问题[1]。因此，品质生活与移动性规划有着密不可分的联系。

1　移动性的内涵

移动性（Mobility）这一概念最早于 20 世纪 20 年代由社会学领域的北美学者提出[2]，用于表明社会地位或阶层升降的流动性以及人在职业、住处等方面的流动问题等，国内学者将之称为“流动性”；20 世纪 60 年代，在城市社会、功能空间、交通之间的关系越来越复杂的背景下，欧洲学者将这一概念引入城市交通领域，用来取代传统的以工程技术为特征的“交通”（Transportation）概念，以期能从更为广泛的、动态的视角来研究城市的运行特征[2, 3]，国内学者常称之为“机动性”；20 世纪 70 年代，移动性概念在欧美和日本学界的时间地理学和行为地理学领域得到重视，学者们开始运用移动—活动分析法（Travel-activity Approach）寻求居民移动行为与活动行为之间的关系规律[4]。

*　国家社会科学基金（项目批准号：17BSH126）和上海市软科学研究计划项目（No.18692109900）资助。

事实上，移动性是一个包括习惯、标准和能力等方面的多义词[5]。有学者将其理解为“城市环境中一个社会个体所具有的自由、自主进行交通出行的条件和能力”[6]；也有一些学者理解为“个体或群体在地理空间的移动过程中反映出的纷繁复杂的区域人地关系”[7]。移动性不仅仅是指交通出行的能力，还包括各类设施和建成环境创造的移动条件和移动机会[2]，包括出行中参与活动的机会和过程以及背后的决策机制。伴随着居住、就业、商业等城市功能的日益分离，移动性已成为个人参与自然或建成环境、文化与社会生活的首要条件。

移动性主要分为居住移动性（Residential Mobility）与日常移动性（Daily Mobility）等[8]。居住移动性多指相对远距离长时间尺度的居住迁移；而日常移动性多指个体在居住地进行的日常出行，如从家去购物、休闲等相对短距离多频次的运动[9]，一般看作为到达特定地方的出行行为与机会[10]。本文提到的移动性，属于日常移动性研究范畴。

2 居民生活质量与移动性的关系

居民生活质量是一个多维度的概念，一般包含健康、教育、社会福利、环境状况和经济等多个层面[11]。对于生活质量的研究兴起于20世纪20年代，美国学者对社会动向的关注逐渐演变成了对社会指标和生活质量的广泛研究[12]。20世纪中期开始，伴随着对居民个人生活满意度的关注，生活质量成为社会科学研究的热点之一，并逐渐上升至社会平等和包容等社会环境层面。我国对生活质量的研究开展较晚，直到20世纪80年代中后期，生活质量研究才逐渐引起中国学者的关注[13]，伴随着由计划经济向市场经济转轨的历史性阶段，这一阶段有关生活质量的研究多为政府部门提供服务，以对个人的物质生活水平判断为主，主要包括工作、居住环境、财产与消费、家庭生活及业余文化生活等方面，重点反映经济发展水平，为制定公共政策提供依据。之后，随着我国社会经济发展理念的转变，生活质量成为多学科多领域关注的热点问题，研究重心伴随着社会背景和居民生活需求的变化而变化，重点从关注个人物质生活水平逐渐向居民主观生活满意度和弱势群体生活质量等领域倾斜[14，15]。

随着社会经济的发展，居民移动频率增加，出行距离增长，移动性水平及质量的高低对居民的生活质量产生了越来越重要的影响。如对布里斯托的居民进行关于生活质量的问卷调查显示，收到的数千个问题中，移动性问题占有近半数的比例，包括改善公共交通、减少交通拥堵、改进停车场、改善自行车/步行设施等，城市大部分地区的交通拥堵是影响居民生活质量和满意度的主要问题[16]。对上海郊区居民生活舒适状况的调查中，公交发车频次不足，“最后一公里”的问题没有得到解决成为大多数居民关心的问题[17]，以社区弱势群体为对象的研究中，大部分居民的通勤都依赖城市的公共交通，使用公交、地铁等公共交通出行的居民比重达到67%，存在通勤时间长、成本高、站点远、运营时间短四大问题[14]，这些成为其对城市生活不满的重要因素。

移动性的提高，对品质生活的提升体现在诸多方面，如：完善的交通服务和交通基础设施，特别是公共交通和慢行交通体系的连续性和便捷性，有利于提升居民出行满意度，使居民在使用过程中获得愉悦的体验；加强交通管理，有利于保证居民的交通安全；积极的出行方式（步行、自行车等）有利于减轻肥胖，降低身体机能降低的风险；增加公共服务设施的可达性，可以使居民通过更少的交通，便捷地获得更多公共服务等。这里的可达性也包括就业岗位的可达性，通过减少通勤时间、通勤距离，提高工作人群的生活品质。

对于部分特殊群体，如老年人，由于身体机能与感知能力的下降，移动性是其享用服务设施、实现社会参与的前提，直接关系到老年人的生活质量与养老模式[5]。老年人由于年龄增长，生理功能逐渐衰弱，生活能力和活动能力都将有所下降，出行及设施使用频率减少[18]，这是不可避免的自然衰退。另外，设施配置不足、布局不当、移动环境不佳等都会造成对老年人移动机会的剥夺，致使老年人移动性的被动衰退。如道路连接度低、设施可达性低、附近娱乐设施及公共空间的数量较少等都会减少老年人的出行，使老年人的孤独感加深。因此，移动性与老年人的精神健康密切相关，极大地影响着老年人的生活品质。在“银发浪潮”席卷全球的今天，移动性的研究必然受到更多的重视和关注。

信息技术和大数据的使用有利于在更大范围进行城市公共资源的空间配置，提高社会公共资源利用效率，为居民提供更加智能化、便捷化和公平公正的社会服务。通过移动通信数据或 GPS 定位数据，可以获取出行者的行为轨迹，进而分析移动规律、移动模式、活动特征等；通过公交 IC 卡和车牌识别数据，可以获取职住关系和通勤数据，有利于改善居民通勤环境，缩短通勤时间；通过微博签到数据，在获取微博用户的地理坐标的同时，提取用户对于公共空间和设施的评价和满意度，建立评价数据集，用于公共服务设施的优化。大数据的应用有利于全方位地分析居民活动特征和理解人的需求，从不同角度为研究居民活动空间提供了重要的信息，这必将为支持移动性规划提供新的技术方法和手段。

3 从传统规划向可持续的移动性规划转变

2016 年，我国发布的《城市综合交通体系规划规范》（征求意见稿）提出的城市综合交通规划实施效果评价指标主要包括四大类：①交通需求情况，反映全市、关键区域或通道的交通需求总量、交通出行结构；②交通供应情况，反映区域与对外交通的可达性和运输能力，以及反映城市交通的可达性、交通承载能力；③交通运行情况，包括基础指标、特征指标以及综合指标；④交通运营情况，包括区域与对外交通的客货运发送量、平均运送速度和城市公共交通的全天或高峰客运量、公交分担率、平均运营车速、候车时间准点率等。这些指标仍然缺少对居民的公共服务与设施的可获得性（可达性），对人的活动需求，对生活品质、环境、社会公平、安全、社会效益等各方面的关注。

欧盟于 2014 年发布了“可持续城市移动性规划”（Sustainable Urban Mobility Plan，SUMP）的编制与实施导则，作为指导新时期欧盟城市交通发展规划的纲领性文件。与传统城市交通规划（Urban Transportation Plan，UTP）相比，SUMP 提供了一种全新的规划理念与范式（表 1）。

与传统交通规划相比，SUMP 具有以下特点[1，20]：

第一，规划视角由“交通”转向“人的出行移动”。SUMP 认为公共服务与设施可获得性是移动性规划的目的，交通只是达成这一目的的手段，要求尽可能降低为居民提供出行服务所需要交通。传统交通规划重点关注交通流的通行能力和移动速度，而 SUMP 转向了对可达性与生活品质的追求，对经济活力、社会公平、公众健康和环境质量等多维度的关注。

第二，注重多方参与和多部门决策协调。SUMP 认为人的活动需求是移动性规划的核心，因此必须重视公众和相关利益团体的共同参与。SUMP 提出空间分析单元，从行政区划边界转变为居民实际活动空间；跳出交通工程师主导的局限，加强与土地利用、经济发展、环境保护、能源、公众健康等相关部门协调；强调围绕居民出行需求整合各类交通方式，向更清洁、更可持续的交通方式转变。

可持续城市移动性规划与传统交通规划的对比[1、19、20] **表 1**

	传统交通规划	可持续城市移动性规划（SUMP）
规划关注点	交通（Traffic）	人的出行（People）
规划目标	交通流的通行能力与移动速度	可达性与生活品质，同时注重可持续性、经济活力、社会公平、公众健康和环境质量
规划思想	模式化（聚焦于特定的交通系统）	不同交通方式协同发展，并向更清洁、更可持续的交通方式转变
	基础设施建设导向	一系列整合行动计划，以实现成本－效益最优
规划成果	部门 / 专项规划报告	与相关政策领域相一致并且互补的部门 / 专项规划报告（如土地利用和空间规划、公共服务体系、公众健康、执法和监督等）
	中短期实施规划	与长远目标、战略相协同的中短期实施规划
	基于行政管理边界	与通勤模式有关的空间边界（人的活动空间）
规划编制	交通工程师主导	跨专业的规划团队
	专家规划	规划过程透明，公众和相关利益团体共同参与
规划效果评估与调整	有限的效果评估	定期规划实施效果监测与评估，以不断吸取经验并改进

第三，建立定期监测、评估和报告规划实施效果的制度，适时启动规划完善程序。SUMP 建立了一系列可度量的移动性规划绩效目标，通过一整套规划评价指标体系，监测和评估绩效目标的实现程度，通过规划绩效报告制度，定期向公众和相关利益团体公布规划实施效果，以更好地参与规划编制、实施与修正过程。

因此，有必要借鉴 SUMP 的理念和方法，建立一套适用于我国的城市交通规划评价指标体系和方法。突出"以人为本"，关注生活品质、城市环境、社会公平、交通与城市的互动关系等；将可达性分析融入交通规划评估和实施效果监测，通过可达性表征公共服务的可获性，以及与社会公平紧密相关的潜在机会；依托个体定位数据等可持续跟踪的特点，在分析单元上，实现从"行政边界"到"居民活动空间"转变。同时，在传统城市交通规划的"编制 – 实施"的单线流程基础上，引入具有跟踪监测和动态调校作用的规划实施评估机制，形成"编制 – 实施 – 评估 – 调整"的滚动闭环技术流程。为城市交通规划的年度实施计划的过程调控和新一轮规划提供依据。

参考文献

[1] 杨东援．从"交通规划"到"移动性规划"[R]. 微信公众号——悠闲老头看交通，2017-08-18.

[2] 卓健．城市机动性视角下的城市交通人性化策略 [J]. 规划师 .2014，7（30）：5-12.

[3] 赵守谅，陈婷婷．城市・休闲・机动性：基于城市休闲发展的一组思考 [J]. 城市发展研究，2010，17（5）：108-119.

[4] 柴彦威，沈洁．基于居民移动—活动行为的城市空间研究 [J]. 人文地理，2006，21（5）：108-112.

[5] 黄建中，胡刚钰，李敏．城市建成环境与老年人移动性衰退相互关系研究回顾与展望 [J]. 华中建筑，2017（6）：102-107.

[6] Orfeuil J P. Transports，Pauvrets，Exclusions：PouvoirBougerPours' enSortir，Edition de l' aube，Coll[M]. "Monde encours"，La Tourd' Aigues，2004.

[7] 陆锋，刘康，陈洁．大数据时代的人类移动性研究 [J]. 地球信息科学学报，2014，16（5）：665-672.

[8] Clark W A V，Davies S.Elderly mobility and mobilityoutcomes：households in the later stages of the life course[J]. Research on Aging，1990，12（4）：430-462.

[9] Nutley S，Thomas C. Spatial mobility and socialchange：the mobile and the immobile[J]. SociologiaRuralis，1995，35（1）：24-39.

[10] Metz D H. Mobility of older people and their quality oflife[J].Transport Policy，2000，7（2）：149-152.

[11] Morais P，Migu é is V L，Camanho A S. Quality of Life Experienced by Human Capital：An Assessment of European Cities[J]. Social Indicators Research，2013，110（1）：187-206.

[12] 胡天新，杜澍，李壮．生活质量导向的城市规划：意义与特征 [J]. 国际城市规划，2013，28（1）.

[13] 王培刚．中国生活质量研究三十年：回顾与前瞻 [C]. 中国社会学年会，2010.

[14] 解永庆，荆锋，杜澍．基于社区视角的弱势群体生活质量研究 [J]. 城市规划，2014，38（a02）：59-66.

[15] 李建新．老年人口生活质量与社会支持的关系研究 [J]. 人口研究，2007，31（3）：50-60.

[16] Bristol City Council. Bristol Quality of Life Survey 2017-18 [R].2018.

[17] 严华鸣，施建刚．大城市郊区居民生活舒适状况调查——以上海市为例 [J]. 城市问题，2014（8）：90-94.

[18] 李敏，胡刚钰，黄建中．上海市老年人社区服务设施需求特征研究——基于步行能力差异的视角 [J]. 上海城市规划，2017（1）：25-31.

[19] Guidelines：Developing and Implementing a Sustainable Urban Mobility Plan [R]. Repprecht Consult，2014.

[20] 叶建红．欧盟"可持续城市移动性规划"理念与编制方法 [J]. 交通与运输，2018（1）：10-12.

策略篇

周岚
于春

周岚，江苏省住房和城乡建设厅厅长，研究员级高级规划师，中国城市规划学会副理事长
于春，江苏省住房和城乡建设厅建筑节能与科研设计处副处长，高级规划师

省域空间规划引领地域特色彰显和空间品质提升
——《江苏省城乡空间特色战略规划》的探索和实践[1]

1 引言

“品质”成为中国规划界的热词，是在中国“总体上实现小康，不久将全面建成小康社会”、中国经济“已由高速增长阶段转向高质量发展阶段”[2]的大背景下产生的社会现象，体现出规划工作者在中国特色社会主义新时代的转型追求。

明者因时而变，知者随事而制。

讨论品质规划，不能离开当前城乡规划机构职能改革的社会背景。笔者认为，在规划改革之际，有必要回望历史、回归规划初心。当年，埃比尼泽·霍华德的“田园城市”理想和理论，由于切合了“解决工业化带来的城市问题”的社会需求，因而为城市规划学科的产生和发展奠定了重要的思想基石（吴缚龙，周岚，2010）；一百多年后，在中国新型城镇化推进的关键阶段，对城市规划的社会需求客观上并没有减弱，需求反而更加丰富多元：一方面，既需要坚持问题导向，着力解决快速城镇化前半程积累的问题，围绕百姓关注的“生老病死、衣食住行、安居乐业”等问题，以人民为中心，推动城市的有机更新和人居环境的改善提升；另一方面，又需要坚持目标导向，推动更高质量的新型城镇化，围绕新时代国家治理体系建设和全球治理格局重塑，科学布局生产空间、生活空间、生态空间，积极构建“区域协调、城乡融合、多元开放、合作共赢”的新型城镇化空间格局，

[1] 本文在《江苏省城乡空间特色战略规划》基础上完成，该项目由江苏省住房和城乡建设厅组织编制，是江苏省城市规划设计研究院、江苏省城镇与乡村规划设计院、江苏省城镇化和城乡规划研究中心以及江苏省城市发展研究所多单位的合作成果。

[2] 习近平在中国共产党第十九次全国代表大会上的报告——“决胜全面建成小康社会 夺取新时代中国特色社会主义伟大胜利”，2017.

助力完善“突破行政区划、实施全域管控、有利精准施策”的国土空间开发保护制度（周岚，等，2018）。因此，城乡规划改革的重要方向应是强化空间规划的效用，从体制机制上更好地保障“建设人民群众更加满意的城市”，适应“人民日益增长的美好生活需要”。从这个角度，“品质规划”应成为改革重构后的空间规划体系的重要目标追求。

空间品质，体现在经济活力、文化环境、生态质量、社会生活等诸多方面，其中地域特色彰显作为空间品质的外在体现和审美表达，是民族文化、城市特色和集体记忆的空间载体。土耳其著名诗人纳齐姆·希克梅特说得好，“人的一生有两样东西不会忘记，那就是母亲的面孔和城市的面孔”。这种对家乡故土的记忆伴随着人的一生，是人类情感深处的心灵归属所在。对此，吴良镛院士指出，“特色是生活的反映，特色有地域的分野，特色是历史的构成，特色是文化的积淀，特色有民族的凝结，特色是一定时间地点条件下典型事物最集中最典型的表现，因此它能引起人们不同的感受，心灵上的共鸣，感情上的陶醉”（吴良镛，2002）。

但是在全球化进程中，伴随着资本的全球流动，信息、价值观、建筑材料、承包商、设计师同样在全球流动传播，城市与建筑的地域特色遭受到来自标准化、工业化商品生产的巨大挑战，城市面貌和建筑文化的趋同几乎成为全球化的伴生物，“特色危机”（Identity Crisis）已成为一个全球具有普遍意义的命题。正因如此，早在 1987 年，亚洲建筑师协会的马尼拉会议即以“特色危机”（Identity Crisis）为主题展开深入讨论。2005 年联合国教科文组织第 33 届大会更专门通过《保护和促进文化表现形式多样性公约》，以对抗全球化下的文化特色趋同现象。

在全球化进程中，中国也未能置身度外，快速城镇化进程中的“千城一面”广为学界和社会诟病。因此，2013 年的中央城镇化工作会议明确要求“发展有历史记忆、地域特点和民族特色的美丽城镇，不能千城一面、万楼一貌”。2015 年的中央城市工作会议更进一步明确：要“把创造优良人居环境作为中心目标”，“统筹生产、生活、生态三大布局，提高城市发展的宜居性”，“城镇建设要让居民望得见山、看得见水、记得住乡愁；要以自然为美，把好山好水好风光融入城市”，“要加强对城市的空间立体性、平面协调性、风貌整体性、文脉延续性等方面的规划和管控，留住城市特有的地域环境、文化特色、建筑风格等‘基因’”。

本文围绕地域特色彰显和空间品质提升，系统介绍了《江苏省城乡空间特色战略规划》的创新努力。该规划将省域城乡空间作为一个整体进行系统规划，整合山水田园、文化资源、人居环境等综合要素，以保护乡愁、显山露水、营造空间特色、凸显地域文化、建设美好人居环境为规划目标，在多维度分析省域本底环境特征、文化特色和空间资源分布的基础上，结合未来城镇化发展布局要求，明确了省域空间特色风貌塑造的分区指引，构建了省域重点特色空间体系，提出了塑造当代城乡魅力特色示范区的系列规划行动，旨在以省域空间规划引领塑造江苏大地景观、地域文化和城乡人居环境诗意共融的美丽图景，以此带动省域空间品质的提升和文化、生态、经济、社会的协同发展。

2 江苏特色的多维认知：省域空间特色和资源

一方水土养一方人。江苏，一块富饶、美丽、宜居、令人向往的土地。唐宋起就有“苏湖熟，天下足”、“上有天堂，下有苏杭”的美誉。秀美的自然山水、数千年的历史积淀和勤劳智慧的江苏人民交互影响、相互作用，共同在历史长河中铸就了江苏的地域特色本底。未来江苏地域特色的塑造和彰显，必须基于对这块土地的深刻理解和对特色基因的深度挖掘。

2.1 自然本底——平原水乡、七色风土

江苏地处中国东部沿海的中部，地势低平，总体地貌呈现为“一山二水七分田”，其平原和水域面积的占比均居全国各省区首位，具有“江河湖海汇聚”的典型平原水乡特色。长江和淮河自西向东穿越江苏境内，黄河也曾改道经过江苏，京杭大运河则纵贯江苏南北约 690 千米。江苏的海岸线有近 1000 千米，境内有河道 2900 余条，湖泊近 300 个，中国五大淡水湖中，江苏有太湖和洪泽湖两个（图 1）。江苏的山，海拔不高却钟灵毓秀，主要有老山山脉、宁镇山脉、茅山山脉、宜溧山脉、云台山脉等，多分布在北部、西南与他省的交接地带。蜿蜒起伏的低山丘陵，往往同时具有丰富的历史文化积淀，兼具自然景观和文化景观价值。

江苏四季分明，冬冷夏热，处于亚热带向暖温带的过渡区。气候的多样性给江苏带来了鱼米之乡的稻麦桑蚕、菱藕茶竹、鱼蟹荷香的丰饶物产和动植物的多样性，也因此形成了丰富的季相变化和四时景致，引来了历代无数文人墨客“伤春悲秋”、“杏花春雨”、“梅雨煮酒”等的吟咏抒怀，在这块秀美的土地上留下了众多诸如“烟花三月下扬州”、“春来江水绿如蓝”、“月落乌啼霜满天”等赏景抒情和寄托乡思的诗词歌赋。

按照自然地理的地表形态和地貌特征，江苏可分为 7 个自然地理分区，从南向北分别是：太湖水网平原区、宁镇扬丘陵岗地区、长江冲积平原区、里下河低洼平原区、苏北滨海平原区、淮宿黄泛平原区和徐海丘陵平原区（图 2）。

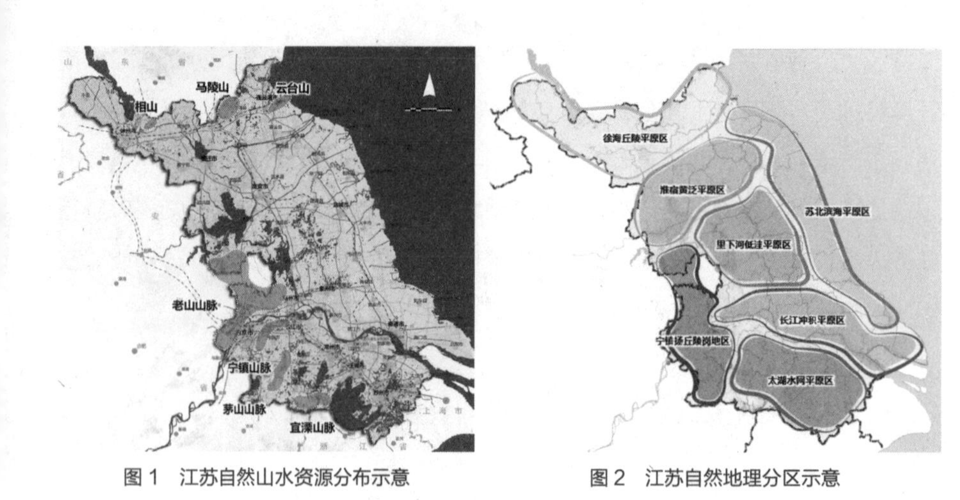

图 1 江苏自然山水资源分布示意

图 2 江苏自然地理分区示意

2.2 文化本底——南秀北雄、五地文化

江苏位于中国地理版图的南北过渡带，长江横跨东西，运河纵贯南北，中国两条最重要的水运航道在此交汇，使得江苏成为南方与北方文化、地域传统文化与外来文化汇聚与交融的地区。从政治版图的角度，在中华文明的历史进程中，每当中原遭遇外族入侵，江苏尤其是苏南地区，凭借着长江天堑的自然阻隔，往往扮演着中华文明守护者的角色，魏晋南北朝时的六朝建康、五代十国时期的南唐、南宋时期的江南皆是如此。在近代化进程中，江苏也是中国被迫最早接受西方文化和现代工业文明的地区所在。也正因着历史上多次的文化交融，今天的江苏形成了南秀北雄、多元融合的文化特色，由此成为当代中国历史文化名城和名镇保存最多的地区（图 3）。

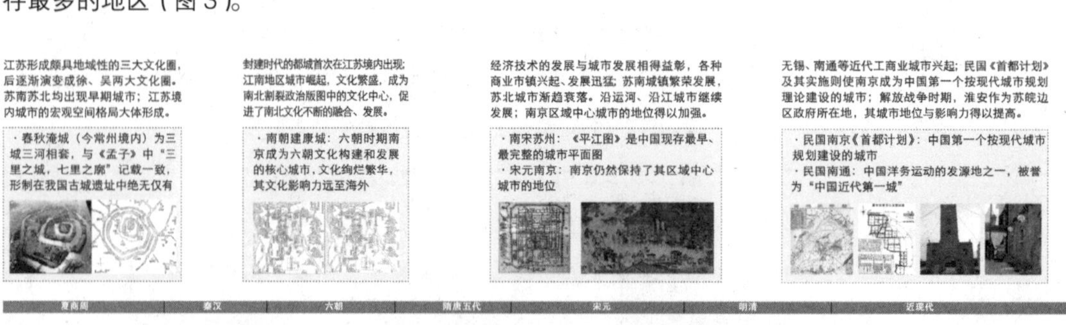

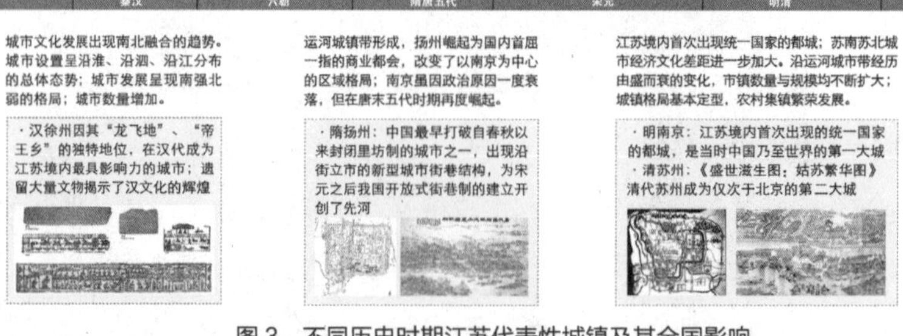

图 3 不同历史时期江苏代表性城镇及其全国影响

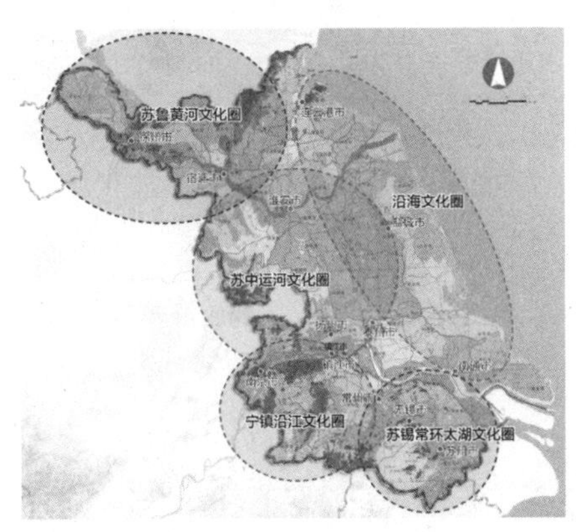

图 4　江苏五大亚文化分区示意

资料来源：东南大学建筑学院，江苏省住房和城乡建设厅 . 江苏建筑文化特质及提升策略研究 [R].2011

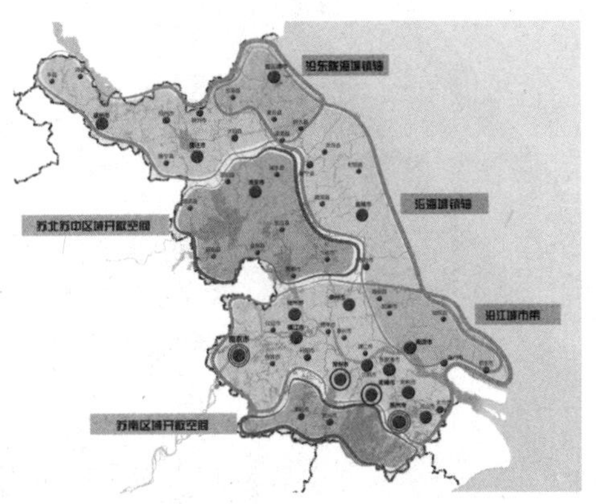

图 5　江苏省域城镇体系规划空间结构图

资料来源：江苏省城市规划设计研究院，江苏省住房和城乡建设厅 . 江苏省城镇体系规划（2015—2030）

从亚文化分区特征看，在绵延的历史长河中，楚汉文化、吴文化、金陵文化、淮扬文化等源流在此交汇，江苏不断吸收、融合、发展中原文化、荆楚文化、徽州文化以及西方文化的精髓，逐渐形成了兼容并蓄、和而不同、各具特色的 5 个亚文化分区（图 4）。其中：苏锡常环太湖文化圈是吴文化的发源地，圈内的城乡聚落布局注重与自然山水相融相生，建筑体量轻盈秀美，尺度宜人，形成了“粉墙黛瓦人家”的空间意象；宁镇沿江文化圈内的南京和镇江历史上都是扼控南北的战略重地，都曾为都城所在，其传统官式建筑布局和形制体现出大气恢弘的都城风范，民居建筑则兼具南方的秀美灵动和北方的硬朗大气；苏中运河文化圈的淮安、扬州、泰州三市均因运河而兴、因盐而盛，拥有不胜枚举的精巧庭园、藏书楼、读书阁等，铸就了消费型城市的历史文化特色；苏鲁黄河文化圈呈现出刚劲雄浑的楚风汉韵文化特征，传统建筑风格硬朗，审美偏重古风，质朴率真，与江南建筑风格迥异；沿海文化圈成陆晚，城镇移民多，故而文化上呈现出多元杂呈、开放包容的典型特征，建筑风格丰富多元。

2.3　发展格局——紧凑城镇、开敞区域

在农耕文明富庶之地的基础上，江苏抓住了改革开放以来工业化、城镇化的机遇发展迅速，成为中国经济发展最活跃的省份之一，以及长三角世界级城镇群的重要组成。今天的江苏以占全国 1% 的土地，承载了全国约 6% 的人口，创造了全国 10% 的 GDP 和超过 10% 的财政收入。

作为中国人口密集、经济密集、城镇密集的地区，江苏致力于探索高密度地区的城镇化可持续发展道路。2016 年国务院批准的《江苏省城镇体系规划（2015—2030）》（图 5）在落实“一带一路”倡议，沿海、长江经济带等国家战略的基础上，

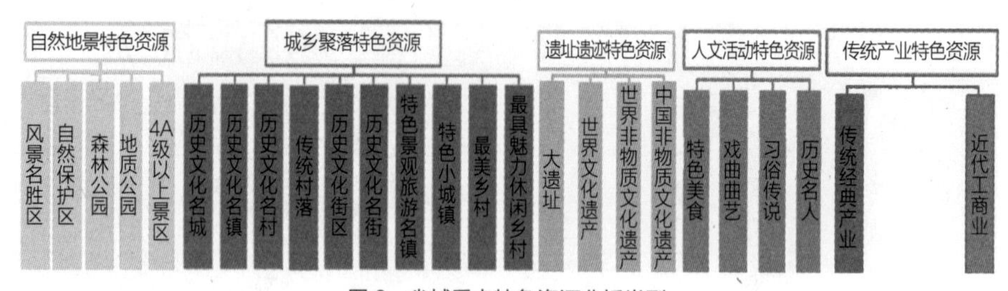

图 6　省域重点特色资源分析类型

综合考虑江苏省情、生态基底、资源环境能力、经济社会发展和城镇化推进需要，明确了“紧凑城镇、开敞区域”的空间战略，要求“城镇沿江、沿海、沿东陇海城镇轴集聚，以保护区域生态开放空间”，旨在通过大疏大密的城镇布局，引导形成生产空间集约高效、生活空间宜居适度、生态空间山清水秀的城乡空间格局。

2.4　资源分布——重要特色资源梳理

如果说自然和文化特色本底决定了城乡特色塑造的传统基因、城镇化发展的布局要求决定了城乡特色塑造的未来格局，那么江苏重要空间特色资源的分布状况，则决定着省域重点特色空间体系的构建。

按照自然地景、城乡聚落、遗址遗迹、人文活动、传统产业等 5 个分类（图 6），对省域重点特色资源的分布和集聚情况进行展开分析，并参考公众对江苏特色认知的大数据分析，形成对江苏城乡空间特色的重点资源和分布格局的综合研判（图 7、图 8）。

3　特色塑造的省域规划：江苏省域空间特色体系塑造

3.1　面上引导——省域特色风貌塑造的分区指引

对江苏城乡空间特色的深度分析表明：所谓“江苏特色”不是一个抽象的均质概念，而是有着丰富多元的表达，其丰富的自然和文化本底特征、非均衡的资源布局基础，以及差异化的发展格局要求等，决定了不能也无法用一种秩序、一种规范、一种文化来对其引导、约束和管控，因此需要综合考量江苏地域特色的自然地理分区、亚文化分区和未来城镇化发展格局的不同要求，通过更加精细的分区引导塑造，使得江苏空间特色的表达更加精准、丰富、立体，同时兼顾传统文化根基和未来发展要求。

综合上述因素，规划将江苏城乡空间特色按照 8 个不同的风貌分区进行塑造引导（图 9）。其中以“开敞区域”为特征的 4 个风貌区分别是以太湖为代表性景

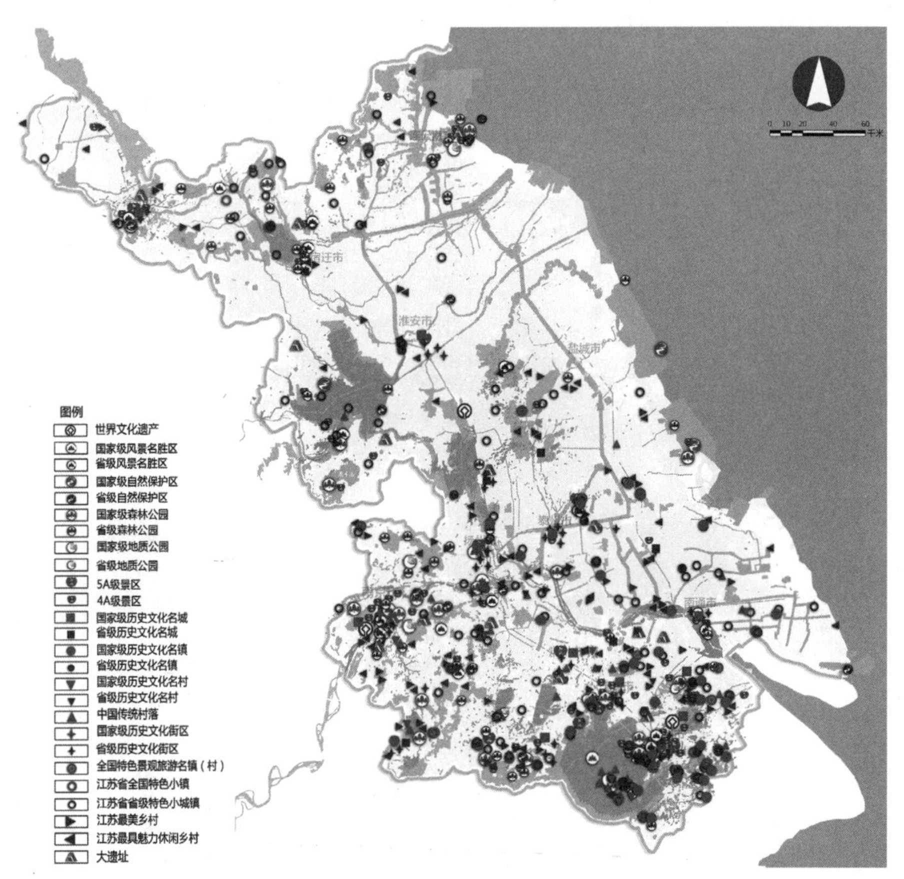

图 7　省域重点特色资源汇总分析

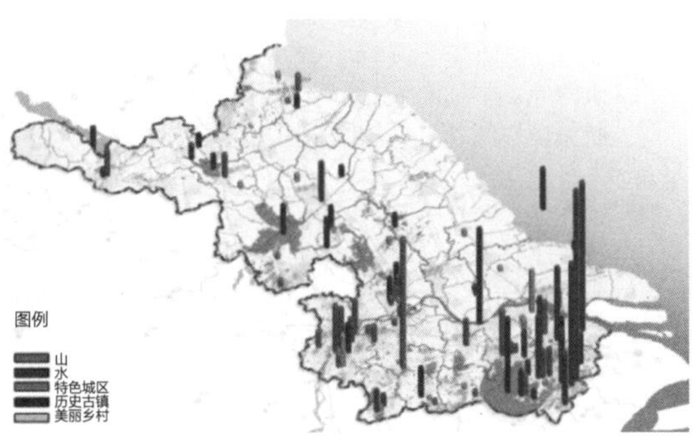

图 8　基于网络大数据的特色资源公众认知评价

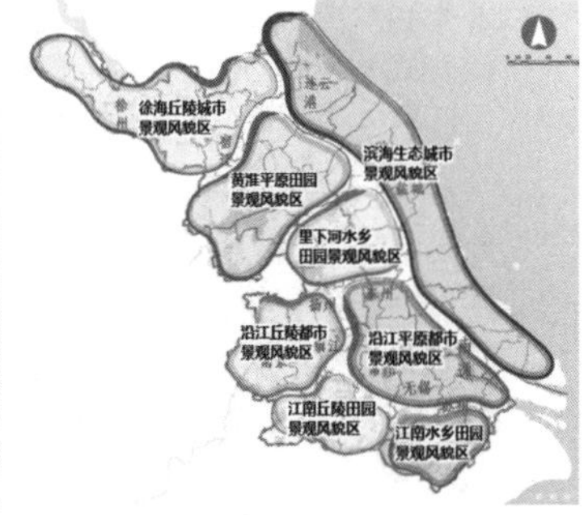

图 9　江苏空间特色风貌分区图

观的江南水乡田园景观风貌区，以宜溧金丘陵山区为代表性景观的江南丘陵田园景观风貌区，以里下河水乡湿地为代表性景观的里下河水乡田园景观风貌区，以洪泽湖和黄淮平原为代表性景观的黄淮平原景观风貌区；以“紧凑城镇”为特征的 4 个风貌区分别是长江下游沿江平原和现代都市景观交织的沿江平原都市景观风貌区，丘陵地形、大江风貌和现代都市景观交织的沿江丘陵都市景观风貌区，

江苏省域特色风貌分区及引导策略要点 表 1

序号	景观风貌区	涵盖地区	地景特征	空间发展特征	总体空间特色引导	生态空间引导管控	传统建筑基因图谱
1	沿江丘陵都市景观风貌区	南京北部、镇江北部、西部及扬州西南部地区	丘陵地貌	跨江高密度城市群	以宁镇扬沿江文化圈为背景，浑厚大度兼容，具有典型丘陵地貌特征的跨江高密度城市群	构建以自然山水及农业生态空间为主体、沿长江及宁镇扬三市的“隔离型”生态网络体系	
2	沿江平原都市景观风貌区	常州北部、无锡北部、苏州北部、泰州南部、南通南部、镇江东部	平原地貌	跨江高密度城市群	以苏锡常环太湖文化圈、扬淮苏中运河文化圈为背景，清雅与雄秀兼具，具有典型平原地貌特征的跨江高密度城市群	构建沿长江、大运河及苏锡常通泰五市之间、以自然山水及农业生态空间为主体的“隔离型”生态网络体系	
3	江南丘陵田园景观风貌区	宜兴、溧阳、金坛、高淳、溧水	丘陵地貌	点状城镇空间	以苏锡常环太湖文化为背景，风貌清雅精巧，在美丽山水基底上的点状城镇空间	以宜溧金山体、滆湖—长荡湖湿地和石臼湖—固城湖湿地为主体，结合农业生态空间，形成环抱城镇空间的“镶嵌式”自然生态格局	
4	江南水乡田园景观风貌区	太湖环湖地区及苏州南部	水网地貌	水乡古镇群	以苏锡常环太湖文化为背景，风貌清雅精巧，具有典型水乡地貌特征的古镇群	以东部生态湿地为主体，结合农业生态空间，形成环抱城镇空间的“镶嵌式”自然生态格局	
5	里下河水乡田园景观风貌区	淮安南部、扬州北部、泰州北部及盐城西部地区	水网地貌	水乡点状城镇空间	以扬淮苏中运河文化圈为背景，秀雅兼容，具有里下河水网地貌特征的点状城镇空间	以水乡生态湿地为主体，结合农业生态空间，形成环抱城镇空间的“镶嵌式”自然生态格局	
6	黄淮平原田园景观风貌区	淮安北部、宿迁南部、盐城西北部、连云港西南部地区	平原地貌	平原点状城镇空间	以扬淮苏中运河文化圈为背景，秀雅兼容，具有平原地貌特征的点状城镇空间	构建以农业生态空间为基底、可联系各城镇空间的沿河“串联式”自然生态格局	
7	滨海生态城市景观风貌区	连云港东部、盐城东部、南通东部地区	平原地貌	点轴城镇空间	以通盐连沿海文化圈为背景，简朴多元，具有平原地貌特征的沿海点轴城镇空间	注重沿海生态保育，构建以农业生态空间为基底、可联系各城镇空间的沿河“串联式”自然生态格局	
8	徐海丘陵城市景观风貌区	徐州、宿迁北部及连云港西部地区	丘陵地貌	点轴城镇空间	以徐宿苏鲁文化圈为背景，雄浑刚劲，具有丘陵地貌特征、大疏大密的点轴城镇空间	注重生态保育，构建以农业生态空间为基底、可联系各城镇空间的沿河“串联式”自然生态格局	

滨海滩涂湿地和现代城市景观交织的滨海生态城市景观风貌区，以及低山丘陵和沿欧亚大陆桥城镇景观交织的徐海丘陵城市景观风貌区（表 1）。

3.2 重点管控——省域重点特色空间的保护管控

基于对江苏特色的总体认知，以及对省域重点特色资源的格局分布、公众认知等，从落实生态保护红线要求、推动城乡特色发展、有序引导山水人文资源保护的综合角度，规划提出构建“8 廊 12 片”的省域重点特色空间体系（图 10），以确保最具江苏特色价值意义的地区可以通过强化的保护和管控实现永续发展。

根据重点特色资源的不同类型和空间分布特征，划定的 12 个重点特色风貌片分别代表了苏南、苏中、苏北最具典型意义的江苏大地特色景观，既构成江苏重要的生态基底，也是人们认知江苏、吟诵江苏、热爱江苏的重要空间载体。对于重点特色风貌片的规划要求包括生态环境保育、景观风貌塑造、文化特色彰显、公共服务配套和特色产业发展等 5 个方面的综合管控要求（图 11）。

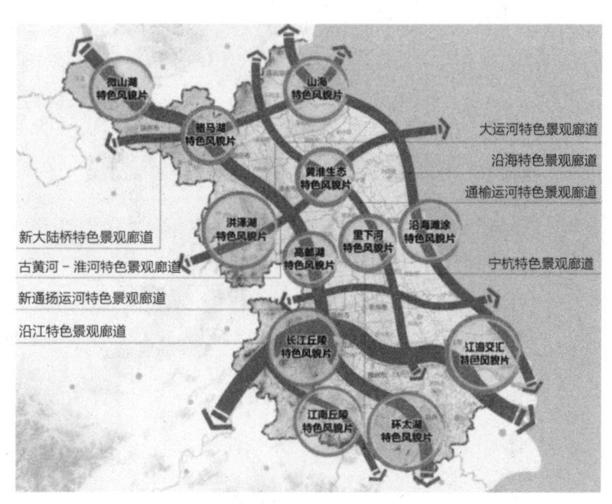

图 10 江苏省域重点特色空间体系结构

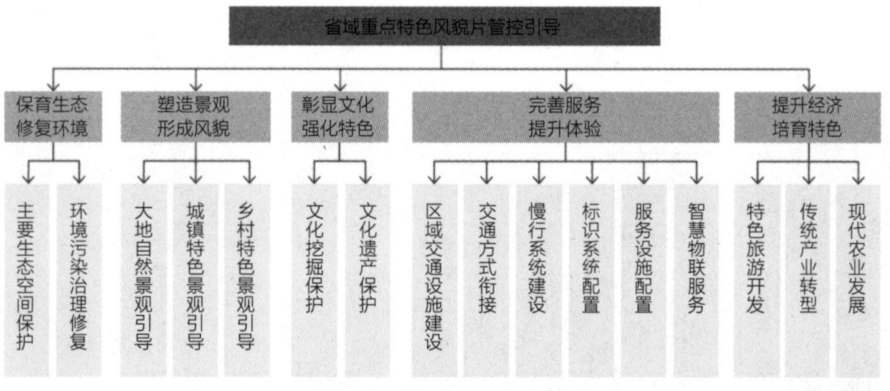

图 11 重点特色风貌片规划管控要点

重点特色景观廊道是省域重点特色空间体系的串联骨架，联系着 12 个省域重点特色风貌片。从彰显国家级干线廊道的江苏特色与风采、串联省域景观资源密集地区、带动省域绿色发展等方面综合考量，规划形成 8 条“沿江、沿河、沿海、沿重要交通走廊”的省域特色景观廊道。对特色景观廊道的规划要求包括：联系特色空间、形成整体网络效应；构建贯通绿道，多种交通方式联系；彰显多元文化、丰富特色文化内涵；完善配套服务、改善特色空间认知；带动绿色产业、提高协同发展水平（图 12）。

3.3　亮点打造——当代魅力特色空间的城乡联动塑造

本次《江苏省城乡空间特色战略规划》不仅旨在构建全省的特色风貌格局和重点特色空间体系，还旨在引导地方创新实践，规划建设当代城乡魅力特色空间（图 13）。规划以特色片区、特色小城镇、美丽乡村建设和特色景观资源联动发展为切入点，在城乡之间、打破城乡边界优选空间完整度、资源集中度、要素复合度高以及景观可塑性强的 48 处地区（图 14），整合山水、文化、地景、人居、田园、产业等综合要素，通过规划引导、建设示范、精心培育、联动塑造，形成展现诗

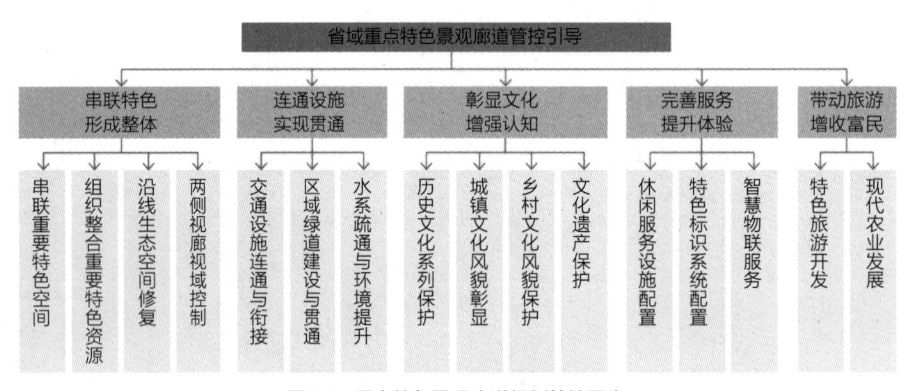

图 12　重点特色景观廊道规划管控要点

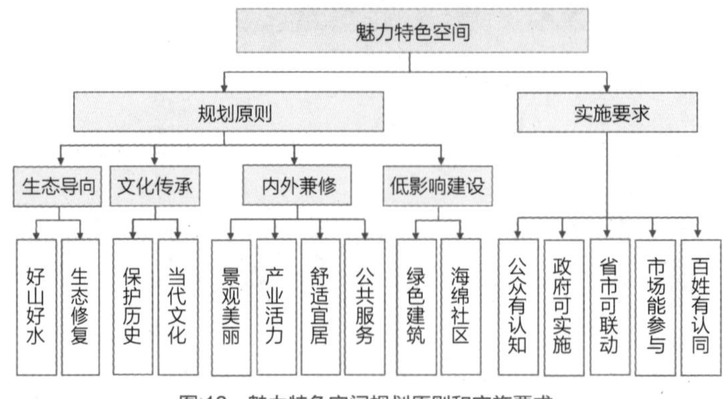

图 13　魅力特色空间规划原则和实施要求

情画意的人居新空间和百姓宜居宜业宜游的美好家园。通过“自上而下”示范引导和“自下而上”培育塑造，逐步放大省级魅力特色空间的示范效应。

为有序推动省级魅力特色示范区建设，规划提出起步阶段应从物质环境改善、城乡环境面貌塑造、公共服务改善入手，中期阶段通过塑造地理标识品牌、丰富衍生产品品牌来提高认知度，后期阶段致力推动形成生态资源、绿色产业、个性文化、公共服务、人居环境相互支持、融合发展的良性运转生态系统，成为带动当地传统经典产业和创新经济、休闲旅游、健康养老、绿色产品等新型业态发展的空间载体，成为推动“生态文明、绿色发展、文化传承、品质提升、产业转型”一体化建设的创新动力，成为美丽中国当代规划建设实践的江苏生动范例（图 15）。

4 结语

《江苏省城乡空间特色战略规划》是从地域特色彰显角度切入的提升空间品质的努力，但其规划目的不止于特色风貌的审美考量，还旨在推动省域文化、生态、经济、社会的协同发展（图 16）。从文化角度，城乡特色空间是承载地域发展变

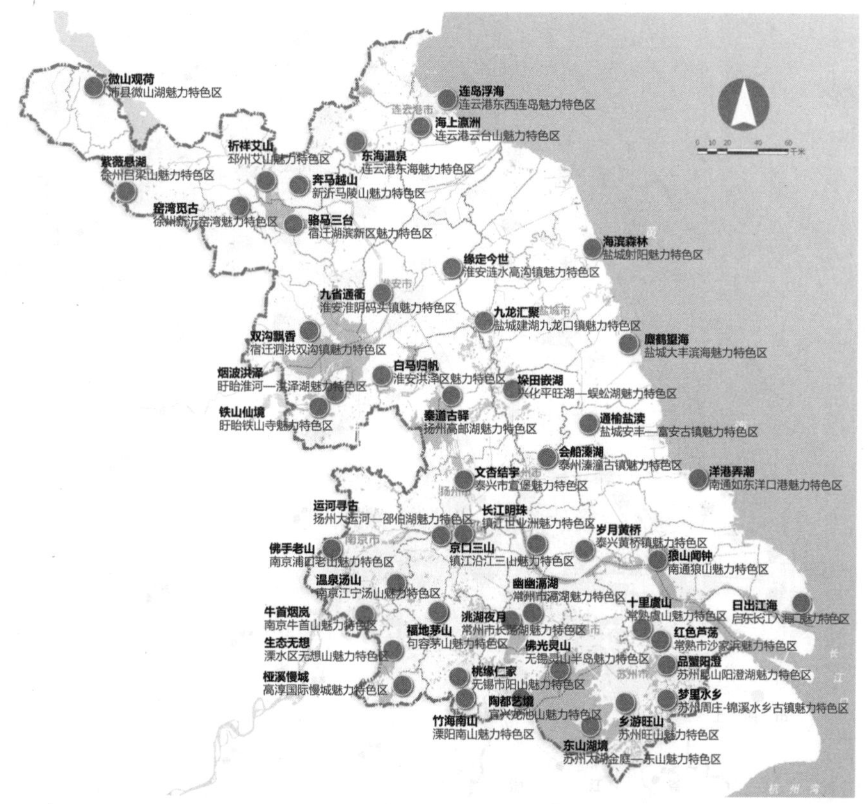

图 14 首批遴选的 48 处江苏省级魅力特色示范区

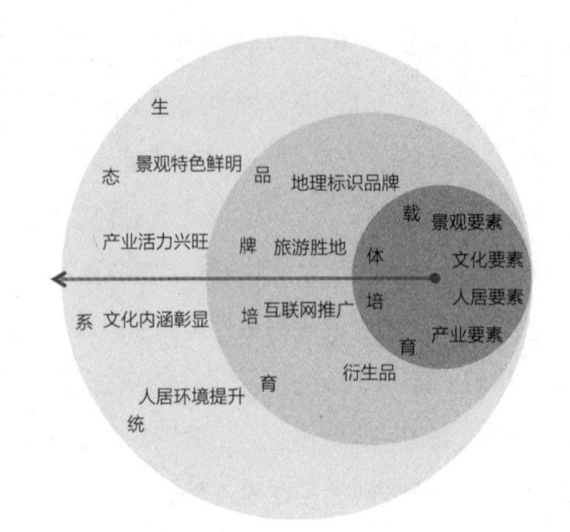

图 15　魅力特色示范区塑造路线图

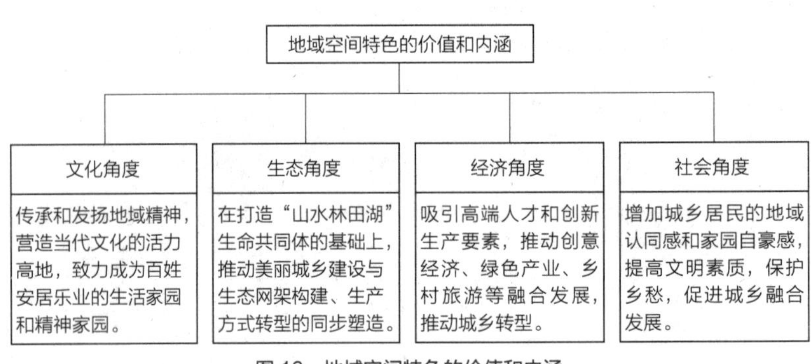

图 16　地域空间特色的价值和内涵

迁和文化记忆的载体，是满足当代人的物质和精神文化需求、传承和发扬地域精神、营造当代文化高地的精品空间；从生态角度，规划推动美丽城乡建设与全省生态网架构建、生产方式转型的同步塑造，把特色空间作为生态文明时代“山水林田湖”生命共同体的重点打造载体，在保护自然本底、推动生态修复的同时，通过特色小城镇、美丽乡村的建设以及公共服务的配套完善，使青山、绿水、大自然能够和谐地融入百姓的生产生活；从经济角度，文化特色的塑造和宜居环境的创造，是吸引创新型经济和人才的重要手段，规划将特色空间作为推动创意经济、绿色产业、乡村旅游等融合发展的载体，作为提升和激发经济活力、推动城乡转型的策源地区重点打造；从社会角度，特色鲜明的美好家园有助于增加居民的地域认同感和家园自豪感，是推动居民提升审美情趣和文明素质的重要手段，也是保护乡愁、促进城乡融合发展的空间载体。

鉴于《江苏省城乡空间特色战略规划》的探索创新，专家组在项目评审中给予了高度评价，认为“规划在推进新型城镇化的时代背景下，深入落实‘创新、协调、绿色、开放、共享’发展理论，积极谋划省域发展新空间和新思路，将塑造城乡空间特色与建设美好人居环境、促进发展方式转型紧密结合，是文化自信在空间上的创新实验，具有全国示范意义”；“规划在国内首次系统探索了省域尺度下空间特色塑造的技术方法，对于我国城乡规划理论与编制体系适应新形势发展要求，具有重要的创新意义，在国际上也具有学术领先水平”。[1]

2017 年，《江苏省城乡空间特色战略规划》获得国际城市与区域规划师学会（ISOCARP）“规划卓越奖”，评委会认为：“这是一个超大空间尺度的省域跨区域规划，该规划针对空间特色景观趋同的普遍性问题，在江苏 10 万平方公里的土地上，紧扣人口高度密集的省情，以及河湖水网密布、水资源丰富、景观优美的特点，提出了综合解决方案和空间战略。该规划还采用广泛的公众参与形式，形成了务实的行动规划方案，为全球其他区域的发展，提供了大开眼界的中国范例。”

参考文献

[1] Zhoulan，Yuchun. Improving the Quality of Urban Space and Shaping the Characteristics of Urban Culture：Under the Rapid Urbanization Phase of Jiangsu Province[J]. China City Planning Review（城市规划英文版 CCPR），2015（3）：24-29.

[2] 江苏省住房和城乡建设厅，江苏省城镇化和城乡规划研究中心，等 . 江苏省域空间特色发展研究 [R].2016.

[3] 江苏省住房和城乡建设厅，江苏省城镇与乡村规划设计研究院 . 江苏省区域景观特色塑造规划 [R].2016.

[4] 江苏省住房和城乡建设厅 . 江苏省城乡空间特色战略规划 [R].2016.

[5] 联合国环境规划署 . 全球环境展望 4：旨在发展的环境 [M]. 北京：中国环境科学出版社，2008.

[6] 联合国教科文组织 . 保护和促进文化表现形式多样性公约 [Z].2005.

[7] 联合国开发计划署 .2016 年中国城市可持续发展报告：衡量生态投入与人类发展 [Z].2016-12-8.

[8] 沈建国，石楠，杨映雪 . 城市与区域规划国际准则 [J]. 城市规划，2016（12）.

[9] 吴缚龙，周岚 . 乌托邦的消亡与重构：理想城市的探索与启示 [J]. 城市规划，2010（3）：38-43.

[10] 吴良镛 . 人居环境科学导论 [M]. 北京：中国建筑工业出版社，2001.

[11] 吴良镛 . 城市特色美的探求 [R]. 政协南京市委员会“先进文化与现代化”论坛，2002.

[12] 吴良镛 . 中国人居史 [M]. 北京：中国建筑工业出版社，2014.

[13] 叶兆言 . 江苏读本 [M]. 南京：江苏人民出版社，2009.

[14] 中国城市规划网 . 人居三新城市议程（New Urban Agenda）草案 [DB/OL]. http：//www.planning.org.cn/news/view?id=5270，2016-10-13.

[15] 周岚 . 新型城镇化的城市规划建设策略 [J]. 建筑学报，2015（2）：13-17.

[16] 周岚，等 . 江苏城市文化的空间表达——空间特色・建筑品质・园林艺术 [M]. 北京：中国城市出版社，2011.

[17] 周岚，施嘉泓，崔曙平，等 . 新时代大国空间治理的构想——刍议中国新型城镇化区域协调发展路径 [J]. 城市规划，2018（1）.

[18] 周岚，于春 . 江苏城市化转型期空间议题和提升策略 [J]. 建筑学报，2012（1）：94-97.

---

[1]《江苏省城乡空间特色战略规划》专家论证意见，2017.

吕传廷
程俊溢
黄月琪

吕传廷，广州市城市规划编制研究中心主任，中国城市规划学会控制性详细规划学术委员会主任委员、学术工作委员会委员、城市总体规划学术委员会委员、城市规划历史与理论学术委员会委员
程俊溢，广州市城市规划编制研究中心规划师
黄月琪，广州市城市规划编制研究中心规划师

仁者乐山、智者乐水，品质健康生活之路
——法定规划供给侧改革思考之二

1　背景综述

1.1　生态文明建设国家战略意义

党的十八大将生态文明建设纳入中国特色社会主义事业“五位一体”总体布局。党中央要求将生态文明建设摆在更加突出的位置，作为一项政治任务来抓。2014年以来，广州市城市规划编研中心积极学习贯彻落实习近平总书记系列讲话精神以及十八大以来党中央、国务院出台的一系列决策文件，积极探索，大胆创新，以生态廊道为工作主线，在生态文明建设领域内探索出了一条加强城市规划引领的新路径。

1.1.1　中国特色社会主义事业“五位一体”的总体布局

在党的十八大会议上，中国共产党在全世界第一个将生态文明建设写入自己的执政纲领，纳入中国特色社会主义事业“五位一体”总体布局。新时期党的任务是按照中国特色社会主义事业总体布局，全面推进经济建设、政治建设、文化建设、社会建设、生态文明建设，顺利实现两个百年目标。生态文明建设是中国共产党领导的中国特色社会主义事业的重要内容，事关“两个一百年”奋斗目标和中华民族伟大复兴中国梦的实现。

1.1.2　习近平总书记关于生态文明建设的系列讲话精神

中国古代就有“天人合一、道法自然”的哲理思想和朴素的自然观。在十八大以前把保护环境、节约资源作为基本国策。但是过去我们片面强调生态的重要性，将保护和发展对立起来，没有深刻理解生态保护和经济发展的内在联系。经过三十多年的经济发展，积累了大量的生态环境问题，成为城市发展的短板。十八

大以来，习近平总书记在各种公开场合反复强调，保护生态环境就是保护生产力、改善生态环境就是发展生产力；良好生态环境是最公平的公共产品，是最普惠的民生福祉；绿水青山就是金山银山；山水林田湖是一个生命共同体，必须进行统一保护、统一修复；像保护眼睛一样保护生态环境，像对待生命一样对待生态环境等。他强调绝不能以牺牲生态环境为代价换取经济的一时发展。在生态环境保护上一定要算大账、算长远账、算整体账、算综合账，不能因小失大、顾此失彼、寅吃卯粮、急功近利。

习近平总书记系列讲话包含了三层递进的含义：一是强调生态环境保护的重要性。坚持生态优先的理念，把生态放在首要位置来考虑，根本原因是生态空间最脆弱，最不受重视，最容易被破坏。二是生态环境和经济发展是对立统一的关系，生态环境问题归根到底是经济发展方式的问题，所以处理好经济发展同生态环境保护的关系，不能片面强调一方面的保护与发展，要相互融合，协同推进。三是生态文明关系社会和民生，要实现五位一体协同发展。生态文明建设不能停留在保护的层面，应该让生态环境成为一种公共产品，发挥为城市、为市民服务的功能。

1.1.3 党中央、国务院出台的一系列重大决策部署和具体行动指南

党的十八大将生态文明建设纳入“五位一体”总体布局，提出协同发展。十八届三中、四中全会先后提出“建立系统完整的生态文明制度体系”、“用严格的法律制度保护生态环境”，将生态文明建设提升到制度层面。十八届五中全会提出“创新、协调、绿色、开放、共享”的新发展理念，并将生态文明建设写进十三五规划的任务目标。2015 年 5 月，中共中央、国务院发布《关于加快推进生态文明建设的意见》，要求全党上下要把生态文明建设作为一项重要政治任务，以抓铁有痕、踏石留印的精神，真抓实干、务求实效，把生态文明建设蓝图逐步变为现实。2015 年 9 月，中共中央、国务院印发《生态文明体制改革总体方案》，明确提出到 2020 年，构建起由自然资源资产产权制度等八项制度构成的生态文明制度体系，推进生态文明领域国家治理体系和治理能力现代化。中央城市工作会议、中央城镇化工作会议提出，统筹生产、生活、生态三大布局，把握好生产空间、生活空间、生态空间的内在联系，实现生产空间集约高效、生活空间宜居适度、生态空间山清水秀。综上可见，十八大以来，党中央、国务院的各项决策部署、政策文件已经完成顶层设计和制度安排，为我们开展生态文明建设工作增强了道路自信、理论自信。我们要按照国家生态文明建设总体要求，坚持新的发展理念，从本地实际出发，发挥主动性，因地制宜，创新实践，积极探索地方生态文明建设的具体路径。

1.2 机构改革与自然资源的资产化管理

依托于新一轮的国家机构改革，自然资源部的成立也是中国历史上最大的自然资源管理体制变革，最终实现对各类自然资源的资产化管理。依据自然资源部的职能，其主要职责不仅包括对自然资源的开发利用和保护进行监管，建立空间规划体系并监督实施，也包括履行全民所有各类自然资源资产所有者职责，统一调查和确权登记，建立自然资源有偿使用制度。

长期以来，我国自然资源实行分头管理，自然资源调查监测工作分头组织，导致调查监测在对象、范围、内容等方面存在重复和交叉以及调查结果相互矛盾，不利于将山水林田湖草作为一个生命共同体进行系统治理。

未来的发展建立在保护资源的基础上，为了实现然资源的保值和增值，需对各类生态产品进行科学的细分标准制定，建立自然资源台账。自然资源调查制度和标准体系的建立，将彻底解决各类自然资源调查数出多门的问题，全面查清各类自然资源的分布状况，形成一套全面、完善、权威的自然资源管理基础数据，并在此基础上优化国土空间变化监测体系，以满足自然资源治理体系和治理能力现代化的需求。

1.3 依托生态廊道加强城市规划引领作用

习近平总书记 2014 年年初在北京视察时强调，城市规划在城市发展中起着重要引领作用。过去三年多，编研中心以生态廊道为抓手，积极学习贯彻落实习近平总书记系列讲话精神以及十八大以来党中央、国务院出台的一系列决策文件，顺利推动生态廊道规划从概念走向落地，从规划到管理，从管理走向建设实施。

1.3.1 规划引领，坚持新的发展理念

十八届五中全会提出“创新、协调、绿色、开放、共享”的新发展理念，也是开展规划编制工作的重要指导。生态廊道建设在概念、策略、方法、应用等方面都进行了大量的理论创新和制度创新，是广州市结合自身实际开展的一项重要的生态文明建设创新探索；协调是规划编制工作的内在要求，要统筹把握好生产、生活、生态三生空间内在的区别和联系，才能体现规划的统筹引领作用，实现城市公平公正以及可持续发展。绿色是规划编制工作的前提和底线，要求坚持生态优先，将生态保护摆在更加突出的地位，在划分国土生态安全格局的基础上合理布局各类用地。

1.3.2 服务支撑，增强主体责任意识

强化对业务处室及区局的技术支撑服务为导向，深化完善生态廊道理论体系

和规划技术指引，不断加强规划引领作用。按照广州市国土资源和规划委员会“抓两头、促中间”的总体要求，立足自身岗位职责，从立项、编制、审查、报批等阶段全面做好规划编制工作。其次，以服务规划管理审批为导向，推进生态廊道规划成果转化成生产力，为规划管理提供支撑服务，高效推动国土资源和规划委员会整个业务流程的顺利进行，包括从规划编制到一书两证核发，到土地出让划拨等。

2 创新城市治理，建设生态廊道，构建城市生命循环支撑系统

2.1 回顾历史，梳理演变脉络

《管子》:“凡立国都，非于大山之下，必于广川之上。高毋近旱而水用足，下毋近水而沟防省。”注重自然山水格局的保护和利用是中国传统城市营造的突出特点。广州是中华民族著名的历史文化古城，其背靠白云山、越秀山、帽峰山诸山，地扼北、西、东三江之汇，濒临南海，拥有优越的自然禀赋与地理特征。城市选址因水而生，依托珠江水系负山抱水而建，自然山水为城市发展提供了良好的基础。

2.1.1 古代广州相生相长的山水城关系

广州城市建设始终坚持传统山水营城理念。自古以来，城市水系作为一种重要的生态、生活、生产以及交通资源，是城市选址、营城的首要考虑因素。古代广州城市发展十分重视水系自然要素，其城建史亦是一部古人适应与利用自然山水的历史。广州城市建设紧密融合山形水势，使城市的自然山脉水系形态和人工建设相互辉映，形成“云山珠水”、“六脉皆通海，青山半入城”的城市格局。

处于山麓下和江海边的广州古城水环境复杂，城市水系与人民生活、城市经济发展密切相关，古人巧妙地利用了江河水、山泉、井泉构建城市给水系统，打通城壕、六脉渠、内湖及沼泽湿地等与珠江的联系，解决城市防洪排涝问题。古城主街直达珠江沿岸，街巷的走向、位置亦与珠江、甘溪、六脉渠等密切相关，借以珠江河运及南海海运为主的四通八达的水上交通网络开展商品贸易活动。丰富的城市水文化，奠定了广州岭南中心城市地位的重要基础，促使其成为海上丝绸之路起点、世界外贸巨港、千年商都。

2.1.2 广州城市空间格局演变历程

广州两千多年来城址不变。近代，从大的空间格局来看，广州中心城区空间逐步经历了“一山一水一轴线”、“一山一水两轴线”到“一山一水三轴线”的空间发展脉络和构建过程，分别展现了封建时代的文化形态、商业时代的现代商业文化形态、信息时代的生态科技文化形态。在城市空间上，表现为沿珠江呈“L”

形向东拓展，依次形成以中山纪念堂为中心的“商业行政轴”、以珠江新城为中心的“金融商务轴”和以科学城、大学城为中心的“科技生态轴”的城市差异化空间发展序列，体现了从传统走向现代的空间发展过程。

2.2 以史为鉴，总结历史经验

2.2.1 百年规划：为城市治理带来借鉴和参考

谈到现代城市治理，立足当代的同时，回望历史，从而更好地展望未来，对一个多世纪以来的城市规划设计发展与变迁进行了回顾。百年前的规划，对我们今天的城市治理仍然具有借鉴和参考意义。

1917 年，孙中山先生提出“建国方略”，在《实业计划》对广州建设构想中，他写到，广州附近景物，特为美丽动人，若以建一花园城市，加以悦目之林囿，真可谓理想之位置也。1919 年,孙中山先生长子孙科在上海《建设》杂志发表《都市规划论》，第一次介绍了“花园都市”理论。孙科对花园城市的建设理想也深深影响到今天。1921 年，广州建市，成为中国第一个具有现代意义的城市，建立了第一个城市政府的治理制度。1932 年广州市政府公布了《广州市城市设计概要草案》(以下简称《草案》)，里面这样描绘当时的城市发展状况，“随着城市的发展、人口增加，造成的交通压力增大、城市发展不均衡、地价升高、人民生活愈加困苦。”这与今天有许多相似的地方，面对这些问题，《草案》对城市的发展蓝图，清晰地勾勒出今天城市的雏形，通过现代文明提高国家实力，通过工业文明在城市的集聚，提高国家经济发展的水平，最终实现理想城市。

百年前广州机场铁路的规划、中轴线的确定对今天的广州也产生很大的影响。为解决城市问题，广州建立一批公共交通系统，排水系统。百年前的城市治理思想广州一直使用到中华人民共和国成立后，使用到改革开放初期。老白云机场、天河体育中心都是百年规划预留的用地，城市新中轴线也是百年规划里的内容。当时广州的百年规划有三个方向，往南是海珠区，作为新区发展，定位为生活居住区加部分工业；往东是天河，定位为新中轴线；往西北方向是工业区，是现在的芳村区和荔湾区。当时的中轴线是广州大道，六运会后形成的天河，再向南扩大，就形成了今天的城市新中轴线——珠江新城，实现了一百年前的梦想。

2.2.2 战略规划：引导和控制城市发展和建设

2000 年前后的广州，传统的城市格局逐步成为城市空间进一步发展的局限，环境、交通、土地等方面的问题也越来越突出。为了明确 21 世纪广州城市发展的战略思路，2000 年，广州市开展了城市总体发展战略规划工作，编制了《广州城市建设总体战略概念规划纲要》，广州也成为我国第一个编制战略规划的城市。

战略规划确立了“国际性区域中心城市”和“两个适宜”的战略目标；提出了“南拓、北优、东进、西联”的空间发展战略，发展多中心、组团式、网络型城市空间结构；建立“三纵四横”的生态廊道，构建多功能、多层次、立体化、网络式的生态结构体系；大力发展空港、海港和铁路，建设以高快速路和轨道“双快”交通为骨干的城市综合交通体系。战略规划的编制及时解决了当时条件下广州发展方向和发展思路等战略性问题，有效地引导与控制城市发展和建设。

广州还开创了每隔三年进行一次战略规划实施检讨的机制，2007 年开始，广州又组织编制了《广州城市总体发展战略规划（2010—2020 年）》，将原有框架体系进一步细化、深化，将市域层面的生态廊道体系、交通体系以及“多中心、组团式、网络型”的空间结构深入到总体规划以及控制性详细规划发展单元和规划管理单元等各个层面，促进不同规划层级之间的紧密互动，增强了规划的可实施性。

2010 年 9 月，广州战略规划通过十年来在可持续发展实践中的创新与成效，被评为第 46 届国际规划大会“国际杰出范例奖”。之所以获奖，绝不仅仅因为是一个美好的“规划概念”，更重要的是在于对规划概念的实施。通过战略规划这样一个政策工具、技术工具实现对城市发展、建设的有效调控，通过战略规划的实施，广州的城市面貌取得了很大提升：“天更蓝、水更清、路更畅、房更靓、城更美”，城市经济持续快速增长，产业结构不断优化，国际大都市的空间结构逐步形成，为广州可持续发展奠定了坚实的基础。

2.3 立足当下，直面城市问题

2.3.1 践行生态文明，创新城市治理初探

广州作为我国快速城市化的典型特大城市，改革开放以后，经济持续高速增长的同时，城市空间资源利用与生态环境保护的矛盾日益凸显，空气污染、城市热岛、内涝灾害、土壤重金属化等环境问题逐渐成为影响城市发展的主要问题，城市生态建设成为城市民众的迫切愿望。十八大以来，习近平总书记提出系列治国理政的新思想新方法，将生态文明纳入“五位一体”总体布局，实施生态文明建设已上升至新时期国家发展战略的高度，成为实现“中国梦”的必由之路。

践行生态文明，建设美丽广州，我们提出广州方案。生态的含义宽泛，我们认为好的生态不仅是形象的改善，更是科学合理的配置资源，形成可持续的综合效益。首先对构成区域生命环境的要素进行识别和评价，了解生态循环和物质流动的途径，对生态核心要素进行标识。其次依据区域生态文明建设的整体思路和布局，建立分层级分阶段的目标标准体系，参照标准合理科学配置生态要素。再者强调重视要素配置的过程管理，由上至下梳理全要素自然资源台账并实现动态

监管。最后通过跨行业跨专业的协同合作，不断深化生态建设的相关研究和实践推进生态全要素管理的科学化和精细化（图1）。

2.3.2 实施生态廊道，构建城市生命循环支撑系统

基于对生命个体的研究，由简单到复杂分为细胞、组织、器官和系统，系统是由各个器官按一定的顺序排列在一起，完成一项或多项生理活动的复杂结构。通过运动、神经、循环、呼吸等系统协同配合，承载能量转化、物质交换、废物代谢、免疫防护等不同功能，支撑个体完成各种复杂的生命活动（图2）。与之对照，城市不仅具有生命的过程特征，还具有生命体系构成和运转方式的复杂性特征。如交通运输、电力、燃气、热能、给水排水、垃圾处理等系统与生态环境系统共同负责城市的新陈代谢，构建城市结构布局，引导城市空间组织生长，各类建设用地发挥

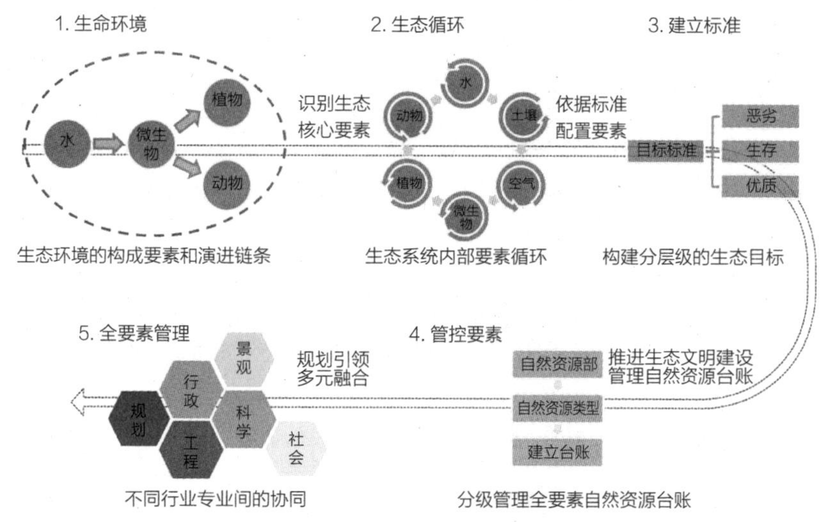

图1 广州生态文明建设思路示意

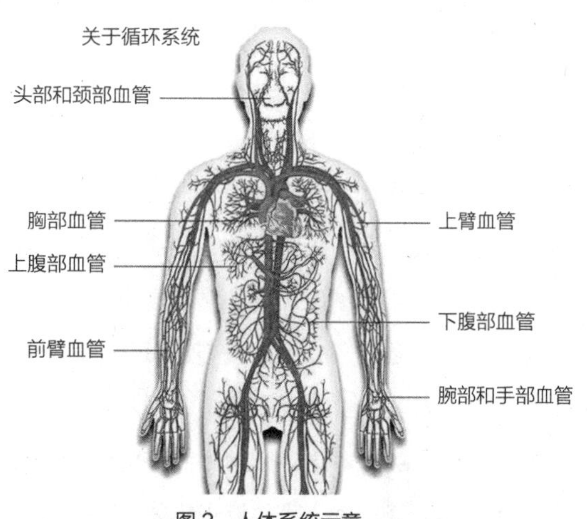

图2 人体系统示意

着不同的功能作用，形成城市生命有机体。城市生态学中提出“城镇生命支撑系统”的概念，城市生态系统的生存与发展取决于其生命支持系统的活力，包括区域生态基础设施（光、热、水、气候、土壤、生物）的承载力及生态服务功能的强弱。

生态廊道作为城市主要的生态基础设施，也是城市的生命支撑系统的重要组成部分。通过梳理国内外生态廊道规划建设的既有经验，我们总结了生态廊道支撑城市运转六个方面的作用。一是作为结构基底，统筹城市重大基础设施集中布局；二是作为控制边界，减少城市扩张对生态环境的影响；三是作为交往空间，提供人类绿色出行与亲近自然的场所；四是作为生态基质，建立和保护生物多样性网络；五是作为代谢系统，培育可再生能源，促进城市水文、气象等物质循环；六是作为防护保障，承载城市防灾减灾的应急需求。

广州一直以来非常重视城市生态规划与建设工作，特别是生态廊道规划建设工作，近二十年来，广州市坚持在各轮规划中，在城市底线下划定生态廊道，为广州建设成为宜居城市奠定了良好基础。按照广州城市生态规划建设历程大致可以分为三个阶段，一是 1984—2000 年，第一轮城市总体规划阶段，提出中心城的组团隔离战略；二是 2000—2010 年，广州战略规划阶段，确定“三纵四横”城市生态结构框架；三是 2010 年至今，各类生态专项规划对战略总规的延续及深化的阶段，构建“区域 - 组团 - 单元”三级生态廊道网络。

3　基于花园城市与中国山水营城背景下的生态廊道构建设想

3.1　生态廊道规划建设的背景

3.1.1　推进宜居花园城市的建设要求

长期以来，广州秉承自然山水与城市建设相互结合的城市建设理念，开展了大量的生态规划研究与建设实践，为广州市建设国际宜居花园城市奠定了坚实基础。建设宜居花园城市是广州强化珠三角核心城市地位与建设国际化大都市的战略部署，良好的生态战略构想需要付诸行动并予以逐步落实。

3.1.2　继承发扬中国传统山水城市理念的需要

遵循利用自然山水格局是中国传统城市营造的突出特点。城市建设目的并非是建设更多的房子，而是创造更多容纳人类活动需求的空间。生态廊道是满足市民对于自然环境需求的重要载体，蕴含了朴素的人与自然和谐相处的古代哲学思想。城市建设要遵循自然法则，应控制人类活动不能超过自然环境容量，注重人与自然的和谐。特别是南方水网地区，以水为骨架，建设依自然水体长期形成的集生活供水、排水、交通运输、气候调节、景观美化等功能于一体的综合性滨水廊道。

3.1.3 缓解当前城市环境问题的重要抓手

广州市位于珠三角城市群中心，城市空气污染物扩散能力较差。2013 年，广州市空气质量达标天数比例为 71%，低于珠三角 9 个地级市以上城市平均水平。近年来，政府和市民对于城市环境问题日益重视，人大、政协委员多次提出开展城市生态隔离带建设，缓解城市大气污染问题。而通过生态廊道建设规划，可以打通城市通风廊道，有利于外围空气、水体进入城市中心区，提高污染物扩散自净能力。此外，以水系为骨干的生态廊道建设是构建海绵城市、提高城市综合防洪排涝能力的重要途径。

3.2 生态廊道规划建设需解决的主要问题

3.2.1 城市环境急需改善

经过三十多年持续快速发展，城市建成区呈现粗放式蔓延发展。产业向外拓展的同时，服务业向中心区集聚趋势明显，城市功能未得到有效疏解，城市空间资源分布仍有待优化。中心城区与近郊区大量村庄建设、工业、仓储等低效用地面临升级改造，城市环境急需改善。

3.2.2 城市部分结构性生态廊道面临侵占和蚕食

城郊结合部和村镇地区受建设主体与规划管理权限限制，村镇建设用地开发呈现低水平无序扩张与失控，违法建设情况较为普遍。受一些国家省市重大项目选址影响，一些重要的非建设用地与城市部分结构性生态廊道受到明显蚕食。

3.2.3 城市宜居水平亟待提高

城市生态绿地总量虽然逐年递增，但绿地空间分布不均衡。建成的森林公园、郊野公园大部分位于增城、从化、花都等北部山区，中心城区及南部、东部等人口密集区内绿地公园建设不足，绿地公园的建设水平与市民休闲、健康、游憩的需求仍存在较大差距。

3.2.4 城市基础设施供求与节能减排存在较大压力

水、电等能源基本能满足需求但储备不足，水质性缺水仍然存在，防洪防灾基础设施体系不够完善、缺乏统筹。城市经济增长面临绿色转型压力，节能减排压力仍然较大，在低碳技术创新与应用方面广州与国内深圳、上海、北京等城市相比存在一定差距。

3.3 国内外生态廊道规划建设相关经验

3.3.1 积极开展生态建设是国际大都市的共同选择

以花园城市理论为指导的大伦敦环城绿带规划建设至今已经坚持百年，为世界各国生态城市建设提供了重要的参考价值。巴黎、纽约、芝加哥、波士顿、东京等国际大都市对于生态网络构建与生态廊道体系建设进行了大量的建设实践。国际大都市的实践经验表明，构建多层次网络型生态廊道是大城市生态建设的最主要手段之一。注重经济与环境协调发展，从功能主义规划转向人本主义规划，实施绿色可持续发展理念，已经成为各国际大都市的发展新模式。

3.3.2 构建绿色生态网络体系提升城市品质

城市发展的过程也是自然绿色空间不断减少的过程，要维持城市健康发展，构建绿色生态网络显得尤为重要。特别是人口、建设强度不断攀升的‘城市中心区，开展生态网络建设具有更直接的现实意义。伦敦、巴黎等国际大都市生态建设经验表明，结合区域绿地和外围农业地区建设环城绿带与楔形公共绿色开敞空间，通过规划建设绿色生态廊道，隔离城市中心区连片发展，串联中心区内各组团，形成网络式都市慢行系统。通过内外结合，可有效缓解中心区空气污染与减缓环境恶化的速度。结合产业调整、道路建设、土地置换，不断扩充发展新绿地、延伸城市绿色生态网络，利用生态环境改善促进城市经济效益的提升。

3.3.3 坚持长远规划控制和逐步实施

芝加哥通过制订市域和都会区层面的长远规划，以河流水系走廊为核心布局绿色网络，并不断扩展现有自然保护区、建设更多的生态保护区和绿道，按照长远目标有计划分步实施。面对城市无序蔓延、开放空间缺乏等问题，纽约提出建设多中心城市，保护区域内的主要自然区域，建设连续的生态网络体系，确保所有人在公园 10 分钟步行圈内，建设和提升现有大中型绿地公园，保障森林、河口、农田等绿色基础设施。伦敦在中心城区外围通过规划建设宽 10—15 千米环城绿带，长达一个世纪时间里持续推动环城绿带、郊野公园、城市公园等都市区生态网络建设。

3.3.4 从保护控制转变为积极建设利用

从国际大都市发展经验来看，从花园城市理论到大都市区区域规划，最初为了缓解中心城区拥挤与环境污染，控制城市无序蔓延，提出以环城绿带建设限定城市增长边界、划分城市功能分区，到卫星城、新城建设，生态建设的重点从生态保护控制逐步转为积极建设生态隔离带、生态廊道、城市公园等绿色开敞空间，服务城市并提高居民生活质量。

3.3.5 以点带面、分期分批建设实施

建设生态廊道是长期、复杂的系统工作，需采取“试点先行、逐步推进”的方法。北京在实施绿化隔离带过程中突出耕地保护与结构性生态廊道的控制。一方面将规划中的耕地逐步转变为绿地，严格限制耕地用于大型居民点的开发建设。控制

绿化隔离带中的现有居民点的建设规模，并适度加大绿带中的村镇居民点与镇区的距离，防止绿化隔离带中的建设用地密集连片发展。另一方面将近郊大量楔形绿带、结构性生态廊道逐步恢复建设城市绿带。沿河道建设100—200米河流绿带，以连接区域绿地、组团绿化隔离带与城区的大型绿地。通过编制生态功能区控规，确定生态分区及建设控制要求，并结合生态区的特点，策划实施生物多样性保护、水土流失治理、土地复垦、沙化治理、林业体系建设、河流污染治理、市政管网建设、中水回用、固体废弃物排放等生态基础设施建设计划。成都“198生态带”先以近期十大环城郊野公园、主题公园为示范建设，推动城市环城生态带的建设，在实践中摸索生态带开发与保护的建设模式。

3.4 广州生态廊道规划建设策略

3.4.1 三级体系

构建市域多层级生态廊道体系，着力解决集中建设区城市病问题。城市是一个大的生命体，广州通过建设市域“区域－组团－社区”生态廊道三级体系，构建城市生命支撑系统，三级生态廊道好比是城市生命体的动静脉血管、毛细血管，对维护城市生态系统功能健康具有关键作用。以北部森林、中部园林绿地、南部滨海防护林以及珠江水系为生态基质，以广州城市密集水网为骨架，利用主干道路绿化网络、景观林带等带状绿色空间，联通区域绿地，联系孤立城市公园，构建“三纵五横”区域生态廊道。

联系河涌水系、公园、城区山体等绿色开敞空间，建设组团生态廊道，完善城市集中建设区的生态网络，为市民提供文体娱乐、科普教育、休闲游憩的空间，构建鸟类迁移、水系循环重要廊道。

社区生态廊道为城市居民提供日常步行或自行车等慢行的自然或景观通道，使生态廊道一直深入到社区，提升社区生态廊道建设密度，改善城市局部小气候，发挥廊道对城市社区的延伸与生态渗透作用（图3）。

3.4.2 七大策略

1）依托山水脉络、实施组团发展（图4）；2）构建城市风廊、改善热岛效应（图5）；

3）打通断头廊道、构建连续网络（图6）；4）提升水系功能、建设海绵城市（图7）；

5）体现以人为本、完善城市绿道（图8）；6）优化城乡功能、提升景观品质（图9）；

7）结合市政管廊、集约节约用地（图10）。

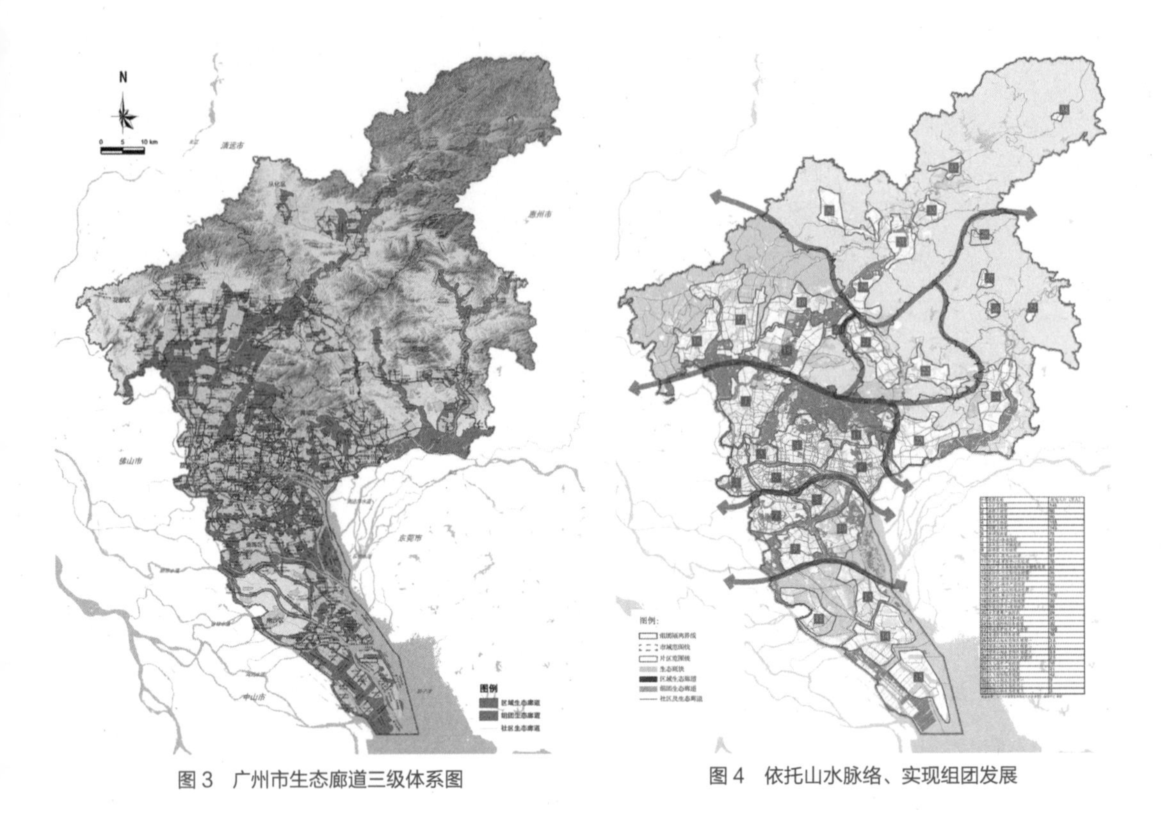

图 3　广州市生态廊道三级体系图

图 4　依托山水脉络、实现组团发展

图 5　构建城市风廊、改善热岛效应

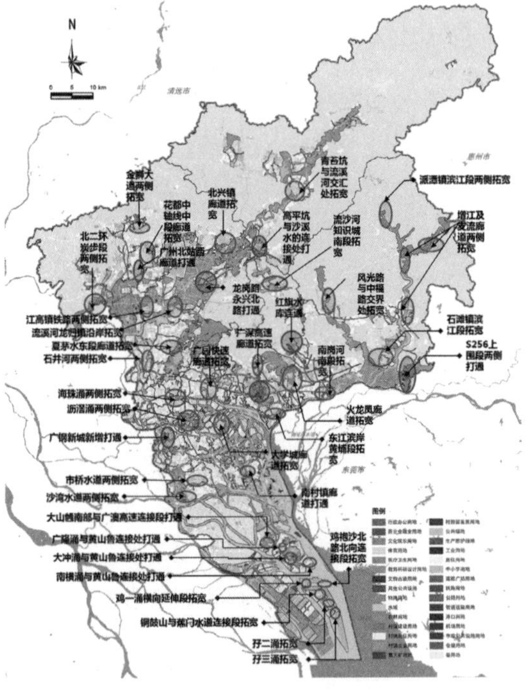

图 6　打通断头廊道、构建连续网络

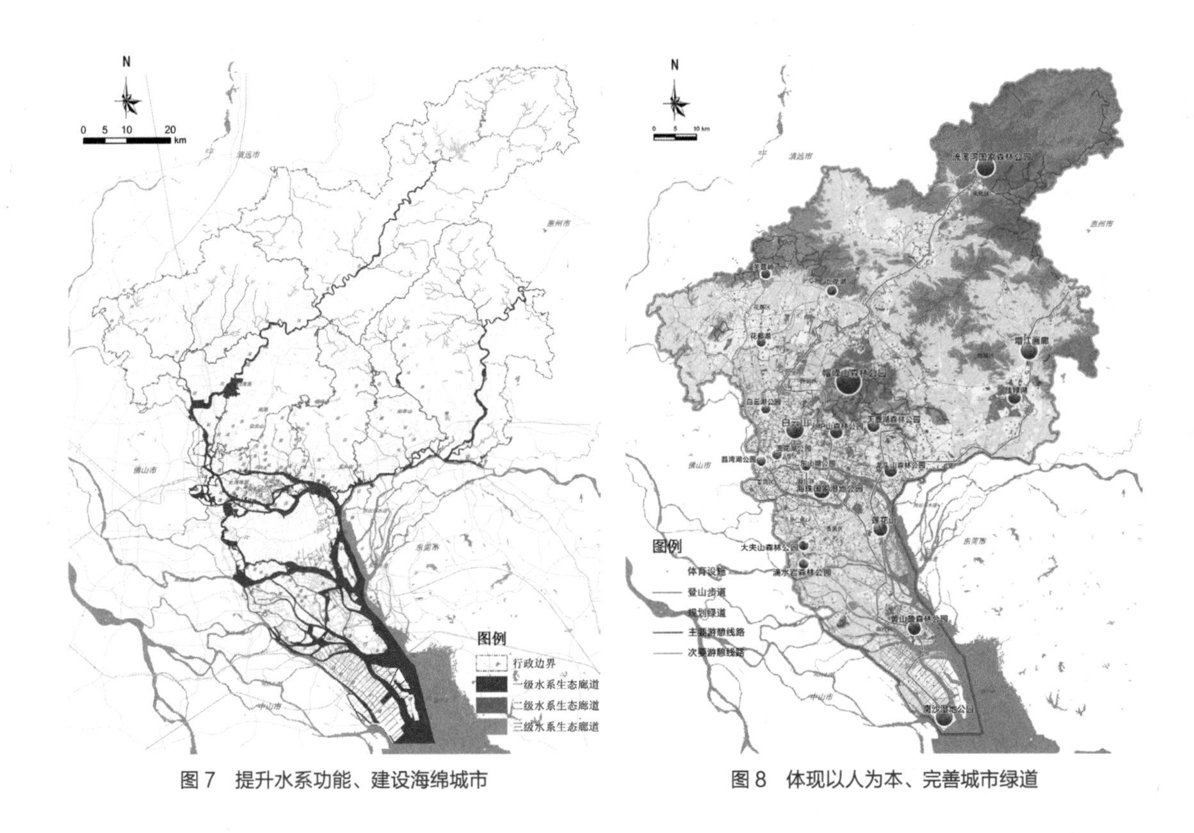

图 7 提升水系功能、建设海绵城市

图 8 体现以人为本、完善城市绿道

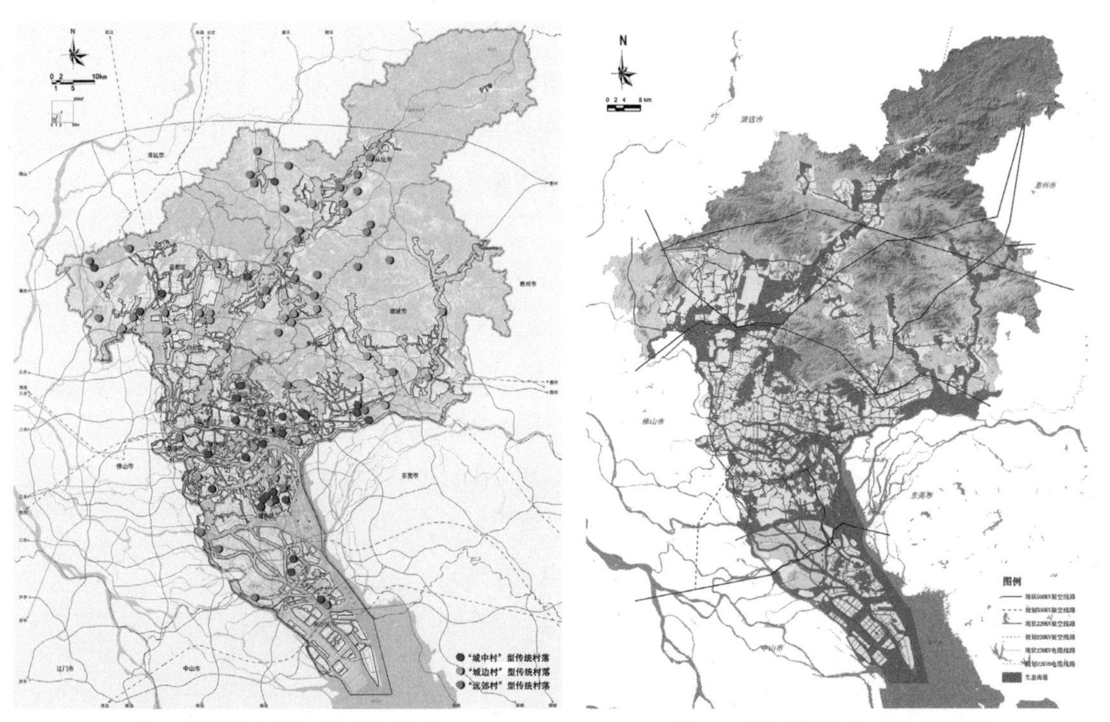

图 9 优化城乡功能、提升景观品质

图 10 结合市政管廊、集约节约用地

广州从北到南，呈现“山城田海”的肌理，城市内部水网密集，生态廊道以水为骨架，串联城市公园等绿色公共开敞空间，是建设生态化、网络型城市的基础，提供城市发展所必需的水、空气、土壤，是城市生命支撑系统；它连接山水、隔离城市组团，承载着城市生态修复、景观提升、休闲游憩、文化展示、防灾避难等多种功能，同时也是市政基础设施布局的最佳空间通廊，是城市发展的缓冲带和助推器。

3.4.3 四大思路

一是守底线，坚守生态底线，既保安全又保健康。生态廊道联系生态空间、隔离生产空间、优化生活空间，是生态保护红线、生态控制线的重要组成部分，坚守生态底线，利用生态廊道构建城市生态网络，共同保障城市生态安全格局。生态底线保安全，生态廊道保健康，构建城市生命有机体的循环系统，输送清新的空气、纯净的水，支撑城市生态良好循环，充分发挥生态效益、社会效益和经济效益。

二是建体系，对应服务城市“市域—区（镇街）—村居”的治理体系，建立“区域—组团—社区”三级生态廊道体系。城市是一个大的生命体，三级生态廊道好比是城市生命体的动静脉血管、毛细血管，对维护城市生态系统功能健康具有关键作用。生态廊道深入社区，使广州的蓝网绿脉像毛细血管一样遍布城市密集区、人口最集中区、城市活动高强度地区，以此缓解人类活动产生的负面效应，解决空气污染、水体黑臭、热岛效应等这些严重的城市问题。

三是严管控，将生态廊道总规作为法定文件刚性管控，有效指导下层次规划落实生态建设要求。《广州都会区生态廊道总体规划与东部生态廊道概念规划》通过市政府审批，并提出将规划作为法定文件进行刚性管控，指导各区控制性详细规划的调整编制工作。

四是促实施，推进生态廊道试点建设，探索和优化生态廊道建设实施路径。优先建设城市东部生态廊道，打造贯穿城市中心区的百里生态长廊，天河、黄埔、海珠、番禺等四区齐行动，制定《生态廊道实施方案》，建立生态廊道项目库，推动生态廊道示范建设。同时，生态廊道建设与城市当前急需开发建设的项目挂钩，越是高强度、高密度建设地区越是要高标准、高品质同步建设生态廊道，兼顾经济发展与生态文明建设两项工程，实现互助共赢。将广州生态廊道体系及建设要求已纳入《中共广州市委广州市人民政府关于进一步加强城市规划建设管理工作的实施意见》《广州市生态文明建设规划纲要（2016—2020年）》等重要政策文件，成为广州新时期落实中央生态文明建设战略的重要抓手。

4 广州生态廊道规划建设的经验和思考

4.1 实践经验

4.1.1 都会区为重点，构建多层级生态廊道网络

广州市都会区主要包括广州中心城区范围、番禺区范围以及北二环高速公路以南的白云区范围，位于广州中心地带。都会区面积约 1339 平方千米，占市域面积 18%，现状人口规模 871 万，占市域总人口的 69%，是广州市人口最为集中、建设密度最大的区域。同时，都会区内分布有白云山、帽峰山、海珠湿地等城市大型绿核、珠江前后航道、流溪河等主干河流和 400 多条呈网络布局的河涌水系及广州最丰富、密度最高的公园绿地资源。

生态廊道规划建设应充分利用都会区山水林田等自然资源本底，构建“区域—片区—组团—单元”四层级廊道体系，强化区域绿地、区域廊道、片区与组团隔离廊道、社区廊道建设，串接城市公园，形成绿色开放空间网络。严格对白云山、帽峰山等区域绿核及珠江、流溪河、东江等水体的保护，发挥万亩果园、番禺东部桑基鱼田等生态资源区域绿心的生态服务功能，完善山体周边、高速路两侧防护林带建设，构建区域生态安全格局。

4.1.2 示范先行，优先开展东部生态廊道建设

近期以都会区为重点，优先开展重点地区及资源条件较好地区生态廊道建设，包括东部生态廊道（广州东部火龙凤—海珠生态城—广州新城）、北二环—开发区东部生态廊道、金山大道—大夫山、沙湾水道—莲花山南部生态廊道、白坭河—珠江前航道西部生态廊道等区域，形成都会区区域生态廊道骨架。利用区域生态廊道建设集生态、康体、科普教育多功能的城市休闲活动廊道。其次，结合近期重点功能区规划建设、各区河涌水系整治计划、城中村环境整治，打通断头廊道，建设片区与组团隔离廊道。此外，结合绿道网、景观带建设，进一步扩展优化绿道网布局，将绿道渗透到城市功能密集区与广大社区，创造适宜步行的城市环境。全面提升生态廊道与绿地的综合服务水平，让市民不仅能“看绿”，还能“近绿”和“享绿”，让绿色融入市民生活，真正做到生态资源全民共享。

4.1.3 积极建设生态廊道构筑风廊、水廊、绿廊，分隔城市连片发展

构建生态廊道的风廊、绿廊，串联水廊，以积极缓解都市区空气污染与环境恶化。以水系为主线构建生态廊道，串联与隔离城市组团，结合滨水隔离带等组团廊道建设，打通组团之间断头廊道，建设连续慢行系统，建设滨水休闲公园、滨水广场、步道，将慢行系统串联进入各居住区公园与城市密集建成区，提高公园 300 米服务半径覆盖比例。加快城市公园与社区公园建设，按照白云山建设模

式强化万亩果园、芳村花卉保护区的保护与建设。对珠江前后航道进行整体设计和景观塑造。根据不同地区滨水特色，推进重要河涌生态整治工程，形成连接白云山、珠江等自然山水空间的绿色通道，彰显广州岭南水乡特色。

4.1.4 以生态廊道建设推动城市功能优化与城乡统筹发展

应充分认识生态廊道对于维护城市生态环境、引导城市有序发展的积极作用，结合都会区各功能组团不同功能特点，积极开展生态建设，促进城市功能布局优化。利用自然农地、林地、湿地等生态资源，建设森林公园、郊野公园、湿地公园、农业生态园，将自然山水空间引入城区，为都会区市民就近提供健康娱乐休闲场所。

积极推进生态廊道建设，引导城乡统筹协调发展，建设城乡交融、功能互补、景观多样的山水田园城市。积极引导都会区村庄实施转型发展，将村庄经济发展、生态环境保护、历史保护统筹结合，促使乡村经济、社会发展与生态建设协调发展。以城市的公共服务、基础设施、技术产品辐射带动乡村转型发展，以乡村的自然、风土人情、农业产品支撑城市可持续发展。积极发挥乡村区别于城市的自然生态、传统文化、旅游休闲等方面的优势，进一步挖掘传统村镇、水乡聚落的本土特色，进一步展现岭南文化特色与魅力，避免一味高强度开发造成对生态环境与文化特色的破坏。

4.1.5 结合市政基础设施建设复合型廊道，预留未来城市基础设施空间

在满足生态保护与市政安全的前提下，生态廊道与市政管廊建设可相互结合，利用生态廊道建设市政设施，结合地下市政管廊走向合理建设绿色空间，集约节约用地。同时，生态廊道作为城市总规禁限建管制区以外的发展控制地区，为未来城市发展所需要的重要管廊、基础设施布局预留弹性空间。

广州高压输配电架空线沿线基本建设基础设施隔离带，可作为生态廊道一部分纳入市域生态廊道控制，此类廊道属于基础设施隔离廊道，廊道功能以安全防护为主。雨水、污水、给水等管道部分沿道路及河流型生态廊道铺设，随着广州生态廊道网络，尤其是社区级生态廊道的加密，未来的地下管线建设可与生态廊道建设进行结合，降低工程建设、维修对居民生活与城市交通的影响。生态廊道与各类地下管线的结合应符合各类市政管线安全要求，乔、灌木种植区的地下管线与树木的水平距离、埋深等应符合道路绿化、公园等设计规范要求，保证市政管线与园林绿化的兼容性。

4.2 存在问题

为推进广州市生态廊道建设，通过调研走访市区两级的规划管理审批、建设实施等职能部门，实地踏勘天河、白云、越秀、荔湾、增城、番禺等多条河涌，并积极调研学习国内相关城市生态廊道规划建设工作经验和成效。总体对照来看，广州市生态廊道从规划到管理、建设环节尚未建立健全体制机制，生态廊道规划

建设缺乏统筹，政策扶持不到位，导致生态廊道总体规划存在实施落地难的问题。

4.2.1 生态廊道的建设实施缺乏统筹

生态廊道建设包括环保治污、防洪排涝、生态修复、景观绿化、配套设施、产业优化等多项工作，是一个系统工程，涉及多个部门多个环节，需要统筹规划建设。2015 年 9 月，时任市长陈建华在主持第二届城市规划委员会第三十五次会议审议通过《广州市都会区生态廊道总体规划及建设指引》时，曾提出下一步成立市级生态廊道和东部生态城市中轴线的管理机构，对生态廊道实行监督管理，但该决议后来未得到落实。尽管广州市目前已成立河长工作领导小组，并设立河长办公室。但河长办公室主要负责统筹黑臭河涌治理工作，市水务、建设、环保、林业园林等部门分别在各自职能下开展工作，缺乏明确的生态廊道建设统筹机构，把各部门工作统一到生态廊道建设中来。目前各部门按照各自职能推进相关工作，规划、水务、环保、林园等专业部门的管控要求缺乏衔接，产生多头管理。如河长制重点工作主要放在控源、截污、清淤等水体治理工作上，没有与河涌管理范围以外的滨水空间实现统筹规划、设计、建设。市林业和园林局主要侧重于建设绿道、生态景观林带、串联森林公园、湿地公园、自然保护区、森林小镇，形成绿色生态网络体系，与规划、水务部门的理解有偏差。

4.2.2 生态廊道规划建设实施机制不完善

首先，缺乏明确的政策支持或法定依据。尽管目前生态廊道建设要求已纳入《中共广州市委广州市人民政府关于进一步加强城市规划建设管理工作的实施意见》、《广州市生态文明建设规划纲要（2016—2020 年）》等广州市委、市政府重要政策文件中，但将其建设作为一项明确的重点任务进行分解，制定相应的行动计划或工作方案，在市区层面仍然是空白。其次，规划、水务、林园、环保等部门对于生态廊道用地的管控要求没有协调一致。如蓝线与水务部门河涌管理范围线没有协调统一，存在管控矛盾问题；市林园局反映存在大量现状已建公园与控规不符的问题。再次，生态廊道建设指引和标准不完善。现状大部分已完成治理阶段性任务的河涌普遍缺少绿道、驿站、指示牌、公厕等游憩设施，且没有充分发掘和串联沿线的文体设施、历史街区、文化古迹、美丽乡村等元素。

4.3 探索与思考

当前，生态廊道规划建设工作已成为一项重要的政治任务。广州市拥有水网密集的天然优势，建设滨水型生态廊道规划的条件可以说得天独厚。为了推进生态廊道的建设实施，我们结合过往的实践经验，在充分研判现有主要问题的基础上，进行了探索和思考。

4.3.1 以水为骨架，构建城市生态廊道，建设海绵城市

十九大明确中国特色社会主义进入新时代，经济由高速发展转为稳中求进，提出我们要建设的现代化是人与自然和谐共生的现代化，要满足人民日益增长的优美生态环境需要。本次广州新总规提出秉承“山、城、田、海”的地形地貌特征，依托山水环境，锚定北部山区生态屏障、中部都市园林绿地、南部滨海林田自然生态格局。以水为骨架，在城市集中建设区内部建设三级生态廊道体系，加强城市组团之间的生态廊道建设，发挥自然河涌水系、绿地等对城市组团的生态隔离及生态渗透作用，构筑城市生态安全动脉，重点解决城市空气污染、水体黑臭、热岛效应等环境问题；建设以人为本的休闲活力走廊，为城市居民提供更多优质生态产品，满足人民日益增长的优美生态环境需要；以问题为导向，充分结合广州水文地理特征、土壤性质、城市建设条件等因素，合理运用“渗、滞、蓄、净、用、排”六字方针，实施海绵城市建设，保障水安全、修复水生态、改善水环境、节约水资源、传承水文化，充分展现山水城市格局与“花城、绿城、水城”特色的城市魅力。

4.3.2 以生态廊道统筹布局“生产、生活、生态”三生空间

近年来，互联网时代兴起，科技进步不断改变人类生活与工作方式，规划行业也同时面临着革新，城市公共资源配置、用地功能混合、道路交通布局等都将受到科技发展的影响。如何做好“统筹规划、规划统筹”显得尤为重要，本次总规提出划定“生产、生活、生态”空间，做好“三生”统筹布局，在城市开发边界内按照主导功能将城市建设用地划分为多个产业区块与生活居住组团，以水为骨架划定生态廊道，联系城市山林地等生态片区，作为生产、生活空间的本底，三生空间你中有我，我中有你。探索以“生产、生活、生态”三大类功能归纳城市规划、土地规划、国民经济规划等三类规划用地分类标准，解决标准不统一问题，以应对未来三十年城市发展的瞬息变化。

生态是保障，生活是目的，生产是手段，“三生”关系是否和谐融洽、相生相长、相辅相成，成为新时代高质量城市空间设计的原则和衡量城市建设品质的标尺。明晰“生态、生活、生产”的优先顺序，实现底线管控，制定规划指引，平衡产业和生态、产业和生活、生活与生态间的关系，思考多种办法和案例，解决矛盾冲突。充分发挥政府、市场、公众的共同力量，优先在高强度建设地区、人口活动密集地区、污染严重地区建设生态廊道，生态建设与产业、生活居住项目同部署、同规划、同设计、同落实，成为“共建、共享”的规划实施路径。

4.3.3 进一步完善生态廊道规划体系和实施配套制度机制

一是加快推进各区生态廊道、海绵城市实施方案的编制工作，加强规划传导，

促进实施落地。二是完善系列政策文件。在现有河长制政策文件的基础上补充完善生态廊道建设内容，正式将生态廊道建设作为一项明确的重点任务与治水工作统筹开展，制定相应的行动计划细化分解具体任务。已编制完成的河涌“一河一策”方案在实施中研究补充生态廊道建设内容，未编制方案的河涌在编制时应落实生态廊道建设内容要求。三是加强规划建设管理，配套制定生态廊道规划建设指引，进一步明确生态廊道建设的总体要求和技术规范，组建生态廊道建设专家顾问组，推动生态廊道建设的标准化、规范化。四是结合河长制考核办法建立广州市生态廊道规划建设考核机制，将生态廊道规划建设成效纳入全市生态文明评估考核制度。同时，定期发布进度情况，开设在线讨论平台，促进公众参与。

4.3.4 运用“规、建、管”一体化思维，构建生态廊道实施闭环

运用“规、建、管”一体化思维，在统一战略方向的基础上，充分调动政府、市场、市民三方的积极性，以建设实施方案为主，引导控规编制，服务建设实施，实现生产、生活、生态同部署、同规划、同设计、同实施，推进高质量发展。构建“生态廊道发展战略总规—控规编制项目—建设方案—建设项目实施—实施评估—考核”的“规、建、管”一体化生态廊道实施路径（图 11）。

规划环节：以生态廊道八大发展策略为统领，在总规层面，编制完成全市生态廊道总体规划，构建全市“区域—组团—社区”三级生态廊道体系，并绘制广州市生态廊道编码图；控规层面，明确生态廊道的范围与管控要求。

建设环节：通过编制生态廊道建设实施方案，落实八大发展策略，明确生态廊道建设项目和建设时序。

管理环节：一是构建生态廊道的审批管理机制，保障廊道的规划建设各环节有序推进；二是开展廊道的年度实施评估，按照建设实施需求反馈提出控规编制计划，

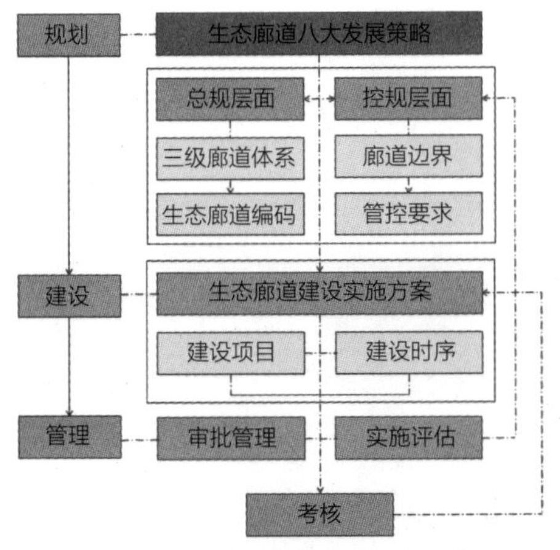

图 11 生态廊道规建管一体化实施路径图

在控规中落实生态廊道的边界和管控要求，为审批服务提供法定依据；三是形成生态廊道建设实施的考核机制，以考核促进生态廊道实施方案的生成与落地。

5 小结

在城市治理中，我们反思对城市价值的追求，生产是工具，生活是目的，生态是基础。如果把城市作为经济体、生产体，是不可持续的，把手段当成目的是不可能建设好的城市的。未来的发展是创新的发展，更依赖生态、文化、科技三个要素，生态是决定城市创新科技能力的重要因素。没有生态就没有创新，生态廊道将为科技创新提供触媒，提供良好的创新环境和空间。

百年规划并不遥远，我们到现在都还在享受百年规划带来的成果，现代城市建设思想也没有离开百年前的源头。在广州城市发展中，战略规划则引导和控制城市发展和建设，为城市治理提供可行有效的规划体系。而生态廊道对城市环境治理有极大的作用，是城市生命循环的支撑系统。

十九大刚刚圆满落幕，报告中提出构建生态廊道和生物多样性保护网络，加快生态文明体制改革，建设美丽中国，相信在以习近平总书记为核心的党中央的带领下，中国各城市都能走出道路自信、制度自信的具有中国特色的生态文明之路。

参考文献

[1] 中国国民党中央委员会，中央党史史料编纂委员会．实业计划 [M]. 北京：人民出版社，1956.

[2] 广州市城市规划编制研究中心，广州市城市规划勘测设计研究院．广州生态区规划与都会区生态控制性规划 .2014.

[3] 广州市城市规划编制研究中心．广州 2020：城市总体发展战略规划（深化）.2009.

[4] 广州市城市规划编制研究中心．广州市城市功能布局规划 .2012.

[5] 闫水玉，赵柯，邢忠．美国、欧洲、中国都市区生态廊道规划方法比较研究 [J]. 国际城市规划，2010，25（2）：91-96.

[6] 马万利．田园城市理论的初步实践和历史影响 [J]. 浙江学刊，2005，2005（2）：84-89.

[7] 张蕊．浅析“设计结合自然”理论 [J]. 建筑与文化，2014（8）：147-148.

[8] 曾马赛，戴彦．生态都市主义审视下的国内外相关理论、规划实践及研究展望 [J]. 建筑与文化，2016（1）：114-116.

[9] 王旭东，王鹏飞，杨秋生．国内外环城绿带规划案例比较及其展望 [J]. 规划师，2014（12）：93-99.

[10] 赵晶，朱霞清．城市公园系统与城市空间发展——19 世纪中叶欧美城市公园系统发展简述 [J]. 中国园林，2014（9）：13-17.

[11] 贾俊，高晶．英国绿带政策的起源、发展和挑战 [J]. 中国园林，2005，21（3）：69-72.

[12] 邢琰，田爽，潘芳．伦敦绿带的发展与经验 [J]. 北京规划建设，2015（6）：172-179.

[13] 文萍，吕斌，赵鹏军．国外大城市绿带规划与实施效果——以伦敦、东京、首尔为例 [J]. 国际城市规划，2015，30（s1）：57-63.

刘奇志

刘奇志，武汉市国土资源和规划局副局长，中国城市规划学会标准化工作委员会副主任委员、学术工作委员会委员、城市设计学术委员会委员

理智管理　提升品质

城乡规划管理（以下简称：规划管理）一直以来都是一项颇有争议的工作。从宏观层面上说，规划管理是一项为落实国家城乡发展方针、政策，而对城乡建设活动进行统筹协调的重要工作；从微观层面上说，规划管理是一项为使城乡良好地进行规划建设，而对具体建设项目选址、布局、设计及建设进行审核把关的技术工作；无论如何讲，规划管理都是城市政府的一项基本行政职能。但就是这样一项责任重大的规划管理工作，在社会上听到的评点却常是“这是个对建设单位、项目关卡压的管理部门”、是一个“听领导话、看领导脸、落实领导指示和要求，而不替百姓考虑的行政机关”，也正因此，在政府及社会的表扬名单中难以见到规划管理，而在批评及责任追究名单中则几乎少不了规划管理。为何肩负重任、天天在为城乡居民而辛苦工作的规划管理却得到这样的社会评价，这真是一个需要规划管理工作者深思的问题。解决的办法固然有很多，但作为一名规划管理工作者，我认为关键还在于我们要理智管理、提升品质，具体讲就是要理解相关法规、找准规划定位、做好统筹协调、坚持以人为本，真正让城乡居民的生活更加舒适、更有品质。

1　理解相关法规

规划管理部门作为市政府下辖的一个行政部门，其基本职能就是依据国家、地方的相关法规及已审批通过的上位规划设计方案来对建设单位所申报的规划设计方案进行审查和颁发规划管理的许可证书。规划管理最理想的过程是建设单位所申报的建设方案与国家、地方相关法规及政府已审批通过的上位规划方案完全一致，项目审批一次过关、大家都满意。可更多的时候规划管理所面临的难题则是建设单位所申报的建设方案并不符合相关法规要求，与已审批的上位规划方案

不一致、甚至是面目全非，建设单位还希望所申报的方案能通过规划管理的审批；或是所申报建设项目的规划设计方案中出现一些无上位法规可依的内容，项目位于新区、缺乏已审批可作为上位依据的规划方案，建设单位还希望所申报的方案能尽快审批通过。这时该如何办？

仔细分析我们可以发现，建设单位所申报的建设方案与相关法规及已审批的规划方案不一致，主要有三种情况：或是建设单位从未涉足过规划建设事宜，根本就不了解该地区政府已审批过的规划方案，对与其建设相关的法规条文更不理解；或是建设单位为谋求局部利益而要求规划设计单位突破相关法规及上位规划去编制的规划方案，这在房地产投资开发项目中最为常见，在单位自有用地的建设中也时有发生；或是建设单位认为相关法规不完善、已审批的规划不细致，其所申报的方案是对相关法规予以深化、对已审批的规划加以优化。很显然，处理好这三类问题的前提是规划管理人员必须对相关法规及规划能有所了解，特别是对于缺乏相关法规及已审批规划可作为直接上位依据的建设项目，则更需要规划管理人员能对国家或兄弟城市相关法规及城市总体规划或分区规划有深入的理解，归结起来一句话，规划管理人员只有真正理解相关法规及规划，并认真剖析所申报建设方案与相关法规、已审批的上位规划及该区域规划方案的关系后，才能因势利导地做出相应的决策。

规划管理者是否了解相关法规及已审批的上位规划？这个问题既好回答也不好回答。一般来讲，学习和掌握相关法规及规划、依据法规来审批方案是规划管理者所必须要把握的基本原则。但规划管理者是否真正对相关法规及已审批的上位规划有深入的理解？这个问题则真难以回答。首先，法规的起草人和规划的编制者都是在总结过去、预测未来的基础上所起草的条文和编制的规划，待到规划具体实施时，社会方方面面的情况都可能会发生变化，规划管理者难以简单地通过阅读法规条文和规划成果来理解相关法律和规划而应用于审批，若不考虑实际变化而只是照本宣科地去审核方案，自然会引发诸多争议；其次，相关法规和上位规划多是自上而下编制的、就区域整体考虑较多而就局部项目考虑较少，而所申报的建设方案则是自下而上设计的、就局部项目考虑较多而就区域整体考虑较少，如何处理好上下之间的衔接真是一道难题，若处理不好，或是将上位规划改得面目全非，或是令局部项目实施困难，规划管理会处于两难之中；关键是，规划管理者并不是法规的起草人和规划的编制者，也难以通过阅读法规条文和规划成果就能对法规起草人和规划编制者的全面思考有深入地了解，若没有实际工作经验及案例学习借鉴，真难以做出法规深化完善、规划灵活变化的思考而应用于规划方案审核。

如何才能对相关法律条文和规划方案有深入的理解？这个问题说难很难、说易也易，关键是不能只看表面而要深究根本。正如前所述，建设单位所申报的建设方案与相关法规及已审批的规划方案是很难完全相符的，倘若只是照本宣科地就图文来做分析判断，其结果必然是让建设单位将所申报的建设方案拿回，要求其做大量修改、甚至是重做，这当然会让建设单位很生气，规划管理在社会上的“关卡压”形象基本上就是这样树立起来的。而要真正对相关法律条文和规划方案有深入的理解，则要求规划管理人员必须真正理解相关法律条文起草和规划方案编制的目的。法律条文起草和规划方案编制是两个不同方面的工作，但目的其实是一致的：从大方向来讲，都是为了促进城市经济、社会和环境的协调发展；从具体应用来讲，法律条文相对抽象一些、规划方案更加具象一些，但都是政府为服务与引导城市的发展，统筹协调个人、集体与公共利益之间的关系，实现公共利益的最大化所制定的，其目的都是为保障城市健康有序、可持续发展，为市民营创一个良好的生活、生产和生态环境，而对城市规划建设实施所提供的有效监控指导依据。因此，规划管理人员必须真正认识并理解相关法规及已审批方案的根本目的，再来结合实际情况进行方案审核，才能灵活应用和促进相关法律条文和规划方案目的的实现和完善。

更重要的是规划管理人员不仅要能学习和掌握相关法规和规划，敢于就事论事、一事一议，还要能注意收集和整理自己、同事，乃至其他城市的规划管理案例，因为大家所处时代及所面临的情况会有许多相似之处，所依据的国家法规是一样的，只要大家能认真剖析这些案例的分析、研究成果，就能从中积累前人及自己的经验和教训，从而为更深入地学习、掌握和应用相关法律条文、规划方案奠定扎实基础，为规划管理再面临新情况时能提出新办法创造有利条件。

2　找准规划定位

“规划管理辛苦却得不到好评”的另一个重要原因则是规划管理工作者没有注意处理好与服务对象、申报单位的关系，这表面上看起来似乎是规划审批工作人员的工作态度和语言交流问题，其实从根本上深究则是因为规划管理者没有找准自己的工作定位。

规划管理工作，的确主要是在依据相关法规和规划对建设项目进行规划及法规检查，是建设过程的中间把关者，但其工作定位绝对不是为了对建设项目的“关卡压”，而是为了能与建设单位一道把所规划区域规划设计建设得更好，规划管理与建设单位应该是合作方而不是对立方，应该是一起研讨而不是讨价还价、甚至争吵，这就需要规划管理工作者能做好一系列的合作工作，尽可能减少或避免出现建设单位所申报的建设方案与相关法规及已审批的规划方案不一致的情况，从而能较顺利地达成共识、完善方案、进行建设。具体讲：

首先，要设法让建设单位尽可能早地了解到与其建设相关的法规及已审批的规划方案，若待到建设单位来申报具体方案、规划管理在审批时再来介绍相关法规及规划已为时过晚，因为此时建设单位已内部讨论多次、在其内部多个层面已形成规划方案共识，即使规划管理人员能说服建设单位来申办的工作人员，他们回去可能也难以说服其内部多个层面转变思路、认识、调整方案，这就要求各城市规划管理部门应尽可能让建设单位在项目选址阶段就能对与其建设相关的法规及已审批的规划方案有所了解，知道国家及地方与其建设相关的法规、已审批的上位规划方案的指导原则和要求，这一方面可以在选址意见书中附上规划原则性要求和相关引导意见，另一方面应注意充分利用好规划展览、规划网站做好前期服务工作，既要加强规划相关法规及已审批规划方案的宣传和介绍，也要便于建设单位能在其有疑问时查询到规划管理的相关法规要求及规划内容。

其次，是要加强对规划设计行业在相关法规和已审批规划方案的执行和修改、完善方面的要求和管理，因为他们是建设单位的直接合作方和技术助手，建设单位所申报的方案是经他们的手所绘出来的，现在很多时候规划管理中所出现的有争议问题其实就出自于他们，主要是因为一些规划设计人员只想“短平快”地赚取规划设计经费，他们打一枪换一个地方，对国家和地方相关法规既未用时间去了解、更未做深入分析，真就把他们自己只当成了建设单位的绘图匠，建设单位想要什么、他们就绘制什么，至于是否符合相关法规及规划他们根本就未予以考虑，觉得与其无关、是建设单位与规划管理方研讨的事情。因此，从行业管理的角度应该制定相应管理法规要求规划设计单位必须注意了解和掌握相关法规及规划，在其编制与研讨方案时应该与建设单位一起认真研究和探讨处理好其规划设计方案与相关法规及规划的关系，而不能仅为赚取规划设计经费而简单听从建设单位的指挥来绘制规划设计方案，这样所申报的建设方案与相关法规及已审批的规划方案不一致的情况才可大大减少甚至避免。

再者，就是要注意与规划管理对象交流的方式和方法，因为他们并不是规划专业人员，除房地产开发商外的建设单位大多数是初次接触规划设计与管理，对相关法律条文和规划原理知之甚少，倘若我们尽是在给他们讲一些法律条文和规划原理的条条框框，真会让人感觉到仿佛是在让中医看病，让他们难以听懂并理解，因此，规划管理真要多向西医学习，多应用些技术手段进行规划结构及数据分析，让非专业人士也能从其中了解到其所申报方案与规范的差距，及其会带来的相应变化。这就要求规划管理部门能开发并掌握一些规划分析软件，对规划申报方案能及时进行规划预测分析和判断，尤其是应考虑到人多重视感性认识，若能在规划管理过程中较好地应用计算机模拟手段对规划设计方案进行实景三维仿真建模分析，则可让建设单位能更直观地了解到其建设方案与城市周边环境的空间形态、色彩风格及交通组织等方面的关系，从而避免和缓解规划管理人员与申报单位就城市空间设计、交通组织等专业问题交流难的问题。

关键，是规划管理人员还真要能作为建设单位的合作方，也多替他们考虑并据此来做相应分析和解释。因为毕竟每个建设单位都希望能通过建设而有所收获，倘若规划管理人员只是从城市整体角度来讲述一些规划管理的大原则和道理，就会让建设单位觉得规划管理者是其对立方，潜意识里对规划管理会有一种抵触情绪，他们就难以接受规划管理所提出的规则和要求；但若规划管理者能从其局部建设和发展的角度来进行一些法律及规划的思考和解释，甚至是引用一些案例分析、经验与教训，规划管理者就能与建设单位真正有共同语言而展开研讨、进而达成共识。例如，建设单位填占湖泊盖房是滨水城市规划管理常常会遇到的问题，我们若只是从城市湖泊保护的角度来杜绝建设单位去填湖造地盖房，他们多会觉得损失很大、想千方设百计来给规划管理部门施加压力，但若我们能从滨湖环境优化、项目品质提升、投入产出盈利等方面也来帮助建设单位进行考虑和分析，规划与建设就更易达成共识，进而真正促使湖泊能留下来，既为建设单位、也为城市营造出良好的滨湖环境。

3 做好统筹协调

2018 年，国家整合国土资源部、发展改革委、住房和城乡建设部、水利部、农业部、林业局、海洋局及测绘地理信息局等部门的空间资源管理职责成立了自然资源部，其目的无疑是为了能从总体层面来更好地统筹协调国家各方面对自然资源的管理和应用。各城市的规划管理部门将何去何从，至今还没有明确意见，但无论如何，城乡空间资源的统筹协调和管理工作，仍将是规划管理应该处理好的主要工作。

城市建设项目的管理涉及许多方面，规划管理固然只是承担和负责其中的一部分，还有许多方面的内容诸如道路交通、环境保护、消防安全、文物古迹保护、园林绿化、文化教育、生活服务等都有相关部门来把关、处理，但因为规划管理是其中一个技术性、综合性较强的管理部门，当一个地区的规划建设涉及环保、绿化、卫生、电力、电信、供水、排水、防洪、气象、消防、文物保护、农田水利、抗震避难等与空间利用直接相关的管理要求时，政府多会要求规划管理部门来进行综合平衡和统筹协调有关问题。因此，如何处理好规划管理与这些相关部门的关系，真正做好综合平衡和统筹协调是规划管理工作中一项不容忽视的工作。

就政府职责分工管理而言，各方面的工作的确都有具体单位负责，规划部门不应超越管辖范围去管理别人管理的事情，规划人员也不可能如其他部门管理人员一样能全面了解其他行业管理的法规和具体要求，更不如他们了解其他行业的发展进程及处理方式，越俎代庖可能还会反帮倒忙。但从另一方面来讲，政府相关部门负责的这些工作几乎样样又都与规划有关系，因为所有的工作都需要有一个超前的规划（也有的称之为“计划”）、关键是所有的建设最后都会落实在用地空间上，这样这些工作无论是从文字上还是从实体建设的空间利用上都会与规划有关系，例如“子女上学难”，是我们在城市建设中经常听到的一个社会难题，就教育事业而言，这确实是教育部门负责管理的事情，但若谈到是因为其居住周边没有用地空间可建设学校或已建学校规模太小、招生规模受限，这能说与规划没有关系？也正因此，在所有事故或事件出现时，在批评及责任追究名单中，“规划”常难脱干系。倘若我们认为那些事情不是规划部门管理的事情，只是相关部门为推卸责任而拉着规划部门“垫背”，我们可以视而不见、置之不理，那这样的批评将一直持续下去，但若我们能主动策划和推动相关专项规划的编制与实施，则可将这些问题提前予以解决。21 世纪初，我刚转入做规划管理工作不久，就在市人大的年会上听到人大代表提“子女上学难”的问题，回来我局就与市教育局联合组织编制了全市中小学布局规划并报市政府审批后正式纳入用地规划管理，此后再在人大会上听到这一问题的质疑声就少多了。因此，规划部门是不能越权去代替其他行业做规划，但对于那些直接关系到市民日常生活的用地空间规划问题，规划管理者应能主动联系、协助相关部门来组织编制专项规划并督促实施，将许多与用地空间规划相关的生活服务问题提前予以解决，这样做不仅能促进整个城市的良性发展，其实我们自己及家庭也能从中获益。

规划管理部门不仅是要在专项规划的组织编制上做好主动衔接工作，更需要在专项规划的编制过程中做好统筹协调工作。因为，相关部门之间也常会因为其发展规划所落实的用地空间利用而产生矛盾，各部门工作都重要、都需要有充足的用地空间，但城市空间毕竟有限，于是常常出现的情况就是哪个部门先获得市政府的支持和批准，哪个部门就先获得用地空间甚至还占用一些原规划为其他部门的发展用地，其他部门稍后再来启动进行建设时其用地空间不够甚至是无用地空间可用，待到政府发现及社会要求解决这些矛盾时，规划部门自然又少不了要辛苦一番。所以，与其是等到各方争吵、政府追责时再来协调，还不如早把这些相关部门约到一起来座谈、协商，尽可能让各部门根据城市总体规划同步编制专项规划，即使各专项规划编制有先后、但其规划成果也要征求相关部门意见，当然关键还是规划部门要将这些专项规划都统一落实到城市用地空间上来进行总体统筹协调，既要避免服务有空缺、更要杜绝空间有冲突，真正做到达成共识、多规合一，从根本上减少、避免这些矛盾。

当然，规划管理部门不仅是需要在专项规划编制时进行统筹协调，还需要在专项规划的实施过程中、特别是年度建设计划中同样也注意进行规划的统筹协调，不然，一年建设下来，“居住在东、学校在西、车站在南、商场在北”，大家生活不便时，社会上还是会问到“规划部门干什么去了”。要做好这一实施过程中的统筹协调，说起来容易、做下来还真不容易，因为各部门基本上都是按照经规划部门参与、市政府批准的专项规划所提出的建设计划，待转到规划部门征求意见或呈送政府常务会审议拟通过时，相关部门已做过大量工作、并经过多方协商后所呈送的成果，规划部门此时再提出修改意见，当然会使相关部门从内心里反抗。显然这是为时已晚所造成的问题，能否提前解决呢？规划管理部门是可以通过每年的规划实施评估来协调解决这一问题的，倘若我们能在每年年底对规划的实施情况做一次综合评估并及时发布评估结果，让各专业部门能在其组织编制下一年度规划建设实施计划之前就能看到城市发展综合评估结果，他们自然会根据综合判断的意见和建议来编制其专项年度建设计划。例如，我们在武汉的规划年检报告中推出了中小学规划建设红黄绿灯制度，即：根据中小学布局及教学规模与其所服务范围的中小学生数来进行对比考核，学校规模有空余的区域亮绿灯，可以出让土地进行居住区建设；学校规模与服务人数持平的区域亮黄灯，需优先建设学校再考虑出让土地进行居住区建设；学校规模不足的区域则亮红灯，不允许出让土地进行居住区建设，而要抓紧建设中小学。这一联动考评机制的实行，使得全社会都有了居住区建设应与学校相匹配的理念，许多相关规划统筹协调的事情社会相关方面就帮忙做了。

4 坚持以人为本

“坚持以人为本”，是中国共产党在十六届三中全会《中共中央关于完善社会主义市场经济体制若干问题的决定》中所明确提出的一项要求，是要求中国共产党人坚持全心全意为人民服务的根本宗旨。规划管理人员并不都是中共党员，但我觉得这实际上也是规划管理中最需要注意、却常被忽视的理念。从原理上讲，大家都知道规划管理的最终目的是为了让人在城市的生活能更加舒适、更有品质，可更多的时候之所以会出现规划矛盾，常常就是因为规划、设计、管理及实施者，无论是在规划的理论研讨、还是规划的实际工作中，更多的是在“以用地为本、以空间为本、以建筑为本”进行思考，重视了用地功能布局、城市空间组织、建筑形象设计而忘记了用地规划、空间组织、城乡建设是为人服务的根本目的。其结果是使不少新区时常出现建设上十年、几十万人住进去，却没有配套规划建设学校、公园绿地等公共服务设施；再仔细看看旧城改建的规划方案研讨，大家会看到其中更多的时候是在讨论拆多少、还建多少、新建多少建筑，容积率达到多少、投资才能收回，却难以听到讨论建筑量、居住人数成倍增长后，学校、绿地、医疗等公共服务设施该如何同步增长，以至于不少旧城改建区的容积率达到 5-6、居住人口密度达到 7-8 万人 / 平方公里，可公共服务及市政设施却依然还是按照 1 万人 / 平方公里的相关技术标准来配套进行建设，其建筑空间是旧貌换了新颜、可生活环境及品质却是逐年下降，市民自然又会问到“规划是如何进行管理的”。所以，“以人为本”还真是一个值得规划管理者深思的问题。我认为应重点从以下几个方面来思考：

首先，规划管理应该真正树立为“人”服务的思考理念。我国城乡规划专业教育多起源于建筑及地理类专业，尽管随着城乡规划专业研讨和教育事业的发展，现在也增加了许多人文知识内容，但大家在校期间学习更多的还是有关“用地、空间、建筑”等方面的知识，在潜意识里形成了为“用地、空间、建筑”而思考的工作模式。而事实告诉我们：规划管理不应也不能只是简单地考虑“用地、空间、建筑”，而应该从如何能更好地为“人”的生活需要提供规划服务的视角来深入考虑“用地布局、空间组织、建筑设计”等问题，从而让全市居民能真正享受到“幼有所育、学有所教、劳有所就、住有所居、行有所乘、病有所医、老有所养……”的便利城市生活。因此，“人”有何需求、规划编制管理应如何满足这些需求、这些需求之间又有何需要综合平衡及统筹协调之处……这些才是法规拟定、规划编制中应该系统、深入研究的问题。

其次，要注意到规划服务的“人”是全市居民，而不只是某一区、某一类的“人”，我们的规划编制管理及实施应该考虑如何更好地为全市居民提供规划服务。一方面我们现在的规划更多是在建设区内做文章，为城里的“人”服务、而忘了乡里的“人”，规划中几乎不考虑建设区外的公共服务及市政配套专项规划，对城乡融合发展的体制、机制思考也很少；另一方面则是在规划的潜意识里多是在为成年人考虑、而对老弱病残幼考虑得少，最明显的例子是在许多城市交通规划方案中，多是考虑为让车行快捷而让人走人行天桥、跨路而行，很显然这是未考虑到老弱病残幼者上下人行天桥有多难，待到规划决策者陪其老弱病残幼的亲人走走、感受到其规划决策失误时则为时已晚。所以，我们的规划管理既应全方位地为全市居民进行规划思考，也应全流程地考虑满足各个年龄段的生活需要，如就教育规划而言，不仅应该考虑有全市中小学校的布局规划，也应该有托儿所、幼儿园的布局规划，还应该有成人继续教育的规划，更应该有老年人的教育设施布局规划，这样的教育规划才能真正为全市人民的学习创造便利条件。

关键，是规划管理应该从城市发展的角度来充分认识并统筹协调处理好与“人”直接相关的生产、生活与生态三个基本要素之间的关系。生产、生活与生态是三个相辅相成的基本要素，哪一方面都不容忽视。城市倘若只重生产不重生活，生产者难以生活，其生产也难以发展，如在一些产业园区，若只关注生产发展、却忽视了规划生活相关服务设施，员工生活不便，必然会影响其正常工作；但若在规划中只重生活而不重生产，生活缺乏动力，其发展也难以持续，如在一些城市的老旧工业区改造过程中若只想到工业用地改居住用地、卖地盖房吸引居民投资，而忘了居民也需要工作、导致居民将来就近无处可选择就业，居民选择在此买房的可能性则会大大降低；更关键的是若只重生产、生活而忽视了生态，不仅会直接影响到居民的生活环境及品质，更可能会使生产所赚来的钱都用于修复生态环境还不够，昆明滇池周边发展生产所带来的负面影响已经给全国人民上了一堂课。所以说，我们所要规划建设的应该是一个人与自然和谐共生的城市，其既应满足人民物质、精神财富日益增长的美好生活需要，也能满足人民日益增长的优美生态环境需要，城市的产业结构、生产方式、生活方式、空间格局应该浑然一体、相互促进、持续发展。

当然，规划管理还应该把规划相关的“人”都考虑到并服务好。考虑并征求直接利益相关人的意见是当前规划编制及管理过程中大多会做的事情，但由于规划管理所涉及的用地空间已在城市中存在多年、还有许多人都与其有着千丝万缕的关系，特别是一些历史建筑、历史街区可能与社会各个层面都有关系，这就要求规划管理者应尽可能多地听取方方面面的意见，不仅要听原居民的、投资者的意见，还要听政府相关部门的、市民的，乃至外地游客和周边城市的意见。当然，这其中不得不说的是绝不能忽视了决策层的意见，现在常常听到不少同行以埋怨的口气说“纸上画画、墙上挂挂，不如领导一句话”，这其实说明他在潜意识里是在将决策层置于规划编制、管理的对立面，是在做自我否定的工作，应该说决策层与我们的宏观目标是一致的、本就应该是合作方，倘若我们能更多地征求他们的意见，能让非专业的决策层真正听懂规划、领会规划目的及作用，决策层不仅不会否定规划，还会从更高层面、更广角度对规划予以支持和肯定、提出完善意见，规划部门组织编制的规划才能真正成为全市的规划，规划的理想会编制得更美、实现得更好。

总之，规划管理绝不是一项“玩弄权术”、“关卡压拖”的工作，而是一项肩负重任、服务公众的工作。它不仅需要从事这项工作的人能认真学懂、弄通、理解相关法规，也需要规划管理部门能找准自己的定位、做好全市相关规划的统筹协调，关键是要真正坚持“以人为本”的规划理念，理智地做好规划管理，从而让城乡居民的生活更加舒适、更有品质。

袁奇峰

袁奇峰，华南理工大学建筑学院教授，中国城市规划学会常务理事、学术工作委员会委员、乡村规划与建设学术委员会副主任委员

城市规划、城市建设制度与空间品质
——以佛山市南海区的规划实践为例

改革开放四十年来，城市建设从计划经济时代政府的“独角戏”，演变为政府、市场、社会、村庄和个人共同的事业。另外，城乡二元土地制度也导致了和“自上而下”并置的“自下而上”城市化模式，城市建设制度的二元化产生了完全不同的城市建设品质，这是因为有更多的利益相关方获取了城市空间资源的配置权。

城市规划在计划经济时代只是“基本建设程序”的一环，1978 年后是政府招商引资推动产业发展的工具，2000 年后又为城市政府的土地财政服务，而且其对象都是国有土地，以及要征为国有的土地。随着城市空间资源日益紧张，大量在集体建设用地上的城市更新项目终于开始遵循“基本建设程序”，城市规划成为集体建设用地实现“合法开发”，实现“资本化”的桥梁，成为“自下而上”城市化地区提升空间品质的重要工具。一旦起始条件发生变化，城市规划就必须在平衡既有多元利益的格局下推动集体行动，完成从指导城市建设、推动经济发展到探索城市治理的蜕变。

1 城市规划曾经只是“基本建设程序”的一环

长期的全民所有计划经济体制塑造了中国特有的“基本建设工作程序”——作为国家投资的基本建设全过程中各项工作必须严格执行的程序，先规划研究、后设计施工，有利于加强宏观经济计划管理，保持建设规模和国力相适应；还有利于保证项目决策正确，又快又好又省地完成建设任务，提高基本建设的投资效果。

改革开放初期国家各相关部门又进一步制定和颁布了有关按基本建设程序办事的一系列管理制度、配套了大量国家标准与技术规范，把认真按照基本建设程

序办事、执行技术规范作为加强基本建设管理的一项重要内容。随着国家大部分工业部委的消失，国家住房和城乡建设部及对应的省级建设厅、市级建委、县级建设局的主要业务就是按照“基本建设工作程序”制度规定代表政府做公共项目的甲方;另一方面通过审批制度落实技术规范、建设规程，协同消防、卫生、人防、文保等各个涉及空间性公共服务设施和公共安全的各个部门，以保障公共设施配置、公共安全、建筑安全、工程责任。

我国源于计划经济的城市建设制度，依赖城市土地的国有制，国有空间资源配置权牢牢把握在政府手中。虽然也有很多“潜规则”，但是在国有土地上由政府主导的、或由市场开发商建造的项目多是“正规”的——任何一个建设项目都要经历从投资计划批准、建设项目选址审批、城市规划设计审批、建筑设计审批、建设安全审批、建设工程监理、建设项目验收、建设资料归档、项目建筑产权证照发放等多个环环相扣的审批管理环节，目的是保障“百年大计”的建筑安全。城市建设制度正规与否取决于和这个体系及其相关法规的符合度，因为建设项目只有经过这个程序才能获得合法的建筑产权证照，相应生产出来的不动产也才具备可交易、流通、抵押的“资本”属性。

1989 年颁布的《中华人民共和国城市规划法》所确立的“两证一书”审批制度就是计划经济时代“基本建设程序”的重要一环，目的是保障建设项目“综合开发、配套建设”的要求，并使之尽量符合城市整体和长远发展的利益。2007 年修订的《中华人民共和国城乡规划法》是为了适应市场经济条件，在市场主导的建设项目中用“国有土地出让合同”替代了投资计划批准、建设项目选址两个环节。“在国有土地使用权出让前，城市、县人民政府城乡规划主管部门应当依据控制性详细规划，提出出让地块的位置、使用性质、开发强度等规划条件，作为国有土地使用权出让合同的组成部分。”值得注意的是，这两部规划法都是针对“国有土地”的。

城市政府主要官员通过空间资源配置保障产业税收和土地财政，以实现任期城市建设和经济发展目标。总体上来说，正规的城市建设制度通过低价征用集体土地以获得国有土地，再配置基础设施和公共设施，然后高价出让熟地以支付土地一级开发成本，这种“自上而下”的城市化模式确实能够利用土地价差在城市开发中提供一定的公共产品，维持较高的空间品质。

2 集体建设用地普遍突破城市规划

1978 年以前的计划经济时期，国家在广东的投入非常有限，导致改革开放之初珠江三角洲城镇工业化水平低、政府财力弱、吸纳就业不足。即便在广州、深圳这样的大城市，地方政府在“自上而下”的城镇建设和工业园区开发中，也尽可能回避村民安置的巨额经济补偿;普遍选择了征用农地、绕开村落居民点的思路。为减少征用农地的障碍，按实际征收土地面积的一定比例的建设用地（10%-15%）作为征地成本，返还给被征地农村集体经济组织用于发展集体经济，以保障失地农民的基本生活。广东这种“要地不要人，用建设用地支付征地成本”的城镇化模式，做大了村级集体经济，造就了大量“城中村”、“园中村”。

1978 年广东省的 GDP 在全国省级行政区排名第 23 位，1987 年就成为第 1 名并保持至今。珠江三角洲的急速扩展建立在“以土地换资金、以空间换发展”的基础上，以佛山、东莞、中山等为代表的传统农业地区，在地方政府“先行先试”政策的鼓励下通过在村庄集体土地上发展“乡镇企业”、引进“三来一补”企业，搞“自下而上”的“就地城镇化”。大量农地转化为建设用地，以极低的土地成本构筑了全球生产成本洼地，吸纳了世界产业的大规模转移，而“世界工厂”也极大地推动了珠江三角洲的工业化。

另一方面，村庄则通过集体经济合作组织成为一个个相对独立的经营村域土地资源、主动追求土地非农化租金收益以推动集体经济发展、承担村民土地分红和提供村域基本公共服务的利益共同体。同时兼有村民自治权和土地经营权的“村社共同体”掌握了巨量的集体建设用地资源，经营收益巨大。在品尝过“自下而上”城市化的土地红利后，农民在面临地方政府“自上而下”征地的时候自然就会希望争取到更高的对价，而农村集体经济组织也普遍具备了和政府谈判的能力。

大量集体建设用地投入二、三产业，“村村点火、户户冒烟”造就了大量“半城半乡”地区。村集体大量留用地、由乡镇企业用地转化而来的农村经营性集体建设用地、宅基地被二元土地政策锁定在资产层面，由于产权不完整，无法通过银行抵押获取金融支持，只能得到有限的土地和物业租金，所以无法吸引优质企业，导致了农村经营性集体建设用地的土地利用和产出效率双双低下。在这种背景下，在乡村土地上量大面广的乡镇企业、“三来一补”企业，除少数租用标准厂房外，大多采用租地报建临时、简易厂房的建设模式。基础设施靠挖掘存量起步，环保设施匮乏，工人租住村屋。

为降低城市建设的征地成本，各个城市在没有提供保障性住房的情况下，纷纷宣布停止城市规划区内的农村住房审批。结果村民为孩子结婚分户不得不公然违章建筑，而法不责众背景下进一步鼓励了城中村、园中村和城边村农宅的大规模非法新建和改建。2016 年，深圳全市违法建筑 37.30 万栋，违建面积 4.28 亿平方米。如此巨量的农宅替代本应该由政府提供的保障性住房，成为农民工落脚城市的低租金住房。但是村民的宅基地房由于建设不受规划管控，公共服务设施

图 1 佛山南海区桂城街道——工厂、村庄与房地产混杂的景观

资料来源：笔者自摄，2004 年

多自建自管，难以维持基本的公共空间品质和治安，以至于“城中村”还被某些政府官员称为城市的“毒瘤”（图 1）。

集体建设用地上的建设项目，无论是农民的住宅还是工厂绝大多数没有遵循前述“基本建设程序”。深圳城中村改造，拆除渔农村时按规范放置的炸药竟然无法爆破几栋农宅。但是，即便农民自建房屋是如此的坚固，由于没有“基本建设程序”的保障，在城中村改造中还是没有人敢于承担因为保留这些房屋可能导致的建筑安全责任。

3 善用城市规划，提升城市品质

1980 年代的南海县曾以“国营、集体、个体经济一起上，六个轮子（县属、镇属、管理区属、村属、个人、联合体企业）一起转”的自下而上农村工业化模式，通过大力发展民营经济创造了“南海模式”。1990 年代的南海市又在全国率先创造了农村集体以土地参与工业化的“农村集体经济股份合作制”，分享集体土地非农化开发的收益，是典型的农村社区工业化、半城市化地区。

2003 年撤市（县级）设区后，南海区则积极推动广佛同城化，统筹区域、城乡和空间结构，提升城市化质量，加快南海的都市区化进程。充分挖掘自身在广佛大都市的区位优势，在西部启动工业园区建设；东部地区则通过与广州的错位发展推动经济服务化，在传统的农村工业化、半城市化地区启动了从“工业经济”到“服务经济”、从“村镇经济”到“都市经济”的转型。

3.1 从农村社区工业化到园区工业化

改革开放初期，南海县利用紧邻广州中心城区的优势区位，抓住短缺经济的机会，利用广州的“星期天工程师”大力发展乡镇企业，在村庄集体土地上开始了“离土不离乡，进厂不进城”的农村社区工业化。工业用地与农村居民点混杂交错，目前南海区的建设用地已经超过辖区面积的 50%，而其中农村集体建设用地又超过 60%。

1990 年代中后期，亚洲金融危机后乡镇企业普遍陷入困境，不得不开始产权制度改革。另一方面，随着可利用土地锐减，由村镇主导的农村社区工业化与非农化模式也不得不转型。为了促进工业总量的增长和工业结构的提升，2003 年南海提出“东西板块”战略，着手在西部开发程度较低的狮山镇启动工业园区的建设；在产业上提出“双轮驱动”战略，即在发展民营企业的同时，加大引进外资企业的战略。

狮山科技工业园及时把握住新一轮国际产业转移的机遇，在广州整车、佛山汽配的产业协作中积聚了一大批日系汽车零配件制造企业。2012 年，狮山镇成为“佛山高新区”的核心区。2017 年，南海区累计完成工业总产值 6931.21 亿元，其中狮山镇就完成了 3678 亿元，占全区的 53%，实现了 2003 年确立的“在西部再造一个南海”的目标。园区主导产业加速向装备制造业的中高端迈进，一汽大众及其配套企业年产值达到 400 亿元，汽车整车及零部件制造业稳步增长。

2017 年狮山全镇 GDP 达到 1000 亿元，占佛山高新区的 70%。区内拥有高新技术企业 416 家，上市及新三板挂牌企业达到 20 家，有 24 家民营企业成为制造业全国隐形冠军企业。拥有华南师范大学南海校区、佛山科学技术学院北校区、广东东软学院等 7 所高校近 6 万师生。拥有中国（广东）机器人集成创新中心、广东生物医药产业基地、广东新光源产业基地、东软华南 IT 创业园、中欧科技合作产业园等创新创业基地；分别有国家级孵化器 5 个、国家级众创空间 5 个。

3.2 从工业南海到城市南海

为摆脱分权改革所造成的行政区经济的局限，南海在“广佛同城化”背景下，在区域一体化进程中积极调整空间结构，极大地扩张工业园区，充分利用广州空港、海港和高铁站等基础设施条件在全球招商引资。主动对接广州基础设施，发掘房地产经济的效益，并通过金融业的错位发展促进中心城区的繁荣，终于把自己打造成为广佛都市区最重要的副中心和工业园区，成为广佛大都市区高品质的工业和服务业高地。期间，通过长时段的城市发展战略研究、大尺度城市设计，城市规划在探索南海城市发展规律、形成发展共识、推动城市转型方面功不可没。

2003 年，南海区开始实施“东西板块、双轮驱动”发展战略，西部板块落子在狮山科技工业园区，而东部板块就要在原农村社区工业化地区推动“二次城

图 2　南海千灯湖设计概念 1
资料来源：网络图片

图 3　南海千灯湖设计概念 2
资料来源：网络图片

市化”。正是 2003 年，美国 SWA 公司的大作——千灯湖公园落成（图 2、图 3）。建设这个杰出的景观作品，以及在周边建设南海城市中心区的设想，其实是中国城市规划设计研究院在 1996 年修编的《南海市中心城区总体规划》中提出来的。

2003 年我带领广州市城市规划勘测设计研究院团队展开了《南海东部地区发展战略研究》，首次明确了南海要主动推动“广佛同城化”的战略，站在广佛都市区的高度提出了南海东部地区“广佛纽带、华南流通；东借北接、南联西融；北工南商、重构共赢”的总体发展思路。鉴于南海当时各街镇规模细碎、各自为政、缺乏整体协调的问题，试图归并功能相近的镇街，形成“有效协调的 CDA（Comprehensive Development Area，综合发展区）”，实现不同功能区之间的合理分工，重构和优化地区整体空间布局。规划研究指出，东部板块的原桂城、平洲、大沥、黄岐、盐步 5 街镇将是南海发展第三产业、推动城市化发展的主战场——围绕千灯湖的“桂城—平洲城市综合发展区”作为原规划确定的南海城市中心区要继续提升；而位于佛山水道北侧，广佛公路东西串联的“大沥—黄岐—盐步商贸综合发展区”则是南海城市中心区的拓展区（图 4）。

2004 年，为呼应佛山城市发展战略“2+5”组团战略，我们再次介入了包含大沥、黄岐、盐步三个镇街的“大沥组团”规划编制。三个各自为政的专业镇都追求自身效益的最大化，但是把三个镇街原来的总体规划放在一起就出现了合成谬误（图 5）——镇区周边都是镇、村工业园区，广佛公路沿线都是批发市场。我们敏锐地发现这个紧邻广州的地区，在广佛同城背景下土地价值在急剧提升，按照阿隆索的地价模型，在这个区位发展工业是不经济的，事实上市场力量也在推动土地功能的置换。

我们在新的大沥镇总体规划明确提出在原来三个镇街交界的地区，在现状和原规划的工业用地上建设大沥镇的新的城市中心，并与千灯湖连为一体的设想。该规划成果得到南海区的高度认同，直接指导了随后南海区“并镇扩权”的行政

图 4 南海东部地区发展战略——有效协调的 CDA

资料来源：《南海东部地区发展战略》，笔者自绘，2003 年

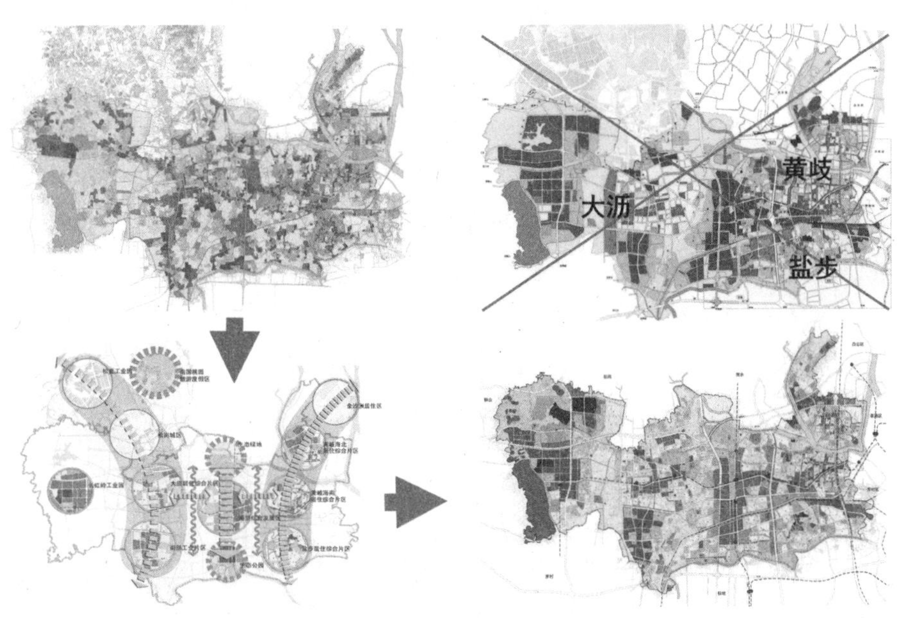

图 5 《大沥镇总体规划（2005—2020）》方案

资料来源：《大沥镇总体规划（2005—2020）》，笔者自绘，2004 年

区划调整改革，后来大沥、黄岐、盐步合并为新的大沥镇，故成果也改为《大沥镇总体规划（2005-2020）》（图 5）。

如何将南海东部这个半城市化地区转型的信息传递出去，让市场和广佛两地的市民都能理解政府的宏伟规划？在《佛山南海区千灯湖地区发展策略研究》（2006 年）中，我们及时为政府提出了建设“广佛 RBD”的口号——以千灯湖公园作为

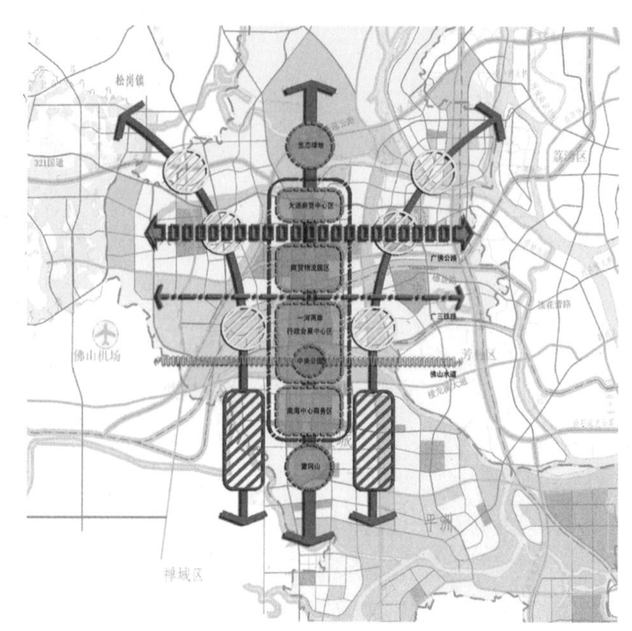

图 6　南海城市中心区北延战略图

资料来源 :《南海城市中心区北延战略研究》，笔者自绘，2007 年

休闲商务区（RBD）的眼，以推动周边商务功能集聚和房地产开发的实施策略，全面提升市场资本、佛山市级政府和市民对南海区城市中心区的认同。2007 年，我们在《南海城市中心区北延战略》中建议将千灯湖中轴北延到大沥，并依托此 12 公里长的南海城市中轴线在广佛之间建设南海中心城区，将东部桂城、大沥两镇街整合为发展第三产业的城市功能载体，提高土地利用效率，重构土地利用布局，推动东有广州“天河城”、西有佛山“广佛新城”的大战略（图 6）。

恰在这个时候，英国天空电视台报道了南海城市中轴线北端联滘村的洋垃圾问题，佛山市南海区政府即刻关闭了这个在集体建设用地上年处理 20 万吨废旧塑料的工业园区，并开启了该地区的城市设计国际竞赛以寻求发展出路。这个地区在 2007 年编制的《南海城市中心区北延战略》中恰恰是“大沥商贸中心区”。

在国际竞赛中胜出，我们随后即编制了《南海国际商贸城中心区城市设计》，以“三镇合一”广场（后调整为九龙湖公园）落实南海城市中轴线，并提出了一整套在集体建设用地上整合土地、建设城市的思路，经过多年的开发，成功推动了地区转型，成为广东三旧改造一个成功的范例（图 7）。

2007 年，我们在《佛山市南海区城镇发展战略咨询》中获得第一名，进一步基于广佛同城化空间结构提出在原东西两大板块战略之上，构筑东部建设城市、西部发展工业、西南部保护生态的三大板块战略；适时推动东部地区从“工业南海”向“城市南海”转变。2008 年，在广东省委省政府推动下，国务院颁

图7 南海区大沥中心区——联滘地区城市设计

资料来源：《南海国际商贸城中心区城市设计》，笔者自绘，2007年

布了《珠江三角洲地区改革发展规划纲要（2008—2020年）》，明确提出珠江三角洲地区一体化要“以广州佛山同城化为示范，以交通基础设施一体化为切入点，积极稳妥地构建城市规划统筹协调、基础设施共建共享、产业发展合作共赢、公共事务协作管理的一体化发展格局，提升整体竞争力。”南海东部地区已经从两个城市交界的价值洼地，变成新的广佛高地。2010年，南海区实施“中枢两翼、核心带动”战略，本质上就是我们2007版南海区城市发展战略的具体化。其中东翼的桂城、大沥和两镇街是“城市南海”的主战场。

2013年，我们在《佛山市南海区东部片区城市轴地区城市设计》竞赛中再次胜出，得以进一步发展和完善我们之前在2007年就提出的千灯湖北延方案，推动南海城市中轴线地区城市功能的集聚。我们提出了北起“省城西护龙山”里水展旗楼、跨越佛山水道、南抵桂城雷岗山魁星阁长达12公里的南海城市中轴线方案，策划了千灯湖轴线跨越佛山水道的标志性节点“南海之眼”，以及进一步提升广佛国际商贸城认知度的“南海之门”两大城市景观节点（图8-图10）；与“省城东护龙山”瘦狗岭（燕岭）南位于上番禺，通过广州东站、天河体育中心、珠江新城、海珠区，同样是12公里的广州城市新中轴线相向而立；共同拱卫近代广东省城从白云山、越秀山、中山纪念堂、广州市政府、中央公园、起义路到海珠桥的广州传统城市中轴线。这三条城市中轴线，在广佛大都市区的新时代，构筑起在古南海、古番禺土地上共同的广佛城市地理空间格局。

图 8　南海城市中轴线—跨佛山水道——南海之眼城市设计深化方案
资料来源：保利地产、RTKL，2017 年

图 9　南海城市中轴线——千灯湖北延城市设计

资料来源：《佛山市南海区东部片区城市轴地区城市设计深化》，笔者自绘，2014 年

图 10　南海城市中轴线—广佛国际商贸城标志——南海之门城市设计深化方案

资料来源：保利地产，2017 年

我们多年来所做的一系列规划研究和方案随着土地区位价值的急剧提升而逐渐为市场所认同进而变成现实。南海城市中心区的建设因为有扎实的产业支撑，有广佛大都市区 2200 多万人口的市场规模，有“三旧改造”的政策创新，因此大量低效用地得以重新开发,成功推动了东部农村社区工业化“半城半乡”地区的空间转型。

以千灯湖为代表的南海东部地区已然成为广佛大都市区的城市副中心。2007 年，位于千灯湖畔的广东金融高新技术服务区成为广东建设金融强省战略七大基础性平台之一、省政府批准的唯一省级金融后台服务基地。2017 年，金融高新区已吸引 316 家金融机构及知名企业落户，总投资额超 605 亿元，总建筑面积超过 600 万平方米，资金分别来自美国、法国、日本、新加坡、我国香港及内地大型金融企业，项目涵盖银行、保险、证券、服务外包、私募创投、融资租赁等金融业态，其中私募创投类机构 163 个。第三产业发展的巨大成功，使得千灯湖片区发展定位可以从“广佛 RBD”升级到“广东金融高新技术服务区”。

在南海十多年的实践，让我们深刻认识到城市规划是形成社会共识、推动集体行动的工具。高品质的城市建设首先需要确立高远的发展目标；在具体的城市更新中则要小心地保护利益相关方的既得利益，通过调整利益格局、合理优化空间格局以保障高品质的城市建设发展目标的实现。南海已经成为 21 世纪珠江三角洲成功推动经济结构调整和经济增长方式转变的典范。

4 同地同权，在集体建设用地上建设高品质城市

4.1 从资源、资产到资本

农业用地因为农地农有、农地农用被锁定。在快速城市化和工业化背景下，在土地二元制度下，集体农地要通过征用才能转变为国有土地，因此，农地被作为城市化和工业化开发的资源。

珠江三角洲农民通过发展乡镇企业的政策，积极地把集体农地转为集体建设用地；以及在集体土地被国有化的过程中，在与政府的博弈中获取更多的留用地。农民用手上掌握的这些集体建设用地参与到工业化和城市化中获取了巨大的利益，这些土地本质上是农村集体用以出租获利以维持农民基本收入的资产。

二元建设用地制度的存在因为土地资源的紧缺而被打破。珠江三角洲通过“三旧改造”将城市中心的集体建设用地改造为商业、住宅等房地产用地，通过“土地整备”提升工业区的集体建设用地效率。在这个过程中，农民用土地换物业，用集体土地换国有土地。因为国有土地和国有土地上的物业具备了可以交易、可以抵押贷款的资本属性。

从农地到建设用地、从集体建设用地到国有土地，农民在争取了资产数量的前提下，在资产的资本化过程中用等价原则获取既有资产价值的对价，而且还利用有利地位参与到由于政府和市场介入而导致的资本价值提升的分成中。

4.2 以城市规划助推"同地同权"

城市建设制度、高明的城市规划策略共同决定城市品质。南海的案例说明，随着区位价值的提升，非正规制度下通过高明的城市规划，即便通过市场博弈，也有可能出现高品质的城市空间。

高明的城市政府懂得用城市规划去培育土地的资本价值，通过城市发展战略发现和锁定土地的价值；通过城市更新测算，准确把握改造的投入产出；通过城市设计获取政府、市场、村庄对地区发展的共识。城市规划成为地方政府推动集体建设用地从资产转化为可以流转的资本的手段，极大地提高了全社会土地的使用效率。

就城市政府而言，其可利用的土地总量是受到土地自然属性限制的，简单依靠土地出让换取财政收入和发展资金的做法从长远来看肯定是不可持续的，唯一可依靠的是在土地上建立的企业的税收和在土地上建设的物业所带来的税收，形成一个利益平衡、良性、可持续的财政循环。

当土地资源日趋紧缺，集体建设用地使用权合理流转，农地征用、失地农民安置引发的社会矛盾日趋凸显之时，珠三角"农村靠物业租金、政府靠土地出让金"的城市发展模式亟待转型。农村依赖集体土地进行"就地工业化"和"就地城市化"，集体经济组织和农民完全依靠物业出租生活；而城市政府依托"低价征地—高价出让"所带来的土地财政收益来进行发展的模式也难以为继。

因此在土地产权方面，政府应该积极规避土地争端，在国有和集体建设用地"同地同权"的前提下推动城市化质量提升：

对于处于城市中心区的集体建设用地按城市规划转商业、居住功能的，可以通过进入阳光市场发现土地的市场价值，引导农民与开发公司合作开发，在保障既有利益不受损害的前提下，再通过谈判确定增值部分的分成比例。让农民以集体土地置换与市场价值相当甚至更高的集体（或国有）土地产权的物业，在提升土地使用效率的同时，保障集体经济也可以持续发展；而开发商获得开发权的那部分集体土地则缴纳土地出让金，进入国有化程序；政府则通过规划控制获得提供公共设施和基础设施的对价。

在公益性项目、公共服务设施以及基础设施项目上，政府要发挥城市规划的作用，做好主导者和协调者结合的角色，通过市地重划确保产业、生态环境，公共服务和基础设施“三个前置”。要区分城市更新地块的尺度，在大尺度地块可以通过改造策划，在平衡利益的前提下直接落实设施用地；小尺度地块改造则应该依据城市规划为公益性项目、公共服务设施以及基础设施配套预留部分土地，或缴纳一定比例的公共服务配套费用作为对价。

在产业项目上可以采取政府主导的方式，在不改变集体建设用地属性的前提下，以土地整备的方式规整土地，对低效用地进行土地托管，通过土地整合、基础设施配建，招商引资、引进优质企业、落实产业项目，推动产业税基健康发展。

段德罡
黄晶
段德罡，西安建筑科技大学建筑学院教授、副院长，中国城市规划学会理事、学术工作委员会委员、乡村规划与建设学术委员会委员
黄晶，西安建筑科技大学陕西村镇发展与建设研究中心科研助理

均衡态：乡村品质及其提升策略

随着我国社会生产力水平显著提高，人民对美好生活的需要和向往越来越广泛、对品质的追求越来越高。人民的需要不再仅仅局限于生理、安全、社交等基本层面，对尊重的需要和自我实现的需要也日益增长。基于对我国所处历史方位的科学研判、对我国现阶段主要矛盾的准确分析、对我国经济社会发展面临主要问题的深刻认识，党的十九大报告明确指出："中国特色社会主义进入新时代，我国社会主要矛盾已经转化为人民日益增长的美好生活需要和不平衡不充分的发展之间的矛盾。"新时代，我国最突出的发展不平衡为城乡发展的不平衡、东中西地区发展的不平衡，而最大的发展不充分是乡村发展的不充分。这些矛盾和问题，已经成为制约人们追求美好生活和品质生活的现实障碍。

我国是一个传统的农业大国，乡村地区面积广大，占全国土地总面积的94%以上，截至目前仍然有约6亿人口居住在乡村，这就意味着乡村地区的人居环境发展情况将直接影响我国整体人居环境的水平。然而，长期以来我国城乡二元体制下城市偏向的发展战略以及以经济发展为中心、允许一部分地区先富起来的决策，使城乡差距、地区差距越来越大，使广大乡村地区发展的不平衡不充分问题突出，乡村地区人民的美好生活和品质生活无从谈起。

1　品质及乡村品质的内涵

1.1　品质的内涵

1.1.1　品质是物质和精神层面呈现的状态

根据《辞海》解释，品质包含两层含义：物品的质量和人的行为、作风所表现的思想、认识、品性等的本质。与品质相近的概念是质量，质量通常是指有客

观标准的，是可衡量甚至是可计量的。而品质的内涵更为丰富，是指建立在质量基础上的又融贯有个人感受的思想、认识、品性，是本质与表象的统一。品质通常是指高质量的，包含有对于较高品味和格调的追求，目标具有一些关于人的内在主观感受和审美取向。因此，品质是不可计量的，其概念除了关注客观可度量的质量因素外，还涉及人的价值判断，其词义表征为“好的、更好的”，品质追求体现于朝着好的、更好的方向实现对原有状态的超越。

1.1.2 品质的具体内涵与发展阶段有关

品质是基于人们的需求层次提出的概念，它是影响人的生存和发展的一切因素的综合性体现，人们有多少需求，那么品质就是对其范围和程度的概括[1]。马斯洛需求层次理论提出，人有一系列复杂的需求，按其优先次序可以排成梯式的层次，由低到高依次为：生理需求、安全需求、社交需求、尊重需求和自我实现需求。人都潜藏着对此五个层次的需求，但在不同的时期对各层次需求的迫切程度不同，一个国家或地区多数人的需求层次结构与这个国家或地区的经济发展水平、科技发展水平、文化和受教育程度直接相关，对处于不同发展阶段的国家或地区来说，多数人的需求是不一样的，按照需求层次理论来说，满足更高阶段的需求是追求品质的一种体现。因此，品质与发展阶段有关，品质在不同地区不同发展阶段其内涵指代不同。

1.1.3 品质是系统及其构成要素均衡度的体现

一般来说，事物是由各子系统及其构成要素组成的，而品质就是各子系统协调有序运行、各子系统构成要素均衡稳定发展呈现出的一种状态。协调是指事物内部各子系统间具有合作、互补、协同等多种关系，以及由于这些相互关系而使系统呈现出的结构稳定与运转和谐的状态；均衡是指事物内部各子系统构成要素本身由于各要素相互作用结果等于零从而使系统处于稳定状态[2]。均衡度是各子系统及其构成要素在发展过程中和谐一致的程度，描述了各子系统及其构成要素间协调状况的优劣，是体现各子系统及其构成要素间关系的重要指标。各子系统及其构成要素均衡度的大小间接体现了事物品质的高低，合适的均衡度使系统达到的最佳状态即为均衡态，也是高品质的体现。

1.2 乡村品质的内涵

1.2.1 乡村品质是乡村物质空间与乡村“人”之间的和谐状态

根据“品质”的定义，乡村品质也应包含两层内容：乡村物质空间的品质以及乡村“人”（含个体的村民与乡村社会）的品性。乡村物质空间包含村庄空间及承载村庄的自然空间，村庄空间的品质是指宅院、作坊、公共建筑及街道、开敞空间等村民主要生产生活空间的高质量，自然空间的品质是指承载村庄的周边山川、河流、林地、田野、坑塘和农地等生态环境的高质量。乡村“人”的品性是指村民个体价值观念、思维意识、精神世界等的外在反映，以及乡村群体共同作用形成的社会组织形态、社区价值及共识。乡村中物质空间形态、社会组织形态、人地关系等相和谐的状态共同决定着乡村品质的高低。

1.2.2 乡村品质是各系统其构成要素均衡发展的结果

品质是各子系统及其构成要素均衡度的体现，那么乡村品质是指影响乡村发展的各子系统协调有序运行以及各子系统构成要素均衡组织在乡村空间中所呈现的一种状态，影响乡村发展的各子系统及其构成要素的均衡度决定了乡村品质的高低。乡村是一个由经济、社会、文化、生态环境等多个子系统及其构成要素组成的复合系统，同时受外部多元因素的影响。乡村品质是乡村内部各子系统及其构成要素与外部影响因素之间相互作用、相互制约而最终形成有序、均衡发展的状态。

2 均衡态视角下的乡村品质思辨

本文所讲均衡态是指事物各子系统及其构成要素均衡发展呈现出的最佳状态。纵观中外乡村发展历程，中国传统乡村和西方现代乡村均为人称道，呈现较高的品质，这种状态正是乡村各子系统及其构成要素均衡发展呈现出的理想结果。

2.1 中国传统乡村

我国是一个传统的农业大国，乡村一度是整个国家及社会的主体，和谐的自然环境、朴素的价值观念、自发的社会组织和独特的地域文化等都体现在乡村空间组织中[3]。乡村是一个“天－地－人”和谐统一的共同体，基于人与人、人与社会、人与自然的长期互动和不断认识，形成了“人法地，地法天，天法道，道法自然”的顺天应时、与自然规律相适宜的“天－地－人”和谐共处的“天人合一”的世界观与发展观，养成了人与万物相互依存，与养育人类的大自然相融合、相协调的观念意识，形成了中华民族节制欲望、合理利用和开发自然资源，注重可持续发展的人地关系。在现在看来，虽然传统乡村的生产生活方式具有宗法性、封闭性和落后性，但和谐、共享的价值观使乡村社会各子系统协调有序运行、各子系统构成要素均衡稳定发展，乡村人们过着日出而作、日落而息、顺天应时，与大自然的节律相合拍的生活，乡村呈现出一片安居乐业、幸福祥和的景象，这正是中国传统社会高品质乡村的体现。除了人与自然的均衡，中国古代的乡村社会的稳定与繁荣亦来自于城乡之间的均衡，“学而优则仕”为农民进城提供了路径与源动力，“告老还乡、叶落归根”则把城市的先进文化带回乡下，促进了乡村经济社会发展的与时俱进。在城乡发展要素自由流动的前提下，城市和乡村对资源及其价值的分配呈现为均衡的状态，也客观上决定着各时期的城镇化水平。

2.2 西方现代乡村

众所周知，西方现代很多国家最有魅力之处不是城市，而是其兼有古朴宁静、安乡守土，并拥有完善便利的公共服务及基础设施的乡村地区，西方现代乡村地区普遍呈现出生态宜居、经济独立、文化自信、社区自治的和谐稳定状态。从经济发展来看，西方多数国家乡村农场家庭收入已持续超过全国家庭收入的平均水平；在公共服务及基础设施的配置上，城乡地域空间分布合理，基本实现了公共产品的平等享用；在文化习俗、价值观念、生活方式等方面，城乡居民相互认可、相互交融。城乡之间要素自由流动，资源及产品互补，而价值及收益均衡。西方现代国家大多数乡村地区的居民享受着和城市人一样甚至高于城市人的生活品质，其品质之高要归功于工业革命后大规模、持续稳定的城镇化进程和乡村农业发展政策[4-6]，促成了城乡人均资源及其价值的均等化。西方发达国家的城镇化水平今天普遍达到80%—90%，伴随着城市文明及财富的增长，城乡之间的资源及其价值分配在不断调整，为保证乡村的利益，在一些国家，来自政府的农产品价格补贴和各种优惠占农场主家庭总收入的一半以上[7]，从而确保了农民收入的稳定增长，这是西方现代国家实现高品质乡村的关键。

2.3 乡村品质思辨

人类社会自出现之日起就在不断探索和改善人居环境的品质。经过千百年的曲折探索和实践，东方理想的人居环境呈现出的是天人合一的共存关系，强调的是人与自然的和谐统一，人居环境建设无不体现出一种热爱自然、向往自然、回归自然、融入自然的价值取向。而西方发达国家给我们的启示更多的是城与乡的均衡发展，西方国家在加速推进工业化、城市化的发展进程中虽然不断面临新的挑战，但并未以城市的发展为唯一重点，置乡村发展于不顾，而是通过法律、法规及政策的制定不断促进乡村地区的均衡发展，打破城乡差距、推动城乡共荣。通过对中西方理想的乡村人居环境解读，现代高品质乡村可以定义为：乡村是承载人类幸福生活的理想人居环境之一，其与城市在人均资源及其价值方面没有明显的差距，具备承载高品质生活的能力。相对于城市，乡村在与自然生态环境和谐共存方面有显著的优势。

3　我国乡村品质现状及其成因

3.1　我国乡村品质现状

品质是系统及其构成要素均衡度的体现，要分析当前阶段我国乡村品质现状，需从我国社会发展的均衡状况着手。从我国城乡发展的均衡态、区域发展的均衡态及乡村内部要素的均衡态来看，当前阶段我国乡村整体品质低下。

3.1.1　从城乡发展的均衡态来看

城市与乡村都是特别的，有着各自的优势，在地位平等的基础上均承担着各自的功能，并互为消费市场，城乡人民的生活水平应该差不多，城乡之间应形成的是一种“有差异、无差距”的均衡发展关系。而现阶段我国城乡之间的差距较大，城乡发展的不均衡态突出。

就人均可支配收入而言，2016 年，我国城镇人口 79298 万人，城镇居民人均可支配收入达 33616.2 元，其中工资性收入达 20665 元；乡村人口 58973 万人，乡村居民人均可支配收入为 12363.4 元，其中工资性收入为 5021.8 元。城乡居民人均可支配收入比为 2.72，工资性收入比高达 4.12，这足以说明现阶段我国城乡之间的收入差距之大。而在全部人均收入中，用于进行不平均分配的那部分收入所占的比例，即基尼系数达 0.465，超过国际上通用的贫富差距警戒线 0.4，说明我国收入分配不均衡态十分突出（图 1）。

就人均消费支出而言，2016 年，我国城镇居民人均消费支出 23078.9 元，乡村居民人均消费支出 10129.8 元，城乡居民人均消费支出比为 2.73。从消费支出结构来看，现阶段我国城镇居民和乡村居民用于食品烟酒、居住、交通通信、文教娱乐方面的消费支出都相对较高；除医疗保健支出外，其余方面的人均消费支出城镇居民普遍是乡村居民的 2 倍以上，衣着、其他用品及服务方面的支出已超过 3 倍（图 2）。

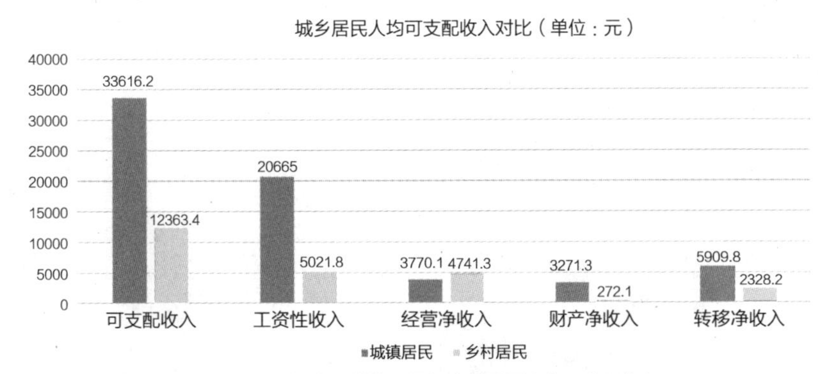

图 1　2016 年我国城镇居民与乡村居民人均可支配收入

资料来源：2017 国家统计年鉴

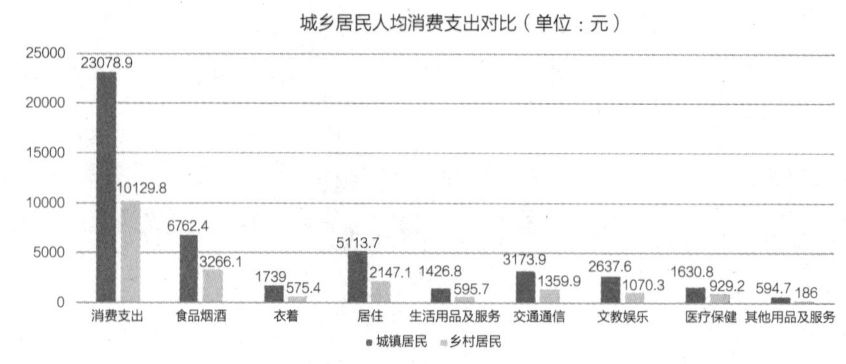

图 2　2016 年我国城镇居民与乡村居民人均消费支出

资料来源：2017 国家统计年鉴

就人均现金消费支出比例而言，乡村居民用于居住上的消费支出比例远高于城镇居民，说明现阶段乡村居民对居住环境改善的需求较大（图 3）。

就设施建设水平而言，2016 年，城镇居民用水普及率已达 98.42%，而乡村居民用水普及率刚达 70%；城镇居民燃气普及率高达 95.75%，而乡村居民燃气普及率不到 30%。除此之外，城乡居民在享受人均道路面积、人均绿地面积、医疗卫生机构床位数等设施方面的差距也很大（图 4）。

通过对我国城乡居民人均可支配收入、人均消费支出及设施建设水平的分析可以看出当前阶段我国城乡之间的发展是极为不均衡的，乡村发展水平远远落后于城市发展水平，证明我国乡村品质相对于城市来说存在着巨大的差距。

3.1.2　从区域发展的均衡态来看

纵观全国不同地区的乡村，在不同的社会经济条件下，乡村发展情况存在巨大差异，区域间乡村发展不均衡问题日益突出。依据我国经济发展战略部署与区域经济差异现状格局，区域乡村发展的不均衡体现为东 - 中 - 西部三大区域之间的不均衡。

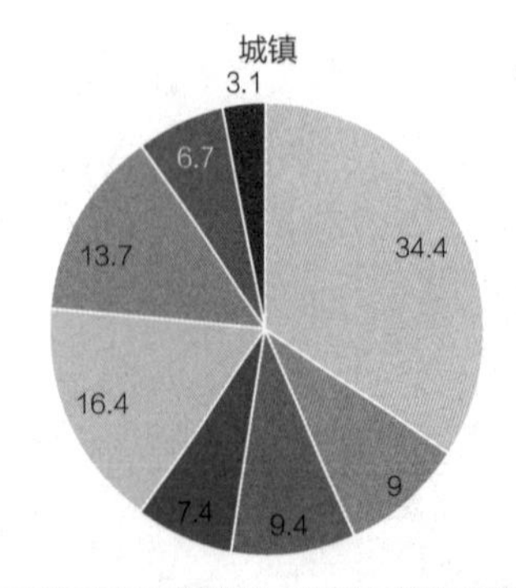

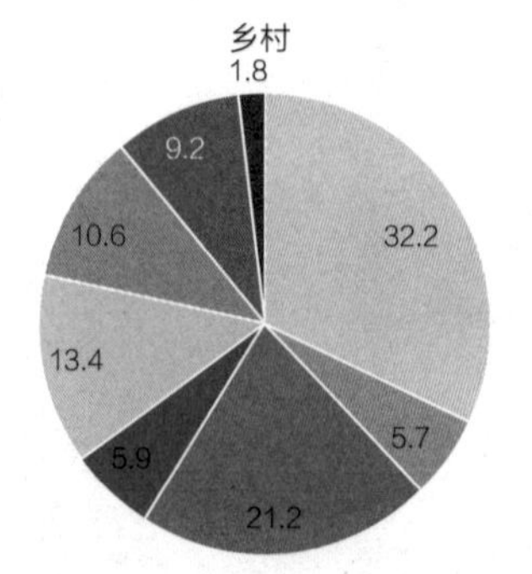

图 3　2016 年我国城镇居民与乡村居民人均现金消费支出比例

资料来源：2017 国家统计年鉴

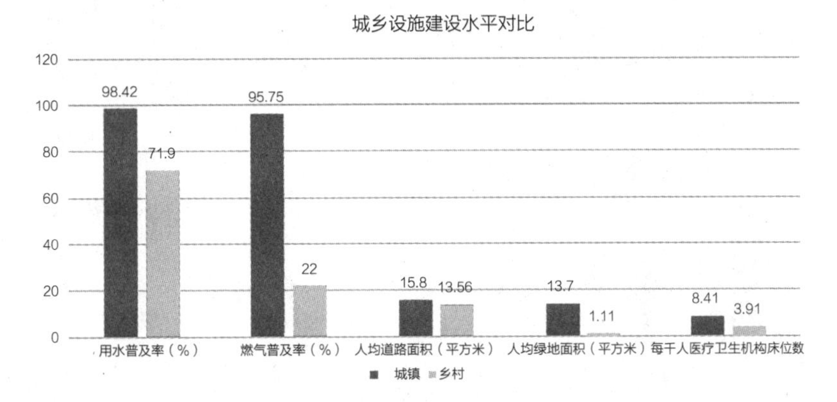

图 4 2016 年我国城镇居民与乡村居民设施建设水平

资料来源：2017 国家统计年鉴

就全国城镇化率来看，中西部地区的城镇化率普遍较低。2016 年末，全国城镇化率为 57.35%，其中东、中、西部地区城镇化率分别为 69.21%、54.48%、49.68%，中西部地区城镇化率均低于全国平均水平。

从人均可支配收入来看，2016 年，东部地区农村人均可支配收入达 17135.1 元，中部地区人均可支配收入达 11780.9 元，西部地区人均可支配收入仅 9706.4 元。按收入五等份进行分组，东部地区各省市农村居民收入等级为中等及中等偏上，中部地区为中等收入，而西部地区大多为中等偏下；从收入来源来看，东部地区农村居民工资性收入远高于中西部地区（图 5）。

从人均消费支出来看，2016 年，东部地区农村居民人均消费支出达 13237.8 元，中部地区农村居民人均消费支出达 9568.1 元，西部地区农村居民人均消费支出仅 8632.2 元。同样，按支出五等份进行分组，东部地区各省市农村居民人均消费支出等级也明显高于中西部地区；从消费支出结构来看，东部地区农村居民各项支出均高于中西部地区，其中用于居住、交通通信等方面的消费明显高于中西部地区（图 6）。

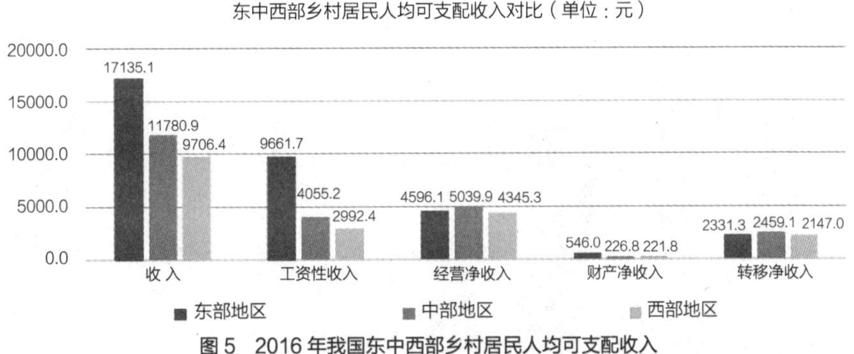

图 5 2016 年我国东中西部乡村居民人均可支配收入

资料来源：2017 国家统计年鉴

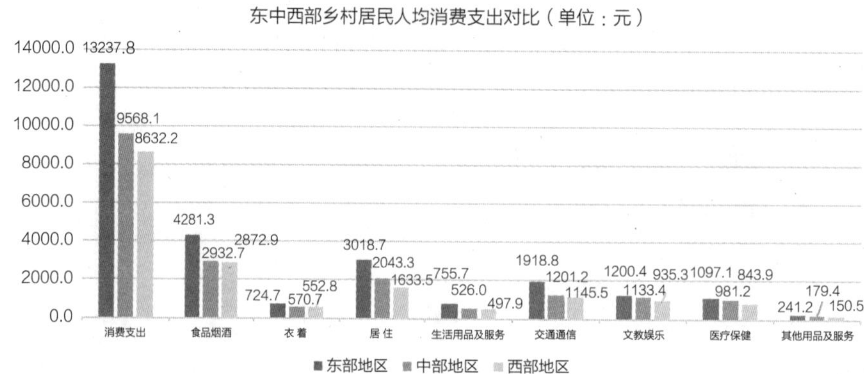

图 6　2016 年我国东中西部乡村居民人均消费支出

资料来源：2017 国家统计年鉴

从设施建设水平来看，2016 年，东部地区乡村燃气普及率已达 53%，中部地区达 21%，而西部地区仅 16%；东部地乡村人均公园绿地面积达 $3m^2$，中部地区达 $1m^2$，而西部地区几乎没有。另外，在用水普及率、人均道路面积、绿化覆盖率等方面东部地区乡村均高于中西部地区乡村（图 7）。

通过对全国城镇化率和东中西部农村居民人均可支配收入、人均消费支出及设施建设水平的分析可以看出：我国区域乡村发展不均衡情况突出，中西部地区乡村发展水平明显低于东部地区，乡村品质有待提高。

3.1.3　从乡村内部要素的均衡态来看

现阶段，我国多数乡村在发展过程中基于自身资源禀赋及发展机遇，大力发展以经济为主的单一要素，长期对单一要素的发展使乡村内部各子系统及其构成要素的失衡态严重，从而使乡村呈现出各种各样新的问题。从全国乡村发展现状来看，由于地理条件、社会环境、经济特性及村民生活方式的不同，乡村发展方向、发展重点及发展程度均不尽相同，已呈现出多样的乡村要素非均衡发展的问题。

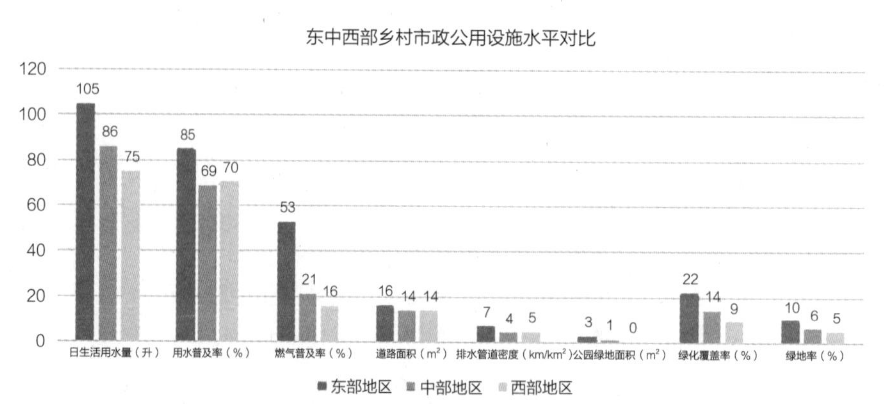

图 7　2016 年我国东中西部乡村设施水平

资料来源：2017 国家统计年鉴

（1）经济利益的驱动带来的乡村发展不均衡问题极为突出，这是我国多数乡村发展面临的问题。以东岭村为例，其“以企带村，村企合一，共同发展”的新体制、新模式引领村庄获得了“中国十大国际名村”、“中国经济十强村”等荣誉称号，但是在乡村经济产业稳步发展过程中，由于“重发展、轻环保”观念的影响，发生了震惊中外的“血铅事件”。东岭村的产业发展为当地甚至整个西部乡村产业发展提供了发展思路，但是由于在发展过程中对生态环境的破坏，对周边百姓的生命安全造成了威胁；同时东岭村面临的集团管理与乡村治理之间的关系问题也使得乡村村民的自主权与参与权在一定程度上被弱化，村民的家园责任意识也逐步减弱。对于经济产业发展至上的乡村，其物质空间建设及精神文明建设却远远跟不上经济产业建设的步伐，乡村建设没能引导乡村社会及村民观念意识的现代化，村内利益纠葛、社会问题频出，极为不均衡的发展思路导致整个乡村社会畸形发展，建设投入越多，不均衡现象愈烈，乡村品质不升反降。

（2）乡村内部要素不均衡发展以多种形式存在，反映为如今在乡村地区司空见惯的种种问题与矛盾，比如：对公共利益的漠视与对私利的无底线索取、对眼前利益的无度追求与对生态环境杀鸡取卵式的破坏性利用、对家居环境的奢华追求与对公共环境卫生的漠不关心、对党和政府的信赖逐步转向为全面依赖的“等靠要”、对国家政策倡导的标语化落实及选择性执行、贪大求洋引发的欲求无度及文化传承方面的自我否定……在我们认为是“传承中华民族传统文化的最后一块阵地”的传统村落，传承与发展的诉求不当带来了乡村发展观念的严重对立，要么大力开发旅游追求经济而扭曲了传统，要么限于保护规定而不求发展导致百姓生活环境破败不堪。以贵州岜扒村为例，在村落发展的历史长河中，自组织制度的维系使村落完整地保留了侗族村寨的传统文化和文化空间，但村落经济发展与周边地区相比一直处于落后状态。如今，在现代化发展诉求的冲击下，村落自组织制度逐渐瓦解、文化自信逐步丧失，村落开始无序扩张、水系统开始瘫痪、山体不断受到破坏、精神空间日渐衰败……村落整体空间格局及肌理正在经历着变异，而年轻人常年在外务工，也使人与人之间的关系逐渐疏离。村落现代发展诉求的“生存伦理”和内生聚落精神之间的相互角力使村落内部系统越发不协调、要素越发不均衡，村落呈现的问题也越来越多元复杂。

3.2 我国乡村品质低下的机理

长期以来，在我国城镇化和经济发展中，以乡村衰败和中西部资源流失为代价，使资源不断向城镇、向东部地区集聚，使我国城镇与乡村之间、中西部与东部之间人均享有的资源及其价值极不均衡，再加上乡村地区自身传统社会秩序的瓦解和现代治理制度的缺失，使我国广大乡村地区积蓄的矛盾和问题异常复杂，这是现阶段我国乡村整体品质低下的重要原因。

3.2.1 以乡村衰败为代价的激进城镇化

现阶段，我国城乡发展失衡严重，与城市相比乡村发展落后，人居环境品质低下，究其原因要追溯于改革开放以来的激进城镇化带来的一系列“城市偏好”的制度所形成并固化的城乡二元结构。城乡二元结构具有强烈的政治整合功能、资金积累功能以及社会稳定功能，一定程度上适应了当时国家发展的需要[8]，并极大地促进了我国社会经济的发展，使我国城镇居民人均可支配收入从 343 元增长到 36396 元，农村居民人均可支配收入从 134 元增长到 13432 元，城镇化率从 17.9% 提高到 58.23%。

我国用三十多年的时间完成了西方发达国家经历上百年时间才走过的城镇化历程，可以说成就显著。然而，我国的城镇化进程中呈现出以乡村衰败为代价的特征，一方面，重速度轻质量的城镇化进程带来人类历史上极为罕见的人口迁徙，数以亿计的农民迁徙到城镇，但他们并未真正享受到和城镇居民一样的资源分配、公共服务和户籍政策；另一方面，乡村地区劳动力、土地、资本等生产要素大量向城市单向流入，造成乡村严重“失血”，乡村地区系统逐渐失调、要素逐渐失衡，自我发展能力逐渐削弱，最终形成一种“要素外流→经济发展缓慢→要素进一步外流→经济更难发展”的恶性循环，直到今天大部分乡村以缺乏劳动能力的妇女、儿童和老人为留守人口，整体呈现出生活贫困和生产落后的萧条景象。以乡村衰败为代价，使乡村人均可支配资源及其价值远远落后于城镇，这是当前阶段我国乡村整体品质低下的根源。

3.2.2 以中西部资源流失为代价的区域不均衡发展

党的十一届三中全会确立了以经济建设为中心的基本国策，允许一部分地区、一部分人先富起来。在政策引导下，东部沿海地区实现了率先发展，并引领着中国突飞猛进地发展了四十年，使综合国力达到了世界第二，但是在发展成就让人倍感骄傲的同时，我们不能忽视其也是以中西部地区资源流失为代价的不均衡发展[9]。从物的角度来看，东部地区享受了先发优势但资源贫乏，在长期的发展中，中西部地区大量的资源和能源源源不断地向东部地区输送，中西部地区以自身的环境破坏及资源流失为代价提供着东部地区快速发展所需要的物资。从财的角度来看，财富的积累有“马太效应”，当东部地区率先发展起来后，汲取全国资源的能力就越强，财富就越向东部地区集中并难以逆转。从人的角度来看，中西部地区从二十世纪八十年代开始，就出现了“孔雀东南飞”的热潮，大量中西部地区的人才自觉的或被动的被东部地区“挖走”。中西部地区的人财物均不断地向东部地区流动，加剧了发展的不平衡不充分，客观上成为了中西部地区乡村品质远低于东部地区的原因。

3.2.3 乡村自身传统社会秩序的瓦解

纵观我国乡村社会发展历程，在很长一段历史时期，以农耕文化为核心的乡村文明使得传统乡村处于相对稳定、均衡的状态。自 1949 年以来，乡村社会经历了土地改革、农业集体化、社会主义教育运动、家庭联产承包责任制……各类改革带来了乡村社会制度环境的变化，很大程度上改变了乡村社会。同时，随着商品经济时代的到来，因个人能力与资源的差异，村民对个人财富的无度追逐使乡村内部开始出现阶级分化，维系乡村秩序的集体意识逐渐被瓦解[3]，村民的个体意识开始强化；乡村社会的生产方式随着现代化和工业化发生了巨大改变，村民的日常生产生活行为日益商品化、市场化和社会化。新的经营方式和角色分化影响了乡村社会结构和运行机理，进而影响着村民的价值取向。因此，现代乡村无论是单纯注重经济建设还是文化建设，被视为发展最大的障碍的宗法伦理道德观念逐渐瓦解，乡村独有的礼俗治理方式渐渐无力，乡村自治体系走向瓦解，而现代乡村治理制度还未完全形成，使得乡村内部系统逐渐破坏、要素逐渐失衡。加之当下资本下乡追逐利益趋势明显，村民自身家园意识缺失，而乡村地区信息共享、技术支撑、金融服务等的发展不充分，使人民日益增长的美好生活需要无法得到满足。

4 现阶段我国乡村品质提升策略

品质的内涵与发展阶段相关，不同的发展阶段对品质有不同的追求目标，现阶段我国进入社会主义新时代，人民日益增长的美好生活需要和不平衡不充分的发展之间的矛盾成为社会的主要矛盾。而城乡发展的不平衡、东中西地区发展的不平衡以及乡村内部各系统发展的不平衡不充分成为影响我国乡村地区对品质追求的最大障碍。因此，要提升我国整个乡村地区的品质，需从国家层面、区域层面以及乡村个体层面提出相应对策。

4.1 国家战略：促进人均可支配资源及其价值的均等化

4.1.1 城乡均衡：加速推进新型城镇化进程

城镇化发展有利于扩大内需、提高生产效率，有利于促进要素资源优化配置、协调城乡关系、推动实现城乡人均可支配资源及其价值的均等化。当前阶段我国实际的城镇化率还很低，不仅低于发达国家 80% 的平均水平，也低于一些与我国发展阶段相近的发展中国家 60% 的平均水平。联合国关于世界城市化展望的最新研究报告预计，我国城镇化进程从现在到 2030 年还会保持一个较快的速度，届时城镇化率将提高到 65%—70%，各类城镇将新增 3 亿多人口。随着城镇化水平的提高，在乡村有限的资源及其价值不变的情况下，农村人口数量的减少带来的人均资源及其价值的分配才能与城市接近，有效提升乡村地区的生活品质。

为了规避以往激进城镇化带来的种种问题，现阶段我国还应注重提高城镇化质量，走新型城镇化路径，促进城乡人均可支配资源及其价值的均等化，使乡村地区拥有和城镇地区一样的生活品质。一方面，对于已城镇化地区，着重解决城镇发展方式粗放、管理水平不高、用地不集约和区域之间发展不平衡、城镇之间资源分配机会不均等问题；尤其是针对大量已进城但并未真正享受到和城镇居民一样的资源分配、公共服务、户籍和子女就学权利的农民，国家应出台相关就业制度、户籍制度和社会保障制度等使进城农民享受和城镇人一样的生活；另一方面，通过就地城镇化为乡村地区农民创造就业岗位，使乡村人口不再大量向城镇迁移，而是在原有的居住地通过发展生产和增加收入，完善基础设施，发展社会事业，提高自身素质，改变生活方式，推动农业、农村现代化，最终实现农民的现代化，提高我国乡村地区的整体品质。

4.1.2 区域均衡：加大中西部地区政策倾斜

东部、中部和西部地区是我国紧密联系、缺一不可的有机整体，我国必须把东中西部地区放在同等重要的位置，促进资源的优化配置，推进区域经济和社会协调发展。我国中西部地区拥有十分丰富的人口、土地、矿产、能源等资源，但长期不均衡的发展战略促使资源大量向东部地区流失，东部地区获得快速发展的同时中西部地区发展越来越落后。现阶段国家应根据各地区发展现状和潜力，实施差别化的区域发展政策，促进我国东中西部地区人均可支配资源及其价值与东部地区的均等化，实现区域均衡发展。

针对我国中西部地区发展滞后的现状，一方面，中央政府需加强对中西部地区的财政转移支付，加大在产业投资、项目建设和人才培养等方面的政策倾斜力度。加大向中西部地区重大基础设施和民生工程领域的投资，调整工业布局以引导资源加工和劳动密集型产业向中西部地区转移，鼓励中西部地区利用当地优势资源进行就地深加工、发展新材料、高技术、高附加值的产业项目，针对中西部地区出台和落实更多促进就业、吸引和激励各类人才的特殊优惠政策。另一方面，国家需出台统一协调政策取消地区壁垒，实行东中西部省市和地区之间的目标结合和结对扶持，促使东中西部之间在互惠互利和优势互补的基础上开展经济技术协作。中西部地区有资源优势，东部地区有资金、技术、人才优势，东部对中西部的资源开发和利用提供技术和经济上的支持。通过中央政府对中西部地区的财政转移支付和东中西部地区经济技术的协作，使人才、资本、技术、信息等各种生产要素可以在东中西部地区之间实现有序流动和良性循环，促进区域人均可支配资源及其价值的均等化，使中西部地区拥有和东部地区一样的生活品质。区域间的差距是造成中西部乡村落后的根本原因，因此，缩小区域差距、保留区域差异是提升乡村品质、保留地域特质的重要举措。

4.2 区域政策：构建因地制宜的城镇化目标及发展路径

我国城镇化迈入了前所未有的新阶段，然而，地区偏向性的政策使得资源要素配置被扭曲[10]，中西部地区资源不断向东部流动，形成了“东高西低”的梯度差异，区域发展愈发不平衡，这是造成中西部乡村地区品质低下的主要原因。由于区位、社会经济条件的不同，我国不同地区城镇化条件不同，不同地区的城镇化进程也存在较大的差异，这样的发展现实决定不同地区的城镇化道路应因地制宜、精准施策，这是区域政策的核心，也是促进区域均衡发展，实现人均可支配资源及其价值均等化的重要手段。

4.2.1 东部地区：发挥大城市引领作用

改革开放以来，东部地区凭借优越的区位和政策倾向，获得了先发优势，工业化、城市化的快速发展，对于促进经济增长发挥了重要作用，同时也深刻地改变着广大农村地区。现阶段东部地区要发挥大城市引领作用，使其在经济发展和吸纳农村转移人口中发挥更大作用。通过大城市来带动和联接中小城市，促进小城市与大城市之间的人口、商品和文化的自由交流，促进要素资源的市场化流动[11]，同时，大城市丰富的经济、教育、文化和医疗资源可有效辐射到中小城市，为农村人口转移提供更多的就业机会，以及舒适、便利、卫生、安全的生活环境，从而有效吸引农村人口流入中小城市，顺利推进城镇化。

4.2.2 中部地区：坚持大中小城市和小城镇协调发展

对城镇化有巨大空间和潜力的中部地区，在注重城镇化发展质量的同时，要加速城镇化进程[12]。中部地区要坚持大中小城市和小城镇协调发展，即以大城市为依托，以中小城市为重点，以小城镇为支点，逐步形成辐射域大、作用强的城市群，努力实现小城镇的小城镇化，中小城市的大城镇化，大城市的国际化，全面实现大中小城市的协调发展。大中小城市和小城镇要以内需发展和内陆开放为导向，顺应当前产业与人口在中部地区聚集的区域化趋势，利用区域资源禀赋、发展空间和人口红利优势，承接东部地区产业和技术转移，提高非农产业的就业吸纳能力，创造出更多的就业岗位，加速农村人口转移的速度和吸纳更多人返乡创业就业，推动中部地区均衡发展[13]。

4.2.3 西部地区：促进乡村就地城镇化

西部地区应把握政策扶持机会，着力推进乡村就地城镇化的发展，实现农业农村现代化，以农村的现代化减弱西部农村人口进入城市和流向东部地区的动力，以促进资本、劳动力等资源回流，实现区域内资源合理配置，达到均衡状态。基于西部乡村地区地广人稀的现实，通过就地城镇化，实现西部地区村镇建设、农民生活方式以及农业生产方式的同步提升。在村镇建设方面，要加快农村中心集镇建设，在有条件的地区，不断推进具有现代化特征的农村社区建设，把重点放在农村的科学规划布局、完善基础设施和公共服务设施等方面；在产业发展方面，地方政府要采取多种措施，从区域层面协调各个乡村产业发展类型，发挥乡村产业的联动作用，同时乡村要打破传统的农业产业生产经营方式，用现代工业的理念经营农业，运用现代科技和工业化的成果，实现农业组织化、机械化、商品化与规模化，全面推进农业现代化。另外，西部地区产业发展要充分考虑并匹配当地人力资源素质，要注重从源头上培育农村人力资本，同时加强农村劳动力职业技能培训，提高劳动力素质和就业能力[14]。

4.3 乡村策略：推动乡村各系统及构成要素的均衡发展

就乡村个体而言，在以实现乡村内部各系统协调、各要素均衡作为品质乡村最终目标的前提下，乡村品质的构建以协调经济、社会、文化、生态环境等各系统的关系和各系统构成要素的均衡为重点。中共十九大提出实施乡村振兴战略，将产业兴旺、生态宜居、乡风文明、治理有效、生活富裕五大要求作为乡村振兴目标；在乡村振兴内容上，习近平总书记在山东代表团审议时曾提出“五大振兴”，将乡村产业、人才、文化、生态和组织振兴作为乡村振兴手段，指引着乡村全系统、各要素共同发展。从乡村振兴目标和乡村振兴手段来看，乡村振兴的内容涵盖乡村品质的内涵。因此，乡村品质的打造也须从这几个方面着手：

（1）产业兴旺。首先需立足全域，统筹乡村产业协调发展。在产业选择中，须基于乡村产业发展现状及其资源禀赋，匹配乡村的人力资源品质及地域产业发展特征，以激发乡村产业发展内生动力。同时，乡村产业发展须为下乡资本设置门槛，以带动村民的就业、实现村民增收为前提进行产业选择，使得产业提升发展的同时提高当地劳动力素质，以最大限度发挥产业相关要素的活力，促进产业持续健康发展。

（2）生态宜居。生态环境作为乡村发展的基础，首先需构建城乡融合的生态本底，最大程度彰显乡村生态价值，同时加强对村落自然生态环境的管控，协调村庄空间与自然环境的关系。在乡村空间建设层面，对建筑建造、景观优化、设施配置等各要素进行全系统的规划设计，在挖掘乡土营建智慧、传承乡村传统文化的同时注重乡村的现代化建设，推动乡村物质空间的现代化。

（3）乡风文明。首先须注重对能承载传统文化格局的空间要素的保护，使其能更好地促进传统文化、传统活动的传承，使乡村真正成长在历史延长线上；其次，须将村民意识形态与乡村传统文化进行深度融合，使传统文化内涵熔铸于乡村生产生活，传承传统生产、生活模式，真正推动乡村传统文化的“活态”传承。另外，乡村社会文化的发展，须重拾乡村传统美德和信仰，更新村民思想观念和价值理念，构建新时代的乡村文化和乡土文明。

（4）乡村治理。发挥组织作用，建立基层党组织建设与村庄建设管理的衔接机制；调动乡村民间力量，培育村民的权利意识、参与意识，增强村民家园意识。同时在新的村规民约基础上，推动建设法治乡村，促进治理层面各要素共同作用，构建新时代乡村自治、德治、法治治理体系。

通过乡村各系统及其要素的共同发展，真正实现乡村天 – 地 – 人和谐共处，精神文明与物质文明同步发展，最终实现乡村全面富裕的终极目标。因此，乡村发展须整体系统性地把握乡村振兴战略，在各系统统筹发展过程中，权衡各系统、各要素基于个体乡村特质的发展作用力，建立乡村可持续的内生动力机制，重塑现代乡村社会新秩序，使乡村发展各系统及其要素的相互联系与相互驱动力达到最佳状态。

另外，乡村品质的打造在保障各要素以均衡态为目的发展的前提下，需使得乡村主体在此过程中充分认可并享受乡村品质所带来的生活品质。而中国理想的乡村社会便是人的理想追求和自然的物质环境和谐共存的环境，其需要共同生活的群体同心协力，共同构建。因此，在品质乡村打造过程中需以共同缔造为基本理念，使乡村经济、社会、文化、空间等各系统及其构成要素协调发展，以最大力度发挥各自在乡村发展建设中的作用，推动乡村的均衡态，最终实现乡村全面振兴。

5 结语

乡村承载着乡愁，但其不应只是承载城市人乡愁的地方，乡村的未来也不应是高高在上的“城里人”俯瞰的理想图景，更不是文人笔下寄托诗意情怀的梦里乡村。从城乡等值的基本价值判断来看，乡村应和城市一样，同样是承载人们幸福生活的理想人居环境；从地区公平的角度来看，中西部乡村应和东部乡村一样，所有农民都活在当下，我们不能剥夺他们体验文明进步、分享改革开放成果的权利，也不能将他们区别对待。面对当前乡村社会经济发展滞后、物质空间环境品质低下的现状，提升乡村品质的关键在于注重满足村民的获得感和幸福感，将乡村发展成“在生活上方便人，在环境上吸引人，在产业上留住人，在精神文明上培育人”的理想家园，成为人们自由选择的幸福生活场所。

规划作为一种干预和管理地区发展的工具，能够对当地的发展产生重要的影响。乡村规划支撑着乡村的发展，其编制的目的是为了解决乡村问题，实现村民更幸福、社会更文明的发展，从而更好地优化城乡关系、更好地保障村民利益。品质规划是为提升城乡品质而进行的规划，既是规划的原则，也是规划的目的。当前，在以实现乡村各系统协调、各要素均衡作为品质乡村标准的前提下，乡村品质规划的使命即为协调城乡之间、区域之间及乡村内部各系统及其构成要素的均衡，使乡村的经济、社会、文化、生态环境等要素与外部环境协调发展后呈现出最优状态。

感谢研究生赵晓倩、赵潇为本文所做的大量工作！

参考文献

[1] 蒋之祎，杨敏．从马斯洛需求层次理论看城市生活品质内涵 [J]. 中国人口・资源与环境，2008（18）：431-434.

[2] 何影．均衡：政治系统内部和谐的表现 [J]. 学理论，2008（04）：18-19+22.

[3] 赵霞．传统乡村文化的秩序危机与价值重建 [J]. 中国农村观察，2011（03）：80-86.

[4] 张京祥，陈浩．中国的“压缩”城市化环境与规划应对 [J]. 城市规划学刊，2010（06）：10-21.

[5] Brian J.L. Berry. Urbanization[J].Urban Ecology，Springer，2008：25-46.

[6] 谢守红．当代西方国家城市化的特点与趋势 [J]. 山西师范大学学报（自然科学版），2003（04）：75-81.

[7]（日）速水佑茨郎．发展经济学：从贫困到富裕 [M]. 李周，译．蔡昉，张车伟，校．北京：社会科学文献出版社，2003：202.

[8] 陈小红．中国与西方国家城乡二元结构的比较分析 [J]. 特区经济，2012（02）：97-99.

[9] 张劲松．乡愁生根：发展不平衡不充分背景下中西部乡村振兴的实现 [J]. 江苏社会科学，2018（02）：6-16.

[10] 周靖祥．中国区域城镇化差异及成因解释 [J]. 数量经济技术经济研究，2015，32（06）：56-72+89.

[11] 孙中伟．农民工大城市定居偏好与新型城镇化的推进路径研究 [J]. 人口研究，2015，39（05）：72-86.

[12] 裴新生．我国中部地区城镇化进程的特征及成因初探 [J]. 城市规划，2013，37（09）：22-27+45.

[13] 李晓江，尹强，张娟，张永波，桂萍，张峰．《中国城镇化道路、模式与政策》研究报告综述 [J]. 城市规划学刊，2014（02）：1-14.

[14] 钟顺昌．迁移式城市化与就地城镇化：兼论中国西部就地城镇化 [J]. 经济研究导刊，2013（03）：165-168.

邹兵
周奕汐

邹兵，深圳市规划国土发展研究中心总规划师，教授级高级工程师，中国城市规划学会理事、学术工作委员会委员、城市总体规划学术委员会委员、城乡规划实施学术委员会委员
周奕汐，深圳市城市规划学会，助理规划师

城市更新提升空间品质的规划路径
——以深圳的若干实践为例

城市空间作为承载人们追求美好生活愿望的物质载体，其空间品质的高低越来越受民众所关注。这不仅反映在对更完善的城市功能和服务设施的要求，还包括追求更加健康宜人的生活环境、更有特色的文化氛围、更有品位和个性的空间场所体验等。城市更新作为进入存量发展时代后提升城市功能和改善城市环境的主要手段，其初衷就是提升城市空间品质。但近年来一些城市在更新活动中过于追求经济利益而采取的大规模疾风暴雨式的拆旧建新方式，虽然在短时间内也能改变城市的面貌；但同时也引发了多种弊端，诸如传统肌理和城市风貌遭到破坏、地方文化断层、环境品质宜居性欠缺等，导致城市出现严重的特色危机、社区活力下降等问题。城市更新的实施往往并没有带来城市空间品质的实质性提升的效果。探讨城市更新中有效提升空间品质的方式和路径具有重要的现实意义。

1　城市空间品质的内涵与评价要素

1.1　城市空间品质的内涵

根据周进等[1]的研究，城市空间品质是指城市所有外部空间的总体质量，是城市空间的各组成要素对城市人群和城市社会经济发展的适用程度。一般可以从物质空间、心理环境、场所意义、文化内涵等方面来理解城市空间。曹磊[2]认为城市空间品质是指城市空间环境质量的状况满足城市人群的活动需求程度。它既包括外在表现的城市特色空间，也包括特色空间背后所对应自然环境、文化环境和社会环境。阳建强[3]认为，一个好的城市空间形态和品质应由城市自然景观、历史环境、视觉空间以及城市活动等多种要素共同决定。综合和借鉴上述多位学

者的观点，笔者认为，城市空间品质应是结合空间特色，反映城市人群对城市空间在物质环境、场所意义、社会交往等多方面的综合需求而形成的评价概念。

1.2　城市空间品质的评价要素

高品质的城市空间应遵循“以人为本”的原则，将物质空间、精神空间、社会空间有机地统一起来。一个城市空间品质的高低，大体可以从其物质环境、地域特色、文化传承、社会归属等要素来进行评价。

1.2.1　物质环境

物质环境是各项城市活动的空间载体和基础。传统意义上的物质空间通常包括地理环境、房屋建筑、市政道路以及建筑小品、街头绿地等。随着生活水平的不断提升，人们对优良生态环境的需求越来越迫切。优质的城市物质空间不仅只致力于创造良好的物理环境，还更应该注重城市与自然的共生，以及人居活动与生态环境的互动。在城市建设中，应充分利用当地所具有的生态环境特色与地域文化资源，通过合理规划，不断改善和优化物质环境，以创造人与自然和谐共处的高品质空间。

1.2.2　地域特色

地域特色是在特定的环境下，长期以来所形成的一种独有的、能够体现地方在自然、历史、风俗、宗教等方面的特征。例如中国北方的“棋盘格”街道肌理、围合式的院落布局及红墙黛瓦的建筑式样等，都具有十分鲜明的地域特点。这些特征不仅是构成城市空间特色极具活力的视觉要素，也是属于大众心理的文化符号和人生认知的一部分，包含了人与空间的情感关联。因此，创建高质量的空间环境，不但需要良好的物质形态构成，同时也应注重以“人”为核心的具有鲜明地域文化特色的心理环境的塑造。

1.2.3　文化传承

文化传承是对城市旧空间中历史文化元素的唤醒、彰显及利用。每一个城市空间都承载并表达着丰富的历史文化信息，如旧工厂中体现时代特征的建筑构件，旧商业街中构成人们集体记忆的文化地标，以及旧居住区周边体现社区文化的景观小品等。城市空间层面的文化传承，要在空间可持续发展的基础上延续其历史形态，将所承载的文化要素通过保护、强调和完善等手段，融入新的现代生活中去，形成特色鲜明的城市空间，同时提升公众对其历史和文化价值的认同。

1.2.4　社会归属

社会归属是人与场所之间基于感情、认知和实践的一种联系。城市空间担负着交通、聚会、购物、简单放松和享受自我等多种功能，与人们的生活息息相关，社区环境中形成良好的空间归属感便显得非常重要。建立社会归属感的基础是着重刻画空间的“环境意向”与“公众印象”，即明确并突出空间中的路径、边缘、节点、地区以及地标。人们通过对以上要素的认知，识别空间或社区的视觉形态，激发居民对社区的认同，并对此产生责任感、认同感以及情感上的安全感和归属感。

2 空间品质相关理念在西方城市更新历程中的变迁

2.1 西方国家城市更新的发展进程

西方国家近现代意义上的城市更新起源于产业革命，其目的从最开始的清除贫民窟以满足战后人们对居住空间的基本需求，发展到提升已有房屋居住环境、提高社会服务以解决社会问题，再到满足人们对于较高的环境品质及良好社会关系的需求。

1950 年代起，基于延长工业城市生命周期及挽救因战争导致的城市物质结构衰败的目的，城市更新这一概念被提出 [4]，特别是以欧洲和美国为代表的城市更新政策，对城市的物质形态和社会结构产生了深远影响。在学术与实践中，人们对“城市更新”的概念和内涵在不同历史阶段有着不一样的解读。如 1950 年代的“城市重建”，1960 年代的“城市活化”，1970 年代的“城市更新”，1980 年代的“城市再开发”，1990 年代的“城市再生”，再到 21 世纪初的“邻里复兴” [5]，不同概念的使用反映了城市更新在不同历史时期的发展历程以及所呈现出的价值观、理念与模式。总结来说，西方城市更新经历了三个阶段性演变过程，即大规模推倒重建与清理贫民窟阶段、城市更新与再开发阶段、城市综合治理阶段 [6]。

2.1.1 大规模推倒重建与清理贫民窟阶段（1950—1960 年代）

在这一阶段，城市更新活动重心主要为以形体规划和功能主义为核心的大规模、激进式的推倒重建，即将旧城改造为结构清晰、分区明确、交通便捷的“新城”，其出发点往往是基于美学效果，致力于提高城市环境品质与居住质量。然而这样一种更新理念指导下的城市改造活动并不成功，还给城市发展带来了很大的负面效应并引发社会问题。

2.1.2 城市更新与再开发阶段（1970—1980 年代）

这一阶段，许多学者对更新中的大规模拆除重建方式提出激烈批评，强调城市更新中应关注人、社会和精神的基本需要。这一时期，邻里关系、社区单元成为城市更新的重点。与此同时，谨慎渐进式的小规模改建逐渐被接受并得到推广。在空间塑造上，主要注重于处理旧城肌理与新生空间的关系，如地方特色的留存、城市更新与历史公共空间的处理等；同时，也对现有街巷道路进行改进升级，在城市间隙中谨慎地插入一些小型公共空间及设施。

2.1.3　城市综合治理阶段（1990 年代至今）

随着科技进步与产业重组，原有的城市格局无法适应新型产业的发展需求，急需对旧的社区与中心区环境进行综合整治。与前两个阶段相比，现阶段的城市问题更为复杂。在社会层面，城市、人类、自然等各方要素多元存在，协调共生。此时，城市文化遗产的保护、人居环境和社区可持续发展等议题愈加受到重视。在城市空间的塑造上，“城市针灸法（Urban Acupuncture）”等点状式更新手法被提出，并逐步应用于小规模改建和邻里更新项目中。

2.2　西方城市更新中空间营造的演变

纵观西方城市更新的演进历程，空间营造思路的演变主要可分为两个阶段：一为以形体规划和功能主义为核心的大规模、激进式更新阶段；二为以人本主义为核心，强调小规模、灵活的渐进式更新，以及以社区规划、多元参与为主要特征和方式的理性更新阶段。

在“二战”之前，受“形体决定论”思想的影响，西方大部分城市进行了主要以构建新的街道、城市雕塑、公共建筑、公园、娱乐设施、开放空间等手法达到城市美化效果的更新运动，旨在通过创造城市空间来达到社会改良的目的。以物质环境改造为重点的城市美化运动缓和了资本主义国家长期以来的社会矛盾，但是由于缺乏对社会问题的关注和破坏城市社会肌理，这种城市更新策略受到了广泛的批评。20 世纪中后期，在“人本主义”思想影响下，西方后工业化时期的城市更新日益强调城市功能，特别是城市的商务、零售、娱乐和休闲功能[7]。为此西方城市采取了重建历史地段、开发综合文化场所，加强对历史街道、广场等城市空间和结构肌理的保护，营造以人为中心的空间环境，建立和恢复城市中心区的步行系统等一系列的方法和措施。此时的城市更新更加注重空间与社会的“多样性”、“参与性”、“公平性”[8]，并提出了小规模渐进式的改造方法，巴塞罗那在城市公共空间建设中运用的“城市针灸法”就是最典型的体现。

西方城市更新的关注重点经历了“城市物质空间 – 经济空间 – 社会空间 – 生态环境空间”的变化；更新理念逐渐从“激进式”向“渐进式”转变，“以人为本”逐步成为城市更新的核心价值取向；更新模式也由“外科手术”式的大拆大建转向了“针灸式”的精益改造。这种渐进式的、可持续的城市更新模式不仅避免了纯市场经济操控下的对大众利益的侵害，保障了社会公平的实现；而且避免了全部推倒重建带来的破坏，使原有的城市肌理和空间形态得以延续，更有效地鼓励市民重新回归公共空间的人际交往，恢复市民对城市的信心。理想的城市更新思想，理应超越单纯注重物质环境更新，更加着眼于满足人的需求和城市空间品质的提升。

3 我国当前城市更新中空间营造存在的问题

城市更新的本质是为了满足人们对品质空间、宜居环境的需求和对美好生活的向往，但城市改造中各种客观条件的限制和主观因素的影响，不同程度地引发了旧城区生态环境恶化、人文环境和文化氛围被破坏、忽视对城市历史的保护等不良现象，从社会、环境、文化等多方面威胁着城市的长远发展，而在空间营造方面的问题尤为严重。

3.1 城市更新中全国普遍存在的问题

3.1.1 逐利而趋的更新动力，带来盲目的大拆大建

城市更新的迅猛推进很大程度上影响了我国旧城改建的进程。但地方政府及房地产商过分追求地方财政收入和开发经济效益，在大量的更新实践中表现出逐利而趋的“资本导向”的短视特征，忽视城市长远的可持续性发展。一方面，盲目大拆大建和一味求大求高的现象屡见不鲜，高强度大规模的地块开发给城市带来了严重的负外部效应，如造成资源浪费、古建筑损坏、污染环境，甚至侵害广大市民的正当利益，引发社会矛盾等。另一方面，以经济增长为主要诉求的土地开发模式，通过牺牲理性的空间使用价值来榨取土地剩余价值的过度逐利行为，也导致了城市更新只追求新建建筑面积总量，而漠视对整体人居环境和空间品质的提升。

3.1.2 忽视历史文脉，破坏城市肌理

城市更新项目过度求快求大的商业化运作模式，往往采取“短平快”批量生产的标准化设计方式，忽略了本地文化的延续性，导致城市整体风貌、历史文脉及其肌理遭到不同程度的破坏。一方面，“千城一面”的现象屡见不鲜，“中心广场步行街，高楼大厦加花坛”的空间布局成为大多数城市的共同特征；在城市形态上表现为低层高密度的传统居住形态也逐渐被各种高层、超高层建筑群所替代，承载城市历史信息的空间肌理遭到破坏。另一方面，我国越来越多的城市风貌呈现为趋同化的形式，表现出城市形象模糊、区域特征不显著、文化特征不断丧失的问题。北京的四合院、陕西的窑洞、福建的土楼、广东的围村，这些最具城市代表性的传统建筑越来越少；“马头墙”、“灰白调”、“花格窗”等本土文化特色逐渐缺失，致使城市形象失去个性鲜明的视觉意象和地域特色。

3.1.3 破坏社区网络，忽视邻里关系

公共空间是保证邻里交往的基础，粗暴的拆除重建破坏了原有社区中的空间场所，瓦解了其中传统的邻里关系和良好的社区网络，形成了大量的封闭社区与社会隔阂，对城市的和谐稳定造成了不良影响。一方面，大规模更新改造项目极少顾及中低收入阶层以及大量与人们日常生活息息相关的个体经营者的利益。旧城区丰富的社会邻里结构和各收入阶层的融合逐步被瓦解，原先具有凝聚力的社会网络也失去了原有的意义。另一方面，城市更新推进速度太快，很大程度导致了城市综合统筹配套跟不上。经改造后的社区空间并没有带来与之相匹配的基础设施完善、环境条件改善、城市综合功能提高和特色公共空间的丰富多样，新的社会网络的重建因缺乏居民的文化认同和社区归属感而显得困难重重。

3.1.4 城市设计管理制度的缺失

城市设计作为精细化管控城市空间品质、塑造城市特色风貌的有力手段，在城市更新中发挥着非常重要的作用。然而在实际过程中，其“加持”过的空间质量并没有得到明显提升。一方面，我国城市空间规划普遍存在着周期短、速度快的现象，缺乏具有针对性的细致研究；多个开发项目各自为阵，缺少整体联系，导致城市空间秩序失衡，城市设计难以实施；另一方面，城市空间设计本身也缺乏可遵循的标准实效性，管治制度比较乏力，致使空间设计处于理论指导和法制监管前后两个环节的空白区。

3.2 深圳城市更新存在的问题

深圳通过城市更新，客观上改善了旧城旧区（特别是城中村）的人居环境，大大提升了土地利用的效益，弥补了土地供应的需求，补充完善了公共服务设施，也促进了产业的转型升级。但同时，部分盲目、随意和急功近利的城市更新也引发了严重的城市矛盾。

3.2.1 城市更新缺乏对文化要素的考虑

虽然深圳市已经形成了一套较为系统完整的城市更新规划技术和制度体系，但大部分内容都聚焦于拆除重建的项目类型。这些标准规范内容，较为注重利益平衡等经济方面的考量，而对历史文化及特色风貌的保护则认识不足。同时，城市更新单元的划分趋于碎片化，单元内各地块功能及开发强度过于均质化，限制了城市设计的弹性和空间优化的可能性。再者，由于更新过程中只注重各项用地指标的管控，而对城市特色风貌以及空间品质的塑造缺少有效引导，导致空间形态单一乏味，缺乏区域独特性，造成城市历史文脉的断层。

3.2.2 城市更新中城市设计的缺失

城市设计作为一种以城市形态和空间为主要研究对象的技术工具和以“以现实和即时利益调节为主的较小空间的优化与调整[9]”为目的的方法手段，应是城市更新规划的重要部分。但在深圳更新规划实践中，两者一直缺乏系统性的整合，导致在技术、标准规范等方面达不到基础性的一致。再者，由于城市设计的规定性和绩效性导则也往往停留在为“达到经济目的”而服务的阶段，很难对城市更新中的建设实践产生实效性的影响。深圳城市更新中的城市设计管控早已显得力不从心或已南辕北辙。

3.2.3 对于综合整治等其他更新手段缺乏关注

拆除重建、综合整治、功能改变作为深圳城市更新的三种模式，适应不同更新需求，引导城市转型发展。然而与市场对拆除重建类项目的旺盛需求相比，综合整治与功能改变类更新的市场反应并不强烈，甚至缺乏应有的关注。究其原因，对于投资方而言，拆除重建可以在短时间内实现经济效益的最大化。然而，对于城市居民，拆除重建意味着完全抛弃原有社区中的历史、人文和生态，对城市可持续性发展造成不可逆转的损失。综合整治等更新模式能够最大限度地减少更新成本，保护当地历史文化，保留城市空间原本的形象和内涵，维护居民原有的生活方式，其好处显而易见。但与此同时，这类项目的规划和实施又需要更多的耐心和定力，需要持续的研究投入和跟踪反馈，需要更高水平、更有创造力的规划方案和“慢工出细活”的实施推进，需要十分精准的政策设计和支持，而这难以迎合当前城市更新一味追求高速度、高回报的急功近利行为和社会普遍的浮躁心态。提升城市更新的空间品质不能完全依赖市场的自发作用，也不能苛求开发商和设计师的专业情怀，必须有相应的管控措施和政策机制进行激励和保障。

4 以城市更新提升空间品质的深圳实践

城市更新对于深圳而言是“小空间”中的“大事件”，也是解决当前四个“难以为继”的重要途径。作为国内城市更新的先行者，深圳率先经历了从“旧城改造”向“城市更新”的演化过程，从“手术式”的大拆大建转向“针灸式”的精细改造。当前的城市更新不仅限于物质空间形态改善的技术和方法，更要重视人的空间行为和生活品质细节，“以人为本”及“精细化管理”的理念需要贯穿更新活动的始终。笔者根据工作中的认识和体会，结合深圳的实际案例，提出在城市更新过程中，城市空间的特色塑造和品质提升的策略，以期促进对此问题进行更深入、广泛的探讨研究。

4.1 城市更新中的公共空间营造——趣城计划

城市公共空间是展现其社会文化、城市精神的载体，也是培育公共生活的重要场所。一个好的公共空间能够促进社会的参与，让不同背景、不同收入、不同年龄的人们在自由、友好、安全的氛围中汇聚和交流，从而提升人们对场所的“领域感”、“安全感”和“归属感”，并创造积极的城市意象。当下大部分城市更新很大程度还是停留于大批量、快节奏、模式化的设计施工，这样的方式虽然使城市面貌在短时间内焕然一新，但让人有亲切参与感的公共空间却愈发缺少，形式太过统一的生活环境难以让各具特点又有着不同需求的人们很好地参与到公共交往中去。因此，空间塑造应当以人为中心，注意人的基本需求、社会需求和精神需求，用一种更加宽容的态度和尊重既有城市空间的方式来改造城市。“趣城计划”便是深圳在城市公共空间更新探索的道路上一次成功的尝试。

“趣城计划”是由政府发起，以寻求创新设计手段为目的的具有人本主义规划思路的更新实践。这不仅是政府对城市开发模式的反思，也是城市更新新策略的一种尝试。“趣城计划”选取能够提升市民生活质量和公共交往活动的“点”，试图通过“以点带面”，以公园广场、滨水空间、慢行街道等六类城市公共空间为突破口（图 1），采用“城市针灸疗法”等小尺度介入的方式加以控制和引导，围绕深圳市公共空间的可达性、功能性、舒适性、社会性四个方面，提出一系列创意设想和措施，来打造一系列有特色、有魅力的城市独特地点，形成人性化、生态化、

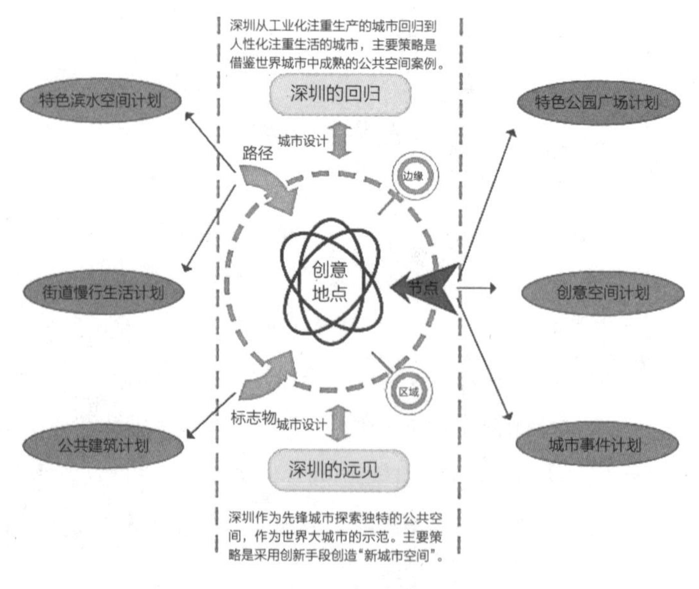

图 1 深圳美丽都市计划

资料来源：《趣城＊深圳美丽都市计划》[10]

特色化的公共环境，以推动城市空间品质的提升。

整个“趣城计划”从市、区、社区不同层面包括了《趣城 * 深圳美丽都市计划》、《趣城 * 盐田 2013—2014 年实施方案》、《趣城 * 社区微更新计划》等多套实施方案，旨在通过若干个小地点高品质的更新实践，在全市范围内形成微更新的大系统，提升城市整体形象。

以深圳市盐田区“趣城计划”实践为例。计划通过实地调研对整个区域进行梳理，按照艺术装置、小品构筑及景观场所的分类，共确定了 50 个原本破败且不友好的城市空间，即城市生命体“穴位”，并采用针灸的方式和小尺度介入的方法加以控制与引导，根据公众的诉求来营造数个妙趣横生、生机勃勃的城市亮点。例如针对功能性的问题，提出通过设施的用途转变来实现更多安全的公共性空间。如将一些边角地、“三不管”地带、乱搭建查处后的空地改造成市民公园，以提升商业区周边的物质环境；针对空间特色的问题，利用位于滨海且有价值的历史村落，从整体利用的角度出发，对部分村落环境进行改造，引入“慢生活”类型的商业业态，打造具有历史风貌的滨海休闲渔村，既活化利用了旧村空间，又为市民体验渔村生活提供了好去处。针对中心公园可达性低的问题，规划师们将公园边界上的围墙及绿篱移除，并设置了更多的出入口，使得公园和城市能够真正地融为一体，为市民提供了更多空间的选择；针对工业建筑再利用的问题，通过对集装箱的拼接、叠建，将部分报废集装箱建筑改造为公租屋或商业建筑，形成独特的集装箱特色空间，为城市低收入人群提供适宜的住所或创意场所。

“趣城计划”采取针灸式的更新方式，放弃了以往城市更新中大拆大建的做法，尽量保留了场所中原有的构筑物，强调每一个点的实施效益。这种手法致力于找出城市症结点，结合实际情况“对症下药”，并追求在关键的部位，以最微小的气力取得最大的效益。该计划不仅注重城市环境品质的提升，其更深远的意义在于，以活化物理空间为触媒，激发活跃的城市活动，重新创造和谐的社会交往空间，满足人们的交往需求、尊重需求与认同需求。这也是“城市针灸法”的独到之处。

4.2　城市更新中的物质环境改善——较场尾综合整治

在城镇化过程中，城中村以自己的生存方式在城市的夹缝中不断延续和顽强发展，同时也带来了狭窄的街巷、拥挤的楼宇、横流的污水、成山的垃圾等“脏乱差”现象。城中村作为城市发展焦点之一，需要在整合重塑城市结构的同时，将生态文明理念贯彻于城中村改造，从城市生态系统角度给予其更多的关注。

较场尾旧村是深圳唯一拥有海岸线的村庄。独特的山水格局构成了特色空间的基础，然而其滨海土地和景观资源均未得到有效利用，原本的街巷格局也没有

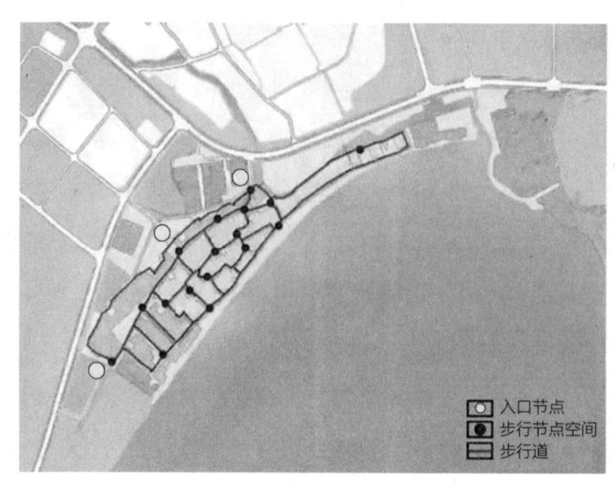

图 2　更新后的村落慢行系统网络

资料来源：《深圳大鹏较场尾旧村综合整治项目》[11]

得到良好的延续，同时缺乏对地域特色和文化特色的良好的表达及塑造。深圳较场尾旧村改造对以上问题进行了探究和优化。

在空间格局的整体塑造中，村落顺承和延续原有的空间肌理，与村落的周边环境保持良好的和谐关系，并通过植被斑块、绿色廊道的构建来保护、强化整体生态格局。在物质环境的更新上，改造工程对传统街巷的可达性、联通性和指向性进行了改善。一方面通过拆除障碍建筑物、组织慢行交通、优化路面环境的手段提升空间品质，以实现街巷空间的有机贯通，保证村落与海景的视线通透（图 2）。另一方面，改造工程对重要节点进行了建筑清理，将其营造成文化氛围浓厚的公共街巷广场。不仅如此，工程还结合污水管网整治工程，对村落街巷进行特色铺装，环境绿化，指向标、路灯、景观小品等设施配套。在片区景观的营造上，通过划定建筑保护范围、控制建筑高度分区，而且在充分尊重村落空间格局及空间层次的基础上，进行景观廊道的设计，在较场尾民俗村内打造了数条主要景观廊道，既凸显了地方人文特色，也增强了浏览吸引力；在滨水风貌的塑造上，着重改善沙滩环境，加强塑造有节奏韵律感的滨海天际线及远近层次不一的空间进深效果。

从较场尾的整治来看，其整治不是“大拆大建”，也不是简单的“穿衣戴帽”；而是力图在改善物质环境空间的基础上，突出生态发展理念，强调“在保护中发展、发展中保护”。这种倡导空间与自然和谐共生的处理方式，不仅实现了建设空间与环境的交融，也很好地将自然环境转化为空间聚落的特色（图 3）。

4.3　城市更新中的地方特色——七星世居改造

在长期的使用过程中，居民们逐渐养成了对其社区活动场所、组织结构和公

图 3 较场尾改造实景

资料来源：笔者拍摄

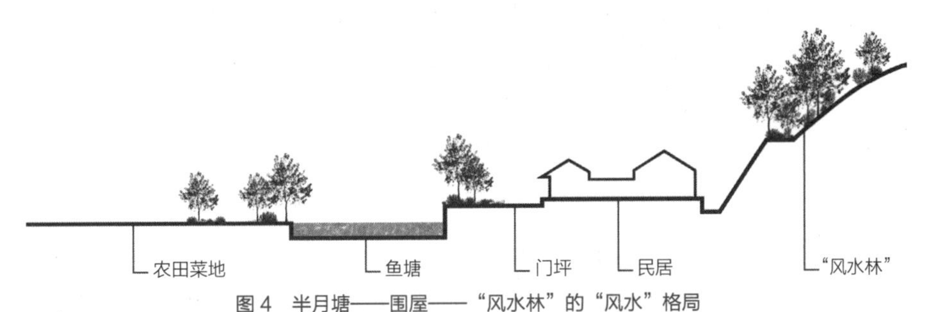

图 4 半月塘——围屋——“风水林”的“风水”格局

注：此图是综合模型，即根据客家地区大部分民居的共同特点而提出的模型。

资料来源：《梅州客家村落民居、风水林及其文化》[13]

共设施的依赖，然而在更新过程中，由于社区的历史文化价值以及人文气息没有被重视，导致原居住民很难融入更新后的社区环境中，人们的关系也渐趋疏离，造成了地方精神的衰退。因此，城市更新应从现状资源中发掘其历史要素，尽力结合其地域特点、优势进行保护，做好文化传承，实现场所精神的复兴。

以深圳龙岗区七星世居改造 [14] 为例。与深圳其他旧改项目不同的是，地块内部有一处清代乾隆年间的客家围屋——七星世居（建于 1782 年），至今保存程度较好。七星世居与传统的客家围屋布局相同，外部围墙高筑，内部屋舍俨然，四角碉楼矗立。此次更新以文化提升为核心，将历史文化的延续与传承放到了首位。在外部交通的处理上，更新提出道路分半绕行的措施，使道路从南北两侧绕过七星世居。措施完好地保护了其“前临碧池，后倚青山，茂林修竹，簇拥期间”的“风水”格局，呈现出背有靠山，面朝水塘，四周树立环绕的美好寓意 [10]（图 4）。这体现了城市更新对社区历史文化、对群体的记忆和认同等无形文化遗产的保护，使城市空间更富于生命力，真正实现了和谐的、可持续的发展。

在内部布局的营造上，客家围屋经典的围合空间肌理被应用到居住组团到整体空间上，展现了客家围屋“巷陌井然，纵横有序”的城市肌理和布局特征（图 5），唤醒了人们对客家传统院落和空间的认知。在社区文化复兴上，通过对新兴社区的修缮活

图 5　客家围屋居住组团围合布局
资料来源：www..szlg.com，2018[15]

化，在原有祭祀休闲功能的基础上，引入文化寻根，文化展示，休闲体验等更多现代功能，将客家文化与现代功能相互渗透，不断建立新的联系。在重拾原有的客家文化，传承社区群体记忆及延续几代人生活方式的同时，重建人们对社区和城市的归属感。

4.4　城市更新中的文化传承——工业遗产塑造留住城市记忆

早期大规模厂房式的旧工业区对城市发展做出了巨大贡献，但伴随着产业由传统制造向创新引领的跨越升级，旧工业区与城市发展价值日渐背离，无数曾经热闹非凡的厂房如今成为充满废弃设施的工业遗址。老工业区作为城市发展的记忆，具有重要的历史价值、社会价值、经济价值及审美价值。然而，由于其保护工作周期长，代价相对高昂；同时，老工业区一般位于城内区位条件良好的地段，往往面临地产再开发的压力。在进行其再利用工作时，盲目地推倒重建与地产开发虽然能在短期内实现高额的利润回报，但是难以解决城市形象被破坏、城镇工业历史的传承与地域特色的延续被忽视等城市层面的问题，进而影响人居环境的可持续发展。旧工业空间的改造承载了工业文明的寄托与新文化内容的活力，对历史文化价值的注重能促进全新的创意产业、新兴产业的发展，丰富城市空间形态，为城市的发展持续提供文化动力的支持。

深圳“金威啤酒厂”更新是旧工业空间与历史文化结合改造再利用的经典案例之一。在由衰落的啤酒厂升级转型到现代化的黄金珠宝综合体这一过程中，更新通过采取将工业遗产传承与城市建设相融合的方式，将厚重的历史积淀和灵动的现代元素成功对接，使啤酒厂再次成为一个能够被人们充分感知和享用的商业空间和文化空间。

更新以“城市记忆”与“产业升级转型”为入手点，一方面对原啤酒厂内丰

图 6　保留建筑并进行活化利用

资料来源：《深圳市罗湖区东晓街道金威啤酒厂城市更新单元规划》[16]

图 7　将场区水塔改造为具有观光功能的景观塔

资料来源：《深圳市罗湖区东晓街道金威啤酒厂城市更新单元规划》[16]

富的工业元素进行梳理，另一方面从项目产业转型升级与工业建筑保护的角度出发，重点强调珠宝产业空间与工业建筑空间的融合。如将发酵罐群、灌装车间、水塔等原金威啤酒厂的标志性建筑物，和啤酒生产工艺、流程一起作为工业遗产进行保留（图 6），达到延续城市历史文脉的目的；将啤酒工业元素融入新的珠宝商业街区及广场空间，如将发酵管廊等设备改造为公共护栏，在点缀园区公共空间的同时提升珠宝产业的空间魅力；将原有的水塔及发酵群进行艺术化处理，如利用发酵罐群打造啤酒文化博物馆，将场区水塔改造为具有观光功能的景观塔（图 7），塑造具有啤酒工业特色与城市记忆的公共空间。

活化利用工业遗产来打造公共体验场所，最大限度地让厂房的外部形态与内部空间的原有秩序和工业遗迹特征得以体现，展现了新旧共存的特有的建筑和空间特征。正如金威啤酒厂的更新利用不仅将现代化的珠宝产业、啤酒厂的历史以

图 8　表达公共空间的形象，界定其位置和区域边界

资料来源：《深圳市城市更新单元公共空间标识管理研究》[17]

及现代的娱乐休闲方式结合，创造出一个与众不同的产业氛围和文化形态，而且丰富了城市空间形态，带给人们丰富的空间感受与文化价值的认同。

4.5　城市更新中的社会归属——基于城市形象的公共空间的标识系统

市场经济背景下，政府难于从私人部门回购土地建设城市公共空间，通过城市更新大力发展私有公共空间则成为了比较可行的选择。但由于城市更新工作建设范围大、速度快，公共空间在规划建设和日常监管过程中出现了品质低、使用率低，封闭化现象严重等一系列问题，导致其缺乏活力，无人问津。深圳市有关部门为了规范此现象，促进城市规划管理的精细化、提升城市空间质量，特地展开了对私有城市空间公共空间的研究，而如何通过有效、合理的设计和明确的标识来引导公众对这类更新单元内私有公共空间进行使用便成为了重中之重。

研究通过标识牌设计、空间边界设置、铺地及材质处理、灯光设计等一系列的设计手段，创建统一且连贯的标识体系，在表达公共空间的内涵的同时，强化更新单元公共空间开放、友好的形象，最后形成具有当地特色风格的城市品牌。例如在标识设计上，将不同类别的私有公共空间根据其特征进行有效分类（如市政工程类、公园景区类、社区生活类等），并在牌面形状、尺寸、颜色及内容等方面进行统一，以表达私有公共空间的形象，清晰界定其位置和区域边界（图 8）；在标识智能化上，一方面通过对接城市数据网络，将公共空间的地理信息、建设

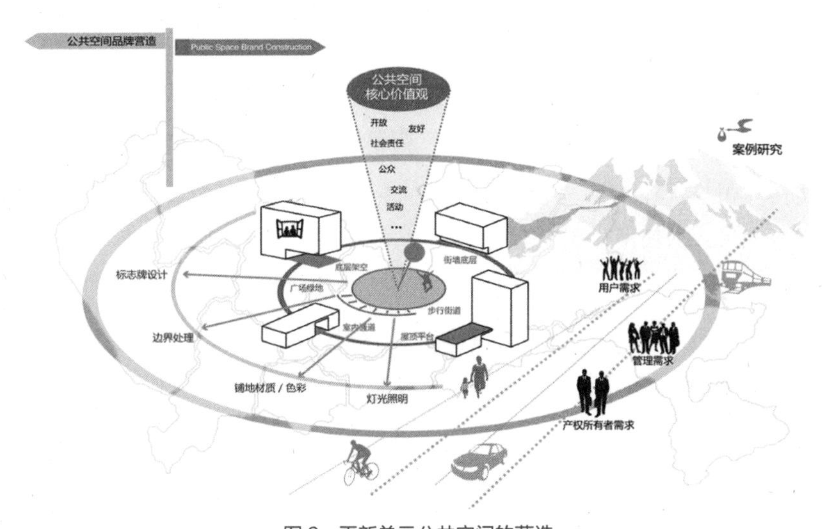

图 9　更新单元公共空间的营造

资料来源 :《深圳市城市更新单元公共空间标识管理研究》[17]

单位、管理单位、监督单位、监督方式等内容予以公布，来保证公共权益的落实；另一方面通过整合社交网络的信息数据，利用二维码识别，有效实现城市、社区空间信息的获取，为市民提供更多新型服务方式；在铺地设置上，将彩色透水混凝土、彩色沥青、彩色水泥等新型环保地面铺装材料应用于市外空间，并辅用明黄、嫩绿、大红等醒目、环保色彩，以引导公众有效使用场地；在灯光照明上，结合荧光、自发光涂料，使场地内 24 小时开放，没有视线盲点，减少犯罪现象的发生（图 9）。

公共空间标识不仅是传递交通空间信息的媒介，也是城市意象和文化的反映。公共空间应按照标准化格式的标识管理系统进行建设，明确清晰地界定方位布局及功能导向，并且通过持续有效的管理，让更新单元公共空间形成一种美好、多元的城市体验，进一步让人们对城市空间、文化产生认同感和归属感。

5　结语

凯文·林奇曾说过 :“人们并非不能在一个视觉混乱的城市中生活，但如果有一种更加动人的环境，同样的生活将会获得新的意义。”城市空间不仅承载着市民多种多样的社会生活，体现了城市的历史文化特色，而且很大程度上承担着人们精神家园、心理依恋和文化认同的作用，让人在场所体验中获得心理愉悦感、归属感、自豪感和荣誉感。在新时代高质量发展的整体要求下，粗放的城市发展模式已难以为继，我国城市规划建设的方式也将从大拆大建转向微空间的城市更新，城市空间品质的塑造和提升成为城市更新的重要内容。塑造一个好的城市空间，关键是从人本角度出发，以城市更新推动空间重构和功能改善，以区域的整体发展和品质全面提升作为目标，在满足其发展格局和功能布局需要的同时，继承历史文化，充分体现地域特点和场所精神。需要从小尺度、精细化的空间改造着手，一方面通过尊重历史文脉，增强认同感与归属感，塑造出具有特定内涵的精神场所；另一方面关注人的使用，在“精雕细琢”的城市空间中体现城市温度和人文情怀，以增强市民获得感，从而盘活存量空间资源，激发城市活力，提高城市品质，进一步推动城市整体空间优化和功能的提升。这对缓解我国目前发展矛盾、突破发展瓶颈，探索新时期城市发展的新路径具有重要作用。

参考文献

[1] 周进，黄建中．城市公共空间品质评价指标体系的探讨 [J]. 建筑师，2003（3）：52-56.

[2] 曹磊．基于城市空间品质提升的设计策略——解放公园片区案例的探索 [C]// 中国城市规划学会，沈阳市人民政府．规划 60 年：成就与挑战——2016 中国城市规划年会论文集（06 城市设计与详细规划）．北京：中国建筑工业出版社，2016：7.

[3] 阳建强．城市设计与城市空间品质提升 [J]. 南方建筑，2015（5）：10-13.

[4] （英）彼得・罗伯茨，休・塞克斯．城市更新手册 [M]. 叶齐茂，倪晓晖，译．北京：中国建筑工业出版社，2009.

[5] 何淼．城市更新中的空间生产：南京市南捕厅历史街区的社会空间变迁 [D]. 南京：南京大学，2012.

[6] 卢琳，徐康．他山之石，可以攻玉——欧美国家城市更新研究的启示 [J]. 福建建筑，2011（6）：6-8.

[7] 张志彦．城市更新背景下公共空间整合研究 [D]. 南京：南京工业大学，2006.

[8] 任绍斌，吴明伟．西方城市空间研究的历史进程及相关主题概述 [J]. 城市规划学刊，2010（5）：47-53.

[9] 杨震．城市设计与城市更新：英国经验及其对中国的镜鉴 [J]. 城市规划学刊，2016（1）.

[10] 深圳市城市规划国土发展研究中心．趣城*深圳美丽都市计划 [Z]. 深圳：深圳市城市规划国土发展研究中心，2013.

[11] 深圳市欧博工程设计顾问有限公司．深圳大鹏较场尾旧村综合整治项目 .2016.

[12] 陈子阳．城市更新改造与传统文化的共生——以《龙岗区龙城街道五联竹头背和岭背坑片区城市更新单元规划》为例 [J]. 建设科技，2016（1）：53-54.

[13] 古德泉，古炎坤．梅州客家村落民居、风水林及其文化 [J]. 林业与环境科学，2009，25（5）：59-62.

[14] 深圳市建筑设计研究总院有限公司．龙岗区龙城街道五联竹头背和岭背坑片区城市更新单元规划 [Z]. 深圳：深圳市建筑设计研究总院有限公司，2016.

[15] www.szlg.com.（2018）.[EB/OL].[Accessed 17 Aug. 2018].Available at：http：//upload.szlg.com/2017/0625/1498362223220.jpg.

[16] 深圳市城市规划设计研究院有限公司．深圳市罗湖区东晓街道金威啤酒厂城市更新单元规划 [Z]. 深圳：深圳市城市规划设计研究院有限公司，2015.

[17] 深圳市城市设计促进中心．深圳市城市更新单元公共空间标识管理研究 [Z]. 深圳：深圳市城市设计促进中心，2016.

张剑涛

张剑涛，上海社会科学院城市与区域研究中心研究员，中国城市规划学会学术工作委员会委员

文化产业与城市空间品质

文化产业是国家软实力竞争的重要支柱和社会经济转型的主要路径之一。文化产业的知识内涵、多重附加值、社会融合性、历史延续性、产业交叉性有利于推动产业升级和转型发展。近年各地文化产业发展迅速，京、沪、粤、湘、滇等多省市的文化产业增加值占 GDP 的比重已突破 5%，成为产业的新增长点和经济的战略支柱。

在显性的经济效益之外，发展文化产业还可以有效改善城市空间品质，为城市长期可持续发展提供良好的物质环境和社会场所载体，是城市发展的隐性基础。城市文化是城市精神的具象体现，是一个城市的精神文明和物质文明的综合。城市空间是城市文化塑造和展现的场所，同时城市文化也推动城市空间不断发展和完善。城市空间改善主要体现在提升空间内涵、促进空间转型和重塑空间结构。

上海作为国内文化产业发展领先的城市，以文化产业作为重要手段推动城市更新和复兴，促进城市旧区的社会经济转型。上海市城市总体规划（2017-2035）目标是迈向卓越的全球城市，其中针对文化和城市的相互关系提出“坚持社会主义核心价值体系，进一步挖掘上海城市丰富的文化内涵，延续历史文脉，留住城市记忆，激发城市文化创新创造活力，提升城市软实力和吸引力……彰显自然、传统和现代有机交融，东西方文化相得益彰的城市特色”。本文试以上海的实践案例解析文化产业改善城市空间品质的多个维度。

1 文化产业提升空间内涵

城市空间的各个组成部分蕴含不同的历史文化意义，通过文化产业深入发掘、修复和完善城市空间的文脉，塑造城市空间凝聚力，对于提升城市空间的内涵有

重要意义。“上生·新所”是文化产业提升空间内涵的一个典型，类似项目还有“新天地”、“田子坊”等。

“上生・新所”是一个位于城市核心区域的城市更新项目，地处延安西路1262号，在新华路历史风貌区内，通过发掘历史和引入文化产业，形成了融合经典与创意、汇聚中西文化的新地标。项目总占地约4.8万平方米，一期开放近一半，其中建筑年代和风格多种多样，包括3处历史建筑、11栋1949年后的工业建筑以及4栋风格鲜明的当代建筑。

项目内的历史建筑最早是20世纪20–30年代哥伦比亚住宅圈，包括建于1924年的由美国建筑师艾利奥特・哈扎德设计的西班牙风格的哥伦比亚乡村俱乐部。该建筑原为美国领事馆为在沪英美侨民设置的集休闲、娱乐、生活为一体的社交场所。另一历史建筑海军俱乐部有目前上海仅存的近代侨民总会露天泳池，原有设计和材质保存完好。泳池北侧的健身房（体育馆）1949年后曾作为上生所培养基蒸锅间车间使用，内部因此增加了一些工业锅炉除尘罩，形成了独有的特色。上海市第一批优秀历史建筑孙科别墅也在项目内。该建筑是邬达克经典作品之一，建于20世纪30年代，主体建筑系西班牙式，兼有巴洛克建筑风格。原有风格保留完好，屋面瓦片、外立面的尖券拱门，内部螺旋柱子、十字拱顶、中式庭院风格花园等典型特征和细节都显出历史的沉淀。

1951年，上海生物制品研究所成立在项目现址，之后根据生产和办公需求陆续新建了诸多工业和办公建筑。其中有一栋8层的德国包豪斯风格的建筑，曾是20世纪60年代长宁区第一高楼，由著名建筑设计师及摄影家郭博（郭沫若的儿子）设计，是上海生物制品研究所的麻腮风生产大楼。

2016年，配合上海市高效利用城市存量土地、推动城市更新保护的战略，以及城市历史文化保护再生的实践试点，上海生物制品研究所腾退现有厂房。上海万科全面接管园区，以发掘修复历史为理念，通过文化产业推动城市社区、文脉和空间的改造，为每栋建筑定制更新措施。经历约两年时间的改造，“上生・新所”正式对外开放，一期建筑中商务办公占比69%、文化艺术占比14%、餐饮占比14%、娱乐健身占比3%，主要吸引文化创意时尚类企业入驻。它成为了文化艺术的汇聚地，一个集文化、办公、娱乐、生活功能于一体的全天候活力社区。

这项改造引入社会资本进行多方共建共享，政府、学术机构、社会组织、居民以及房地产企业相互配合协作，混合开发模式使城市历史文化、产业升级发展、社区和谐氛围、城市空间品质、土地使用效能等多维目标得以共生发展。这种以历史文化修复和提升的改造理念得到了社会各方的认可和支持。同时作为一个开放式的文化产业项目，它和周边的社区融为一体，提升了整个区域的空间品质，历史文脉得以传承，社区得以凝聚和持续。

2 文化产业促进空间转型

城市发展过程中产业转型、功能转化、社会变革所带来的土地闲置、建筑衰败废弃是一个持续性的问题。通过引入文化产业，解构和重塑这类地区的文化内涵，为它们注入社会经济文化活力，空间得以更新转型，重新融入城市整体。“红坊创意园”和“上海城市雕塑艺术中心”[1]是文化产业促进空间转型的一个典型，类似项目还有“M50 莫干山路创意园”、“8 号桥创意园区”、“1933 老场坊创意产业集聚区”。

“红坊创意园”和“上海城市雕塑艺术中心”位于淮海西路 570—588 号，原址是上海第十钢铁厂（上钢十厂，即改制后的“上海十钢有限公司”）。上钢十厂始建于 20 世纪 50 年代，因为经济结构和产业调整在 20 世纪 90 年代开始逐渐衰退。2004 年上海市政府立项建立重要文化功能项目“上海城市雕塑艺术中心”，并选址在上钢十厂原址。上钢十厂的原工业用地因此被调整为公共文化用地。改造工程 2005 年开工，原厂区经改造更新成为雕塑艺术中心及其配套的文化创意园区，2006 年建成招租。

上海城市雕塑艺术中心整体区域占地面积约 50000 平方米，由城市雕塑艺术中心、雕塑广场以及相关配套设施构成。目前已建成开放的建筑总面积为 10000 平方米，其中室内公共艺术展示空间为 6000 平方米；雕塑广场面积为 15000 万平方米，含室外公共展示空间约 10000 平方米。上海城市雕塑艺术中心将带动该地区逐步发展成为上海城市中心区最具活力的公共艺术中心。上海城市雕塑艺术中心主体选址于原上钢十厂内废弃的冷轧带钢厂。该厂房建于 1956 年，主体建筑长 180 米，宽 18-35 米，占地面积 6280 平方米，建筑结构高大、空间开阔，具备典型的工业建筑风格，适合大体积的雕塑作品展示空间。

红坊创意园规划分为 A、B、C 三个区域，总建筑面积 18000 平方米，商务办公面积 11000 平方米。项目内另有 2600 平方米大型展示厅、1400 平方米画廊和 2000 平方米酒吧、咖啡厅、西餐厅等休闲场所及 1000 平方米手工作坊。红坊创意园主体改建于上钢十厂原轧钢厂厂房，利用原有工业建筑的钢结构框架和高大空间，与现代建筑艺术和新材料相结合，既传承了老建筑的历史结构肌理，又

---

[1] 资料来自上海创意园网 http：//www.shanghaichuangyiyuan.com/。

赋予了现代的互动空间感受。新旧空间互相结合、流动、自然过渡，成为了一个综合文化中心，包括多功能会议区、大型活动及艺术展览场馆、多功能创意场地等多种复合型的空间应用。

上海城市雕塑艺术中心和红坊创意园是上海第一批规模较大的标志性文化创意产业园区，是城市再生、工业遗产再利用的典型案例。红坊创意园的 A、B 区被上海市人民政府核定为第八批市级文物保护单位中唯一一处工业遗产。该项目立足于积极推动上海工业遗产的保护与再利用，通过保护性改造和功能重塑，将废弃的老厂房改造成体现城市文化艺术活力，同时延续了城市历史文脉的城市公共空间。

3 文化产业重塑空间结构

文化产业对城市空间结构的重塑作用日益显著，主要体现在两方面，一是通过城市更新和转型发展改变了城市空间的重心（重点区域），二是以文化产业地区分布结构重建了城市空间体系（核心、轴带、网格）。上海西岸（徐汇滨江改造工程）是文化产业重塑空间结构的一个典型，一条废弃的封闭的传统工业岸线，通过文化产业改造成为开放性的城市文化走廊，上海的城市重要空间节点和核心功能区之一。

上海西岸[1]所在地区曾是中国近代民族工业起源地之一，从 20 世纪初开始曾集聚了包括上海铁路南浦站（1907—2009 年）、龙华机场（1917—2008 年）、上海水泥厂（1920—2009 年）、北票煤炭码头（1929—2009 年）、上海合成剂厂（1948—2009 年）、上海飞机制造厂（1950—2009 年）等众多工业设施和重要的民族企业，是当时上海最主要的交通运输、物流仓储和生产加工基地，传载了一个多世纪的民族工业发展史。

上海西岸区域位于徐汇区西南域，面积约达 9.4 平方公里，岸线长约 11.4 公里，是目前上海黄浦江两岸可成片开发面积最大的区域，规划总用地面积约 731 公顷，区域开发总量约达 900 万平方米。目前上海西岸投资已达 400 亿元，是上海中心城区尤其是沿江地带仅存面积最大的可供大规模、高起点、成片规划开发的地区。

2010 年，上海市启动包括世博会场在内的“黄浦江两岸综合开发计划”，上海西岸成为上海市“十二五”规划六大重点建设功能区之一。规划参照德国汉堡港、英国金丝雀码头等“棕地”复兴成功经验，结合对历史遗存的保护性开发，构建

---

[1] 资料来自上海西岸的官方网站 http：//www.westbund.com/cn/。

整体城市开放空间。2012年起，在“规划引领、文化先导、产业主导”的总体开发思路指导下，围绕着“西岸文化走廊”品牌工程、“西岸传媒港”等核心项目，上海西岸启动了新一轮产业发展计划。规划目标是“迈向全球城市的卓越水岸”，建设成为汇集文化艺术、信息传媒、时尚设计、创新金融等行业的国际级滨水文化金融集聚区和充满活力的世界级滨水新城区。丰富区域文化内涵，文化载体建设与文化活动举办同步，文化产业和文化品牌成为区域主导。区域开发建设模式是组团式整体开发，依托核心功能区建设带动周边区域的城市更新。形成以西岸传媒港、西岸智慧谷、西岸金融城为枢纽，文化创意、科技创新、创新金融三大产业互为支撑的国际创新创意产业群。

上海西岸目前已有龙美术馆、余德耀美术馆、上海摄影艺术中心、香格纳画廊等众多知名文化艺术机构，以及上海梦中心、腾讯、湘芒果、申银万国、华鑫证券等知名文化及金融产业项目。另有西岸音乐节、西岸建筑与当代艺术双年展、西岸艺术与设计博览会等品牌活动。规划建设中的文化产业项目还有西岸传媒港、西岸上海梦中心、星美术馆、油罐艺术公园、西岸美术馆、西岸文化艺术示范区、水边剧场、西岸艺术品保税仓库等，以此扩大“美术馆大道”版图，依托产业聚集优势，进一步深化艺术品、娱乐传媒及文化金融三大核心产业板块的建设和发展。上海西岸正在成为上海市的高品质文化、商业和体育活动的聚集区。

上海西岸的改造还充分重视城市公共空间的开放性和适宜性，为居民的活动提供了高标准和精细化的公共环境和基础设施，如在原龙华机场跑道基础上改建的跑道公园、有最佳视角的不设防汛墙的亲水步道等项目、沿线规划建设南北贯通的黄浦江岸最长的“绿色景观长廊”等项目。由景观大道至沿江亲水平台形成阶梯式、多层次的活动空间，骑行道、跑步道、漫步道全线贯通，规划有轨电车贯穿整个区域，串联各类活动场地，促进水、绿、人、文、城融合发展。形成可以看江景的景观大道、多层次沿江公共活动空间、充满人文活力的滨水岸线，提升区域的空间品质。

中国社会经济的快速发展推动着城市持续地更新，文化作为一项重要的城市战略日益受到重视。文化产业作为城市文化战略的实施载体，对城市历史的传承、社区的持续更新、城市功能的调整、产业的转型升级起到了重要的促进作用。文化产业的发展提升了各地区的空间内涵，促进衰退地区的空间转型，重塑城市的空间结构，整体改善了城市的空间品质。

以文化产业为经济主体进行空间营造，积极融入城市发展体系，鼓励通过与产业的结合来改善社区物质环境空间，并逐步延伸到城市范围。文化产业强调文化资源的重要性，因此必须将文化资源通过梳理、保护和发展将其提升到城市发展的高度。同时文化产业的发展也会给城市文化带来新的理念，文化多元融合和文化互动参与会带来市民整体文化素质的提升，推动城市文化复兴。

发展文化产业的核心理念是提倡文化资源和创意产业的结合，积极培育适宜的文化产业，通过各具特色的产业转型来引导区域的复兴。通过文化产业的促进作用，鼓励对现有建筑和存量土地进行可持续的更新改造和开发利用，激发城市旧区的活力和创新，提升城市空间环境品质和城市公共社会生活。修缮传承历史文脉，增强社区形象和凝聚力，提升地区特色和活力，丰富城市空间元素。从大规模城市新建和重建转型为对城市建成区已有建筑、土地、空间和社区的内涵提升式更新和复兴，实现城市物质空间和环境的集约利用和可持续发展。城市更新和复兴包含了物质、社会、经济、文化等多方面的内涵式增长，强调丰富城市文化内涵、文化品质和文化生活，关注城市物质环境、人文环境、生态环境的建设。城市文化和文化产业的发展有助于增强城市凝聚力，促进社会融合和稳定，建立具有良好空间品质的城市可持续发展模式。

参考文献

[1] 姚子刚 . 城市复兴的文化创意策略 [M]. 南京：东南大学出版社，2016.
[2] 厉无畏，王慧敏 . 创意产业促进经济增长方式转变——机理、模式、路径 [J]. 中国工业经济，2006（11）:5-13.
[3] 范红，张皓 . 城市文化空间：传承与创意的映射 [J]. 城市管理与科技，2016，18（5）：35-37.
[4] 方遥，王锋 . 整合与重塑——多层次发展城市文化空间的探讨 [J]. 中国名城，2010（12）：13-19.
[5] 于今 . 文化创意产业在城市更新中的进一步思考 [J]. 中国房地产业，2016（8）.
[6] 花建 . 面向 2020 年的上海文化产业空间布局 [J]. 上海城市规划，2012（3）：7-10.
[7] 王克婴，张翔 . 文化产业集聚对国际创意大都市空间结构重构的影响 [J]. 城市发展研究，2012，19（12）：88-93.
[8] 花建 . 城市空间的再造与文化产业的集聚 [J]. 探索与争鸣，2007（8）：26-28.
[9] 厉无畏 . 文化创意产业与城市转型发展：空间集聚、机制路径、政策新举专题 [J]. 社会科学，2012（7）：33.
[10] 沈璐 . 从文化产业的振兴到城市文化空间的塑造——以柏林为例 [J]. 上海城市规划，2012（3）：59-63.
[11] Charles Couch，Charles Fraser，Susan Percy. Urban Regenration in Europe[M]. Oxford：Wiley-Blackwell，2003.
[12] Landry，Charles. The Creative City：A Toolkit for Urban Innovators. 2nd Ed[M]. London：Earthscan，2008.

葛 岩

葛岩，上海市城市规划设计研究院城市设计研究中心总工程师、高级工程师，同济大学建筑与城市规划学院博士研究生，中国建筑学会城市设计分会理事

品质街道：多维度视角下的街道问题剖析及实践探索

引言

街道，作为重要的城市公共空间，除了承载着交通的职能之外，也是市民重要的活动场所。现代主义城市规划的理念与实践导致很多城市中街道的衰落，随着经济的不断繁荣及城市规模的不断扩大，很多大城市处于转型发展的十字路口，面临缓解交通拥堵、集约用地、城市更新等一系列挑战，以提升街道环境与功能品质为切入点探索转型发展方式，具有重要的现实意义，街道的复兴必将来带动城市公共空间的复兴，进而推动城市的转型发展，《上海市街道设计导则》（下文简称《导则》）的编制正是这方面的一次有益尝试。

1 街道的理论研究与实践探索

1.1 理论研究：关于街道属性与内涵的共识

伴随着科技的进步及全球城市化的快速发展，同时在现代主义城市规划和激进的现代建筑大师们的影响下，"二战"后全球范围内大量城市街道消失，城市街区解体，城市环境也越来越不人性化。勒·柯布西耶曾说，"我们要消灭街道，只有接受这个基本前提之后，我们才能真正迈入现代城镇规划"，街道双重属性的和谐状况在机动车时代被打破了。在城市规划方面，首当其冲是对交通机动性的追求。20 世纪的规划师满怀希望地拥抱了这种新的模式，无论在勒·柯布西耶的光辉城市、阿尔及尔规划、昌迪加尔规划还是科斯塔的巴西利亚规划，道路都是被作为服务机动车的基础设施。城市变成了机器，机器的骨架就是作为基础设施的道路。

但是，机动车的速度引发的安全性问题、噪声问题和污染问题令在这些基础设施上进行社会交往的质量急剧下降，对街道社会属性的忽视，让那些原本不承担主要基础设施功能的社区级街道也正在消失。“二战”后的城市规划见证了这段历史。街道属于交通工程师，属于交通规划的一部分。道路成为一种城市基础设施，它与公共交通、交通流量、功能用地、建筑密度等规划内容和指标有关。道路成为城市生产的重要管道，步行者的活动在这个体系中消失了，城市规划所考虑的城市活动主体不包括步行者，当然对城市体验必不可少的城市行走感知也被忽略。

在此背景之下，一系列非常重要的反思之作以及街道研究成果不断发表或出版。关于城市街道的理论研究，最具影响力的著作是简・雅各布斯（Jane Jacobs）的《美国大城市的死与生》（1961 年），书里提出“街道眼”对社区安全的重要性，她认为街道及其人行道是城市中的主要公共区域，是一个城市的最重要的器官。唐纳德・阿普尔亚德（Donald Appleyard）在其《宜居街道》（1981 年）书中指出，交通流量越大行人社交活动越少，而阿兰・B・雅各布斯（Allan B. Jacobs）在其《伟大的街道》（1993 年）一书中指出，伟大的街道的衡量标准里最重要的一条是必须有助于邻里关系的形成，它应该能促进人们的友谊与互动。斯蒂芬・马歇尔（Stephen Marshall）在分析自发形成的街道形态的时候，提出了三种主要机制，分别是建筑物占据空间、地块划分和道路扩张。这三种机制中，前两种代表了社会和经济的需求，而第三种则是街道作为基础设施的自身规律。20 世纪 70 年代，美国提出完整街道，强调街道设计考虑各种交通参与者的需求，多模式交通提出街道设计考虑沿线功能需求，街道城市主义作为比较新的理论，提出发挥街道的连接作用，提升片区功能与活力。对于街道的认识，学者普遍的共识是认为街道不仅仅是供流动和通行的空间，同时也是重要的交流和遇见的社会空间。

国内的学者也对街道进行了系统的研究。徐磊青总结了城市街道在 350 年来经历的三次主要的转型，分别对应三个特征：视觉美学和开发——交通基础设施化和效率致胜——共享的街道，以及历史背景和街道可能的发展前景。张宇星在文章中提出了未来街道的几种价值原型——集体街道、落脚街道、“违章”街道、临时街道和原真街道，并指出：街道是日常生活中最具有现实意义的自由空间，应当将塑造自由空间作为街道的核心价值。胡晓忠等结合上海街道案例，从公共产品、公共空间和历史人文载体三个方面来思考街道的价值转型、设计策略，及其在城市设计、街区更新中的作用。陈泳通过对美国部分城市的街道设计导则进行梳理与归纳，认为街道设计日益体现出以步行优先的设计理念，强调街道的公共性、安全性、舒适性、可达性和平衡性，使街道作为城市重要的公共空间重新焕发活力。孙彤宇撰文指出街道是指适合步行行为并与建筑界面具有耦合关系的线性城市公共空间，应具有适合步行、界面限定、功能支持和日常生活四个特征。张帆等结合上海街道设计导则撰文，指出上海已初步形成以人为本的理念创新、多元设计的方法创新以及推动实践的应用创新一系列成果体系，同时也激发起一场全国性的街道规划理念、方法、技术、机制的复兴创新行动，为未来规划行业的创新变革起到助推作用。新技术也在街道的研究中被广泛运用，如龙瀛等用城市气味追踪与大数据结合的方法，分析北京旧城范围内后海街区的城市气味景观并绘制气味地图，以及城市气味层次对片区发展的影响。

1.2 实践探索：街道改造引领公共空间转型

导则编制方面，全球各个城市纷纷编制了街道设计导则，在设计导则的编制方面，2004 年发布的《伦敦街道设计导则》是世界上第一本城市街道设计导则，该导则之后伦敦相继发布了《步行环境改善计划》(2005 年) 和《街道设计手册》(2007 年)，随后，美国、德国、美国纽约、阿联酋阿布扎比、印度新德里等国家和城市陆续发布了自己的城市街道设计导则或类似导引，美国国家城市交通官方协会 (简称 NACTO) 于 2013 年发布了《美国街道设计指南》；上海在 2016 年 10 月发布了《上海市街道设计导则》；2017 年 5 月，美国全球城市设计倡议协会 (简称 GDCI) 与 NACTO 共同发布了《全球街道设计导则》，这些导引都反映了城市在一定发展阶段的需求，其共同点在于指导街道建设与管理的有序进行，推动人性化街道转型，促使街道回归公共空间属性。人们对街道的观念正在从交通主导逐渐向生活导向转变，并向慢行交通和步行交通回归。

在街道的改造实践方面，国内外城市开展了一系列街道建设实践工作。自 2000 年起，纽约交通运输部开展“安全街道设计”，聘请专业交通工程师团队通过改造对全市街道安全性进行提升。10 年内纽约交通事故发生率锐减 30%，交通事故致人死伤率降低 29%，纽约成了全美街道最安全的城市。哥本哈根由于市中心停车问题，部分城市广场一度成为私家车的临时停车场。为了提升城市风貌和街道安全，市政厅在其他地方开辟了大型集中停车点，解放了广场宝贵的街道空间资源。另外，作为更新实施体系之一，在闹市区推行自行车旅游和自行车骑行与街道改造提升工作同时开展，得到好评。葡萄牙里斯本老城区的建筑和传统路网的密度十分高，过去里斯本老城区的街道与临街传统建筑均让位于城市机动车交通的快速过境功能，人行道狭窄，机动车侵占人行道过夜停靠的乱象很多。为此，里斯本市政局经市政厅批文，为提升街道活力，进行了大规模的街道空间改造。具体措施包括禁止狭窄街巷私家轿车停靠、拓宽单侧人行道宽度、局部允许临街开设休闲和轻餐饮等类型的小商业业态等。英国建筑及建成环境委员会（简称 CABE）的调查显示，在城市中心区适当设置步行区域，步行交通量可增加 20%—40%，商业零售额将随之增长 10%—25%。

2 城市街道空间的现实困境

全球范围很多新建的城市存在的普遍性问题是城市功能集中化与市民的交往交流弱化，城市功能趋向集中化，各个功能之间缺乏联系，相对孤立地存在于城市中，使人与人、街区与街区以及各个功能片区之间的交流减弱。政府对于混合功能开发政策鼓励的缺失或鼓励政策较弱，使开发商更趋向于选择设计开发周期短，资金回收快的单一的功能开发方式，而新区普遍存在街区尺度过大，步行尺度丧失，步行尺度内功能单一，沿街缺少商业和刺激步行的活动，导致街道上行人稀少，而街道边停车数量很多，居民更愿意选择机动车出行。街道空间问题的背后更多的是权利问题与机制问题，产权分割，使用权分配不公，设计机制、实施机制及管理机制等多方面都存在问题，而问题产生的根源是快速发展阶段对效率的追求及对公平的漠视，基于管理效率的条线分割方式无法解决城市复杂巨系统的问题等方面（表 1）。

2.1 空间问题：关于尺度、布局及品质

2.1.1 尺度丧失，布局失衡

按照现行的技术标准，道路被等级化地分成快速路、主干道、次干道、支路，这些等级是以交通工程量和车流量来评定的，机动性成为道路的主要衡量标准，甚至街道这个词也不再被提及，是道路，特别是快速机动性道路成为了城市的主宰。伴随着汽车、公路对城市的控制，再加上现代主义规划的功能分区，城市形态发生了剧烈变化。大马路导致了城市空间割裂，步行尺度丧失，街道空间中慢行系统的连续度差，很多街道禁止非机动车通行。从道路设计的细节来看，现在的道路设计的车道宽度过宽，转弯半径过大，城市街道的合理车道宽度为 2.75—3.25 米，现状车道多为 3.25—3.5 米。车道过宽不仅浪费空间，也鼓励机动车的高速行驶，造成安全隐患。现有交叉口转弯速度设计过高，转弯半径偏大，增加了人行过街距离，交叉口设计粗放，缺乏行人在中间的停留空间。在很多街道上，由于现行退界标准导致的建筑退界空间过大，造成建筑与街道空间疏离。街道空间存在着大量尺度与布局的问题，而上述问题产生的根源是在现代主义规划理念的影响之下的现行规划设计标准体系。

街道存在问题及产生的原因 表 1

		问题	原因	根源
空间	尺度	空间尺度过大	规划阶段满足机动车需求而设计了过宽的道路红线，按照技术标准规定了过大的退界	现行基于现代主义理念形成的技术标准体系
	布局	与使用需求不匹配	设计阶段缺乏深入的研究与精细化的设计	尚未建立完善的基于需求而设计的技术体系
	品质	设计品质与材料质量差	短周期导致的粗放设计、有限的设计水平以及施工预算	快速发展阶段快速建设的要求以及有限的财政投入
权利	产权	红线内外缺乏统筹	土地出让前对于公共空间缺乏管控	基于公共利益应对于私人利益加以限制
	使用权	分配不公，以车为本，车行空间大	理念问题导致的空间分配向机动车倾斜 设计环节的公众参与缺乏导致的空间使用者缺少话语权	快速发展阶段对于效率的追求及对于公平的漠视
	参与权	市民权利缺失	项目周期一般较短，了解市民需求往往复杂且耗时	快速发展阶段对于效率的追求及对于公平的漠视
机制	设计	缺少街道设计环节导致大量街道的设计品质不高	设计费用与工程造价挂钩	设计师的技术理性尚未建立
	实施	施工工艺及质量差导致的不美观及耐久性问题	施工人员的技术水平、紧张的工期及有限的采购预算投入	特定发展阶段技术及财力的限制，工匠精神缺失
	管理	多头管理导致街道上的乱象	职能部门各扫门前雪	城市是复杂的巨系统，基于管理效率的条线管理无法解决彼此交叉部分的问题

2.1.2 品质不高，舒适性差

在中心城区，我们能够享受重点地区的精美街道，像上海的南京西路、淮海路，北京的王府井大街、前门大街，而在一般地区，很多街道品质参差不齐，一些街道界面单调枯燥，设计品质不高，长距离的街段采用相同或相似的建筑立面样式，建筑底层立面、店招、设施无序、杂乱、设计品质不高，无法为步行者提供丰富的视觉体验与活动交互。一些街道步行区域缺乏座椅等休憩设施，人行道和非机动车道缺乏行道树等遮阴设施，影响慢行舒适度。街道空间中，退界空间多作为停车与绿化设施，缺乏活动设施。还有一种普遍的现象是公交车站点和自行车停放区占用人行空间，港湾式公交站挤压人行道，不便行人通过，在狭窄的人行道设置长距离自行车停放区，影响步行通行宽度。街道空间的环境品质问题主要是由于短建设周期导致的粗放设计以及有限的施工预算，问题根源是快速发展阶段之下的建设要求以及有限的财政投入。

2.2　权利问题：关于产权、使用权与参与权

2.2.1　土地产权分割，公产私产缺乏整体统筹

从空间的权属来看，街道空间红线内为公共属性，红线外为地块所有者产权，因此公私部分的衔接一直以来是街道人行空间中较大的问题，铺装差异、标高问题等都是普遍存在的。根据有关学者的研究，沿街店铺的高差对于店铺的经营收入会带来负面影响。沿街地块在设计时为了达到绿地率指标往往会在沿街设置带形绿地，而道路红线内为了达到道路绿化指标也会设计沿街的绿地，两类绿地也往往缺乏统筹。而问题突出的是在很多路段，街道空间红线之内的人行道宽度不足，而退界部分由于缺乏统筹，往往还种植了绿化，无法弥补步行空间的不足。很多街道沿线缺少可驻留的公共空间，由于规划之初对于街道活动需求考虑不足，因此可停驻的公共活动空间严重缺乏，而退界空间由于产权问题，经常存在未被利用而闲置，由于没有统筹机制而无法补充公共空间。

2.2.2　使用权分配不公，慢行需求被忽视

据街道研究者现场调研发现，在人行高峰时段，南京东路河南路至外滩路段，行人的数量几乎是机动车的 9 倍，但是空间分配上却仅仅占据了空间的九分之一，人行与车行空间分配的极度不均衡导致了人车矛盾的加剧。在很多城市中的很多路段，现在的道路设计的路权分配向机动车交通倾斜。上述问题产生的原因是理念的分歧，街道到底是优先为哪种交通方式服务。以往交通部门力推的“排堵保畅”行动就是典型的以车为本的产物，为了缓解拥堵，提升机动车效率进而采取的道路不断地拓宽，车道数不断地增加，交叉口展宽以及分割城区的快速路的建设更多的强调了机动车的路权，而“公交优先”理念的误读也导致了公交空间与人行空间的不合理分配。街道设计环节的公众参与缺乏导致的空间使用者缺少话语权，而上述问题产生的根源是快速发展阶段对于效率的追求及对于公平的漠视。

2.2.3　公众参与权缺失，需求表达无途径

近年来，城市社会治理模式发生了重大改变，在增量转存量的时代，忽视多元主体在社会资源分配和空间治理中的话语权，一味自上而下的精英式规划与建设在城市空间发展治理的过程中已经暴露出很多弊端。在过去的上海城市街道建设与改造中，政府是主要的组织方、责任方、实施方、利益方，从项目的计划、启动到实施，全过程基本由政府主导，然而，越来越多隐藏在表象之下的细节的需求不断涌现，而以往自上而下的方式很难发现问题，更难以解决问题，居民对于美好生活、美好街道的向往由于缺乏表达诉求的途径而无法在实施落地项目中得以体现，市民在城市建设中的参与权缺失也是城市社会发展的一大短板。

2.3 机制问题：关于设计、实施及管理

2.3.1 设计环节缺失，非理性设计盛行

很多一般街道缺乏方案设计环节，直接进入由力学和材料学主导的工程设计环节，进而导致大量街道的设计品质不高。而反思设计行业，现行工程设计收费标准与工程投资造价相关，因而对于设计机构来说，越大的工程投入意味着越高的设计费用，进而催生了一部分的非理性设计。过大的工程量、过多的机动车道导致城市土地资源的大量浪费，割裂了城市空间并催生了更多的机动车出行，进而加剧了城市的交通拥堵，而产生上述问题的根源是设计行业的技术理性尚未构建。

2.3.2 实施建设仓促，街道工程质量堪忧

建设实施阶段，施工工艺及材料质量差导致了街道的不美观及耐久性问题，一些街道上人行路铺装耐久性差，使用一段时间就破损严重，垫层不足导致很快出现高差，雨后积水难以行走，街道环境设施设计及用材粗放，路灯、垃圾桶、电话亭、座椅等城市家具的设计及材料品有待进一步提升。还有一些街道由于缺乏统筹，修建完成后很快又开挖路面埋设管道，最终形成斑驳凸凹的路面。上述问题的产生，主要是由于施工人员的技术水平、紧张的工期及有限的采购预算投入，而根源是特定发展阶段技术及财力的限制以及现阶段工匠精神的缺失。

2.3.3 政府多头管理，公共部门各扫门前雪

街道空间内的多头管理现象严重，不同设施隶属于不同的管理部门，规划、建设、交通、市政、绿化、城管、交警、工商、社区等各个部门都对城市街道空间承担各类管理职能（图 1），而城市是复杂的巨系统，基于管理效率的条线管理无法解决彼此交叉部分的问题。由于部门众多，分管各自的条线，同时缺乏统筹的机制，导致大家“各扫门前雪”，往往都是出于各自部门管理方便的角度而开展工作，从而产生了各类问题，如人行道上各类设施占用空间现象严重，各类立杆众多，设施杂乱，公用设施重复分散设置，变电箱、信号控制箱等公用设施无序设置，影响人行道空间使用与美观。而管理者的理念变化也产生了街道空间重复建设并产生了浪费的问题，如出现从增加通行空间考虑而去除的沿街绿化过几年又重新建设的情况。由于后续城市管理的缺位，城市街道中产生了大量乱象加剧了人车矛盾。大量机动车占用非机动车道沿路停车，大量占用人行道空间停放的共享单车，还有一些地区车辆被迫停入建筑前区和人行道，沿街摆摊对丰富街道体验和活动有正面意义，但是由于缺乏对沿街摊贩商业活

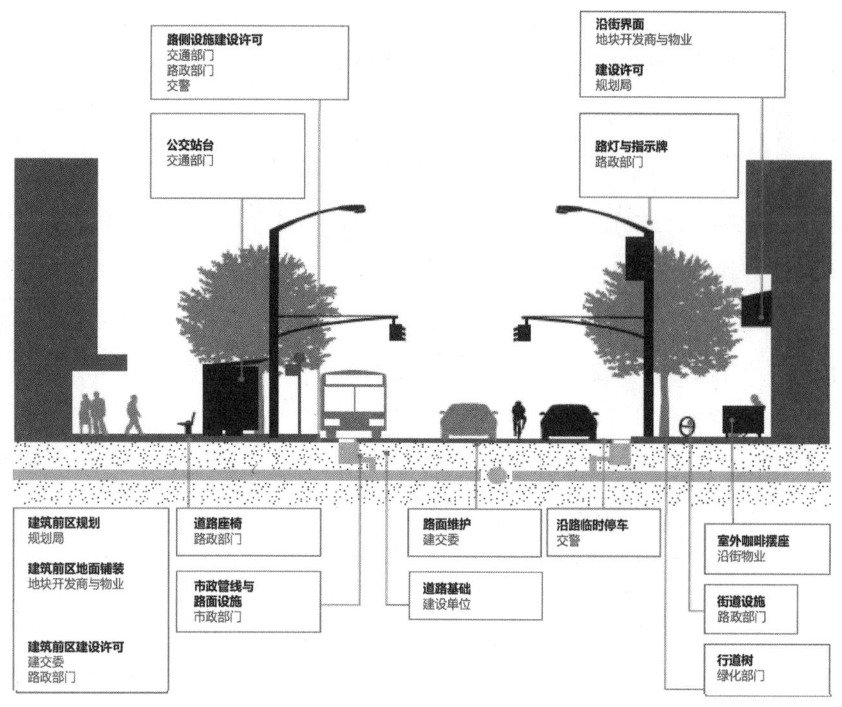

图 1　街道空间的多头管理示意

动的引导，导致其妨碍街道通行以及造成卫生问题。街道的管理对于城市精细化治理是一个巨大的挑战，在很多城市的调研中发现，原本问题并不突出的街道由于后续管理缺位而产生了巨大问题，如果把街道上乱停放的车辆全部开走，很多街道的问题已经解决了大半。

3　提升街道品质的尝试与探索

开展以人为本的街道设计工作阻力重重，很多管理者、设计师在理念上都认为街道的最主要功能仍然是交通，其余的功能应次之，也有观点认为开车的也是人，为车服务也是以人为本，提升通行效率，缓解交通拥堵是街道工作的核心内容。要解决上述问题，要从理念构建、技术标准完善、机制创新等多个方面着手，而且必然是一个长期漫长的过程。

3.1　民意愿景：广泛的公众参与及智慧汇聚

统一理念的构建是街道工作最为关键也是最为困难的，在开展上海的街道设计导则工作的过程中，我们通过资深老专家发声，业内的充分讨论，广泛的公众调研与参与等多种途径来实现价值观的统一与传播。

构建统一价值观，首先是需要行业内部的观念统一。以往，对于街道的很多方面业内业外存在较多分歧，在《导则》编制的不同阶段，举办了一系列“对话街道”沙龙、专家咨询会和意见征询会，围绕“从道路到街道”、“街道设计的理念与实践”、“沿街建筑与街道”等主题，先后邀请了约百位学者专家、一线设计人员、管理部门人员、热心市民共同讨论街道导则，聆听了他们的宝贵意见。通过面对面的交流与探讨，大家对于街道设计的基本理念已经达成共识。《导则》发布之后，《上海城市规划》、《时代建筑》等学术杂志出版专辑，围绕街道主题展开专业讨论，引起了业内对街道问题的广泛关注。

构建统一价值观，更重要的是呼唤公众对于街道的关注与统一认识。街道属于公众，街道导则面向所有与街道相关的管理者、设计师、沿线业主和市民，编制团队重视采纳公众意见、向公众宣传导则理念。在编制导则的过程中，除了通过传统数据了解街道的使用情况，我们积极开展了线上线下调查活动。线上问卷调查首次尝试了街景问卷的方法，参与调查的人数总计超过 1 万人次，通过分析统计数据，了解市民关心的现状街道问题，以及对提升街道环境与功能的主要诉求。通过“全心全意”微信公众号征集上海最美街道，结果作为导则案例来源。在线下，街道与街区调研选择上海四条社区街道及其周边区域作为主要对象，编制团队对作为公共生活的街道中的商业、日常、游憩和其他活动进行观察研究街道生活的内在驱动力，成果形成调研报告。导则最终成果行文通俗易懂，采用图文并茂的表达方式，运用了大量形象生动的插图、案例照片对文字内容予以说明，希望能够面向广大的市民读者。导则成果一方面在网上可以免费下载，同时由出版社正式出版发行，所有人可以方便地获得，进而扩大了理念推广的影响力。

《导则》编制团队在编制过程中，与中国建设报、文汇报、东方早报、澎湃新闻等相关媒体进行合作，协助编写了大量新闻报道，其中多篇微信公众号均创下高点击量，《导则》公众征询的阅读点击量达到 5 万人次以上，《导则》正式发布点击量超过 10 万人次。在澎湃新闻的“问吧”栏目，《导则》编制成员直接与公众互动，回答了大家关心的街道建设问题。《导则》的编制工作也引起了许多其他媒体的关注，主动联系《导则》编制组进行采访，或结合《导则》公示稿等内容进行宣传报道，其中《导则》公示稿的报道被二十多家媒体转载。相关宣传工作引发了公众的关注和讨论，为《导则》后续实施创造了有利条件。应该说一次街道《导则》的编制唤起了市民的对于街道回归人本主义的意识。《导则》发布之后，住建部通过官方微信将《上海市街道设计导则》作为“有用的城市设计”进行宣传推广。编制团队应邀在北京、上海、深圳、青岛等全国几十个城市进行交流宣讲，在更大范围内促成共识。

3.2 技术手段：人性化街道空间设计策略

街道设计工作是一个综合性的工作，必须有多专业的紧密合作，《导则》编制团队由规划、建筑、景观、交通等多专业人员共同组成，在很多方面进行了创新性的探索。技术方法创新方面，主要包括街道分类方法创新、街道设计方法创新、街道调研方法创新等。《导则》强调关注街道沿线功能活动，形成商业、生活服务、景观休闲、交通性与综合性五种街道类型，对道路分级形成补充，强调路段设计与周边功能环境相适应。街道设计方法方面，主要提出了面向所有交通使用者、从时间与空间维度统筹、与周边设施协调等具体街道设计方法。街道调研方法方面，团队运用环境行为观测法开展街道活动调研，分析物质空间环境与沿街活动的相互关系，创新性地采用街景问卷开展线上市民意见收集。《导则》强调沿街空间统筹利用，提出人行道功能分区，根据步行通行需求形成宽度推荐值。《导则》形成因地制宜的行道树种植建议，强调与街道类型、宽度及空间条件相适应。经理论计算与仿真验证，提出缩小路缘石转弯半径和红线圆角半径、缩窄红线宽度等关键参数，达到增进交通安全，集约节约用地的目的。从营造愉悦的步行感受角度，对沿街建筑立面提出设计引导，迎合人视角与步行速度的视觉体验。

《导则》的创新有赖于项目团队长期的项目积累与街道与街区的深入研究，例如控制性详细规划技术准则的研究支撑、桃浦科技智慧城项目的研究设计等都对《导则》的编制创新起到了重要作用，团队与高校、研究设计机构的各种外部合作也引入了先进理念以及最前沿的一些工作技术手段，为《导则》的诸多创新创造了条件。

3.3 指导实践：建设人本化的街区与街道

好的理念关键还是要层层落实，是否能够指导实际项目是成败的关键所在。在《导则》指引下，上海结合规划建设项目，将街道设计理念融入街区规划，开展一系列街道设计试点。街区规划层面重点完善区域慢行系统、保护老区街巷肌理、组织新区活力网络，开展了如长宁慢行、虹口港片区、桃浦科技智慧城等系列规划工作。一些项目通过法定规划的编制落实，直接指导了实施建设，而有些项目仍然处于研究阶段，距离最后的实施仍存较大的距离。

在编制《导则》的过程中，上海各个区也同时在开展很多街道设计与改造项目，于是编制团队就把一部分项目纳入了《导则》推进的试点，街道设计试点注重因地制宜与特色创新，如黄石路形成道路与沿街建筑一体化设计方案，海伦路优化车道宽度与转弯半径等技术标准，天潼路缩减车道补充步行空间，杨树浦路依托街道展示百年工业历史，政立路设置手拉车专用通道体现人性关怀。在试点项目推进过程中，编制团队本身并未直接参与设计，而是通过会议讨论的形式提供建议，而后续设计工作仍然为工程设计单位承担，这种工作机制在《导则》设计要求传导的过程中存在一定问题，无法保障建议的全部采纳。同时，由于主导《导则》编制的政府管理部门市规土局掌握着道路项目的审批权，因而在项目审批的过程中能够保障《导则》的要求在后续街道设计方案中尽量落实，但是由于精细化设计要求带来的设计单位工作量的倍增，而设计经费并未有相应的保障，因而也存在一定的推进难度。

3.4 规则制定：由点到面的街道设计转型

当前街道设计面临的核心问题是现行大量的技术规范的制约，城市建设领域的核心矛盾也是在缺乏系统化城市模型研究讨论的前提下，将“新城市主义”嫁接到以现代主义为基础的规范体系、城市建设模式上。人性化街道设计与现行众多规范存在矛盾，例如基于环境要求，开发用地绿地率要求与连续、开敞的沿街界面存在矛盾，开发商为了实现地块绿地率指标往往会把带形的绿地于沿街设置，阻隔了行人与沿街界面的联系，而道路绿地率未考虑街道类型差异，只是基于不同宽度被强行要求一定的绿地率指标，而在《导则》中提出，不一定所有街道都要设置绿化，同时现行标准中行道树不计入绿地率指标。同时现行规范对住宅间距要求较为严格，难以获得空间比例约为 1 ∶ 1 的街道空间。相比上海租界时期及国外现行的日照标准，上海现行日照标准对于街道人性化空间的营造不利。现行的消防规范同样也对街道活力形成有不利影响，如消防要求与纵向功能混合相矛盾，因为现行消防规范不允许各功能共用交通系统，居住、办公和商业功能须各自设置独立疏散设施，开发商往往出于得房率等经济性考虑不会采用纵向功能混合的布局，而纵向的功能混合对于街道活力的营造是至关重要的因素。同时，现行交通及道路设计规范同样有很多优化的可能，如可以采用更窄的机动车道、更小的转弯半径等。

在实施试点项目的基础上，编制团队启动编制《上海街道设计规范》，把《导则》中关于街道分类、街道空间一体化设计、窄车道、小半径等创新性内容放入标准中，形成街道设计工程技术规范，推动《导则》实施及街道设计的人性化转型。团队同时积极申报全国的街道设计行业规范，把《导则》的创新性内容转化为全国性的技术标准，进而进一步推动其更大范围的实施。目前，团队正在开展《上海市人行道精细化设计手册》的编制工作，希望指导上海未来街道的改造与新建设计。《导则》的编制，应该说引起了一场从业内到业外，从上海到全国的“街道复兴运动”。

4 街道相关工作的后续展望

4.1 精致空间：精细设计的品质街道

街道设计工作要贯穿规划、设计、实施及运营管理的全过程。规划阶段要落实街道管控的刚性要求，如街道宽度、街墙高度、贴线率、积极界面比例等，相关设计要求要纳入土地出让合同。设计阶段要加强街道设计工作，在工程项目阶段，对于沿线要素复杂、风貌特色突出的街道，应当单独编制《街道空间整体设计方案》，经相关部门同意后，将具体内容纳入工程设计。对于一般性道路，应在工程设计方案中增加街道景观、风貌保护、公共空间等设计要素和内容。建设阶段，要加强街道设计工作，提升重点设计及一般设计街道的比重（图 2），同时要加强对街道空间设计的审批；在规划设计要求申请时，补充与街道空间相关的设计条件；在规划设计方案审批时，增加对街道空间设计的审批，最终与规划许可证的发放挂钩。运营管理阶段，要加强对街道各类要素的管控，如底层商业业态管控、沿街经营行为的规范、广告店招管理、交通管理等方面。当然，街道设计工作的层层落实需要技术和资金支持，街道设计精细化之后必然带来对于工程设计人员更高的设计要求，更大的工作投入，是在工程设计团队增加人员配置，还是对工程人员进行空间设计的培训需要研究探索，而增加的编制经费也需要相应的财政经费的落实。

4.2 公平权利：社会公正与人文关怀

街道的空间是城市的公共空间，街道应该公平地为城市中的各类人群服务。街上的人是形形色色的，需求也是非常多样的。按照性别维度分成男人、女人，对于城市街道，爱逛街、穿高跟鞋的女性往往会有更精细化的需求。从年龄维度看，老人、中年、青少年、儿童对于街道的需求也是有差异的，老年人往往运动速度慢，而且经常需要坐下来休息，街边就需要相应的设置休憩的座椅，而儿童最喜欢的是自由自在地奔跑，因此学校周边的人行区域需要充足的通行空间。从收入维度看，高收入人群往往青睐咖啡馆、高档消费场所，而低收入人群需要的是基本生活必

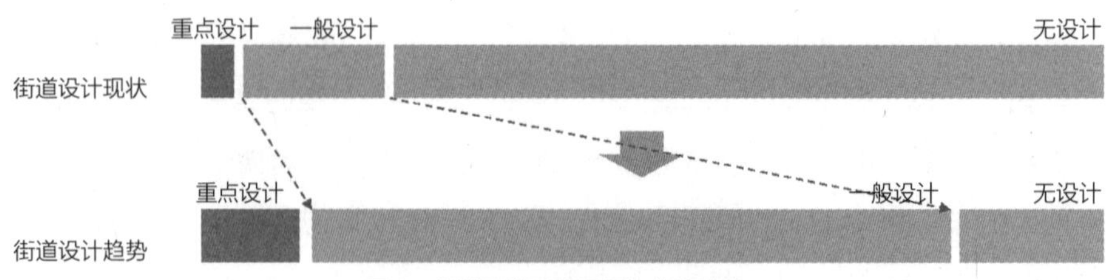

图 2 街道设计现状问题与趋势建议

空间有限的前提下不同街道类型空间分配建议　　表 2

	步行	非机动车	绿化	公交车	机动车
商业型	充足	基本	基本	基本	压缩
休闲型	充足	充足	基本	基本	压缩
景观型	充足	充足	充足	基本	基本
联通型	基本	充足	基本	基本	充足
（公交走廊）	基本	基本	基本	充足	基本

需品还有低消费的餐馆。从行动能力维度看，行动不便的弱势群体对于街道的无障碍设计会非常敏感，因为这直接影响到他们是否能够出行。从人群的空间维度看，一条街道可能服务于周边居民或就业者，也会服务不住在周边的本地市民以及外地游客。街道的设计要兼顾各类人的不同需求。而针对不同人群需求的研究需要深入地开展，同时对于街道的设计也需要合理的定位，同一条街道上不可能完全满足所有人的各类需求，经常需要面临取舍，而取舍要根据优先级排序而进行，对街道进行分类有利于空间的合理分配，《导则》中提出街道空间优先级排序应是步行—非机动车—公交车—小汽车，该建议也得到了业内外广泛的认可。而基于不同类型的街道，空间分配也应因地制宜，优先保障最需要提供空间的交通方式（表 2）。

4.3　多方治理：平台搭建与机制创新

对于街道空间的多头管理格局短期无法撼动，唯有机制层面问题的彻底解决才可能从根源上解决街道的一系列问题。而当前，促进街道品质提升的有效路径就是搭建多方沟通协调的平台。目前上海管理机制创新有以下三种模式：

第一种是基层政府搭建平台，如武康路，区、街道两级政府紧密配合，聘请总规划师沙永杰教授，对规划、设计与管理进行全过程管控。过程中把所有事情打包在一起，包括公房修缮、店面整治、绿化提升、业态调整等，从规划到实施，由规划师统一负责，把相关部门邀请到一个圆桌上，共同讨论和协调。实施过程中，总规划师制定了街道环境整治的项目清单，完成了项目技术引导，并进行过程监管和指导。项目清单增加了责任部门、时间节点和预算，保障了可实施性。第二种是企业搭建平台，当然有国企和民企两种类型，如徐汇滨江的街道由西岸集团承担主体责任，与绿容、路政等部门形成相关机制，明确道路设施维护的资金、人员与标准。创智天地项目的大学路，开发商瑞安集团由于持有大学路底层商业的产权，故通过自己的运营管理团队承担后续街道的管理与运营。大学路 2006 年建成以后，不断地调整与优化，包括取消单行道，让车速慢下来，丰富了沿街绿化类型，更新了商铺业态，增加了外摆位，规范了自行车停放，优化了灯光，强化了创意创业的主题等，提升步行体验与街道的活力。瑞安运营团队每年从年头到年尾举办 60 多场主题活动，吸引沿街店铺积极参与，还邀请艺术家对一些单调的墙面进行涂鸦，营造艺术氛围。五角场综合管理办公室和杨浦区商委牵头，与交警、城管等部门，形成工作和协调的机制，保障街道的日常运行。当然，除了政府和企业之外，还有第三个平台类型，就是社会，社会组织同样也可以作为推进街道改造更新的平台，如 NGO 组织四叶草堂，在街区更新过程中发挥了巨大的作用，其带来的良好社会效应值得关注。

总体来说，提升街道空间品质有四个层面的工作，即标准层面、规划层面、实施层面及机制层面。标准层面需要基于人本主义的导向对现行技术标准进行完善，并提供精细化的设计指引，具体任务载体包括街道设计标准、街道设计导则、街道设计手册等；规划层面主要是基于社会公平的空间分配，具体任务包括街道系统专项规划、慢行系统专项规划、公共空间系统专项规划等；实施层面主要是基于紧迫与需求程度的点、线、面局部提升，可以开展街道与街区改造规划设计；机制层面重点是基于广泛参与的机制完善，主要包括设计机制完善、实施机制优化以及管理机制创新等方面（表 3）。

结语

未来不可预知，随着新技术的革命与新交通方式的不断涌现，未来城市街道的研究与设计将面临更大的挑战，一部《导则》仅仅是一个开始，后续的标准、手册、方案等一系列工作陆续开展，而《导则》本身也需要不断地修正和完善。《导则》

街道工作的策略建议 **表 3**

分层	导向	手段	载体
标准层面	基于人本主义的标准完善， 精细化的设计指引	刚性管控 弹性引导 工具菜单	街道设计标准 街道设计导则 街道设计手册
规划层面	基于社会公平的空间分配	系统完善	街道系统专项规划 慢行系统专项规划 公共空间系统专项规划
实施层面	基于紧迫与需求程度的局部提升	点、线、面提升	街道与街区改造规划设计 街道与街区改造实施项目
机制层面	基于广泛参与的机制完善	平台搭建	设计机制完善 实施机制优化 管理机制创新

研究与成果的理念、方法、技术目前在行业内已得到广泛认同，北京、广州、南京、厦门、珠海等许多城市陆续开展了相关实践，导则编制团队也在积极顺应各地诉求，把前期探索的成果应用到雄安新区规划和各地实践中去。不管是在老城还是新城，街道相关工作的初衷是希望人们走出家门，来到城市的街道上，享受户外阳光，呼吸新鲜空气，或漫步，或攀谈，或闲逛，以愉悦的心情感受城市，这样的城市才是我们每个人心中的美好家园。

感谢孙施文教授对本文撰写的悉心指导，感谢项目组金山、唐雯为本文提供的资料。

参考文献

[1] 上海市规划和国土资源管理局，上海市交通委员会，上海市城市规划设计研究院．上海市街道设计导则 [M]. 上海：同济大学出版社，2016.

[2] 张帆，骆悰，葛岩．街道设计导则创新与规划转型思考 [J]. 城市规划学刊，2018（2）.

[3] 胡晓忠，唐雯，赵晶心，等．街道的价值转型与实践策略 [J]. 时代建筑，2017（6）：32-37.

[4] 赵宝静．浅议人性化的街道设计 [J]. 上海城市规划，2016（2）：59-63.

[5] 葛岩，唐雯．城市街道设计导则的编制探索——以《上海市街道设导则》为例 [J]. 上海城市规划，2017（1）：9-16.

[6] 金山．上海活力街道设计要求与建设刍议 [J]. 上海城市规划，2017（1）：73-79.

[7] 徐磊青．街道转型：一部公共空间的现代简史 [J]. 时代建筑，2017（6）：6-11.

[8] 赵晶心．多模式道路理念的提出和应用——解读《丹佛蓝图：土地使用与交通规划》[C]// 中国城市规划学会．转型与重构——2011 中国城市规划年会论文集．北京：中国城市规划学会，2011.

[9] 张宇星．街道：重塑自由空间的可能性 [J]. 时代建筑，2017（6）：12-27.

[10] 许凯，孙彤宇．机动时代的城市街道：从基础设施到活力网络 [J]. 时代建筑，2016（2）：54-61.

[11] 龙瀛．街道城市主义——新数据环境下城市研究与规划设计的新思路 [J]. 时代建筑，2016（2）：128-132.

[12] 顾永涛，朱枫，高捷．美国"完整街道"的思想内涵及其启示 [C]// 中国城市规划学会．城市时代，协同规划——2013 中国城市规划年会论文集．北京：中国城市规划学会，2013.

[13] Michael R. Gallagher，王紫瑜．追求精细化的街道设计——《伦敦街道设计导则》解读 [J]. 城市交通，2015（4）：56-64..

[14] 姜洋，王悦，刘洋，等．回归以人为本的街道：世界城市街道设计导则最新发展动态及对中国城市的启示 [J]. 国际城市规划，2012，27（5）：65-72.

[15]（美）阿兰·B·雅各布斯．伟大的街道 [M]. 王又佳，金秋野，译．北京：中国建筑工业出版社，2009.

[16]（加）简·雅各布斯．美国大城市的死与生 [M]. 金衡山，译．南京：译林出版社，2005.

[17]（日）芦原义信．街道的美学 [M]. 尹培桐，译．天津：百花文艺出版社，2006.

[18]（美）威廉·H. 怀特．小城市空间的社会生活 [M]. 叶齐茂，倪晓晖，译．上海：上海译文出版社，2016.

[19]（丹麦）杨·盖尔．人性化的城市 [M]. 欧阳文，徐哲文，译．北京：中国建筑工业出版社，2010.

刘奇志
高嵩
孙小丽

刘奇志，武汉市国土资源和规划局副局长，中国城市规划学会标准化工作委员会副主任委员、学术工作委员会委员、城市设计学术委员会委员
高嵩，武汉市交通发展战略研究院规划师
孙小丽，武汉市交通发展战略研究院轨道交通室主任

复兴步行系统、完善交通品质

步行交通本是每人每天都需要使用的最根本的交通方式，是城市交通系统的重要组成部分。然而，近几十年来，随着我国城市社会经济的高速发展和城市建设区的快速扩展，城市交通规划和道路建设更多地关注于机动化交通出行，却轻视甚至忽视了步行交通。“复兴步行系统、完善交通品质”已成为规划人不得不呼吁并重视的事情。

1　交通规划应从“关注车轮”回归到“以人为本”

为适应机动化交通的发展、解决交通拥堵及车辆停放问题，各城市交通规划及管理部门在对机动车运行进行深入研究和分析的基础上，拿出了一系列城市道路交通规划管理与整治措施。随着城市更进一步的发展，大家逐渐发现这些交通规划管理与整治措施更多的是在为车行服务，城市道路的空间分配向机动车严重倾斜，车道数量和车道宽度一再增加、道路红线因其而不断拓宽，机动车停车还可因需而侵蚀非机动车及步行空间，交通规划往往是优先解决机动车通行空间、然后再将剩余空间分配给步行和其他元素，步行空间成为了机动车通行空间的附属品，城市新建、改造道路时挤占、压缩甚至取消非机动车道、步行道的现象屡屡发生，人行常常是不得不与非机动车、机动车混行，步行道少且窄的现象在许多城市已习以为常。正由于交通规划设计主要以机动车为照顾对象，在此背景下，各地城市基本形成了整体尺度大、步行空间小、精细程度低的道路系统，而承担步行交通出行的次、支路和公共通道的建设往往又滞后于承担机动化出行的主干道建设，再加上大型封闭式管理的住宅小区及公建设施的建设使得传统街巷系统随之大量消亡，步行系统在我国城市交通规划管理系统中现已处于极度弱势的地位，城市交通规划及管理的相关

技术、政策中对步行安全性、舒适性和交互性的关注确已亟待提升。

其实，步行作为最基本的交通方式，它不仅自身具备健康、环保、绿色、低碳的特征，更是联系其他所有交通方式的纽带，还承担着交通各子系统间“最后一公里”的衔接功能。如果把城市比作“人”，交通系统就是城市这个人的“血脉系统”，其中骨干交通系统是城市的“动脉血管”、是城市运转的生命线，步行系统则是城市的“毛细血管”、是城市容颜的润色剂，骨干交通系统重在实现“站到站”的接驳，而步行系统则承担着从“站到门”的收尾功能，只有实现步行与公交两个系统的有序衔接，才能有效发挥综合交通的整体运行效率，实现整体交通效能最大化，保证整个城市、这个“人”的血脉系统畅通、持续健康发展；若能再通过和谐的步行尺度、舒适的步行环境和优质的步行景观营造出优质的城市环境，无疑将更有利于提高城市公共交通系统的吸引力。

因此，在城市建设由注重高速发展向改善功能、提升品质并重转变的今天，现有的交通规划思路和理念也亟需转变，不仅要以汽车尺度来宏观规划城市，更需要以人性化的尺度来微观建设城市，通过复兴步行系统来打造与城市发展趋势相适应的城市交通系统，真正让城市的街道和社区焕发活力、服务好生活。

2 步行交通是具有多元化需求的综合性系统工程

2.1 步行交通具有不同于机动化交通的多样需求

步行交通与机动车交通具有不同的特点和需求，相应的规划思路也应有所不同。机动车交通对出行速度极为敏感，且驾驶者位于车内，与周边环境的互动较少，因此传统以机动车为重点考虑的交通规划更多的是寻求与其他机动车、行人甚至周边环境从空间上进行分离，主要考虑设置直通性强、交叉口少、受周边环境干扰小的路径；步行交通对出行路径的交织点较为宽容，但对步行距离和步行舒适性却极为敏感，对步行路线的多样化也偏好度较高，对周边环境的感知能力和需求更强，对出行细节的精度要求也更高，往往寻求更多的人气聚合、与周边空间环境的互动，以便让步行者能够相聚并停留下来[1]。因此，步行交通发展应从需求侧和供给侧两个方面来予以重点考虑：

需求侧，侧重于从城市空间规划和用地布局的角度来提升步行出行兴趣、增强步行出行概率，可分为限制城市边界蔓延、提升用地功能混合度、实现公共交通引导发展等方面[2]。具体说：首先，应提倡紧凑连续的城市发展模式，打造精明增长型城市，防止粗放式发展、低密度扩张所带来的城市无序蔓延，避免形成依赖机动车交通的出行模式；其次，通过用地功能混合布局，尤其避免过度强调功能分区或者新区单一功能发展，让城市居民通过步行交通在较小的生活圈内就可以满足更多的日常生活需求，从而减少对机动车的使用；关键是要通过在地铁等大运量公共交通的站点周边、步行可达范围内规划聚集商业、服务、休闲设施，使步行兴趣点多分布在以轨道为骨架向周边平行延伸和发散的区域，从而显著提升大运量公交周边的步行指数，真正发挥大运量公交的“步行廊道效应”。

供给侧，则应结合步行者多样化需求、提升步行者出行环境，建立“可达、安全、便捷、舒适、品质”的步行交通系统。具体讲：首先，应为步行者提供连续且多样化的出行路径，增强整个步行系统的联通性和可达性；其次，既要降低、避免机动车穿越步行热点区域的比例，也要增加步行和自行车通行空间，在路段上设置与其他交通方式的有效隔离设施，以保证步行和自行车通道专用路权，尤其应在重要交叉口进行渠化改造以提升慢行过街的安全性；同时，还应与公共交通站点等各类交通设施实现良好的衔接和方便的转换，并布置方便的过街设施、停放设施和引导标识；当然，也应考虑街道空间的环境宜人、景观良好和家具齐全，使其拥有干净整洁的通行环境和良好的遮阳挡雨功能，进而形成智慧街道 + 绿化廊道；关键是要注意充分利用街头微型广场、街角空间、建筑后退空间和一些建设所余零散空间来打造可供行人停留和休憩的活力空间，并结合开放的沿街界面来鼓励各种沿街的休闲、游憩、娱乐活动，真正提升城市形象、旅游功能和市民的归属感。

行人这五种需求的迫切程度呈现出金字塔状的阶梯递升趋势，且与地区整体发展水平有关，只有当较低层次的、与人行基本需要相关的功能得到满足时，较高层次的社会生活层面的需求才能被引起重视[3]；越是经济文化发展水平高的地区，越是要注意在充分满足街道步行通行权的同时，更加增强步行交通与沿街界面和各种公共空间、配套设施的互动。

2.2　步行交通涉及要素繁杂，需多维度深入研究

步行交通与周边用地布局、路网密度、道路功能、界面质量、空间路权、设施质量等因素均有关系，是一项复杂的综合性系统工程。其中仅街道空间范围内，就包括了红线宽度、建筑退线、机动车道与慢行道宽度、分隔带、信号灯、交通标志标线、出入口、过街设施、公交站点、机动车停靠设施、非机动车停靠设施、照明系统、绿化系统、景观节点、街道家具、建筑立面等方面需要考虑的因素。再从管理主体来看，其也涉及规划部门、交通部门、建设部门、城市管理部门、轨道运营部门、园林部门和各个片区政府，并且由于关系到公众、开发商、物业管理部门等多方主体的切身利益，其都有参与方案设计并提出自身需求的权利。

因此，对于发展较成熟的城市，多年来已初步形成基于机动化发展的道路格局，想一次性地全面完善步行系统其难度较大，要真正完成从道路建设改造、配套设施完善乃至城市文化服务的步行化转变，就需要有一系列严谨周全的工程和一个长期坚持的过程，它要求各管理部门和利益相关方共同参与和全力配合，通过定量化的指标在规划管理中进行一定的强制控制，并保持长效跟踪机制、动态监控步行系统的规划建设维护情况，从而能加以精心维护和持续改进。

3 步行交通规划优化提升策略

3.1 建立科学合理的步行规划编制体系

步行交通涉及主体多、要求杂，“多头规划”是长期以来一直困绕着步行交通规划管理的主要问题，要想从源头解决这一问题，关键是应构建完整的步行系统规划编制体系、对步行系统提出整体性和一致性的要求，并明确步行系统规划与既有城市规划和交通规划编制体系的关系，加强城市规划与交通规划的整合协同，避免各自为政的情况，真正提高步行规划的科学性和权威性；同时，还应明晰各方面、各层次的规划编制重点，以采取有效的手段进行规划控制。因此，可以先与土地利用规划、轨道线网规划等专项规划实现互动，促进城市规划管理工作朝着人性化、智慧化和科学化的方向发展；再通过步行道宽度和隔离方式控制，逐步引导形成“规划—建设—管理—反馈指导规划”的步行交通合理发展模式；从而以更好的规划管理和行政审批服务，为城市设计方案、用地开发方案、道路修建性详细规划的设计和审批提供步行交通完善依据。

当然，步行规划体系还需要从两个层面进行深化考虑：一方面，在城市总体规划、控制性规划和综合交通规划等上层次规划中，应分区域地提出步行道密度、等级控制要求，以及相应的步行配套设施的宏观配置要求；另一方面，则应在城市设计、建筑方案设计和交通方案设计等具体规划中，明确步行道的宽度、隔离形式和配套设施布局，对用地布局、建筑设计、枢纽衔接提出具体的控制要点。

3.2 形成以人为本的完整街道设计规程

城市道路是步行交通的主要载体，路网密度、街道空间分配以及街道实际可用空间从是否“以人为本”而考虑，基本上决定了城市步行系统的空间规模，因其而产生的街道活力则又在一定程度上决定着城市的整体活力。因此，城市街道系统规划首当其冲就是要转变城市交通规划理念，对目前强势的汽车通行权进行限制，践行“以人为本”的规划理念，引导建设要素完整、独具特色的城市步行系统，以实现城市交通品质的完善、提升。要真正做好这些，道路系统的规划设计中则必须注意以下几个方面。

首先，应进行统筹兼顾、多元融合的一体化规划设计，将过去仅面向车行的交通规划方式转变为实现功能复合发展的规划方式，将原仅着重体现机动化交通功能的城市道路作为一个融入功能、生活、景观等功能的整体公共空间来进行打造，统筹街道空间利用和各项系统要素，将原有针对道路红线的管控方式转变为针对街道整体空间的综合管理，并形成能够延续规划思路的规划 – 设计 – 施工一体化设计方式；其次，要真正“以人为本”地做好精准服务和工匠式设计，将当前主要关注交通设施规模增长、覆盖率提高以实现机动车拥堵改善的传统道路规划设计，向重视细节精细化设计的慢行系统规划转变，充分体现对所有使用群体，尤其是儿童、老年人、残疾人等弱势群体的包容和尊重，使绿色出行更加舒适、更有尊严、更能体现人文关怀；再者是重视开展能体现地域特色的多样式规划设计，从过去单纯考虑机动车通行空间的道路断面批量式复制，向注意结合周边环境量身定做的特色街道转变，使每一条街道都是能体现周边地域特色、与众不同的街道，使沿线每一个交叉口都是唯一、有特色的交叉口，以实现城市街道的多样性；当然，关键是要能充分实现公众参与的定制式设计，真正改变过去单纯考虑机动车使用群体意愿的工作模式，通过多种渠道广泛收集并整合各层次使用者对街道改造的意愿，尽量通过“花小钱办大事”的微改造工程，实现对街道现状特色的维持，减少大幅整改对原生性和完整性所带来的破坏，避免片面寻求少数人对方案的视觉体验而忽略大多数人对街道的实用性感受[4]。

4 步行交通规划的编制重点

面向步行的交通规划设计，不仅要求规划师能从编制体系上对步行交通有所考虑，更要求在规划的各个阶段都能对步行交通开展深入研究，具体讲，我们认为应重点做好这三方面的工作。

4.1 构建连续绵密的步行网络

要保证步行安全、连续的基本要求，城市就必须在规划编制和管理过程中严格控制城市步行网络密度。目前，针对道路网的密度控制主要体现在城市总体规划和控制性详细规划两个层面。

城市总体规划层面重在明确城市干道系统布局和整体线网，主要以机动车通行功能为基准来对道路进行快、主、次、支路的界定和布局，至于道路等级和路网密度则根据沿线用地规划、道路网规划、轨道交通等专项规划及周边地区历史文化保护等综合类规划来确定；而控制性详细规划则具体明确片区范围内道路网布局以及道路功能。但目前控规多重在控制和协调解决土地性质强度、公共配套设施、市政基础设施等方面问题，实际上是缺乏针对步行交通的步行网络密度、立体过街设施密度、公共空间覆盖率等核心指标的控制。目前，从城市整体路网密度对比中可以看出，国外发达城市核心区总体路网密度均在 15km/km^2 以上，如东京核心区甚至在 25km/km^2 以上，而国内大城市一般仅在 10km/km^2 左右，差距主要体现在次、支路网密度上，大力提升次支路、公共通道、里弄巷道等适宜步行交通的通道密度显然已成为当务之急。

要真正做好各种交通方式之间的统筹协调、发展适宜步行交通的道路网络，就必须通过控制性详细规划来加强片区层面规划针对慢行交通的考虑，最好能与控制性详细规划同步编制慢行交通规划并纳入控规，且以此为依托来建立慢行交通一张图的滚动更新机制，逐步完善后形成包含步行交通的“一张图”全覆盖。

包含步行交通的“一张图”应能让大家从中核实各分区内的步行网络规划密度，判断其是否满足推荐指标，并对步行网络密度不足的区域进行规划加密；对于已建或方案已批用地区域，可在有条件的情况下尽可能开放街区，将地块内有条件对公众开放的道路规划建设为公共通道或全日、分时步行专用路，以避免街区尺度过大、影响步行通畅度；针对城市发展中即将改造区域、正在大量消亡的传统街巷道路和里弄，则应在道路网络规划管理中以虚红线进行管控，确保这些区域的公共性步行网络密度不因旧城改造而降低，并尽可能就衔接轨道站点通道、地块连廊和过街通道等加强步行网络的规划控制。

4.2 构建多元融合的完整街道

在道路规划设计阶段，应依据“机动车减量化”策略和“完整街道”理念，基于道路使用的多方需求来合理分配道路空间，力争做到既有道路的步行空间“只增不减”、机动车出行空间“只减不增”，新建道路的步行空间与机动车空间同步增长，逐步实现步行优先的道路断面布置。

目前，道路平面空间控制主要在城市控规和道路修规中予以考虑。城市控规侧重于明确道路的主要参数（如红线宽度、断面类型和形式等），但大规模、批量化的生产，导致道路断面设计套路化、机动化，街道的众多生活交往功能因此而严重缺失；道路修规则重在明确道路平面方案和控制点高程，但空间上仍以机动化和满足工程要求为主，沿用传统的大尺度宽马路模式，道路设计的精细化、创意明显不足，缺少对街道品质要素的控制引导。

为此，有必要结合控规确定的道路综合功能，同步编制慢行交通近期改造实施方案并纳入道路规划设计方案。尤其应指出的是，道路红线对街道空间的机械式划分造成了多主体建设、多层级管理的现状，沿线要素无法很好控制，给步行系统优化带来巨大难度，基于道路红线范围的规划设计方法已经无法满足街道的多样化需求。因此，在道路规划设计方案中应打破道路红线内外分离式设计的传统规划设计模式，将道路红线以外的沿街空间也纳入街道规划设计范围，转变为街道沿街建筑所围合的“U 形空间”整体规划设计[4]，由于红线内外权属和责任主体不同，规划、设计、建设和管理过程中必须进行充分协调，并通过制定相应的制度、法规加以保障。

此外，在确定道路方案时，除传统的机动车流量预测外，还应专门就公交流量和慢行流量进行分析，重要轨道站点周边路段应单独进行预测，慢行流量分析可采取“大数据”手段，充分利用手机信令、共享单车、APP 定位等多源数据，结合交通出行、购物、餐饮等沿线 POI 数据进行分析，综合各项流量指标在道路断面设计中明确自行车道、人行道宽度及隔离形式。同时，应突破街道规划设计仅体现交通功能的现状，实现交通设计、城市设计、绿化景观设计、公共艺术设计等多专业的参与和跨界合作，并与沿线地块开发方案相对接，将道路规划由工程主导转向城市公共空间和整体环境的多专业融合设计，充分体现街道的地域特色和多样性。

4.3 构建以人为本的精品工程

主要是在道路设计阶段应发挥工匠精神、进一步体现“以人为本”的理念，运用车道窄化、缩小路口转弯半径、人车共享、设置路拱、设置窄点、路口和出入口抬高、精细化路边停车等街道设计手段和稳静化、安全性措施，达到降低车速和减少车流量的目的，提升步行安全性和舒适性。如日本居住区内路缘石半径一般小于 5 米，且人行道除了在路段、路口、沿线出入口的平面上保持连续，在高度上也始终保持连续一致，在交叉口或者地铁站出入口还设置了反光镜、护栏等大量交通安全设施，以最大限度地保障行人通行安全。

此外，对于现在各类街道附属设施、公共服务设施和绿化景观设施常随意摆放、侵占慢行资源的问题，应根据设施体量大小实行精细化设计和管理，行道树设施应严格沿路缘石摆放，对于体量较小的设施，建议设置于行道树设施带内，并避免影响行人过街和机动车通行视线；对于体量较大设施，可借助建筑后退空间与城市道路的柔性衔接，设置于路侧绿地的临人行道一侧，方便行人使用。例如东京实行了严格的街道空间管理，在等级最低的一块板道路上，也用标线区分出通行区和设施区，设施区用于建筑设置盆栽、广告、自行车停放、停车等，保证通行区通畅。

目前，我国城市街道沿线设施多以市政公用设施为主，而体现街道社会属性的各类公共服务设施如座椅、指示标识等常常严重不足，在规划中应精准分析行人对各类设施的需求并进行科学布置。为实现人性化水平提升，还应在商业设施、居住区、学校、医院等公共设施和地铁站点周边，结合街角绿地、行道树设施等因地制宜设置座椅；城市街区内部针对行人的导向系统目前也基本处于缺失状态，故在规划中应多考虑在街区出入口、行人集散区域、重要交叉口设置不同等级、不同内容要素的导向标识，以指明街区内慢行通道和主要步行兴趣点，并标注步行路线长度。

5 以点带面、示范引领，推动步行系统加速发展

当前，国内各城市的建设正由 20 世纪 90 年代的增量发展逐渐转向存量完善，若想再如增量发展时期以小汽车为导向的道路空间设计和轨道建设时期的道路整体改造模式来大规模、系统性地重构步行系统确实已较难，因为现在再来重新考虑步行交通的街道设计，将面临周边用地特征、道路设施条件、交通运行状况、使用者改造意愿、沿线建筑布局、绿化景观状况等多方面的约束。近期应该重点结合周边片区更新和道路改造来逐步优化和局部改善，这就要求我们应坚持集中力量、以点带面发展，优先将资源投入到那些街道活力高、“兴趣点”多、步行出行量大、但步行设施和环境相对较差的路段，以促进城市步行系统加速发展、获得事半功倍的效果。

因此，当前步行街道系统改造优化的核心策略是实行“存量提升”和“现状挖潜”，实施街道系统重构和空间重塑，通过“道路瘦身”、“共享街道”等措施，按照行人—自行车—公交车—小汽车的顺序安排通道资源、优化行人的行走空间，并大胆地将未充分利用的交通空间转化为公共空间，实现空间品质、交通安全和城市效率之间的平衡。纽约百老汇大街改造工程、伦敦展览路改造工程为我们建设更美好的街道提供了极佳的范例。从实施效果来看，这些示范道路改造后，除了人流量上升、沿线商业价值提升、交通事故率下降以外，其整体的交通运行效率并未出现下降。这些全球代表性城市都敢于在城市核心区的重要道路破除阻力、提升街道空间品质，我们也应当在步行者与机动车的空间权益争夺中更加坚定信心、支持步行。近几年，广州、深圳、东莞等各大城市均以高品质慢行示范区和精细化示范街道为抓手和突破口，带动全市慢行系统的加速建设。武汉市根据城

市发展重点也编制了步行示范区规划，建设“地铁城市”是武汉市近期发展重点，轨道交通站点及其周边区域是未来城市发展的核心，为此，武汉市在慢行示范区的主体发展思路是依托轨道站点建设来优先实现站点周边地区慢行系统的品质升级。具体讲，就是在轨道站点规划设计的同时，相应开展轨道站点核心区内慢行系统与换乘设施、周边建筑的一体化设计，使慢行系统与轨道站点的衔接尽量便捷，并配置足够的自行车停车设施和指示标识，以有效扩大“最后一公里”服务范围，并结合外围步行兴趣点、公共中心、景观节点逐步建设发展，以形成生长型的特色步行网络。

适宜步行的城市是一个对人热情、友好、宽容的城市，是一个有品质的城市，如何能更适宜步行，规划为此而应考虑的内容有很多。限于时间及篇幅，我们主要是结合工作实践提出了一些个人观点供大家参考，希望大家在以后的工作中能更用心、更专注地去对待我们城市的步行系统！

参考文献

[1] 魏皓严，朱晔．步行城市设计研究的三个方向 [J]. 时代建筑，2016（3）：172.
[2] 自然资源保护协会，清华大学建筑学院．中国城市步行友好性评价——基于街道功能促进步行的研究 [R]. 北京：自然资源保护协会，清华大学建筑学院，2017.
[3] 李雯，兰潇．城市最具潜力的公共空间再开发——世界典型街道设计手册综述 [J]. 城市交通，2014（2）：13.
[4] 丘银英，马山．街道设计：从批量复制到单品定制 [J]. 城市交通，2014（2）：13.

谭纵波
曹哲静

谭纵波，清华大学建筑学院城市规划系教授，中国城市规划学会理事、国外城市规划学术委员会副主任委员、城乡规划实施学术委员会副主任委员、标准化工作委员会委员
曹哲静，清华大学建筑学院博士研究生

城市视觉品质管控中的广告牌匾要素
——北京与东京案例

1 引言

2017 年年底，“天际线”这个往常限于城市规划与城市设计领域中的专业术语突然“走红”，频繁见诸各种媒体。按照北京市城市管理委员会等三部门于 2017 年 11 月 24 日发布的通知，北京市将全面清理不符合规范要求的建筑物屋顶、墙体上的广告牌匾，以打造“视觉清朗”的城市天际线[1]。一项新出台的城市管理措施的实施成为社会热议的公共事件，除其本身带有一定的偶然性外，事实上也反映了改革开放 40 年后城市规划与管理所面临的带有普遍意义的问题。经过近四十年快速城市化过程，城市空间拓展与城市建设总量有了长足的发展，但快速城市化也使得城市规划管理与建设中的许多细节没有来得及得到重视，仍显现出粗放的一面。

城市景观是反映城市品质的代表性领域，而城市的户外广告牌匾又是构成城市景观的重要要素，其设计与设置直接影响到城市的品质。虽然北京等城市已初步构建起城市户外广告牌匾管理的体系，甚至此次“天际线”热点问题的出现正是由于实施 2017 年 9 月新近颁布的《北京市牌匾标识设置管理规范》(以下简称《牌匾管理规范》) 而引发的。

与东京等发达国家的城市相比较，北京在城市户外广告牌匾管理方面尚存某些需要参考和改进之处。近年来，对于日本户外广告牌匾管理经验和案例的介绍可见诸学位论文或学术期刊，例如：真荣城德尚 (2008)、邓凌云和张楠 (2013)、

---

[1] 2017 年 11 月 24 日，北京市城市管理委员会、北京市规划和国土资源管理委员会、北京市城市综合管理行政执法局《关于开展集中清理建筑物天际线专项行动的通告》。另据 2017 年 12 月 1 日《北京日报》报道，这次全市需要拆除的违规广告牌匾超过 2.7 万块。

王占柱和吴雅默（2013）、钱程（2014）从城市管理方面的研究，但从城市（景观）规划角度出发，基于法规分析的研究相对较少。

本文将城市户外广告牌匾看作构成城市景观的重要组成部分，从城市（景观）规划的角度，通过对北京和东京案例的分析对比，明晰城市户外广告牌匾管控体系的构成，以及城市规划、景观规划是如何与户外广告牌匾管理相互配合，实现既定目标，进而发挥各自在提高城市品质中的作用和地位的。

2 北京案例

2.1 “户外广告牌匾”的定义

我国现行的《中华人民共和国广告法》（1994 年颁布，2015 年修订，以下简称《广告法》）对广告行为的定义是：“商品经营者或者服务提供者通过一定媒介和形式直接或者间接地介绍自己所推销的商品或者服务的商业广告活动”（第 2 条）。显然这里所指的广告并未包含仅做名称标识等用途的非经营性牌匾等。关于户外广告，《广告法》仅在第 42 条规定了不得设置户外广告的 4 种情况。2006 年，根据《广告法》、《中华人民共和国行政许可法》以及《广告管理条例》等法律法规修订的《户外广告登记管理规定》首次明确将“户外广告”定义为：“利用户外场所、空间、设施等发布的广告”。

在北京市颁布的与户外广告牌匾管理相关的四个法规规章和地方标准，《北京市市容环境卫生条例》（2002 年 9 月，以下简称《环卫条例》）、《北京市户外广告设置管理办法》（2004 年 8 月，以下简称《广告管理办法》）、《北京市户外广告设置规范》（2004 年 10 月，以下简称《广告设置规范》）以及《北京市牌匾设置管理规范》（2017 年 9 月，以下简称《牌匾管理规范》）中，均涉及与广告和牌匾相关的描述。其中，《环卫条例》未给出明确定义，但从第三节户外广告和牌匾标识（第 36 条至第 38 条）中的描述，并结合《广告法》的定义，可以理解为：“户外广告”指与经营性活动相关的内容和物体；“牌匾和标识”指对非经营性内容的表达[1]。《广告管理办法》和《牌匾管理规范》中的相关定义也支持这种推断[2]。

---

[1] 《环卫条例》第三十八条：“机关、团体、部队、院校、企事业单位和其他组织及个体工商户的名称、字号、标志等牌匾和标识，应当按照批准的要求规范设置”。

[2] 《广告管理办法》第二条第二款：“本办法所称户外广告，是指在城市道路、公路、铁路两侧、城市轨道交通线路的地面部分、河湖管理范围和广场、建筑物、构筑物上，以灯箱、霓虹灯、电子显示装置、展示牌等为载体形式和在交通工具上设置的商业广告”；《牌匾管理规范》第二条：“本市行政区域内的机关、团体、部队、院校、企事业单位和其他组织及个体工商户，设置各类带有名称、字号、商号、标志等内容的牌匾、匾额标识的行为，均应依照本规范执行”、第三条：“本规范所称牌匾标识，包括单位名称牌匾标识、建筑物的名称牌匾标识和机动车车身标识。牌匾标识仅限于标明本单位名称、字号和标志，不得含有经营服务信息及其他商业性宣传内容。附带商业宣传内容的，按照《北京市户外广告设置管理办法》执行。”

因此，本文采用“户外广告牌匾”，指代表达经营性内容的“广告”和不含经营性内容的“牌匾”或“牌匾标识”。

2.2 法律基础

早在1982年，国务院就颁布了《广告管理暂行条例》，1987年重新颁发《广告管理条例》。全国人大于1994年通过了《中华人民共和国广告法》并于2015年4月进行了修订，其主要目的在于促进商业竞争、完善广告准则、约束广告代言、加强广告监管，防止对公众健康、自然环境、国家形象的破坏。其中，第41条对地方政府进行了授权，规定“县级以上地方人民政府应当组织有关部门加强对利用户外场所、空间、设施等发布户外广告的监督管理，制定户外广告设置规划和安全要求。户外广告的管理办法，由地方性法规、地方政府规章规定”。在此基础上，国家工商行政管理总局于2004年发布《广告管理条例施行细则》，明确了管理范围内的各类广告，虽未对“户外广告”单独界定，但已经初步涵盖了相关内容[1]。该细则还对广告的审批与发布流程进行了规范，明确了处罚措施。

依据《广告法》的授权，北京市政府也相继颁布了《广告管理办法》、《广告设置规范》和《牌匾管理规范》等地方性规章和标准[2]。同时，北京市还依据《北京市户外广告设施规划标准》(2001年，以下简称《广告规划标准》）编制了《北京市户外广告和牌匾标识设置专业规划》(以下简称《广告牌匾规划》)[3]。表1列出了北京市与户外广告牌匾相关的法律法规与规范标准。

2.3 技术标准

对于户外广告牌匾设置的限制及要求的技术性规范和标准主要体现在北京市颁布的规章和措施中，《广告法》的要求较为笼统，仅原则性地提出了不得设置户外广告的4种情况[4]。

---

❶《广告管理条例施行细则》第二条第三款，“利用街道、广场、机场、车站、码头等的建筑物或空间设置路牌、霓虹灯、电子显示牌、橱窗、灯箱、墙壁等广告”。第四款，“利用影剧院、体育场（馆）、文化馆、展览馆、宾馆、饭店、游乐场、商场等场所内外设置、张贴的广告”。

❷ 北京市政府颁布的规划文件和地方性标准还有：《户外广告设施技术规范》以及《北京市户外广告设施安全管理规定》等。因内较少涉及本文关注内容，故不做讨论。

❸ 资料来源：http：//zfxxgk.beijing.gov.cn/110017/gh32/2008-12/05/content_61571.shtml，但规划编制时间不详，且与《广告规划标准》互为依据。

❹《广告法》第四十二条：“有下列情形之一的，不得设置户外广告：
（一）利用交通安全设施、交通标志的；
（二）影响市政公共设施、交通安全设施、交通标志、消防设施、消防安全标志使用的；
（三）妨碍生产或者人民生活，损害市容市貌的；
（四）在国家机关、文物保护单位、风景名胜区等的建筑控制地带，或者县级以上地方人民政府禁止设置户外广告的区域设置的”。

北京市户外广告牌匾管理适用法规与规范标准一览表 表 1

法律层级	条目	发布单位	主要法律依据
特别行政法	《中华人民共和国广告法》	全国人民代表大会	—
行政法规	《广告管理条例》	国务院	—
部门规章	《户外广告登记管理规定》	国家工商行政管理总局	《中华人民共和国广告法》 《广告管理条例》 《行政许可法》
	《广告管理条例施行细则》	国家工商行政管理总局	《广告管理条例》
地方性法规	《北京市市容环境卫生条例》	北京市人民代表大会	—
地方性规章	《北京市户外广告设置管理办法》	北京市人民政府	《北京市市容环境卫生条例》
地方行政措施	《北京市户外广告设置规范》	北京市市政管理委员会	《北京市户外广告设置管理办法》 《北京市户外广告专业规划》
	《北京市牌匾设置管理规范》	北京市市政管理委员会	《中华人民共和国广告法》 《北京市市容环境卫生条例》 《北京城市总体规划》
规范标准	《北京市户外广告设施规划标准》	北京市人民政府	—
	《北京市户外广告设施技术规范》（地方标准）	北京市质量技术监督局	—
规划文件	《北京市总体规划》	北京市规划和国土资源管理委员会	《城乡规划法》
	《北京市户外广告和牌匾标识设置专业规划》	北京市市政管理委员会	上列文件以及 《特殊标志管理条例》 《北京市城市规划条例》

资料来源：笔者根据相关法律法规、规范标准和规划整理

北京市颁布的《广告管理办法》明确了禁止或限制户外广告设置的区域和物体（表 2）；而《广告设置规范》则进一步划分为："严禁设置区"、"严格限制设置区"、"一般限制设置区"、"开放设置区" 和 "其他设置区"，并注明了各区的管理规定（表 3）。《广告牌匾规划》基本遵循了《广告设置规范》的划分标准，但与该规划直接依据的标准《广告规划标准》中的 "严禁区"、"控设区"、"集中展示区" 和 "一般地区" 的划分方式不同。《牌匾管理规范》更是采用了 "禁设区"、"严控区" 和 "开放区" 等不同的表示区域划定的表达方式。总体上来看，北京市颁布的与户外广告牌匾管理相关的规章、措施、规范标准和规划虽然均对户外广告牌匾的禁止与限制分区管理进行了说明，但划分方式缺少统一的标准和表达用语。同时，相关内容更多的侧重于广告的管理。

《北京市户外广告设置管理办法》禁止区域和物体一览表　　　表 2

区域 / 物体	具体范围与要求	
禁止区域	· 长安街道路两侧各 100 米范围 · 天安门广场地区及广场东侧、西侧各 100 米范围 · 中南海办公区周边 · 钓鱼台国宾馆的沿街地区 · 国家机关、学校、风景名胜区和文物保护单位的建筑控制地带 · 空中、城市绿地、河湖、水库 · 举办大型商业性活动的场所外	
禁止物体	· 长安街路段和天安门广场地区禁止有车身广告的车辆通行（举行大型活动临时调用的车辆除外） · 危险建筑物、构筑物 · 飞行器、非公交车辆 · 施工工地围挡	
限制区域	道路两侧和路口	· 不得妨碍安全视距、影响通行
	建筑物和构筑物	· 不得破坏城市风貌、景观和影响市容环境
	居住建筑和居住区	· 必须符合户外广告设置规划，并征得该建筑内居民的同意 · 应当避免噪声污染、光污染和遮挡日照等对居民生活造成的不利影响
	交通工具	· 不得在公交车辆正面、前后风挡玻璃及两侧车窗上设置；设置车身广告不得对原车身颜色全部遮盖；设置的车身广告不得影响识别和乘坐

资料来源：笔者根据《北京市户外广告设置管理办法》整理

《北京市户外广告设置规范》中的区域划分一览表　　　表 3

区域	具体范围
严禁设置区	· 天安门广场地区、中南海周围地区、故宫周围地区、钓鱼台周围地区 · 长安街（复兴门—建国门之间） · 党政机关、军事机关、军事禁区等办公区域及周边控制地带 · 宗教活动场所 · 文物保护单位、风景名胜区 · 相关法律、法规禁止设置的区域
严格限制设置区	· 长安街延长线 · 二环路以内的区域 · 居住建筑相对集中或成片的区域 · 教育科研区 · 历史文化保护区
一般限制设置区	· 二、三、四、五、六环路，高、快速路等主要交通干线 · 机场、火车站等地区 · 文化体育场所（指：相对集中的新闻出版、文化艺术团体、广播电视、图书展览场所及体育场馆所在的区域） · 商务区（指：写字楼、宾馆、饭店等商业、金融、服务业机构相对集中的区域） · 经济技术开发区、科技园区 · 商务中心区
开放设置区	· 繁华商业街区（王府井、西单、大栅栏等商业店铺集中的地区）
其他设置区	· 严禁设置区、严格限制设置区、一般限制设置区、开放设置区以外的地区

资料来源：笔者根据《北京市户外广告设置规范》整理

另一方面，北京市在规范标准层面对户外广告和牌匾分别制定了不同的规范性文件，且相关内容更多的侧重于广告的管理。《广告设置规范》和《广告规划标准》主要针对落地式广告和附着式广告的间距、位置、规模和高度做出了规定（表 4）；而《牌匾管理规范》既对位置、规格、比例、色彩、照明等实施整体控制，又对不同位置的牌匾进行分类控制，并对多家单位共用同一场所的情形进行了说明（表 5）。仅《广告牌匾规划》在规划层面将二者统一考虑，除采用通则规定外，也采用分区控制的形式，对户外广告牌匾的色彩、规模、位置进行了统一的规划。该规划根据城市规划所确定的土地使用性质，结合对户外广告牌匾的限制程度、历史文化保护区及保护单位，划分了八类管控地区。

《北京市户外广告设置规范》广告设置规定一览表　　表 4

要素	落地式广告	附着式广告
间距	· 广告设施 100 平方米以上的设置间距应当大于 800 米 · 广告设施 30—100 平方米的设置间距应当大于 400 米 · 广告设施 5—30 平方米的设置间距应当大于 200 米 · 广告设施 5 平方米以下的设置间距应当大于 100 米	—
位置	· 在人行便道上设置落地式广告设施需保持不少于 3 米的便道宽度，设置柱式（及悬挂式）广告设施的牌面下端距地面高度不少于 2.2 米 · 在地铁通风亭 10 米范围内，不得设置落地式广告设施	· 在建筑物顶部不宜设置附着式广告，在坡屋顶或屋顶造型独特的建筑物顶部不得设置户外广告 · 垂直附着于建筑物或构筑物墙体设置附着式广告，其外沿距离墙体不超过 1.5 米；平行附着于建筑物或构筑物墙体设置附着式广告，其外沿距离墙体不超过 0.25 米，并与建筑物或构筑物协调
规模		· 每个公交中途站位的广告面积不得超过 20 平方米；首末站的广告面积不超过 30 平方米 · 每个亭体附着广告的面积应当小于 2 平方米，亭顶不得设置户外广告
高度	· 沿道路两侧设置落地式广告设施的，广告设施在地面上靠近道路的垂直投影点与道路间的距离应当大于广告设施的总高度	· 在 6 米以下的平顶建筑物或构筑物上设置附着式广告的高度应当低于 1.5 米 · 在 6—12 米的平顶建筑物或构筑物上设置附着式广告的高度应当低于 2 米 · 在 12 米以上的平顶建筑物或构筑物上设置附着式广告的高度应当低于 3 米

资料来源：笔者根据《北京市户外广告设置规范》整理

《北京市牌匾设置管理规范》牌匾设置规定一览表　　表 5

类别	控制要素	技术规定
整体控制	位置	设置在建筑物的檐口下方、底层门楣上方或建筑物临街方向的墙体上；建筑 3 层以上只能设置建筑物名称
	规格	每个单位在每处办公场所只能设置一处牌匾标识
	比例	大小不得超过 1/5
	风格	与建筑物协调，商业老字号符合历史传统样式
	照明	单体字形、内透光、禁止外打灯
分类控制	建筑等类型	
	建筑物底层	· 数量：不得超过建筑物的主要出入口数量；底层以上部分最多设置 1 块 · 位置：在不同方向的建筑物顶部实墙面上设置，上边缘距檐口（或女儿墙的上缘）距离≥ 0.5 米 · 字样：单体字 · 字符大小：18 层以下，最大边长 1.5 米；18 层以上，最大边长 2 米
	墙面	· 风格：不得破坏原建筑风格和遮挡建筑 · 字符大小：行车道宽度 16 米以下时 0.5；16—24 米时 0.6；24—40 米时 0.7；宽于 40 米时 0.8
	建筑底层的墙面	· 位置：高度≤ 1.5 米，牌匾标识底部距地面应保证至少 2.5 米的通行高度；厚度离墙≤ 0.3 米 · 规格：最大宽度不超过所属单位的整个出入口门面的宽度
	同一幢建筑	· 位置：建筑立面的同一基准线上。悬挂式牌匾标识不得设置在一层檐口以下；支架悬挂距离≤ 0.5 米、宽度≤ 1.2 米、高度≤ 9 米、厚度≤ 0.5 米；悬挂式牌匾标识悬挂角度需与建筑物外墙成 90° 角
	街道转角的建筑	· 风格：整体设计，多家单位的牌匾形式、悬挂位置、高度和体量应当统一
	柱廊或底层以上有出挑结构的建筑	· 位置：出挑结构以下，平行于墙面；牌匾标识底部距地面≥ 2.5 米 · 规模：宽度小于骑楼两根立柱间距 2/3 厚度，不得超过 0.15 米
	设有入口构件的建筑	· 字样：单体字式样 · 规模：不得超出入口构件的宽度
	单层坡屋顶建筑	· 风格：小型牌匾、灯笼、仿古灯箱等小牌匾标识式样（仿古商业街） · 位置：单层坡屋顶建筑在正面屋檐以下设置牌匾标识；多层坡屋顶建筑在底层正面屋檐以下设置牌匾标识
	一层无门楣且较难在墙面设置牌匾标识的建筑	· 规模：高度不得超过门面高度的 1/5
	建筑立面上有线脚装饰的建筑	· 风格：不得破坏构图关系，不得覆盖线脚设置 · 规模：外侧面不宜超过相邻竖向线脚的最大厚度
	平面布局上有凹凸或曲折变化的建筑	· 风格：不得破坏建筑立面的形态关系
	建筑立面上有拱券形构件的建筑	· 位置：在拱券内侧设置的平行外墙式牌匾标识，设置位置不得超过圆拱的下缘

资料来源：笔者根据《北京市牌匾设置管理规范》整理

3 东京案例

3.1 “户外广告”的定义

按照日本的《户外广告法》(《屋外広告物法》) 第二条对“户外广告”的定义，“户外广告”是指“经常或在一定时期内连续于户外展现在公众面前的物体，包括招牌（广告牌）、落地式招牌（广告）、海报、牌匾以及广告塔、广告牌、展示或表示在建筑物、构筑物上的物体以及类似的物体”。与汉语对“广告”所包含的一般认知以及我国《广告法》中对“广告”的定义不同，日本的《户外广告法》所界定的“户外广告”有着较为宽泛的概念，不仅包括具有商业宣传意义的“广告”，也包括所有符合上述定义的文字、图样、标志、符号等，载体也不限于建筑物和构筑物这种固定的物体，还包括各种车辆的车身广告。除车身广告等可移动的类型外，对城市景观形成较大影响的附着于建筑物和构筑物以及单独设置的户外广告更接近于本文中的“广告牌匾”所表达的内涵。因此，如不做特别说明和特指时，本文统一采用“户外广告牌匾”这一名称。

3.2 历史沿革

伴随着城市经济活动，广告这种形式古已有之，东京也不例外，近代广告形式和现象在明治维新之后就已出现，在之后发展的过程中，表达形式趋于多样化，灯光照明、霓虹灯乃至视频等现代化手段也不断被应用。但随之而来的是广告给城市环境带来的视觉与安全两个方面的负面影响。

日本明治政府于明治 44 年（1911 年）颁布《广告管制法》(《広告物取締法》)，虽然只有短短 4 条，但奠定了时至今日广告管理的基本出发点和考虑要素。《广告管制法》明确了政府应以保护城市“美观”（美観）和“风貌”（風致），保障城市的安全与正常秩序为目的，对广告进行管制。无论是法律名称还是法条的行文都将广告作为一种负面要素来对待。与此同时，地方政府也依据法律颁布了各自的广告管理条例。第二次世界大战后，日本政府于 1949 年颁布了《户外广告法》(《屋外広告物法》，以下简称《广告物法》) 并经多次修改，延续至今。

3.3 法律基础

现行的《广告物法》的正文由六章三十四条组成，分别涉及对户外广告牌匾的限制、对违法行为的监督、户外广告牌匾业管理以及处罚等内容。其中，与城市规划与景观规划相关的主要是有关限制广告牌匾的内容，包括第三条禁止广告牌匾的地区和物体、第四条地方政府限制广告牌匾的权力、第五条关于广告牌匾

日本《户外广告法》主要内容一览表　　表 6

章次	内容	条目
第一章	总则	第一条 立法目的 第二条 户外广告的定义
第二章	广告物的限制等	第三条 禁止设置户外广告的区域及物体 第四条 设置户外广告的限制 第五条 设置户外广告的标准 第六条 与景观规划的关系
第三章	监督机制	第七条 违规处罚措施 第八条 拆除广告物的保管、变卖与废弃措施
第四章	户外广告业	第一节（第九至十一条）户外广告业的注册 第二节（第十一条至二十五条）注册考试机构
第五章	杂则	第二十六条 特别区的特例 第二十七条 大城市等的特例 第二十八条 作为景观行政团体的市町村的特例 第二十九条 适用注意事项
第六章	罚则	第三十条至第三十四条 违反上述各条规定的惩罚措施

资料来源：笔者根据日本《户外广告法》（1949 年颁布）整理

表达方式的标准以及第六条服从景观规划的义务等内容。该法明确将户外广告牌匾管理相关的权限授予都道府县等地方政府，要求地方政府通过颁布地方条例等形式来具体确定内容和程序（表 6）。

对于禁止设置广告牌匾的地区，传统上主要依据《城市规划法》（《都市計画法》）、《文物保护法》（《文化財保護法》）和《森林法》（《森林法》）等的内容等进行划定，例如：表 7 中列出的“第一种、第二种低层居住专用地域”、“旧美观地区、风貌地区”等均属《城市规划法》中用以规划土地利用性质的“地域地区”的一种。由此可以看出，对广告行为的限制与城市土地利用规划以及所反映的城市规划对城市空间的管控目的是密切相关的。当然，即使在禁止设置广告牌匾的地区，也并非完全禁止广告牌匾出现，表 7 的右栏列出了基于法规的允许特例。理论上，除上述地区和物体外均可设置广告，但需要经过地方政府的审批。

2004 年《景观法》颁布之后，地方政府可以通过编制景观规划对户外广告牌匾的设置及内容进行更加细致的管控，并通过颁布地方条例等手段落实具体的管制内容。因此，依据《景观法》编制的景观规划与城市规划一起成为限制广告行为的重要依据。

依据《广告物法》和《景观法》等法律的授权，东京都颁布有《东京都户外广告物条例》（《東京都屋外広告物条例》，以下简称《广告物条例》）以及《东京都户外广告物条例实施细则》（《東京都屋外広告物条例施行規則》，以下简称《广

日本《户外广告法》等法律法规规定的禁止广告牌匾地区和物体一览　表 7

<table>
<tr><th rowspan="2">类别</th><th>禁止区域和禁止物体</th><th colspan="2">（可设置的）例外广告牌匾</th></tr>
<tr><th>禁止地区和场所</th><th>需报批的</th><th>无需报批的</th></tr>
<tr><td>禁止区域</td><td>・第一种、第二种低层居住专用地域
・第一种、第二种中高层居住专用地域
・田园居住地域
・特别绿地保护区
・景观地区中都道府县长指定的区域
・旧美观地区、风貌地区
・保安林
・《文物保护法》中的建造物及周边地区
・历史及城市美观建造物及周边地区
・墓地、火葬场、殡仪馆、寺庙、教堂
・国家和公共团体管理的公园绿地等场所
・国立、国定公园等中的特别地域
・学校、医院、图书馆、政府机构等用地
・道路、铁路等用地及相邻地域
・其他都道府县长指定的地区</td><td rowspan="5">・属于自用的（另有标准）
・路标、指示牌等公共目的的
・利用灯柱等以提供公众便利的
・都道府县长指定的设在人行道上的
・《广告物细则》所确定的用于公益的表示设施或物体的
・其他</td><td rowspan="5">・属于自用的（另有标准）
・其他法规规定需要表示的
・国家和公共团体用于公共目的的
・用于公益目的的集会、活动等的海报、招牌、旗帜、落地式招牌、条幅及气球等
・表示自己管理土地事项的
・婚丧嫁娶仪式的</td></tr>
<tr><td rowspan="4">禁止物体</td><td>禁止物体</td></tr>
<tr><td>・桥梁、高架路、高架铁路等
・道路标识、信号、护栏、行道树
・邮政信箱、公用电话、电力塔、电视塔、照明塔、换气塔、纪念碑
・石墙、断崖、河堤、堤坝、挡土墙
・景观上重要的建造物、树木
・其他都道府县长指定的物体</td></tr>
<tr><td>只禁止张贴、招牌、广告旗及落地式招牌的物体</td></tr>
<tr><td>・电线杆、路灯杆、消防栓标识
・拱门、廊棚的支柱</td></tr>
</table>

资料来源：笔者根据《广告物法》、《广告物条例》和参考文献 [6] 整理，内容略有增减

告物细则》）。前者规定了与广告相关的各方责任、有关禁止广告牌匾地区和禁止物体等限制内容、广告牌匾的申请与审批、实施措施、有关广告牌匾业的规定、东京广告审议会以及罚则等内容。《广告物法》所确定的原则和主要内容通过《广告物条例》和《广告物细则》得以细化落实。

除此之外，《广告物条例》还对一些《广告物法》中没有涉及的非强制性限制广告牌匾地区，例如“广告协议地区”、城市规划的“地区规划”制度中的广告牌匾限制内容、“街道景观重点地区”及“广告引导地区”等限制广告牌匾的内容进行了具体的界定和描述。

3.4　技术标准

《广告物法》通过《城市规划法》、《文物保护法》等相关法律划定了禁止设

置广告牌匾和允许设置广告的区域等。《广告物条例》和《广告物细则》还对允许设置广告牌匾情况下的通则以及不同形式的广告牌匾设置标准进行了较为详尽的规定，使具体的广告牌匾设置活动有了可操作的依据；另一方面，依据《景观法》编制的景观规划则对重点景观地区内的广告牌匾设置规则和标准进行了更为详细的规定，成为重点景观地区广告管理的重要依据。

《广告物条例》和《广告物细则》中将设置广告牌匾的标准分为三大类。一类是适用于所有广告牌匾的通则标准、一类是适用于各种类型广告牌匾的分类标准，还有一类是对广告牌匾的总面积进行控制的面积标准，表8列出了相关的详细内容。

如果说上述条例及其实施细则对东京都所管辖区域中的广告牌匾设置进行了标准化和规范化的规定的话，那么东京都依据《景观法》所编制的《东京都景观规划》（2009年，以下简称《景观规划》）则进一步对特定地区内的广告牌匾设置进行了更为细致的规定。《景观规划》的内容共4章，主要包括：①形成新景观的必要性、②形成具有东京特色的景观、③充分运用景观法构建景观新格局以及④配合城市建设实施景观政策等内容。规划将东京都全市域作为景观规划区，通过划定广告牌匾设置需进行申报的11条景观基本轴（其中已划定范围的5条）、三个景观形成特别地区和其他一般地区，以及确定景观重要建造物和景观重要公共设施，以实现构建景观新格局的目标。在上述地区中对户外广告牌匾进行限制是规划的内容之一。

《景观规划》对户外广告的限制主要分为三个方面。首先是针对整个景观规划区的通用规划原则，包括：

①户外广告牌匾的尺寸、位置、色彩等设计需体现地域特色，促进良好景观的形成；

②于景观基本轴、大规模公园绿地周边设置广告牌匾时，需注意与景观背景、建筑物和绿植等景观构成要素相协调；

③于历史环境景观资源周边设置广告牌匾时，需考虑保护街道景观的历史氛围；

④大型建筑与高层建筑上的广告牌匾对景观影响范围广，应充分注意其尺寸和位置；

⑤设置于干道沿线的户外广告牌匾应促进沿线品位景观的形成；

⑥在以自然风光为主的旅游区，街道两侧、游憩地区周边不应设置破坏景观的独立式广告牌，应采用集约化广告牌匾并使其色彩等设计与自然环境相协调；

⑦为促进地域振兴，不应设置大尺度和过量的广告牌匾，以形成优美文静的景观；

⑧积极运用地方化规则，采用具有统一性、地方性的广告牌匾，提高街景的个性和魅力，促进旅游发展。

东京都广告牌匾设置标准一览表　表 8

标准	广告牌匾等的类型		
		细分类	管制内容
通则标准	1. 禁止设置其形状、尺寸、色彩、设计及其他表达方式影响景观风貌的 2. 不得设置具有危害公众风险的广告牌匾或表示内容 3. 不得使用荧光涂料、荧光薄膜		
分类标准	广告塔、广告版		
		落地式	·不得高于地面 10 米，但设置于商业地域内的自用牌匾中，表示自己姓名、名称、点名或商标时不得高于 13 米 · 出挑于道路上空的广告牌匾出挑距离自道路边界算起不超过 1 米，广告牌匾的下缘在分设车行人行道的人行道上空时不得低于 3.5 米（出挑距离小于 0.5 时不低于 2.5 米），在未分设车行人行道的道路上空时不得低于 4.5 米
		利用建筑屋顶的	· 设置于木结构屋顶广告牌匾的高度从地面算起不得高于 10 米 · 设置于钢筋混凝土结构、钢结构屋顶的广告牌匾等的高度不得超过地面至设置位置高度的 2/3（地面至广告牌匾上缘的高度在 10 米以下的除外），同时地面至广告牌匾上缘的高度在第 1 种、第 2 种和准居住地域中不得大于 33 米，在其他地域中不得大于 52 米 · 屋顶广告牌匾不得突出于建筑物外墙平面
	利用建筑物外墙的		
		地面至广告牌匾上缘的高度在第 1 种、第 2 种和准居住地域中不得大于 33 米，在其他地域中不得大于 52 米	
		不得突破建筑物外墙的轮廓线	
		不得覆盖遮挡窗户和外墙开口部分，但广告幕布可覆盖除应急入口、设有逃生设备的开口部分以外的部分	
		在同一面建筑物外墙上展示内容相同的广告时，各个广告牌匾之间的间距不得小于 5 米	
		除广告幕布之外的单一广告牌匾面积在商业地域中应小于 100 平方米，商业地域以外小于 50 平方米，同时除展示期在 7 日以内的广告外，广告牌匾等的面积总和应小于所占墙面面积的 3/10	
		不以商业、盈利为目的的自用牌匾超过本项第一款规定的可在满足一定条件时设置	
	由建筑物出挑的		
		地面至广告牌匾上缘的高度在第 1 种、第 2 种和准居住地域中不得大于 33 米，在其他地域中不得大于 52 米	
		包括悬挂式在内的广告牌匾的出挑距离自道路边界算起不超过 1 米，同时自建筑物算起不超过 1.5 米	
		广告牌匾的下缘在分设车行人行道的人行道上空时不得低于 3.5 米（从道路边界出挑的距离小于 0.5 时不低于 2.5 米），在未分设车行人行道的道路上空时不得低于 4.5 米	
		广告牌匾的上缘不得超出建筑物外墙的上缘	
		广告牌匾等的结构应覆以金属板，不得外露	
	沿道路、铁路及轨道交通设置的（略）		
	轨道交通车辆及汽车车身广告（略）		
	利用电线杆、路灯杆以及标识所做广告（略）		
	第 1 种、第 2 种居住地域中广告牌匾等的面积不得超过 10 平方米		
	距第 1 种、第 2 种居住地域边界 50 米之内不得设置带有闪烁光源的广告牌匾等		
	第 1 种文教地区和风貌地区中除禁止区域之外的地区中所设广告牌匾等不得使用暴露的霓虹灯管、红色霓虹灯管以及闪烁光源		
面积标准	邻里商业地域以及商业地域中，高度超过 10 米的建筑物上所展示广告牌匾的总面积不超过外墙高度 52 米以下部分总面积的 60%，但不包括展示期在 7 日以内的		

资料来源：笔者根据《广告物条例》、《广告物细则》和参考文献 [6] 整理，内容略有增减

其次，针对文物庭园及周边地区和滨水地区等景观形成特别地区，对广告牌匾的种类、设置位置、色彩和照明等采用了较《广告物条例》更为严格的标准；

此外，还对具有亚热带气候特色并作为旅游资源的小笠原离岛的户外广告牌匾进行了特别规定，以反映地方特色和发展旅游的需求。

3.5 管理规定

根据《广告物法》及《广告物条例》的规定，东京都对辖区内的户外广告牌匾管理可大致分为三个层面。一个是对从事广告牌匾业的经营性组织的管理，采用注册制，注册期为 5 年。注册机构内需设业务负责人，业务负责人必须参加由东京都组织的培训活动，或通过由国家认定机构举办的考试并获得“户外广告师”资质的人担任。另一个就是对每个户外广告牌匾的设置进行行政审批。上述技术标准实际上也是审批标准。东京都对不同地区和不同类型的广告牌匾审批部门有着明确的规定[1]。另外，对于尺寸超过一定大小或特殊类型的广告牌匾，东京都还要求设置“广告管理者”，负责广告牌匾日常状态的维护。“广告管理者”需持有建筑师、电气工程师或户外广告师等专业资质。

此外，东京都还设有属于都行政长官附属机构的“东京都广告审议会”，负责对广告牌匾相关的重大事项向行政长官提出审议咨询意见。审议会由学者、广告牌匾主、广告牌匾业代表和行政机构的委员组成，委员由行政长官任命。

3.6 丸之内案例

丸之内（丸の内）是指日本东京都千代田区一丁目至三丁目的行政区，位于东京站（东侧）与皇宫（西侧）之间，与北侧相邻的大手町和南侧的有乐町共同组成“大丸有地区”。该地区面积约为 120 公顷，是东京主要的中央商务区，其中的 101 栋建筑容纳了包括 19 家世界 500 强企业在内的 4300 家企业和 28 万人；有包括 JR（日本铁道）新干线、中央线、山手线和多条东京都地铁在内的 28 条有轨交通线路及 13 个站点位于该地区[2]。由于该地区特殊的地理位置，其形象和面貌成为东京都乃至日本的代表。

该地区对广告牌匾的管理除依据普遍适用的《广告物法》《广告物条例》和《景观规划》外，还需要遵循城市规划大丸有地区“地区规划”。其主要内容是限制地块边界与建筑后退红线之间设置妨碍通行的广告牌匾等。此外，由该地区土地所

---

[1] 有研究者认为东京都的广告审批除政府部门外还依靠社会专业技术力量，是一种误读，参考文献 [2]。

[2] 2016—2017 年数据。

有者以及相关政府机构等一起成立的地区协商组织也发布有引导地区广告牌匾设计及设置的非强制性规划文件。

“大丸有地区营造协会”（大手町・丸の内・有楽町地区まちづくり協議会）是地区内土地所有者成立的组织。该协会进一步会同东京都、千代田区及 JR 于 1996 年成立了“大丸有地区营造恳谈会”（大手町・丸の内・有楽町地区まちづくり懇談会），作为政府民间合作（PPP）机构，发布了该地区的“地区营造导则”（まちづくりガイドライン）、《绿化环境设计手册》（《緑環境デザインマニュアル》）、《户外广告导则—仲通周边地区》（《屋外広告物ガイドライン～仲通り周辺エリア編～》）等指引性文件，成为该地区包括户外广告牌匾在内的空间设计与风貌形成的指南。此外，大丸有地区营造协会还发布了针对该地区的《标识设计导则》（《サインデザインマニュアル》）。

《户外广告导则——仲通周边地区》以面向地区内的主要道路（仲通）等处的广告牌匾为对象，在梳理适用于该地区户外广告牌匾管理法律法规的基础上，结合该地区的实际状况和特点，以正反举例的形象化方式，针对广告牌匾的不同类型，提出了广告设计的指引性意见，包括：①道路部分、②行道树（落地式广告）、③行道树（竖条彩旗）、④建筑物前（大厦、商店入口）、⑤建筑物前（临时工程围挡）、⑥建筑底层部分、⑦建筑中层部分（10—31 米）、⑧建筑高层部分（31 米以上）以及⑨其他（举办活动时）（图 1、图 2）。

《标识设计导则》专门针对该地区内的标识系统，将标识分为①指南、②指引、③标识、④警示和⑤运营五大系统，从使用语言、字体、图标、色彩到设计和安置进行了详细的规定和示例说明。

3.7 高尾站前地区案例

高尾站位于东京都西侧，距市中心约 40 公里的八王子市，JR 中央线和京王电铁均在此设站。站点周围主要是低密度住宅区和传统邻里商业区。2014 年因八王子市正式成为日本的骨干城市，按照《地方自治法》的规定，东京都将包括户外广告牌匾管理在内的城市规划等多项职能移交给了八王子市[1]。据此，八王子市相继颁布了与户外广告牌匾管理相关的《八王子市户外广告条例》（2014 年）及其《实施细则》（2015 年）以及《八王子市景观规划》（2011 年）。《八王子市户外广告条例》的内容与《广告物条例》类似。

---

[1] “骨干城市”是指根据日本《地方自治法》，人口规模超过 30 万人的城市经过一定手续后成为市町村一级基层地方政府中的“骨干城市”。都道府县一级的政府将其所承担的部分行政管理权限移交至“骨干城市”，使其拥有更多的行政管理权限。

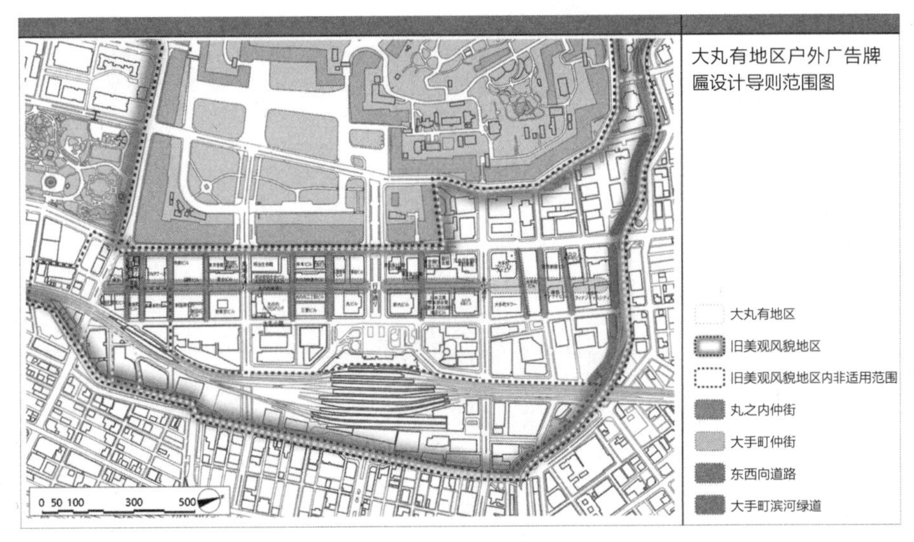

图 1 《户外广告导则——仲通周边地区》对象范围图

资料来源：参考文献 [8]

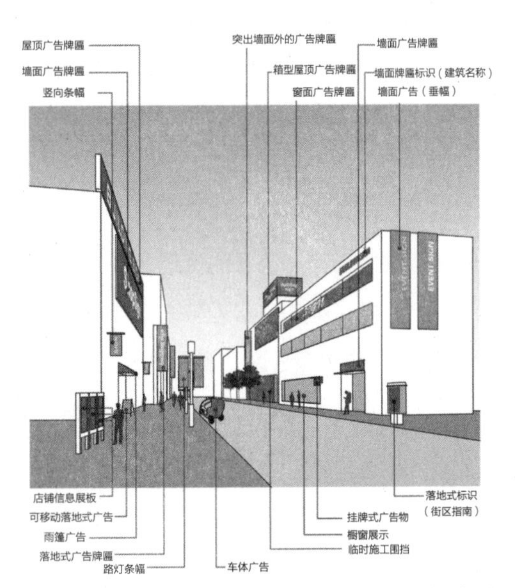

图 2 仲通周边地区户外广告牌匾导则中对各种广告牌匾例举示意

资料来源：参考文献 [8]

《八王子市景观规划》对设置户外广告牌匾的通则进行了规定，同时将包括“高尾站和多摩御陵地区”在内的 6 个地区划定为“景观形成重点地区”，并逐一确定了每个地区在广告牌匾设置上的方针。以此为基础，八王子市制定了具有强制力的《高尾站北口地区户外广告地方规则》(高尾駅北口地区屋外広告物地域**ルール**，以下简称《高尾规则》)，对景观形成重点地区中的户外广告牌匾设置进行了细致的规定[1]。

---

[1] 《高尾站北口地区户外广告地方规则》尚在征询公众意见的过程中，并未开始实施。

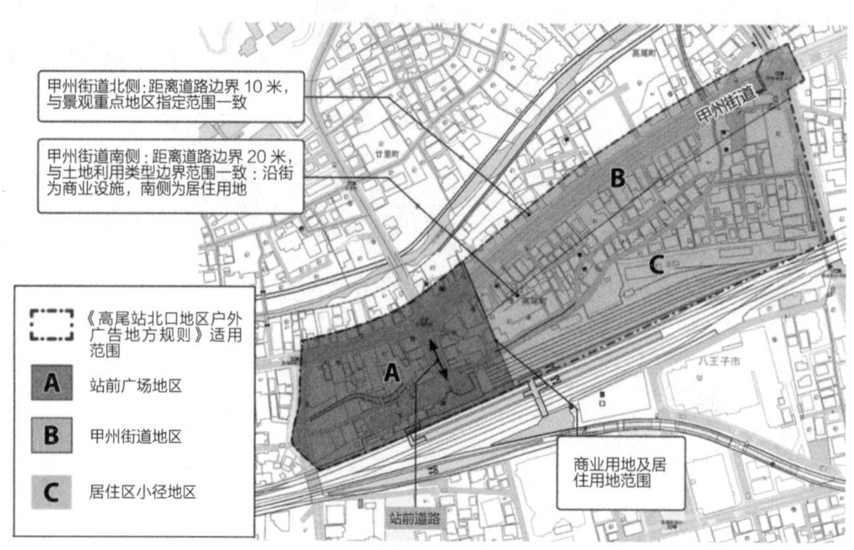

图 3 《高尾站北口地区户外广告地方规则》适用范围及分区

资料来源：参考文献 [11]

《高尾规则》基于对景观规划和城市规划的考量，按照站前广场街道、甲州街道、住宅小径三个分区，确定了①整体方针、②设计导则和③技术标准等内容（图 3）。“整体方针”提出户外广告需要与河川等自然景色协调统一；形成与历史文化风貌相协调的环境色彩，起到激活景观资源、塑造地域特色的作用。同时，户外广告需控制数量、面积和位置，注重与建筑形态和色彩的协调，对单栋建筑的多个广告牌应合并设置，尽量设置在建筑物底部，并使广告内容易于理解和传达，对破损的广告需及时养护维修。“设计导则”主要按照分区提出对户外广告牌匾设计与设置的指引。例如在站前广场和街道地区，户外广告应与山体景观等自然风貌协调，延续站前热闹的街道氛围、步行环境和地域风貌。在甲州街道地区，户外广告需延续从甲州街道远眺的城市风貌与建筑秩序，与山体景色相协调，考虑行人视线、打造良好的街道线性景观廊道。在居住小径两侧，户外广告需与昭和风格的住宅区风貌相融合（图 4）。“技术标准”则采用通则和分类别标准两种方式，对户外广告牌匾的高度、面积、色彩、照明、位置、数量和维护管理等方面进行了详尽的规定[1]。

4 比较与启示

通过北京和东京的案例，大致可以看出两个城市乃至两个国家对待户外广告牌匾管理的基本思路和方法的异同。抛开开篇提到的社会热点与争议，实事求是

[1] 参考文献 [11]。

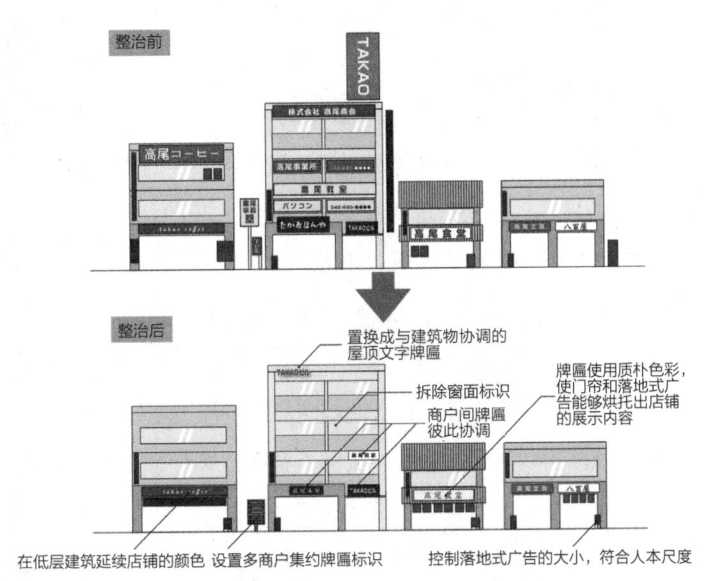

图 4　高尾站北口地区户外广告指引方针

资料来源：参考文献 [11]

地看，北京与东京同样，已形成一套较为完整的管理思路和技术方法，甚至北京拥有更丰富的分区管制分类和更广泛的覆盖范围，以及专门的户外广告和牌匾标识专项规划。但是通过对两个城市相关细节的对比，仍可发现一些具有启示意义的内容，如下。

（1）户外广告牌匾的构成内涵

从对管理对象的定义来看，中日之间看似没有太大的区别，但我国采用的是区分经营性“广告”与非经营性“牌匾标识”进行分别管理的方式。以此次形成社会热点问题的《牌匾管理规范》为例，在作为上位法的《广告法》中是找不到依据的；而日本的《广告物法》则包含了“广告”和“牌匾标识”两部分内容，其下位法规和标准中也予以贯之。

（2）大陆法系的法规标准体系构成特征

中日同属大陆法系国家，但仅限于两个城市户外广告牌匾相关的法律法规和规范标准来看，东京的明显更加完整和体系化。从法律（《广告物法》）到地方条例（《广告物条例》、《广告物细则》、《八王子市户外广告条例》）再到城市规划（景观规划、地区规划）直至特定地区的专用导则（《户外广告导则——仲通周边地区》、《高尾规则》），形成了层层递进，纵向传递的较为严谨的法律法规依据逻辑，使得各级政府均有可依据的明确的法规和规范标准。

（3）不同类型的法规、标准和规划的分工与配合

户外广告牌匾涉及多目标、多领域的问题，无法依靠单一法规、标准或规划来完成。这就存在一个如何分工和相互协调的问题。北京采用的是根据“广告”

还是“牌匾标识”进行分别管理的思路，所采用依据的主管部门也分属工商管理、市政管理和国土规划等不同政府部门；而东京则采用“广告”和“牌匾标识”统一管理的方式，主管部门是城市规划部门，形成了横向统一的管控系统。

（4）城市规划与景观规划发挥重要作用

北京编制了专门的户外广告牌匾规划，但东京没有。东京对户外广告牌匾的分区管制主要依靠城市规划以及与城市规划密切相关的景观规划中的分区，城市（景观）规划负责划片，广告条例负责制定实施管制的技术标准，两者配合完成整个工作，反映出城市规划对城市空间（土地利用）的规划意图可间接地影响到户外广告牌匾的管制意图，即户外广告牌匾间接的成为城市（景观）规划的一个对象要素。事实上北京的广告牌匾规划中的管制分区也是按照控制性详细规划等划定的，但各项技术性规范对分区划定的类型与标准仍需要统一，未来或许还可以考虑与城市设计相配合，或者户外广告牌匾规划直接成为城市规划和设计内容的一部分。

（5）户外广告牌匾管制中的逻辑和边界

虽然户外广告牌匾是一个公共领域的问题，但同时又是一个具有主观审美的问题，在对其实施管制时有两个问题不可回避。一个是管制的结果是否符合初衷；另一个就是管制的边界是否是无限的。事实上，无论是北京还是东京在提出具体管制措施前均对管制的目的和原则有所阐述。但东京在管制的分级、分类上更加富有逻辑和系统化，同时也更为克制（例如：就色彩管制而言仅针对小范围地区有所涉及）。

（6）广告牌匾管理的基层化趋势

与北京更加倾向于整体管制的做法不同，东京近些年来开始逐渐把户外广告牌匾的管理权限下放给有能力的基层政府，使管理更加细致，更加符合各个地方的实际情况。

（7）公众知情权与公众参与

北京的各类有关户外广告牌匾管理的规章、措施和规范标准较为齐全，但依据这些规范性文件编制的规划或导则却难寻踪迹，至少较少通过网络发布与展示。比较而言，东京不仅政府负责编制的相关规划、导则、宣传材料较为丰富，易于获取，同时，包括 PPP 组织在内的引导性文件也都公之于众，方便一般市民对户外广告牌匾管理要求的了解和认知。PPP 组织的引导性文件本身即是政府与社会协作的结果。与城市规划类似，对户外广告牌匾管理的广泛公众参与不仅可在市民层面达成更多的共识，也有助于有效化解公众的误解，有利于良好城市品质的形成。

参考文献

[1] 真荣城德尚 . 日本《景观法》及户外广告规划管理研究 [D]. 上海：同济大学，2008.

[2] 邓凌云，张楠 . 浅析日本户外广告规划与管理的经验与启示 [J]. 国际城市规划，2013，28（03）：111-115.

[3] 钱程 . 大都市户外广告管理与景观维护——以日本东京为例 [J]. 上海城市管理，2014，23（01）：57-60.

[4] 王占柱，吴雅默 . 日本城市色彩营造研究 [J]. 城市规划，2013，37（04）：89-96.

[5] 国土交通省都市・地域整備局都市計画課監修 . 景観法制研究会編集 . 逐条解説景観法 . ぎょうせい .2004.

[6] （日）東京都 . 屋外広告物のしおり .2010.

[7] （日）东京都 . 東京都景観計画—美しい風格のある東京の再生— .2009.

[8] （日）大手町・丸の内・有楽町地区まちづくり懇談会 . 屋外広告物ガイドライン ~ 仲通り周辺エリア編 ~ .2014.

[9] [日] 大手町・丸の内・有楽町地区再開発計画推進協議会 . サインデザインマニュアル .2008.

[10] （日）八王子市 . 八王子市景観計画（平成 23 年 10 月策定）.2011.

[11] （日）八王子市 . 屋外広告物の表示又は設置の基準等を定める高尾駅北口地区屋外広告物地域ルール（素案）等についての意見募集 .2017.

冷红

冷红，哈尔滨工业大学建筑学院教授、副院长，中国城市规划学会学术工作委员会副主任委员

基于气候适应性设计的城市公共空间品质提升

1 引言

城市公共空间主要以人工因素为主导，为城市居民提供公共生活服务，同时又是密切影响人们行为的多层次、多功能的空间，不仅是城市公众活动发生的主要场所，也在一定程度上反映城市的形象和特征 [1，2]。因此，城市公共空间既是城市居民从事休闲、娱乐、交往等活动的“起居室”和展现城市多彩生活的“舞台”，又是集中体现城市风貌特色、文化内涵的重要场所以及体现城市形象的重要节点 [3]。

近年来，随着中国社会经济的快速发展、物质生活水平的提高以及闲暇时间的增加，城市居民对城市公共空间的需求不仅在数量的方面不断增加，对空间品质的要求也越来越高。改革开放四十年来，伴随着快速的城镇化进程和大规模的房地产开发建设，许多城市的公园、广场、步行街等公共空间尽管在数量和规模上都在逐年增加，建设成绩斐然，但是与之相对应的却是一些城市的公共空间品质缺少大幅度的提升，在公共空间的利用方面存在诸多问题。作为城市空间载体中最能够反映城市文化、展现城市特色、彰显城市品味同时也最能够表达城市内涵的空间类型，城市公共空间品质决定着城市的宜居程度，也极大地影响城市综合竞争力。

2016 年联合国“人居三”大会发布的《新城市议程》中多处提及城市公共空间品质的提升，包括:“优先考虑安全、包容、门槛低、绿色和高质量的公共空间”、“致力于改善安全、包容、可使用、绿色和高质量的公共空间，包括街道、人行道、自行车道、广场、滨水地区、花园和公园等多功能区域，以促进社会互动和包容、人类健康和福祉、经济交流以及不同族群与文化间的交流对话”、“推进安全、包容、开放、环保和高质量的公共空间，将其作为社会与经济发展的驱动因素”、“推进建立并且维护更多连接性好、分布合理、开放、多功能、安全、包容、绿色、高质的公共空间……

促进有吸引力和活力的城市、人类住区和城市景观的发展，优先特有物种的保护。”、“支持建立精心设计的、向所有居民开放、安全、包容、可达、绿色和高质量的公共空间和街道网络”等[4]。在联合国的视野里，公共空间不只是规划的一个要素，也是城市可持续发展的核心要素，还是实现全球可持续发展战略目标的重要因素[5]。

当前，伴随着中国“以人为本”的国家新型城镇化战略的实施，城市公共空间导向的规划设计应该是我国规划改革的取向[5]。建设满足人民群众日益增长的物质和精神文化需求的、更为人性化的城市公共空间，并进一步以此为引领推动城市内涵建设，这对于实现城市可持续发展具有重大意义。作为城市内涵建设的核心要素，城市公共空间品质的提升对于改善和促进公众健康、扩大社会交往、强化公共意识、提升社会凝聚力、增强归属感和幸福感、缓解社会矛盾等方面更是发挥着重要作用，因此应当予以重点关注。

城市公共空间既客观存在，也为使用者所感知，其核心功能是承载城市的各类公共活动。城市公共空间品质是指城市公共空间在“量”和“质”两方面满足城市人群综合需要和使用活动需求的程度，以及对城市人群和城市社会经济发展的适宜程度[6]。城市公共空间的品质直接关系到一个城市的规划建设和管理水平，并影响着居民的生活质量，对其进行深入研究具有深刻意义[7]。

气候是自然地理环境诸要素中最活跃、最敏感的因子，气候的适宜程度在一定程度上决定着城市人居环境的舒适与否。中国幅员辽阔，从东到西分为东部温暖湿润区和半湿润区、西北内陆温暖干燥区和青藏高原干燥区等类型，从北到南跨越了寒带、温带、亚热带和热带四个气候区。不同地域自然地理环境多样，气候特征差异明显，而不同地域的气候特征对城市空间环境及其所承载的人类生产生活方式、行为模式等方面产生较大的影响，进而也很大程度上影响到城市公共空间的建设和使用。本文重点从气候的视角出发，聚焦于气候环境对于城市公共空间规划建设和使用的影响，进一步探讨基于气候适应性设计的城市公共空间品质提升原则及策略。

2　气候对于城市公共空间产生重要影响

丹麦著名建筑学家 Jan Gehl 认为，公众在城市公共空间的活动除了上下班、上下学等必要性活动以外，还包括散步、呼吸新鲜空气、驻足观望、晒太阳等选择性活动，这类活动只有在外部条件适宜、天气和场所具有吸引力的时候才会发生，而包括儿童游戏、打招呼、交谈等有赖于他人参与的各类社会性公共活动则更是需要良好的地域气候和微气候环境[8]，可见气候环境对于城市公共空间的影响是不容忽视的。气候对于城市公共空间的影响主要包括宏观的地域气候影响与局地微气候影响两个方面。

宏观的地域气候对城市公共空间的影响较大。首先，在炎热或者寒冷的气候条件下，户外公共空间环境舒适性会相应下降。以寒冷地区的城市为例，由于冬季时间较长且伴随低温、冷风和冰雪，城市路面经常积雪、结冰，公共空间环境的舒适性降低，步行可达性也受到较大影响，公众对于城市公共空间的利用率大幅度降低。其次，气候条件通过影响植被、水体等自然环境要素而对城市公共空间景观产生较大的影响。还以寒冷地区的城市为例，与许多四季常绿的南方城市相比，绿化环境的缺少使得冬季北方城市公共空间景观单调，往往给人以萧条冷落的感觉，使用者视觉感受的愉悦度降低。许多城市公共空间中常用的水体在北方寒冷地区城市的冬季会结成冰，为了避免冰的冻胀作用对人工水岸产生一定的破坏，冬季人工水体往往需要抽干，形成了另外的景观效果[9]。除了物质空间环境以外，气候对于城市公共空间使用者的环境行为方式也有一定的影响，在寒冷和炎热的季节，或出现刮风、下雨、下雪等天气，城市公共空间使用者行为会明显发生改变，减少以公共空间为目的地的出行，甚至不会前往公共空间进行相应的活动。

除了宏观地域气候环境，在城市化过程中，由于大规模的城市建设还会形成不同的城市微气候环境，对于城市公共空间和公众在公共空间中的环境行为同样会产生影响。不同的城市空间形态和建筑群体布局会形成不同的风环境和热环境，在许多建筑密度较高的北方大城市中，大量的城市公共空间存在于高层建筑组群形成的阴影区和冷风区内，背阴、多风的微气候环境对公众在城市公共空间的活动产生较大的制约，影响到公共空间的使用以及公众的驻留、休憩、交谈和观赏等行为。而设置在建筑阴影区之外、保持充足日照以及适宜风速等微气候条件的城市公共空间，则能够鼓励人们在一年中更多地进行户外公共活动，提升公共空间的使用率。同样在避风条件下坐着，人的舒适温度底限在充足的阳光照射下是11℃，而在阴影下则是20℃[10]，这意味着寒冷季节没有充足阳光照射的户外空间环境利用率将大大降低。对于炎热季节时间较长的南方城市而言，不经遮挡的阳光猛烈照射的户外空间环境利用率也会受到较大影响，适度的微风穿过城市的街道可以在炎热季节提高行人舒适度[11]。

3 气候适应性设计有助于城市公共空间品质提升

气候适应性设计以往在单体建筑层面的研究和实践较多，不同地域、各具特色的传统民居一直以来都是最能反映气候特点、与自然相协调的气候适应性设计和建造的典型案例。勒・柯布西耶、格罗皮乌斯、查尔斯・柯里亚、杨经文等许多现代和当代的建筑师也在其设计作品中充分考虑气候与建筑的关系，强调气候适应性设计理论及方法的运用。

近年来，气候适应性设计已经从建筑设计扩展到城市规划和景观设计领域，无论从城市层面还是街区层面都有相应的气候适应性设计研究和实践案例，德国的柏林、斯图加特、日本的东京、澳大利亚的悉尼等城市都取得了值得借鉴的先进经验[12—15]。在中国，香港、武汉、北京等一些城市针对不同层面的城市空间也开展了气候适应性规划设计的研究[16—19]。但是，总体而言，在实践层面有针对性地开展城市公共空间气候适应性设计和建设还未得到足够的重视，突出的表现是许多城市公共空间的设计和建设忽视对于地域气候和不同季节因素的考虑，存在盲目地模仿和照搬照抄的现象，导致公共空间环境舒适性差和文化特色缺失等方面的问题。此外，快速城市化进程中大规模的城市建设和更新改造的实施引发城市公共空间微气候环境质量下降的现象也是比较突出的问题，没有得到规划设计者和政府决策者应有的关注，也缺少公共空间微气候环境质量方面相应的规划设计及控制管理规定。

充分考虑气候因素是公共空间品质提升的重要举措之一。就气候环境的尺度而言，城市公共空间的气候适应性设计既包括适应宏观地域自然气候环境的设计，也包括在宏观地域自然气候环境背景下，对于城镇化进程中由于城市空间建设形成的局地微气候进行控制及优化的设计。一方面，城市公共空间的气候适应性设计必须充分尊重城市所处的地域环境，以适应宏观地域气候为目标，充分考虑气候因素对于城市公共空间规划设计的影响，有针对性地研究适应气候的规划设计对策，创造与地域气候特点相适应的城市公共空间环境。另一方面，在宏观区域气候环境的基础上，应该进一步重视使用人群众多的公共空间微气候环境，以微气候环境改善为目标指导城市公共空间规划设计，从提升公共空间环境舒适性和环境质量等方面入手，通过城市规划策略促使城市建设项目的实施对公共空间微气候环境作出有益的控制和改善，通过营造适宜的微气候环境，有效地提升公共空间的热舒适度，增加公众户外活动时间，从而提高公共空间的利用率。

深入分析宏观地域气候和微气候环境的影响，因地制宜地开展城市公共空间气候适应性设计，建设与地域气候特点相适应的城市公共空间环境，可以有效地提升公共空间的品质，促进公共空间各项活动的开展，增加人与人之间的社会交往，对于增强城市空间的活力、提升城市环境的宜居性和城市生活质量都具有重要的意义。

4 基于气候适应性设计的公共空间品质提升目标

4.1 满足使用者的需求

城市公共空间的使用者需要在高品质的物质公共空间环境开展活动，在活动中满足自身需求，因此使用者的需求是城市公共空间品质提升的重要推动力。基于气候适应性设计的城市公共空间品质提升应以满足空间使用者需求为目标，摈弃单纯从美学造型和提升形象的角度出发设计和建设公共空间，深入研究不同地域气候背景下使用者的行为和心理特征以及多样化需求，进而通过更为精细化的设计塑造宜人的公共空间环境支持市民日常生活。心理学研究指出，人从物理环境中选择信息并根据这些信息形成心理环境的过程称为认知过程[20]，这一过程对于使用者决定是否使用以及如何使用城市公共空间非常重要。为人所感知的城市公共空间是对于使用者真正重要且具有实际意义的物质空间，城市公共空间设计应重视人文关怀，以地处不同气候区域的城市公共空间使用者的感受作为基本出发点，需兼顾行为及心理方面的需求。

针对使用者行为需求，从气候适应的角度提升城市公共空间的可达性和公共空间使用的便利性。例如对于寒地城市，公共空间气候适应性设计需要充分考虑如低温、降雪、冰冻等自然影响要素对于城市公共空间使用的便利性的影响。针对使用者心理需求，关注城市公共空间的安全性和舒适性。斯蒂芬·卡尔分析了使用者在公共空间中的需求，按照其心理需求程度分成5个层级的递进结构，构成“公共空间需求金字塔”，“舒适”是人们从空间中获得基本的舒适感受，被认为是人对公共空间的最基本需求，而舒适的需求与气候环境条件关系紧密。

4.2 实现户外季节的延长

城市公共空间品质提升的重要表征之一就是公共空间利用率提高，因此从气候适应的角度出发进行公共空间的规划设计，应该重点关注全年中公众在公共空间中的使用时间。曾经有学者针对地处北方寒冷气候区域的城市提出“户外季节”的概念，即人们能够在户外舒适地活动而不需穿厚重衣服的天数，通过挪威奥斯陆地区秋季和春季的舒适气温计算得出该地区“户外季节”为5月6日到9月16日，共计133天，认为通过微气候调节可以提高城市公共空间的热舒适程度，使得公共空间的户外季节得到延长。加拿大多伦多滨水区公共空间的建设实践也证明，通过对公共空间微气候环境进行控制及优化，其户外季节每年可以延长6个星期[21]。对于夏热冬冷地区以及位于更低纬度的夏热冬暖的城市，市民全年可以在户外空间活动的时间较北方城市更长[22]，但是由于夏季高温高湿的天气持续时间较长，一定程度限制了城市公共空间的使用，因而同样可以通过气候适应性设计，使公共空间环境向热舒适的方向发展，进而改善城市公共空间环境品质，延长户外季节，大幅度提升公共空间利用率。当然，这一原则对于地处其他气候类型区域的城市公共空间亦是适用的。

4.3 体现地域特色

城市公共空间品质提升的另一重要表征是公共空间地域特色显著。以气候条件为代表的自然地理环境对人类社会发展会产生重要的影响，一定的自然地理环境必然会形成一定的人文现象[23]。气候条件作为自然地理环境的基本构成要素，除了对城市赖以生存的自然环境产生影响以外，更重要的是能够对城市的建筑、街道、广场等建成环境以及人类活动等人文现象产生影响，这些影响的叠加使得城市充分体现出自身的地域特色，包括自然特色、历史文化特色、城市空间和建筑特色等，其中，城市公共空间作为城市发展过程中形成的具有形象特征和标识特征的城市空间形式，也是长期历史积淀形成的地域气候特征的体现，理应成为最具地域特色、最能展现城市文化内涵的“窗口”。

面对经济全球化对于地域文化的冲击而导致的“千城一面”现象，城市公共空间规划设计应以特定的气候条件以及与之相关的人文及社会背景为基础，通过诸如建筑、小品、植物等要素及要素间的组合呈现出不同的空间形式，集中体现城市的自然环境及地域特色，展现城市风貌。与此同时，注重从地域的气候环境入手进行城市公共空间设计，也有助于通过建设具有地域特色的城市空间环境获得公众更多的情感认同，体现城市公共空间的场所精神。Christian Norberg Schulz 认为，北欧人已经习惯与雾、冰和寒风成为朋友，当他们散步时，对脚下雪的开裂声引以为荣，他们必须体验沉浸在雾中的诗意，认同感即意味着与环境为友，创造具有场所感、使居民认同和自豪的公共空间对于增加空间的吸引力十分重要[24]。Norman Pressman 认为，居住在北方的人们应以北方的地理位置和四季多样的气候特征为自豪，欣赏和庆祝寒冷自然环境赋予城市的冰雪文化[25]。

5 基于气候性适应设计的城市公共空间品质提升策略

充分尊重气候条件，分析气候环境对城市建设发展的影响，按照气候特点的需要制定城市空间的相关规划设计对策是十分必要的。因此，应积极开展基于气候适应性设计的城市公共空间品质提升策略研究，提高城市公共空间利用率，更好地满足公众需求，创造具有地域特色的宜居城市空间环境。

5.1 规划设计层面的策略

对于规划设计师而言，城市公共空间气候适应性设计应重点从空间功能布局、设计要素组合、场地设施配置等几方面开展。

（1）空间功能布局——适应气候

城市公共空间的功能布局既要适应宏观的地域气候，也要充分考虑微气候的影响。一方面，受到宏观地域气候环境和与之相关的使用人群环境行为方式的影响，城市公共空间承载的功能也应呈现出明显的地域特征。同时，即使是在同样的气候区域内，城市公共空间承载的功能也应存在或大或小的季节性差异。以严寒地区的城市为例，冬季大量的城市公共空间承载的功能都会相比气候温暖季节有较大的改变。Jan Gehl 认为寒冷地区的城市应该提供良好的户外公共空间功能，建设四季皆宜的寒地城市[26]。

另一方面，城市公共空间内部的微气候环境存在较大的差异，需要针对不同的微气候环境进行相应的空间功能布局。微气候环境对于城市公共空间的影响主要体现在风环境和日照环境两方面[11]。通过对公共空间不同区域中的风环境进行风速分布分析以及不同风速区域适宜承载的活动分析，可以进一步确定城市公共空间内部空间的功能承载[9]。对于日照环境的分析主要应特别关注城市公共空间不同区域的日照时长情况，利用不同季节的日照模拟计算结果对规划区域内日照情况进行比较，根据日照环境的特点确定不同的功能区域划分。

不同气候区域面临的气候问题不尽相同，在进行城市公共空间功能布局时所考虑的微气候环境问题也需要有较强的针对性。在北方寒冷地区，夏季相对温和，冬季严寒，冷暖交替的春秋季节是考虑微气候环境影响城市公共空间功能分区的重点，风环境和日照环境对于公共空间的功能影响较大。城市公共空间功能布局设计时可以根据风环境的特点采取不同的策略，将过渡季节中风速相对较高的区域安排为绿化区域，而将风速相对较低的区域安排为人们可以驻留、交谈和休闲活动的地区，同时确定容易产生高风速并因此带来危险的地区，采取相应的设计补救措施或者尽量避免布置为可供使用人群活动的区域。尽可能选择日照时间较长的区域作为使用人群驻留和活动的空间，日照时间充足的区域适宜安排为老年人和儿童的活动及游戏场地或布置较多座椅的休息场所，对于日照时间相对较少的区域可以作为一般运动健身空间的选择，长时间缺少日照的阴影区尽量避免承载过多的休闲活动。在炎热季节相对较长的南方夏热冬暖地区，春秋季节及冬季都相对较为温和，湿热的夏季是考虑微气候环境影响城市公共空间功能分区的重点，与北方寒冷地区不同的是，夏季高温潮湿是制约人们进行室外活动的最主要气候因素，城市公共空间需要通风降温，因此功能布局设计时应充分考虑地域气候的特点，围绕微气候环境的特征进行相应的功能布局，以利于公共空间各项功能的合理分布。

（2）设计要素组合——优化气候

城市的空间形态特征与气候环境之间存在着相互影响、相互作用的关系。宏观的地域气候是城市空间形态特征形成的影响因素，同时城市空间形态也会在一定程度上改变局地微气候状况。城市公共空间是承载城市社会生活、人际交往、休闲健身等活动的重要载体，其构成物质要素包括周边建筑群体布局、水体、绿化、地形变化及地面铺装等的组合会对城市公共空间微气候环境产生多种多样的影响，分析和研究这些设计要素并通过合理的设计组合有助于采取相应手段控制局部地区温度、湿度和风等环境因子，避免形成恶劣的微气候，通过控制和优化微气候环境，提高城市公共空间环境的热舒适程度，使得城市公共空间更加舒适宜人，从而提升公共空间利用率。

建筑的高度、密度、朝向等布局组合会产生不同的日照环境及风环境效应。一般情况下，相邻建筑高度的较大差异和高层建筑的存在都意味着风效应的产生。比周围环境高出许多的高层建筑会造成近地风速过高，密集的高层建筑布局还会产生风力相互干扰的群体效应。对于寒冷地区而言，建筑布局组合如果使得邻近的公共空间阴影区面积加大或者多风则会降低公共空间的品质。公共空间周边建筑群体布局时如果高度趋于一致，则可以避免由于单栋建筑的突然升高而导致在公共空间内形成局部高风速区。而在同样的情况下，对于热带地区而言，城市公共空间反而会因为获得更多的荫凉和自然通风而降低空气温度和湿度，更加受到使用者的青睐。

水体、绿化和地面铺装也是城市公共空间营造适宜微气候环境的设计要素。

水体作为城市公共空间常用的景观设计要素，能够起到改善微气候环境的作用，主要体现在水体具有降温、增湿的作用，在夏季可以提升周边公共空间内人体舒适度。在气候炎热的地区，可以将水体布置在夏季主导风的上风向，以此使水面对于公共空间产生的降温范围得以扩大，有利于降低水体周围环境的空气湿度。

绿化也对改善城市公共空间微气候环境作用显著，能够起到调节温度、增湿、净化空气以及防风的作用。绿色植物能够有效遮挡、吸收和反射太阳辐射，使到达地面的太阳辐射大大减少，从而有效降低地表温度，其中树冠较大、较为茂盛的乔木遮挡太阳辐射热的作用更为明显；绿色植物具有蒸腾作用，能够增加空气中水汽含量，提升空气湿度，同样也起到降温的作用，能够在炎热的季节缓解高温给人体带来的不适，缓解城市热岛效应。绿色植物能够吸收空气中的粉尘、温室气体等，降低城市的碳排放。此外，公共空间中的绿色植物还可以起到防风的作用，对于寒地城市，冬季防风是公共空间微气候环境优化的重要措施，常绿乔木特别是枝叶密实的常绿乔木能够有效地阻挡寒风，降低风速，设置在公共空间冬季主导风向一侧，有助于营造相对避风温和的微气候环境。由于绿化植被的品种、疏密程度、组合方式和面积大小的不同，绿化能够对公共空间产生的微气候调节作用也有较大差异。

此外，公共空间内部地形变化也是需要考虑的重要设计因素，通过设置场地高差或下沉广场的方式也可以对公共空间微气候环境起到有效的改善作用，通过对物理环境的控制和优化提高公共空间环境的热舒适程度。不同的地面铺装材料吸热性能、透水性能不同，形成的场地微气候环境也有较大不同。对于夏季高温和湿热的地区，城市公共空间地面应当尽量考虑选择低吸热性铺装材料，同时应考虑选择透水性能强的材料，兼顾天气潮湿雨水多的特点，通过有效渗透自然降水的形式降低空气湿度。在北方寒冷地区，则应适当选择可吸收热辐射的铺装材料，以提高冬季公共空间环境热舒适度。

总体而言，为了提升城市公共空间品质，应该结合微气候环境模拟来进行城市公共空间周边的建筑组合、周边及内部的绿化、水体、地形及地面铺装等要素的配置与组合设计，通过模拟主动营造出适宜的城市公共空间微气候环境。目前，国内已有一些学者针对哈尔滨、上海、南京等地的城市广场、滨水空间步行街等公共空间微气候环境开展了相关研究，并探讨性地地提出相关优化策略[3, 27—29]。

（3）场地设施配置——防护气候

从设计层面进行城市公共空间的品质提升，除了适应气候和优化微气候的相应策略以外，还应在主动防护气候方面充分考虑相应的场地设施配置。一般而言，理想的微气候条件对城市公共空间所发挥的积极有效的作用更多地表现在过渡季节。在北方寒冷地区，冬季人们虽然也会乐于驻留在有阳光和无风的户外公共空间，但仅仅依靠微气候环境的优化并不能吸引人们在0℃以下的户外长时间驻留。同样，在气候炎热地区，夏季同样不能依靠微气候环境的优化吸引人们在公共空间长时间驻留。因此，在这些地区城市公共空间建设适当的气候防护设施是十分必要的。比如在寒冷地区建设有玻璃顶棚的步行商业街、休息庭院或冬季花园等，既拥有阳光、植物室外景观因素，又可以通过玻璃顶棚利用太阳能产生温室效应，使人们的活动避免冬季恶劣气候的影响，增加城市公共空间冬季的活力[9]。气候炎热的地区，城市公共空间内可以建设连廊以屏蔽太阳辐射并遮挡频繁的降雨。此外，可以在寒冷地区城市公共空间设置冬季内部可加热的“暖亭”，在炎热地区城市公共空间设置夏季有人工造风或喷雾的“凉亭”等。与此同时，主动的气候防护还应表现在公共空间建设时对于一些细节的关注。例如，多雨和多雪地区城市公共空间地面铺装尤其是坡道、台阶使用防滑材料；在北方寒冷地区，公共空间中活动设施材料采用木、塑料和导热系数小的复合材料等。这些措施都可以提升城市公共空间品质。

5.2 规划管控层面的策略

基于气候适应设计的公共空间品质提升还应与城市规划管理相结合，通过相应的公共空间规划设计导则或标准来实施有效的监控，国际一些发达国家的城市提供了值得借鉴的经验。加拿大的多伦多曾制订中心区公共空间风环境控制导则，鼓励土地业主和开发商提升步行环境的微气候条件，充分考虑风和日照因素的作用，以此决定建筑定位和建筑体量。温尼伯中心城区城市设计导则中明确提出，政府在对中心区各项开发项目的审核时要求项目开发应该遵循气候影响设计导则的要求，重点审查局部地区微气候环境是否符合行人舒适程度。澳大利亚的悉尼十分重视城市公共空间微气候环境的控制和优化，提出一系列相应的设计导则，例如在城市中心区主要街道北侧或西北侧布置开放空间，在增强可达性的同时获得足够的日照。临街建筑物的高层部分进行退后处理，使公共空间可以获得较合理的日照水平，在街道层面减少风的不利影响，实现舒适的街道空间环境。针对公共空间的日照问题，导则中还提出对于市中心主要的公园和社区的公共空间以及其他有关公共场所需保证一天中某些特定时段如午餐时间的日照。美国的旧金山制定保证公园阳光和限制公共空间不利风速的法规，采用日照和风舒适标准来修改建筑形式、高度、密度和后退距离以确保开发不会把行人户外公共环境置于阴影中并产生不舒适的风洞效应。例如规定全年中日出后 1 小时到日落前 1 小时，所有公共公园和开放空间都必须有日照。如果设计的建筑物体量和形式造成周边步行空间区域的风速超过每小时 11 英里，闲坐休息区域的风速超过每小时 7 英里，那么这样的建筑将无法通过规划审批 [11]。纽约市则要求大的发展项目实施后在新建和原有开放空间中形成的风速必须低于项目建成前原有的开放空间中的平均风速 [30]。

与国际实践经验相比，尽管国内在公共空间适应气候环境和控制及优化微气候环境的城市规划方面已经有了一些成果，但总体呈现出研究多、实践少，规划策略多、管理策略少的特点，在相应规划管理方面的规定并不完善，迫切需要根据城市不同的地域气候特点制定相应的设计标准和城市设计导引，明确城市公共空间提升品质的建设方向。

6　结语

传统的城市公共空间规划设计较为重视的是物质空间形态方面的问题，在当前中国的城市已逐渐从追求规模扩张转向寻求存量优化的内涵式发展、追求质量的新型城镇化建设已经上升为国家战略的背景下，主要聚焦于物质空间形态的城市规划设计应当向将人的感受需求作为核心的城市规划设计转变，从追求“量”的不断拓展到追求“质”的日益提升，正逐渐成为人们对城市公共空间规划建设的主要诉求，同时也将成为中国当前城市建设发展过程中的重要内容。气候对城市公共空间品质的影响是毋庸置疑的，从城市可持续发展的角度出发进行的城市公共空间设计，需要将气候适应性设计策略纳入其中并予以足够的关注，通过采取适宜的气候适应性规划设计策略，提升城市公共空间品质。

感谢博士研究生郭冉参与本文资料的收集整理。

参考文献

[1] 周进 . 城市公共空间建设的规划控制与引导：塑造高品质城市公共空间的研究 [M]. 北京：中国建筑工业出版社，2005.

[2] 陈竹，叶珉 . 什么是真正的公共空间？——西方城市公共空间理论与空间公共性的判定 [J]. 国际城市规划，2009，24（3）：44-49.

[3] 袁青，冷红 . 寒地城市广场设计 [J]. 规划师，2004（11）：59-62.

[4] 新城市议程 . http：//habitat3.org/wp-content/uploads/Habitat-III-New-Urban-Agenda-10-September-2016.pdf.

[5] 石楠 . “人居三”、《新城市议程》及其对我国的启示 [J]. 城市规划 .2017（01）：9-21.

[6] 周进，黄建中 . 城市公共空间质量评价指标体系的探讨 [J]. 建筑师，2003（3）：52-56.

[7] 龙瀛 . 城市公共空间品质提升研究 [J]. 城市建筑，2018（6）.

[8] Gehl Jan. Life Between Buildings：Using Public Space 4th ed. [M].Washington：Island Press. 2001.

[9] 冷红 . 寒地城市环境的宜居性研究 [M]. 北京：中国建筑工业出版社，2009.

[10] Westerberg Ulla. Climatic Planning – Physics or Symbolism?[J]. Architecture and Behavior. 1994（1）：59.

[11] 冷红，袁青 . 城市微气候环境控制及优化的国际经验及启示 [J]. 国际城市规划，2014，29（6）：114-119.

[12] Berlin Digital Environmental Atlas，Urban Climatic Map and Standards forWind Environment – Feasibility StudyInception Report：October 2006.

[13] Ren C，Ng E，Katzsehner L .Urban climate map studies：A review[J]. International Journal of Climatology，2011，31（15）：2213-2233.

[14] Http：//：//www.cityofsydney.nsw.gov.au/development/planningcontrolsconditions/DevelopmentControlPlans.asp.

[15] Takahiro Tanaka，Takahiro Yamashita，Masacazu Moriyama，Urban environmental climate map for urban design and planning，A+T：Neo-Value in Asian Architecture，The 6th International Symposium on Architectural Interchanges in Asia，Daegu，Korea，2006，10：688-691.

[16] 香港特别行政区政府规划署 . “香港规划标准与导则” [EB/OL]. http：//sc.info.gov.hk/gb/www.pland.gov.hk/tech_doc/hkpsg/chinese/index.htm.

[17] 汪光焘，王晓云，苗世光，等 . 城市规划大气环境影响多尺度评估技术体系的研究与应用 [J]. 中国科学 D 辑地球科学 .2005（35）：145-155.

[18] 李保峰，高芬，余庄 . 旧城更新中的气候适应性及计算机模拟研究 – 以武汉汉正街为例 [J]. 城市规划 .2008（7）：93-96.

[19] 袁磊，张宇星，郭燕燕，等 . 改善城市微气候的规划设计策略研究 – 以深圳自然通风评估为例 [J]. 城市规划 .2017（8）：87-90.

[20]（日）相马一郎，佐古顺彦 . 环境心理学 [M]. 北京：中国建筑工业出版社，1986.

[21] Pihlak Madis. Ourdoor Comfort：Hot Desert and Cold Winter Cities[J]. Architecture and Behavior. 1994（1）：84-93.

[22] 邬尚霖，孙一民 . 广州地区街道微气候模拟及改善策略研究 [J]. 城市规划学刊，2016（1）.

[23] 冷红，郭恩章，袁青 . 气候城市设计对策研究 [J]. 城市规划，2003，27（9）：49-54.

[24] 诺伯格・舒尔茨 . 场所精神——迈向建筑现象学 . 施植明，译 . 台湾：田园城市文化事业有限公司，1980：20.

[25] Norman Pressman.Northern Cityscape：Linking design to Climate.Ontario：Winter Cities Association，1995：32.

[26] Jan Gehl. A Good City All Seasons，Winter Cities. Winter City Association. 1995：15.

[27] 刘滨谊，张德顺，张琳，等 . 上海城市开敞空间小气候适应性设计基础调查研究 [J]. 中国园林，2014（12）.

[28] 刘滨谊，梅欹，匡纬 . 上海城市居住区风景园林空间小气候要素与人群行为关系测析 [J]. 中国园林，2016（1）.

[29] 李京津，王建国 . 南京步行街空间形式与微气候关联性模拟分析技术 [J]. 南京：东南大学学报，2016（5）：1103-1109.

[30] 金广君 . 美国城市设计导则介述 [J]. 国外城市规划 . 2001（2）：6-8.

图书在版编目（CIP）数据

品质规划／孙施文等著．—北京：中国建筑工业出版社，2018.11
ISBN 978-7-112-22877-5

Ⅰ．①品… Ⅱ．①孙… Ⅲ．①城乡规划－中国－文集 Ⅳ．① TU984.2-53

中国版本图书馆 CIP 数据核字（2018）第 239744 号

责任编辑：杨 虹 尤凯曦 周 觅
书籍设计：付金红
责任校对：焦 乐

品质规划
孙施文 等 著
中国城市规划学会学术成果
*
中国建筑工业出版社出版、发行（北京海淀三里河路9号）
各地新华书店、建筑书店经销
北京雅盈中佳图文设计公司制版
北京雅昌艺术印刷有限公司印刷
*
开本：787×1092毫米 1/16 印张：27¼ 字数：526千字
2018年11月第一版 2018年11月第一次印刷
定价：128.00元
ISBN 978-7-112-22877-5
（32984）